安徽省高等学校省级质量工程项目（一流教材建设）

电磁信号侦测与分析

Electromagnetism Signal Surveillance and Analysis

王红军　孟祥豪　沈哲贤　赵　波
常　超　李歆昊　张寿彬　李枳蒙　编著
徐浩然　吴　韬　王怀习　陈春浩
李晓丽　安　明　沈培佳　苏雅倩文

薛　磊　陆余良　主审

国防工業出版社

·北京·

内 容 简 介

本书基于网电对抗的内涵和范畴，就如何准确地实现对网电空间中电磁信号的侦测与分析方法展开详细的论述。其主要内容包括通信网目标信号的侦收方法、参数测量方法、调制识别方法和编码识别方法，雷达电磁信号的侦收方法、参数测量方法、分选与识别方法和典型雷达电磁信号侦测与分析方法，以及电磁目标测向定位方法等。

本书不仅可作为高等院校信息对抗专业（含电子对抗）高年级本科生和研究生的教材或参考书，还可供信息对抗领域从事技术研究的科研人员和工程技术人员参考。

图书在版编目（CIP）数据

电磁信号侦测与分析 / 王红军等编著. -- 北京：国防工业出版社，2025. 3. -- ISBN 978-7-118-13590-9

Ⅰ. TN971；TN959.1

中国国家版本馆 CIP 数据核字第 20253J1M73 号

※

国防工业出版社出版发行

（北京市海淀区紫竹院南路 23 号　邮政编码 100048）

河北文盛印刷有限公司印刷

新华书店经售

*

开本 787×1092　1/16　**印张** 19½　**字数** 448 千字

2025 年 3 月第 1 版第 1 次印刷　**印数** 1—2000 册　**定价** 60.00 元

国防书店：(010)88540777　　书店传真：(010)88540776

发行业务：(010)88540717　　发行传真：(010)88540762

前　言

近年来世界上不断发生的局部战争表明，C^4ISR 系统已成为战场前沿态势感知、指挥控制、预警探测、武器控制和战斗支援等信息传输的核心通道、基础载体和中枢神经系统，而且未来必将对战场的走向产生决定性影响。将 C^4ISR 系统和武器平台连成一个有机整体、形成统一战场态势、共享各类信息资源、有效实施精确打击和实现作战能力倍增已成为世界各军事强国的发展目标。

本书立足 C^4ISR 系统，着眼于如何从现代化战场敌我无线电信号交织的电磁空间中快速识别敌方电磁信号的现实问题。一方面阐明电磁信号侦测与分析的机理和方法，另一方面融合电磁信号侦测与分析的新技术和新方法。

全书共 7 章。第 1 章绪论，简要介绍网电对抗的含义和网电对抗目标范畴；第 2 章网电对抗基础知识，简述通信对抗和雷达对抗系统的基本概念、组成和任务等内容；第 3 章电磁信号侦收方法，详细分析通信网电磁信号和雷达电磁信号侦收的基本方法；第 4 章电磁信号参数测量方法，分别概述通信网电磁信号和雷达电磁信号载波频率、信号电平、信号带宽、码元速率和脉冲参数等参数测量分析方法，以及 AM 信号调幅度、FM 信号最大频偏、MFSK 信号频移间隔和调相信号相位等特殊参数测量方法；第 5 章电磁信号调制与编码识别方法，重点阐述通信网电磁信号模拟调制和数字调制的识别方法及其解调方法，以及信道编码的识别方法及其译码方法；第 6 章雷达电磁信号分选与识别方法，阐述雷达电磁信号稀释处理、目标信号分选和目标信号识别等方法，并着重描述典型的 PD 和 SAR 体制雷达信号的侦测与分析方法；第 7 章电磁目标测向定位方法，详细介绍振幅法测向，相位法测向、时差法测向、相关干涉仪测向、多普勒测向和空间谱估计测向，以及多测向站无源定位、单测向站无源定位和协同定位等方法。

本书由王红军撰写主要内容和全书统稿，孟祥豪、沈哲贤、赵波、常超、李歆昊、张寿彬、李枳蒙、徐浩然、吴韬、王怀习、陈春浩、李晓丽、安明、沈培佳、苏倩雅文等同志，以及北京跟踪与通信技术研究所赵波同志参加了部分内容的撰写工作，李枳蒙、张寿彬和徐浩然对全书进行了校对。本书撰写过程中得到了国防科技大学电子对抗学院各级领导和机关的具体指导和大力支持。薛磊教授和陆余良教授认真审阅了全书并提出了宝贵的修改意见，在此一并表示感谢。

本书的撰写还参考了相关单位、网站和个人的技术资料和文献，特此说明并表示衷心感谢。

由于作者水平所限，书中难免存在缺点和错误，恳请广大读者批评指正。

作者

2024 年 6 月

目　　录

第1章

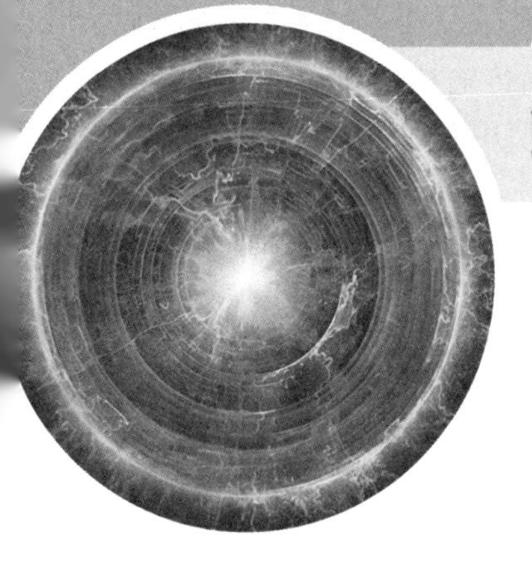

绪论

1.1 网电对抗的含义

1.1.1 网电作战空间概念

在阐述网电对抗的含义之前，首先需要明确与网电对抗相关的网络空间、电磁空间、网络电磁空间三个基本概念。

1. 网络空间

计算机网络空间始于计算机和网络技术的发展，它的出现不仅是一场科学技术的革命，更是人类生活方式的革命。20 世纪 60 年代末，“互联网传输控制和网际协议”彻底改变了传统通信传输样式，分组数据包传输以高效的资源使用率和更大规模的连接能力，为计算机网络的出现奠定了基础。之后，以有线传输为主的互联网迅速在全球推广并普及，成为人们高度依赖的新平台。特别是“网络中心战”和“智慧地球”的不断演进，以及物联网、激光通信、太空互联网、全球信息栅格和云计算技术的发展，使网络成为影响社会稳定、国家安全、经济发展和文化传播的重要平台。

网络空间实质是指网络所涉及的电子设备、电子信息系统、运行数据、系统应用，分别对应四个层面：设备、系统、数据、应用。网络空间包括互联网、电信网、广电网、物联网、工控网、在线社交网络、计算系统、通信系统、控制系统在内的各种通信系统及其承载的数据。网络空间突出了网络互联的重要特征。

2. 电磁空间

现代军用术语中对电磁空间赋予了特定含义：一是连接各种信息技术基础设施的网络，包括因特网、电信网、传感器、武器平台、计算机系统及嵌入式的处理器和控制器等；二是具有时域、空域、频域和能域特征的广阔领域；三是训练有素的人发挥关键控制作用的虚拟现实环境。

信息化条件下，各种作战平台和通信平台都是电磁波的发射源，各种电磁波纵横交错，在广阔的空间中形成密集的电磁频谱网，确保了军队对所属部队的指挥控制，但同时使得电磁空间的争夺异常激烈。

电磁空间是指由各种电场、磁场与电磁波组成的物理空间。电磁空间不仅是综合电子战的作战空间，也是一切作战行动严重依赖的作战空间。

3. 网络电磁空间

进入 21 世纪，随着网络技术快速渗透到社会生活的各个角落。“终端网络化，网络无线化”使网络与电磁融合快速推进，极大地拓展了人类活动的物理空间。

2006 年《联合信息作战条令》：“无线电网络化的不断扩展及计算机与射频通信的整合，使计算机网络战与电子战行动、能力之间已无明确界限。”可见，网络电磁空间包括电磁频谱、电磁能量环境等内涵。

网络信息层与电磁能量层的融合使网络空间与电磁空间融为一体，再一次向认知层和社会层伸出了触角，创造出超越人类活动的物理、信息、认知和社会之外的第五维空间，即泛在的网络电磁空间。

网络电磁空间以自然存在的电磁能为承载体，以人造的网络为平台，以信息控制为目的。它通过网络将信息渗透到陆、海、空、天实体空间，依托电磁信号，传递无形信息，控制实体行为，从而构建实体层、电磁层、虚拟层的相互贯通，构成无所不在、无所不控、虚实结合、多域融合的复杂空间。

网络电磁空间作为人类开辟的第五维空间，其发展大致经历了计算机网络空间、电磁与网络融合空间、泛在网络电磁空间三个阶段，目前已经发展成为一个从抽象到具体、从单纯虚拟空间到物理、信息、认识、社会多维空间的泛在系统，并承载政治、经济、文化、外交、军事的全新空间，成为影响社会稳定、经济发展、文化传播和国家安全的重要平台。

1.1.2 网电对抗基本概念

网电对抗是为了削弱、破坏敌方网络电磁空间作战能力和保护己方网络电磁空间安全所采取的措施与行动的总称。因此，网电对抗就是敌我双方在网络电磁作战空间所进行的为作战行动服务的对抗活动，也称为网电一体战。其实质是敌我双方在网络电磁作战空间为争夺网络电磁的使用权和控制权展开的争斗。

网电对抗主要包括两个方面的内容：一方面，为了削弱、破坏敌方网络电磁空间作战能力所采取的措施和行动，包括网电对抗侦察、网电对抗攻击；另一方面，为了保护己方网络电磁空间安全而采取的措施和行动，即网电对抗防御，本质是反侦察/抗干扰。

网电对抗主要目的可以细分为通过网电对抗手段获取敌方有价值的军事情报，使敌方失去关键性战机，在主要方向上使敌方指挥失灵，迷惑敌方使其产生错误判断或接收虚假情报，阻止敌方对己方网电行动的侦察；利用网电对抗获得的情报，分析判断敌方网电对抗目标的威胁等级，对威胁等级高的敌方网电对抗目标进行测向定位，为使用火力摧毁敌方网电对抗目标提供依据。

网电对抗侦察是指使用网电对抗侦察系统截获敌方网电对抗目标辐射的电磁信号和水声信号，以获取敌方网电对抗目标的特征参数、位置、类型、拓扑、用途及相关武器和平台等情报，包括网电对抗情报侦察和网电对抗支援侦察。网电对抗侦察的目的：一方面，通过网电对抗情报侦察，了解敌方的军事意图、网电对抗目标的技术水平，为军事行动决策和网电对抗装备的研制提供依据；另一方面，通过网电对抗支援侦察，截获敌方网电对抗目标的信号，分析工作频率、识别特征参数和进行测向定位，使指挥员实时了解战场的网电态势，为网电对抗攻击或网电对抗防御作战决策和作战行动提供情报保障。网电对抗侦察按侦察对象分为雷达对抗侦察、通信对抗侦察、导航对抗侦察、水声对抗侦察和光电对抗侦察五大类。其中雷达对抗侦察是指侦测、记录所有类型雷达及雷达干扰设备在各种工作状态下的信号特征参数，并对其定位和识别；通信对抗侦察是指对各种无线通信网台和干扰设备进行特征参数侦测和测向定位，并根据其技术性能、通信诸元和通联规律来判别无线通信网络的组织、级别和属性；光电对抗侦察是指截获和识别敌方光电辐射源发射的信号和目标红外辐射信号，包括激光雷达、激光制导照射源等的激光辐射信号和飞机、导弹等兵器的红外辐射信号。由于本书基于网电对抗进行撰写，因此将导航对抗侦察划分到通信对抗侦察。水声对抗侦察和光电对抗侦察不是本书涵盖的内容，所以本书不赘述。

网电对抗攻击是通过人为手段削弱甚至阻断敌方网电空间作战能力的发挥，分为阻塞攻击、欺骗攻击、扰乱攻击和毁瘫攻击等。阻塞攻击是指采取干扰压制、灵巧攻击、流量攻击、拒绝服务等手段，消耗网电对抗目标的工作带宽、阻断其服务、降低甚至终止其有效应用；欺骗攻击是采取波形欺骗和协议欺骗等手段，在网电空间中向敌方网电系统传输虚假指令或信息，致使敌方判断错误、决策失误；扰乱攻击是采取系统接管、信息扰乱和数据篡改等手段，影响网电对抗目标正常运转，削弱网电对抗目标效能发挥；毁瘫攻击是利用数据破坏、硬件损毁等攻击手段，毁坏敌网电空间中的核心数据、硬件设备等，彻底瘫痪网电对抗目标。

网电对抗防御主要包括两部分内容：一是利用网电对抗攻击手段扰乱敌方的侦察装备，阻止敌方截获已方辐射的电磁信号，其本质属于网电对抗攻击；二是对己方战场网络采取电磁加固和抗干扰措施，减少辐射和加强保密，增强装备自身的反侦察和抗干扰能力。

本书主要阐述网电对抗侦察所设计的电磁信号侦测与分析，即电磁信号侦收、参数测量、调制识别与解调、编码识别与解码、分选与识别，以及测向/定位等核心内容。网电对抗攻击和干扰，以及网电对抗防御不是本书讨论的范畴。

1.2　网电对抗目标范畴

网电对抗的最终目的是通过侦察、测向、攻击、干扰和防御等手段掌控网电权。其中侦察和测向是核心，攻击和干扰是目的，防御是关键，侦察和测向是攻击、干扰和防御的前提。

网电对抗目标涵盖了军事和民用领域的短波通信网、战术互联网、地域通信网、卫星通信网、雷达系统、导航定位系统、数据链、移动互联网、光电和声纳等。为避免歧义和误解，本书所述网电对抗目标特指战场网络空间中作战对象所装备的网电类目标，即在未来数字化战场上实施网电对抗的敌方网电类目标。

战场网络是遂行地面、空中、海上战役和战术行动所依赖的综合一体化的指挥、控制、通信、计算机、情报、监视与侦察系统，即 C^4ISR（command、control、communication、computer、intelligence、surveillance and reconnaissance）系统。依据其遂行的战略和战术级作战任务，战场网络可分为指挥控制、侦察预警、导航识别和火控制导等目标类型；也可以根据其协议体制和作战应用，将战场网络划分为指挥控制网、战场通信网、预警探测网、卫星通信网、导航定位网和战术数据链等目标网络，如图 1-1 所示。其中指挥控制网是战场指挥控制的核心，主要包括计算机、各类数据处理和融合平台。指挥控制网的信息来源和远程传输依赖于其他五大类网络。在这五大类战场网络中，战场通信网、卫星通信网和战术数据链属于基础信息网络，预警探测网和导航定位网属于无线感知网络，这些目标网络覆盖了陆、海、空、天，实现了战场的无缝连接。需要强调的是，尽管战场网络必须得到国家天基信息资源（如天基电子/信号/图像情报侦察卫星系统、天基导弹预警卫星系统等）的支援，或者将这些天基传感器综合在战场无线网中一起使用，但是从技术特点和作战功能等方面来看，国家天基信息资源网仍归属于预警探测范畴。

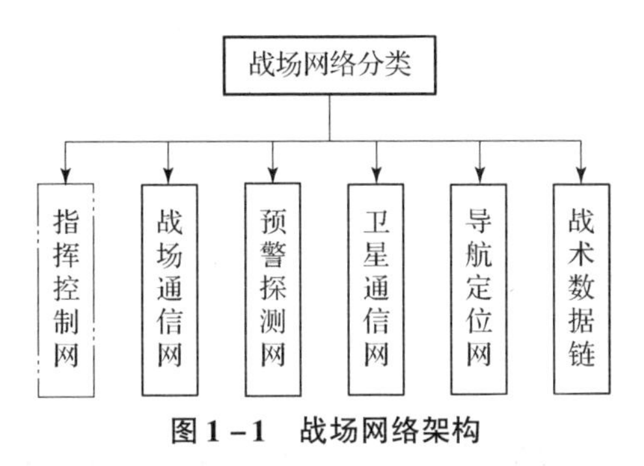

图1-1 战场网络架构

战场网络综合性强技术复杂，可满足特殊的军事需求，主要用于实施部队联络协同，完成情报搜集、传递及信息共享，保障对部队和武器装备的不间断指挥与控制。

战场网络主要分为三个层次：第一层次，即基础层次，由无线通信网台、雷达、声纳和光电、数据链、通信卫星、导航定位、电话、传真等基本装备或终端构成；第二层次，即平台层次，把无线通信网台、雷达、声纳和光电、数据链、通信卫星、导航定位等基本装备或终端集成在飞机、坦克、水面舰船和潜艇等作战平台和指挥所里，为作战部队实施“平台中心战”，执行各种战术任务提供有力保障；第三层次，即网络层次，通过把散布在陆、海、空、天的各种装备和终端、各种作战平台和指挥所等连接在一起形成立体可靠的网络，实现部队指挥方式由集中式树状指挥向无中心扁平化指挥的重大转变，为部队的“网络中心战”奠定基础。

在数字化信息化战场上，作战距离导致物理上的隔绝，只有庞大的无线网络才能使信息系统与武器系统，以及武器系统之间互相联通构成“系统集成”。因此，就网电对抗目标而言，只能是在战场网络中辐射无线电磁信号的互联互通、多路由、多节点的战场无线网络，以及在战场无线网络中各种无线系统和终端。

在图1-1所示的战场网络架构中，战场通信网承担着战场信息传递任务，主要包括以战场互联网为核心的无线通信、以光纤为主的有线通信和光通信等传输体制；预警探测网对外层空间、空中、海上、陆地、电磁空间等进行全天候目标探测和预警，主要包括雷达、预警机、敌我识别、声纳、光电和各类侦察卫星等侦察和探测系统；卫星通信网用于外层空间，以及与陆、海、空等卫星终端之间的通信，主要包括轨道卫星、地面控制系统和各类卫星终端；导航定位网为武器和人员等提供准确的时空基准信息，主要包括航空、航天、航海等导航系统；战术数据链为军队指挥、控制与情报系统传输信息，主要包括信道传输设备、安全保密设备、终端设备和战术数据系统等。

综上所述，网电对抗可分为通信网对抗、雷达对抗、光电对抗、导航对抗和声纳对抗等。为便于内容的编排，本书基于广义战场无线网络的概念，聚焦网电对抗核心内容，将上述网电对抗目标分为通信类网电对抗目标和雷达类网电对抗目标进行阐述。

第2章

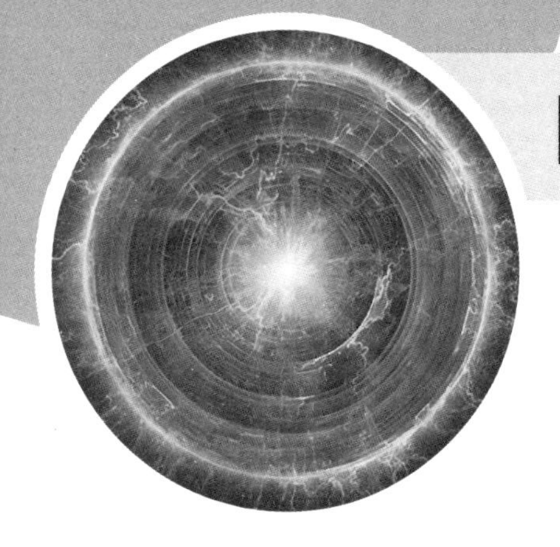

网电对抗基础知识

2.1　通信网对抗基础知识

通信网对抗目标涵盖了短波通信网、战术互联网、地域通信网、卫星通信网、导航定位系统、数据链和移动互联网等战场通信网络。另外，为了与经典通信对抗理论对应以及便于后面阐述，在战场通信网中网电对抗目标在相关章节称为无线通信网台与无线通信节点（简称为节点）。

2.1.1　通信网对抗系统

1. 系统基本组成

在实际战场复杂电磁环境中，由于网电对抗目标已经网络化并且覆盖各个波段、涵盖各种调制。因此，网电对抗不是单台干扰设备对抗单台通信设备，而是系统对抗系统、网络对抗网络。

通信网对抗系统是指利用网络化设备把通信网对抗指挥控制系统、通信网对抗侦察系统、通信网对抗测向系统和通信网对抗干扰系统等有机地连接在一起，通过统一指挥以实现网电对抗反应实时化、作战协同化和效能最大化。通信网对抗系统的组成如图2－1 所示。

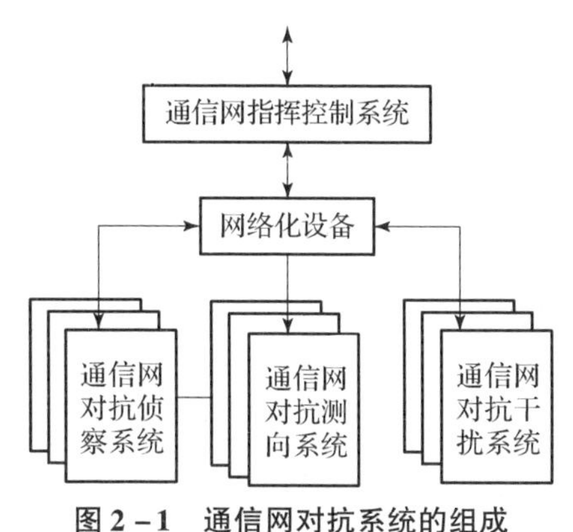

图 2－1　通信网对抗系统的组成

1）通信网对抗指挥控制系统

通信网对抗指挥控制系统基于通信功能实现对所属侦察、测向和干扰等各系统的指挥和控制。一方面汇聚和处理各系统上报的信息，并协调各系统的任务和工作；另一方面接收上级指挥所下达的作战命令并将作战意图下发到各系统，完成相应的网电作战任务并评估作战效果和上报战况。通信网对抗指挥控制系统同时还具备态势生成、辅助决策和数据库等功能。

2）通信网对抗侦察系统

通信网对抗侦察系统通常由多个侦察子系统组成，侦察子系统又称为侦察站。侦察系统基于配置的侦察子系统实现对作战区域内不同频段通信网电磁信号的截获分选、参数测量、调制识别与解调、编码识别与解码、信息还原和分析显示等一系列处理。该系统一般由侦察接收天线、搜索接收机、分析接收机、信号分析终端、全景处理终端和数据库等组成，如图 2－2 所示。

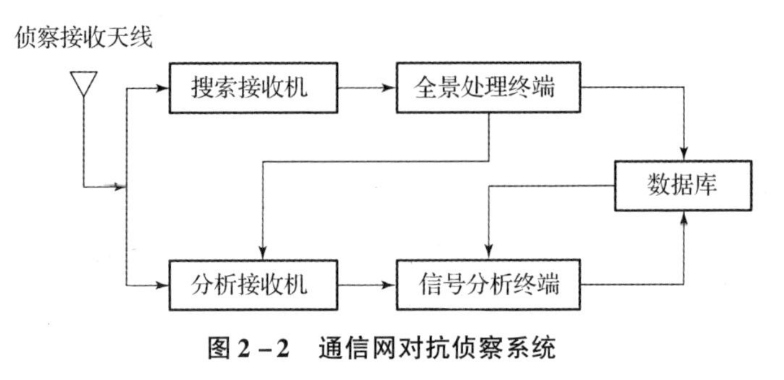

图 2－2　通信网对抗侦察系统

3）通信网对抗测向系统

通信网对抗测向系统通常由多个测向子系统组成，又称为测向站。测向系统基于配置的测向子系统实现对通信网电磁信号的测向与目标的定位。通信网电磁信号的测向可利用方向性天线通过对空域的电磁信号搜索来实现，或利用电磁信号到达天线阵的幅度差、相位差或时间差来实现；通信网目标的定位由两个或两个以上测向子系统采用交叉定位来实现，从而判定目标的方位。通信网对抗测向系统一般由测向天线/天线阵、测向接收机、测向处理机、数据库和显示控制台等组成，如图 2－3 所示。

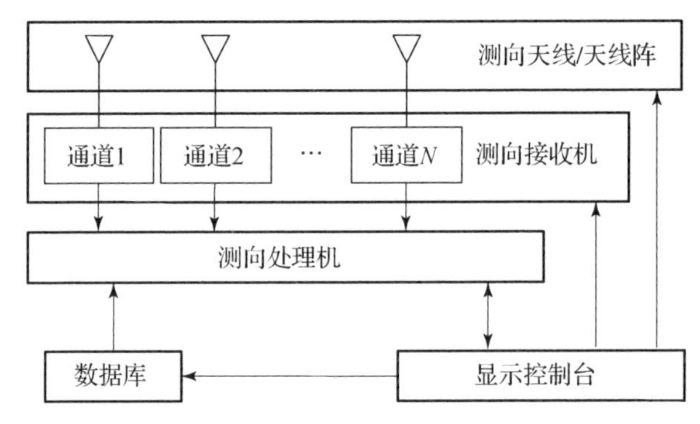

图 2－3　通信网对抗测向系统

通信网对抗测向系统的工作过程简要描述：测向天线感应空间传输的电磁信号并将之转换为电信号；测向接收机对测向天线感应后送来的无线通信网台信号进行滤波、放大和变频处理；测向处理机对来自测向接收机的信号进行 A/D 变换和测向算法处理，得到无线通信网台的方位；显示控制台单元对测向处理机输出的测向结果进行显示，并协调测向子系统各组成部分的工作，如测向天线的阵元转换、接收机本振及信道的控制、测向工作方式的选择、测向速度及其他工作参数的设置等。

4）通信网对抗干扰系统

通信网对抗干扰系统通常由多个干扰子系统组成，该干扰子系统又称为干扰站。干扰系统依据侦察系统和测向系统所获得的结果，根据作战需求，采用人为手段削弱甚至阻断敌方网电空间作战能力的发挥。通信网对抗干扰系统由接收天线、接收机、干扰引导设备、干扰信号生成设备、干扰效果监视设备和功率放大器等组成，如图 2－4 所示。

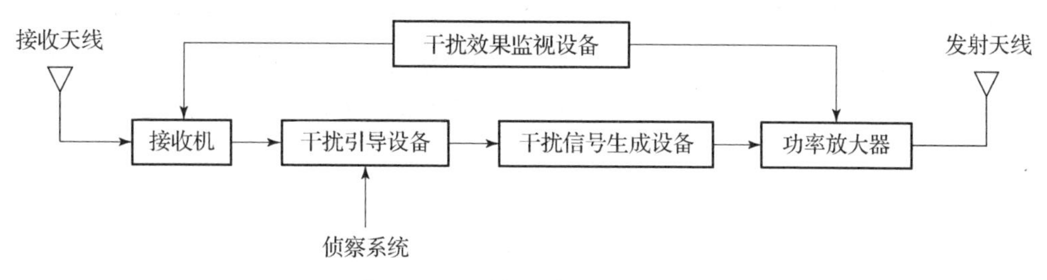

图 2－4　通信网对抗干扰系统

通信网对抗干扰系统的工作过程简要描述：先由干扰信号生成设备产生与通信网目标信号频率、调制和编码等相匹配的干扰信号，经功率放大器将干扰信号放大到一定的功率；再由天线辐射向目标所处的方向实施干扰。

2. 通信网对抗系统分类

通信网对抗系统按工作频段可分为短波、超短波和微波等通信网对抗系统，其中短波通信网对抗系统频率范围为 3 ~ 30MHz、超短波通信网对抗系统频率范围为 30 ~ 300MHz、微波通信网对抗系统频率范围为 300 ~ 3000MHz 等。

按作战对象分类，通信网对抗系统可分为战术通信网对抗系统、移动通信网对抗系统、卫星通信网对抗系统和数据链对抗系统等。

按搭载平台分类，通信网对抗系统可分为车载式对抗系统、机载式对抗系统、舰载式对抗系统、星载式对抗系统、便携式对抗系统和固定式对抗系统等。

2.1.2　通信网对抗侦测系统

1.　通信网对抗侦测系统的组成

通信网对抗侦测系统（设备）组成如图 2－5 所示。该系统兼具通信网对抗侦察系统功能和通信网对抗测向系统功能，其包括天线系统、侦察系统、测向系统、信号分析和处理系统、情报分析系统、组网系统、控制系统和显示控制台等。

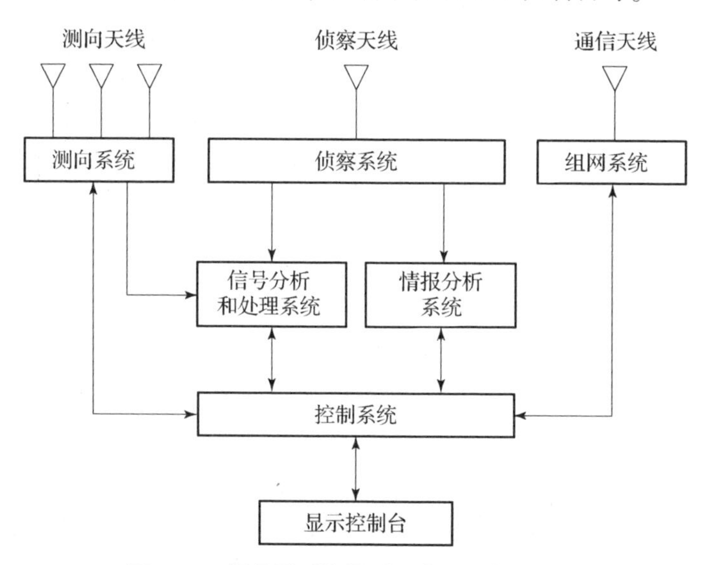

图 2－5　通信网对抗侦测系统（设备）组成

通信网对抗侦测系统（设备）的天线包括侦察天线、测向天线和通信天线。侦察天线和测向天线通常采用宽频段天线，不同的是侦察天线一般为宽波束天线，而测向天线会根据测向方法的不同，使用不同结构的多元天线阵。在协同工作时，通信天线一般采用全向天线形式。

通信网对抗侦测系统（设备）的侦察系统以接收机为主，接收机在宽频带范围内实现目标电磁信号的低噪声放大、变频和中频放大，为信号分析和处理系统、测向系统（设备）提供一定幅度和带宽的中频信号。根据作战需求不同，接收机性能指标与结构要求也会有所差别，但通常都是采用超外差接收机体制。接收机类型可以是窄带搜索接收机、宽带接收机，也可以是单信道接收机、多信道接收机。测向子系统（设备）的接收机一般是多信道的。

通信网对抗侦测系统（设备）的测向系统（设备）完成对通信网电磁信号来波方向的测量，可采用的技术包括振幅法测向、相位法测向、时差法测向、多普勒测向和空间谱估计测向等。其测向系统（设备）既可独立工作，也可与信号分析和处理系统协同工作。独立工作时，测向系统（设备）自身具备一定的信号分析和处理能力；在协同工作时，测向系统（设备）更多地依靠功能强大的信号分析和处理系统，并可根据截获的通信网电磁信号实现对通信网目标的交叉定位。

通信网对抗侦测系统（设备）的信号分析和处理系统在实现对通信网电磁信号探测和截获的基础上，完成对敌方通信网电磁信号技术特征提取、测向定位、调制识别和解调、编码识别和解码和信息还原等处理，并把获取（甚至还原）的信息传送到情报分析设备进行综合分析处理。

通信网对抗侦测系统（设备）的情报分析系统，利用信号分析和处理系统提取的信号参数和测向系统（设备）得到的来波方向等参数进行综合分析处理，完成电磁态势综合分析与威胁评估、作战辅助决策与指挥控制，形成通信网对抗侦察情报并在本地显示和记录，并通过组网通信设备传送到各级指挥中心（所）。

后面阐述的通信网电磁信号侦测与分析相关内容都是基于通信网对抗侦测系统（设备）而展开。

2. 通信网对抗侦测系统的任务

通信网对抗侦测是在一个开放的、未知的、瞬息多变的电磁环境中实施，其针对的是复杂多样的无线通信网台信号，并且通信方在进行信息交互时总是采取各种措施保障通信的畅通无阻和通信内容安全保密。作为第三方的侦察方，总是希望能够截获尽可能多的网电对抗目标信号，以便分析出更多有价值的情报，作为干扰或攻击作战等行动的依据。

通信网对抗侦测系统的任务是指在给定的频段内搜索和截获敌方的通信网电磁信号，从其信号中获取时间域、频率域和空间域的技术参数，提取通信网目标的个体特征，获取工作特征甚至通信内容。通信网对抗侦测系统的任务：一方面是通过融合处理形成战略和战术情报，为指挥决策提供服务；另一方面是监测通信网目标状态并根据作战需求引导干扰等。通信网对抗侦测系统信号处理流程如图 2-6 所示。

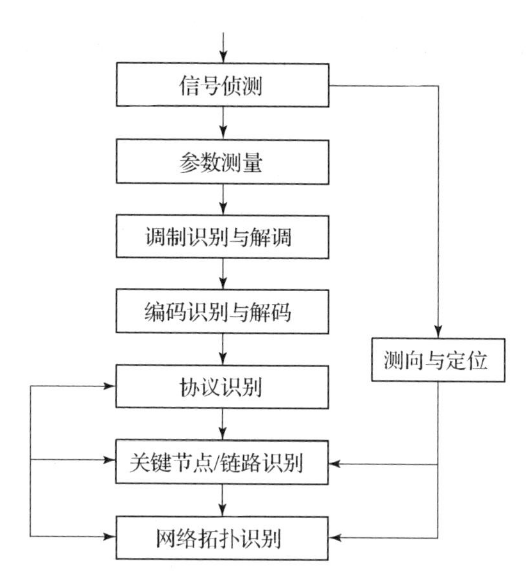

图 2-6 通信网对抗侦测系统信号处理流程

具体来说，通信网对抗侦测系统的主要任务包括以下 6 个方面。

1）通信网电磁信号侦测和截获

通信网对抗侦测是通信网对抗干扰（攻击）的前提和基础，首要任务是侦测和截获目标区域中有价值的通信网电磁信号，为后面的参数测量和分析、信号分选和目标识别、调制识别和解调、编码识别和解码、测向和定位、干扰引导和情报分析提供支持。

通信网电磁信号对通信网对抗侦测系统（设备）而言，其辐射方向、工作频率、出现时间和信号强度等基本完全或部分随机的。因此，通信网对抗侦测系统（设备）实质是通过由空域、频域、时域和能量域等构成的多维搜索窗以一定的截获概率，实现对通信网目标信号进行侦测和截获。

2）通信网电磁信号测向和定位

除了侦测和截获通信网电磁的技术特征外，通信网电磁测向和定位也是通信网对抗侦测系统（设备）的重要任务。测向定位是指根据侦测和截获的通信网电磁信号，采取一系列技术措施和手段测定来波方向，并确定通信网目标的地理坐标位置。

通过对目标区域的通信网目标进行测向和定位，形成该区域通信网目标的分布图，可判断敌方兵力部署和作战动向，为己方作战计划的制定提供情报支援。通信网目标信号的测向方法主要有幅度法、相位法、时差法、干涉仪和空间谱估计等。在通信网目标测向的基础上，通信网对抗侦测系统（设备）通过交叉定位实现对通信网目标方位的确定。

3）参数的测量和分析

在实现对目标区域的通信网电磁信号侦测和截获的基础上，通信网对抗侦测需要对通信网电磁信号技术特征和工作特征进行参数级处理，包括通信网电磁信号参数测量和分析。

通信网对抗侦测系统（设备）提取的通信网电磁信号参数，一方面包括工作频率、信号带宽、信号电平、调制方式、数据速率、编码类型、极化方式、周期特征，以及调幅信号的调幅度、调频信号的调频指数、移频键控信号的频移间隔、跳频通信信号的跳频速率和频率集等技术特征；另一方面包括通信体制、通信术语、联络代号、网台呼号、联络时间和联络次数等工作特征。

参数分析是指通信网对抗侦测系统（设备）通过对通信网目标信号技术特征、工作特征和网台位置的分析，判断通信网目标的组成、指挥关系和通联规律，判定通信网目标的类型、数量、部署和变化情况，推断敌方指挥所位置、战斗部署和行动企图等。

4）信号分选和网台识别

针对空中通信网目标信号复杂多变和密集传输的特性，通信网对抗侦察的任务是对侦察频带中多个通信网电磁信号进行分选。通信网对抗侦测系统（设备）对于信道不重叠的信号，通常采用中心频率和带宽可调的窄带或信道化滤波器等将信号分离成单一信号；对于信道严重交叠甚至正交的信号，则采用盲源分离等算法和技术将多个信号逐一分选。

通信网对抗侦测系统（设备）通过利用通信网电磁信号的技术特征和工作特征并结合其位置来实现目标识别。其中，信号的技术特征实现对通信网目标的宏观区分，信号的工作特征可以判断和识别该通信网目标的重要程度、级别、属性及相互关系等，两者相辅相成实现对通信网目标的识别。

5）信号解调和信息还原

在实现通信网电磁信号探测和截获、参数测量和分析以及信号分选的基础上，通信网电磁信号调制分类、解调以及信息还原是通信网对抗侦察的另一个重要任务。

调制分类（又称为调制识别）是根据通信网电磁信号各种调制方式的特点，按照一定的准则对通信网电磁信号进行调制分类，并在此基础上进一步实现通信网电磁信号解调。通信网模拟电磁信号的解调相对比较容易。通信网数字电磁信号解调时，由于属于第三方侦察，因此通信网对抗侦测系统（设备）缺乏有关调制参数先验知识，一般采用盲解调技术进行处理不同的调制方式和调制参数的通信网数字电磁信号。

信息还原是根据通信网目标所采用的网络协议、信源编码、信道编码和加密方式等进行处理得到发送方传输的原始信息。由于缺乏先验信息，通信网电磁信号信息还原难度非常大。

6）侦察情报融合处理

通信网对抗侦测最终目的是通过融合处理形成战略和战术情报以及根据作战需求引导干扰等。因此，通信网对抗侦察情报融合处理为通信网对抗侦察的重要任务之一。

通信网对抗侦测系统（设备）将多个通信网对抗侦测系统（设备）或多个途径汇聚的通信网目标数据进行综合分析和相关处理，生成敌方电磁态势和作出威胁评估，推断敌方指挥系统的配置、兵力部署和作战意图等，形成情报并上报，以提供己方各级指挥员做决策。

2.2　雷达对抗基础知识

2.2.1　雷达对抗系统

1. 系统基本组成

雷达对抗系统的作战对象已不是传统的单部（台）雷达，而是复杂的雷达探测网络。因此，雷达对抗系统也由单部（台）设备发展为由雷达对抗侦察系统、各级指挥控制系统（指控中心）和雷达对抗干扰系统等组成的雷达对抗网络。其中，雷达对抗干扰系统是指能够根据指挥控制系统下发的指令产生指定干扰信号的系统（设备）。

综上所述，雷达对抗系统主要包括雷达对抗侦察系统、雷达对抗指挥控制系统和雷达对抗干扰系统等。其基本组成如图 2－7 所示。

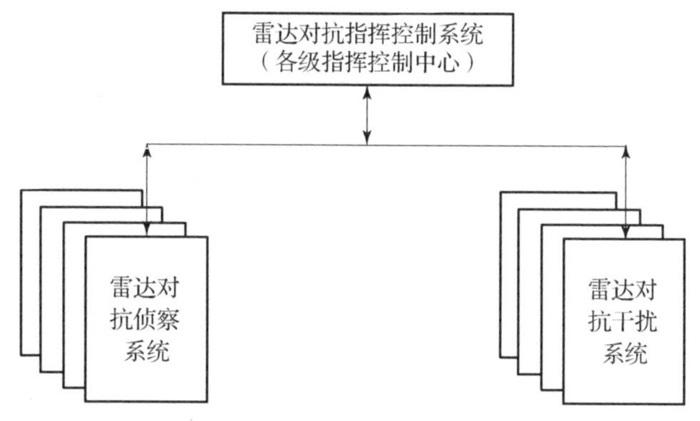

图 2－7　雷达对抗系统基本组成

1）雷达对抗指挥控制系统

雷达对抗指挥控制系统是基于通信功能实现对所属雷达对抗侦察系统和雷达对抗干扰系统等的指挥和控制。雷达对抗指挥控制系统，一方面汇聚和处理各系统上报的信息，并统一各系统的工作；另一方面接收上级指挥所下达的作战命令，并将作战意图发到各系统，完成相应的作战任务并评估作战效果和上报战况。

2）雷达对抗侦察系统

雷达对抗侦察系统通常由多个侦察子系统组成。该系统是基于配置的侦察子系统实现对作战区域内雷达电磁信号（以下简称为雷达信号）的搜索截获、参数测量、方位测量、分选识别、目标定位等处理，完成对雷达所属平台的识别，为指挥控制和作战决策提供支持，为雷达干扰和火力摧毁提供引导。该系统一般由天线部分（测频天线、测向天线阵）、测向接收机、信号处理机、终端显示设备（显示器、记录器）、控制器等组成，如图 2－8 所示。

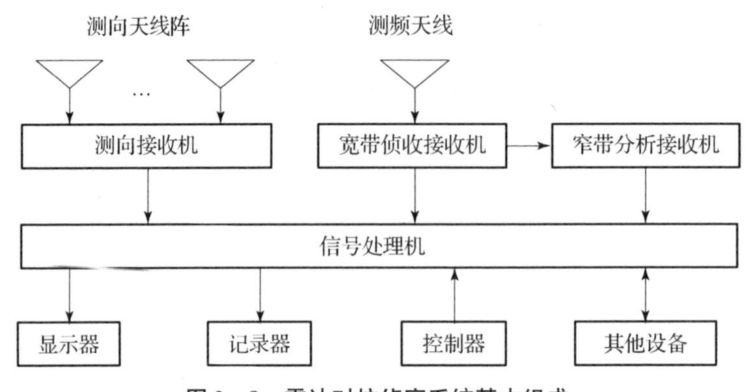

图 2-8　雷达对抗侦察系统基本组成

通常也将雷达对抗侦察系统中与测向相关的部分称为测向站。

3）雷达对抗干扰系统

雷达对抗干扰系统根据雷达对抗侦察系统提供的引导信息，结合作战需求，对敌方雷达实施干扰。根据产生干扰信号原理的差异，在通常情况下，可以将雷达对抗干扰系统分为引导式干扰系统、转发式干扰系统和合成式干扰系统，基本组成分别如图 2-9（a）、（b）、（c）所示。

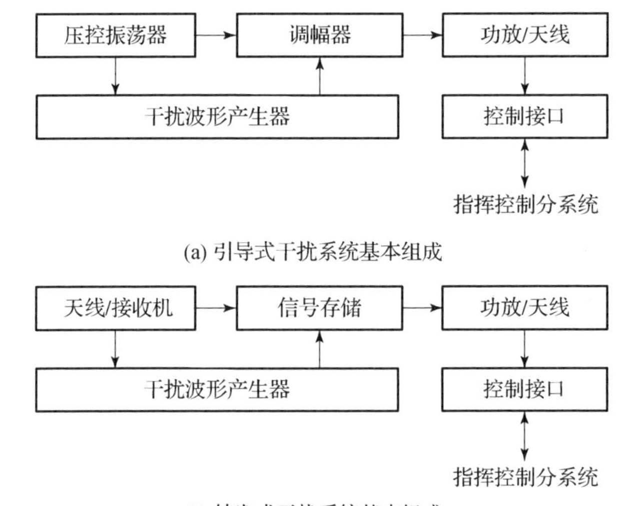

(a) 引导式干扰系统基本组成

(b) 转发式干扰系统基本组成

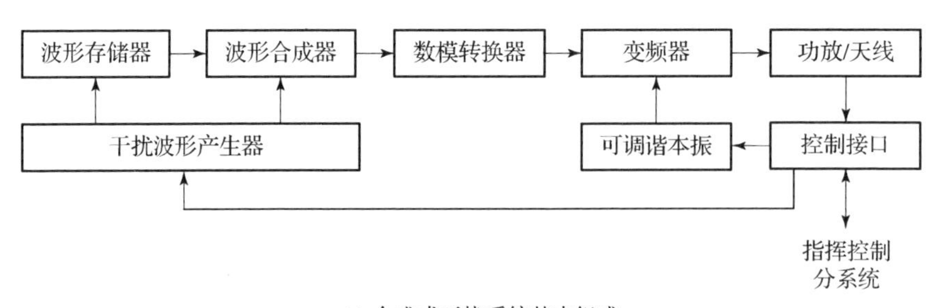

(c) 合成式干扰系统基本组成

图 2-9　雷达对抗干扰系统基本组成

2. 雷达对抗系统的分类

在通常情况下，根据雷达的不同工作频率，会研制相应工作频段的雷达对抗干扰系统，而对于雷达对抗侦察系统来说，通常可以实现全频段雷达信号的侦测和识别。因此，雷达对抗系统在根据工作频段分类时，通常是依据雷达对抗干扰系统。因雷达按工作频段可以分为 L 波段、S 波段、C 波段和 X 波段等，所以根据雷达不同工作频段可分为针对不同波段的雷达对抗干扰系统。

随着雷达体制的不断更新，雷达对抗系统也在不断发展。因此，根据雷达的不同体制，也可实现对雷达对抗系统的分类。雷达体制一般可分为连续波雷达、常规脉冲雷达、频率捷变雷达、脉冲压缩体制雷达、脉冲多普勒雷达（pulse doppler radar，PD）、相控阵雷达、合成孔径雷达（synthetic aperture radar，SAR）、逆合成孔径雷达（inverse synthetic aperture radar，ISAR）等。针对不同体制的雷达，雷达对抗方会探索新的侦察技术、干扰手段，研制对相应体制雷达的对抗装备，从而实现对该体制雷达信号的侦测、识别和干扰。

此外，根据搭载平台的不同，雷达对抗系统可分为地面雷达对抗系统、车载式雷达对抗系统、舰载式雷达对抗系统、机载式雷达对抗系统、弹载式雷达对抗系统和星载式雷达对抗系统等。

2.2.2 雷达对抗侦察系统

1. 雷达对抗侦察系统的组成

雷达对抗侦察的任务由雷达对抗侦察系统完成。典型雷达对抗侦察系统组成如图 2 - 8 所示。雷达对抗侦察系统虽然搭载的平台有差异，但是其组成基本是相同的，由两个基本部分组成：侦察前端和终端。其中，侦察前端由天线部分和接收机部分组成，完成对雷达信号的搜索、截获和参数测量；侦察终端由信号处理机和显示器、记录器、控制器等输入输出设备组成，完成对雷达信号的分选识别等处理，输出雷达的技术参数和初级情报信息。

天线部分通常包括测向天线阵和测频天线两部分，其基本作用是将空间中的电磁波信号转化为射频电信号，提供给后续的接收机处理。测向天线阵还用来测量雷达信号的到达方向。在通常情况下，雷达对抗侦察所使用的天线为圆极化或工作频带较宽的平面螺旋或对数周期天线。

接收机的主要作用是放大天线送来的微弱高频信号，并将高频信号转化为信号处理机所需的信号。具体地说，测向接收机与测向天线阵一起实现对射频脉冲信号到达方向（DOA）的实时测量；测频天线与宽带侦收接收机一起实现对雷达信号的载频（RF）、脉宽（PW）、到达时间（TOA）和脉冲幅度（PA）等参数的实时测量；窄带分析接收机可根据系统的任务需求和信号处理机的引导，先从宽带测频天线接收信号中选择特定调制特性（如载频、脉宽、脉冲重复周期）的信号，将其变频到中频基带，经模数转换输出数字波形数据，再由窄带信号分析处理机模块进行脉内和脉间调制的精确分析和测量。

信号处理机一般由数字信号处理器（DSP）和现场可编程门阵列（FPGA）等组成，通常包括信号预处理和信号主处理两部分。信号预处理将接收机输入的脉冲描述字

(PDW) 与数据库中已有雷达的先验信息和先验数据进行快速匹配比较，分门别类装入各 PDW 缓存器，并剔除无用信号。通过预处理，将高密度的混叠脉冲流降低到信号主处理部分能够适应的信号密度。预处理部分通常采用现场可编程门阵列。信号主处理部分的主要作用是完成对雷达信号的分析和识别。其分析的目的是完成雷达信号的分选，得到单部雷达信号脉冲串包含的信息，如天线扫描方式、天线方向图等；识别的目的是得到雷达的属性、用途、型号和体制等方面情报信息。信号主处理部分通常采用高速数字信号处理器阵列。此外，信号主处理部分的结果还可以引导窄带分析接收机，选择特定的窄带信号进行精细化分析，如脉内调制信息、脉间调制规律等。

信号处理机处理后的数据可以直接提交显示器、记录器、干扰控制等设备。除显示和记录功能之外，显示器和控制器还用于雷达对抗侦察系统的人机界面处理，控制雷达对抗侦察系统的各部分工作状态，记录器保存各种处理结果。

2. 雷达对抗侦察系统的任务

雷达对抗侦察面临的是一个变化的、复杂的、海量数据的电磁信号环境，针对的是参数变化多样的、交错的雷达信号，同时新体制雷达在信号设计时通常采取抗干扰、反侦察措施，这些都对雷达对抗侦察提出更高的要求。雷达对抗侦察作为非协作的第三方侦察，目的是通过对敌方雷达信号的无源侦察，获得尽量全面和准确的敌方雷达情报信息，为高层决策和雷达数据库建立提供情报数据，为告警、干扰等提供实时引导支援。

根据雷达对抗侦察的定义，雷达对抗侦察的主要任务是通过搜索、截获、分析和识别敌方或潜在作战对手雷达发射的信号，查明其雷达的工作频率、脉冲宽度、脉冲重复频率、天线方向图、无线电扫描方式和扫描速率，以及雷达的位置、类型、工作体制等。一方面是为了得到全面、准确的敌方雷达目标情报信息，为战略决策服务；另一方面是为了得到实时的敌方或潜在作战对手雷达目标情报信息，为战术支援服务。

雷达对抗侦测的信号处理流程如图 2-10 所示。

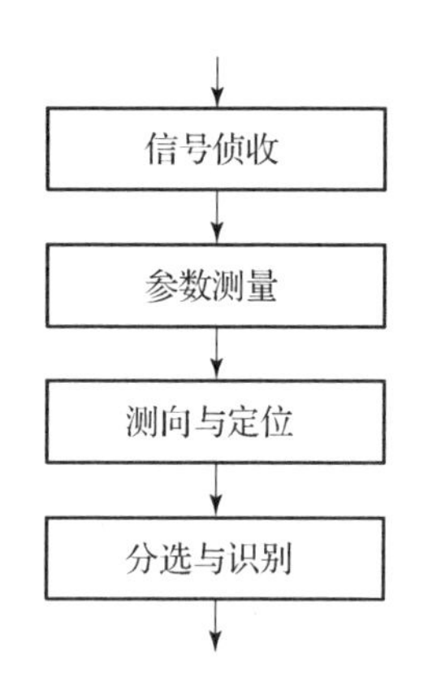

图 2-10　雷达对抗侦测信号处理流程

具体来说，雷达对抗侦察的任务包括以下 6 个方面。

1）雷达信号搜索和截获

雷达信号截获是实现后续参数测量、信号分选识别等处理步骤的前提条件。因此，对雷达信号的搜索和截获是雷达对抗侦察的首要任务，也是雷达对抗侦察主要任务之一。

对侦察接收机来说，雷达信号是非合作性的，截获非合作信号是困难的。对雷达信号的截获，是建立在对信号搜索的前提下，是信号搜索的结果。由于受到技术和战术性能要求的限制，因此现代的雷达对抗侦察、信号搜索是指用工作于一个或多个瞬时窄参数范围的侦察系统，以参数扫描的方式对雷达参数进行搜寻，从而实现雷达信号的截获。雷达信号的截获是指雷达信号被侦察系统分别截获时域、空域、频域和极化域四个随机事件同时发生。

2）雷达信号参数测量

雷达对抗侦察方通过信号搜索和截获，首先将截获成功的信号进行初步稀释分离，剔除无用信号，然后进行雷达信号参数测量，为后续雷达信号的脉冲描述字（PDW）生成奠定基础。因此，雷达信号参数测量是雷达对抗侦察的任务之一。

雷达信号参数测量的内容主要包括雷达信号的工作频率（RF）、脉冲到达时间（TOA）、脉冲宽度（PW）、脉冲幅度（PA）、脉内调制信息、天线扫描周期、极化特征等。其主要由侦察系统中的测频接收机、通用逻辑电路、专用集成电路、现场可编程门阵列器件和数字信号处理器件、天线，以及极化测量接收机完成。

3）雷达信号到达方向测量

雷达信号到达方向（DOA）是指雷达相对于雷达对抗侦察装备接收天线的方向，通常包括方位角和俯仰角，有时不考虑空中雷达目标的情形，则 DOA 仅包括方位角。

DOA 测量的需求有很多方面：第一，DOA 测量是进行信号分选的需要。同一雷达发射的脉冲信号，只有 DOA 参数是相对比较稳定的，因为雷达位置不可能在短时间内发生较大的变化，而 RF、PW 等参数可以通过设置不同的信号样式实现快速变化。第二，DOA 测量是实现雷达识别的需要。在雷达识别中，DOA 信息对敌我雷达辐射源的识别具有重要意义。第三，DOA 测量是引导干扰系统实施干扰的需要。由于实施有效干扰是空域对准的主要条件之一，因此为了将干扰能量集中于目标雷达所在空域，目标雷达的方位信息就显得尤为重要。此外，DOA 参数也是实现雷达无源定位、反辐射攻击和威胁告警的必需参数。因此，DOA 测量是雷达对抗侦察的主要任务之一。

4）雷达信号的分选

作为非协作的第三方侦察，雷达对抗侦察面临复杂的电磁环境，因此在通常情况下，截获的信号是多部雷达辐射的时域、空域、频域交错的脉冲流。雷达信号的分选是指从多部雷达信号交错的脉冲流中分离出每一部雷达发射的脉冲信号的处理过程，也称为去交错处理。雷达信号的分选主要利用同一部雷达信号的相关性和不同部雷达信号的差异性实现。雷达信号的分选是后续进行雷达用途、型号识别的前提条件，是雷达对抗侦察的主要任务之一。

雷达信号分选通常利用脉冲描述字（PDW）和脉冲重复周期（pulse repetition interval，PRI）进行。脉冲描述字包括信号到达方向、载波频率、脉冲到达时间、脉冲宽度、脉冲幅度。有时会利用脉内调制信息实现某特殊体制雷达脉冲信号的提取。脉冲重复周期是指雷达发射的相邻脉冲信号的时间间隔。

雷达信号的分选方法有很多种：根据优先级的差异分类，可以分为重点目标筛选和常规分选；根据实现过程分类，可以分为预分选和主分选；根据分选参数域的不同分类，可以分为频域分选、空域分选、时域分选和混合域分选；根据分选参数的多少分类，可以分为单参数分选和多参数分选；根据分选使用的观测站数量分类，可以分为单侦察站分选和多侦察站协同分选等。

5）雷达识别

雷达识别是指将被测量和分选后的雷达信号参数与预先积累的雷达信号参数进行比较，通过综合分析或推理分析来确认该雷达属性的过程，同时还可以判定雷达威胁等级、雷达识别可信度，甚至雷达平台属性、平台信息等。雷达识别是雷达信号截获、参数测量和分选后的重要环节，是进行雷达对抗侦察的主要目的，识别的结果是制定电子对抗决策的重要依据，是引导干扰、反辐射攻击的主要依据。因此，雷达识别是雷达对抗侦察的主要任务之一。

雷达识别根据识别方式的不同，可以分为人工识别、自动识别和半自动识别；根据识别的内容的不同，可以分为雷达体制识别、雷达用途识别、雷达威胁等级判定、雷达型号识别、雷达个体识别和雷达平台识别等。

6）雷达无源定位

雷达无源定位是指使用接收机接收敌方或潜在作战对手雷达辐射的电磁波信号来确定敌方或潜在作战对手雷达的位置。雷达无源定位在雷达对抗侦察中具有重要作用：如果应用于雷达对抗情报侦察，则可以通过无源定位获取敌方雷达组网系统中的各雷达具体部署位置，进而可以推断敌方或潜在作战对手防御体系的兵力、部署和作战任务等；如果应用于雷达对抗支援侦察，则实时的无源定位既可以为反辐射攻击装备提供敌方或潜在作战对手雷达具体位置坐标，进而有效摧毁敌方雷达，又可以引导干扰设备聚焦功率，提高干扰效率。因此，雷达无源定位是雷达对抗侦察的重要任务之一。

雷达无源定位通常分为多站雷达无源定位和单站雷达无源定位两种。多站雷达无源定位可以分为测向法定位、测时差法定位、测频差法定位和多参数测量法定位等；单站雷达无源定位可以分为单站瞬时雷达无源定位和单站多时刻雷达无源定位等。

第3章

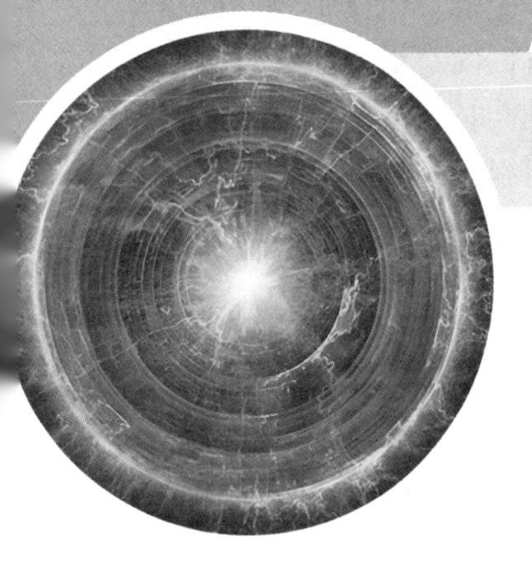

电磁信号侦收方法

3.1 通信网电磁信号侦收方法

网电对抗目标信号侦测与分析按侦测与分析对象分为雷达对抗目标信号侦测与分析、通信网对抗目标信号侦测与分析、光电对抗目标信号侦测与分析、导航对抗目标信号侦测与分析、声纳对抗目标信号侦测与分析等。

本书主要聚焦通信网对抗和雷达对抗两大类目标，本章以通信网电磁信号为主要内容展开阐述。通信网对抗目标信号侦测与分析主要依据通信网对抗侦测系统实现无线通信网台信号的侦收、参数测量、调制识别/解调、编码识别/解码、协议识别、网络拓扑识别和关键节点/链路识别，以及测向和定位，为后续通信网台的组织、级别和属性等判别，以及威胁等级推断和态势形成奠定基础。本书的重点在于分析通信网电磁信号的侦收方法（包括跳扩频信号处理）、参数测量、调制识别和编码识别，协议识别、网络拓扑识别和关键节点/链路识别不予分析，测向和定位等内容将在第 7 章进行阐述。

3.1.1 通信网电磁信号侦收概述

通信网电磁信号侦收是指利用通信网对抗侦察系统中的侦收设备（接收机）搜索、侦收和截获无线通信网台信号，为目标无线通信网台信号的技术参数测量、特征提取和体制识别、来波方向和位置测定、目标的类型及其搭载平台属性的推断奠定基础，从而为通信网对抗干扰和防御提供技术支持。由此获得的通信网对抗情报对判明敌情、分析军事形势和指挥作战具有重要的意义。

由于网电一体对抗尚处于起步阶段，所以为更好衔接当前相关领域成熟的知识体系、军语、条令和相关基础概念，同时考虑通信网电磁信号侦收与通信对抗侦察深度交叉，本章主要内容的阐述仍以通信对抗侦察的基本框架为参考。

通信网电磁信号侦收按照不同的条件和方法，可分成不同的类型。按工作频段划分，可分为长波通信网电磁信号侦收、中波通信网电磁信号侦收、短波通信网电磁信号侦收、超短波通信网电磁信号侦收、微波通信网电磁信号侦收等；按通信体制划分，可分对接力通信的通信网电磁信号侦收、对卫星通信的通信网电磁信号侦收、对跳频通信的通信网电磁信号侦收、对直扩通信的通信网电磁信号侦收和对定频通信的通信网电磁信号侦收等；按运载平台划分，可分为便携式通信网电磁信号侦收系统、地面固定式通信网电磁信号侦收系统、地面移动式通信网电磁信号侦收系统、星载式通信网电磁信号侦收系统、机载式通信网电磁信号侦收系统和舰/船载式通信网电磁信号侦收系统等；按作战任务划分，可分为通信网对抗支援电磁信号侦收、通信网对抗情报电磁信号侦收和通信网（对抗）空间电磁频谱监测三大类。其具体内涵如下：

1. 通信网对抗支援电磁信号侦收

通信网对抗支援电磁信号侦收属于战术情报侦察范畴，在战时进行，与技术侦察和直接侦察相关。

通信网对抗支援电磁信号侦收作为侦察的前提条件，其任务：一方面是在战役战斗过程中，对当前战场上敌方军或师指挥所/作战中心和前线战斗指挥所/作战中心之间，以及与下属部队和下属部队之间的无线通信网信号进行实时侦收和截获，为参数测量、调制识别、编码识别、关键节点/关键链路识别、网络拓扑识别、测向定位、态势推断和威胁评估等奠定基础，从而为己方指挥员和有关的作战系统提供技术情报，作为指挥系统的辅助决策依据。另一方面是依据预定的干扰任务，在获取威胁无线通信网台的工作频率、调制方式、调制参数、编码方式、方向位置和威胁程度等信息的基础上，通过资源的配置以及干扰对象、最佳干扰样式和干扰时机的选择，可引导通信网对抗干扰系统对目标无线通信网台信号实施干扰和攻击。同时在干扰实施过程中，可不断监视无线通信网台电磁环境和目标信号变化情况，支撑动态地调整干扰参数和管理干扰资源，以及对干扰效果进行评估。

2. 通信网对抗情报电磁信号侦收

通信网对抗情报电磁信号侦收属于战略情报侦察范畴，在平时和战时都要进行，主要在平时进行，属于预先侦察范畴。侦收作为侦察的前提，其任务是通过对敌方无线通信网台长期、连续或定期地侦收、监视和监测，为详细搜集和积累某个地区的无线通信网台的战术技术参数和情报信息，获得广泛、全面、准确的技术和军事情报，建立和更新敌方指挥控制通信网的情报数据库，评估敌方无线电通信网络的现状和发展趋势，以及为指挥中心的战略或者战役决策奠定基础。网电对抗侦察情报是为“对策”研究服务的，其形成通常需要长期的观测和积累，然后经过自动分析和处理，才能得到比较准确、系统和翔实的情报。

通信网对抗情报电磁信号侦收范围覆盖全球陆海空天四维的无线通信网台信号，主要针对国家军事指挥中心和战区指挥部之间及与执行特殊任务的作战部队之间的通信。基于信号侦收的结果，为获取敌方通信网所传输的语音、数据、图像和文字信息等内容奠定基础，从而将信息提供给高级决策机关和指挥中心的数据库，为己方制订作战计划、研究对抗策略和研制发展装备提供依据。

3. 通信网（对抗）空间电磁频谱监测

通信网对抗目标信号侦收还涵盖通信网（对抗）空间电磁频谱监测，分为民用和军用电磁频谱监测。其任务：一方面是对给定频谱或给定区域内的无线通信网台信号进行实时侦收，为分析无线通信网台的技术参数、信号特征、活动规律、测向定位等奠定基础。另一方面是通过长期和连续的监测与侦收，并统计无线通信网台信号占用度，将获取的广泛、全面、准确的信息提供给频谱管理中心的数据库，为己方电磁频谱监测、分配和管理提供技术信息，并有效的频谱管理提供有力的保障。

3.1.2　通信网电磁信号侦收方法

1. 通信网电磁信号侦收基本方法

通信网电磁通信信号侦收基本方法主要是实现对定频通信信号的侦收，但如果采用宽带接收架构结合信号识别算法和定向天线等技术也可实现跳频通信信号和直接序列扩频通信信号的识别。

1）频率搜索侦收法

按照频率搜索的瞬时带宽可将通信网电磁信号频率搜索侦收法分为宽带搜索侦收法和窄带搜索侦收法。宽带搜索侦收法是指搜索的瞬时带宽远大于单个信号的带宽，因此可同时侦收多个不同频率的无线通信网台信号；窄带搜索侦收法是指搜索的瞬时带宽相对较窄，每次只能接收和处理一个无线通信网台信号。

频率搜索侦收法通常采用超外差架构。

频率搜索侦收法的基本原理，具体如下：

频率搜索侦收法包括全景显示搜索侦收法和监测侦听分析侦收法两种。

（1）全景显示搜索侦收法。

全景显示搜索侦收法主要用于在预定的频段内自动搜索和截获无线通信网台信号，并对截获到的信号进行粗略的频率和电平等参数测量。全景显示搜索侦收法分为压控振荡器（voltage - controlled oscillator，VCO）扫频搜索侦收法和直接数字式频率合成器（direct digital synthesizer，DDS）扫频搜索侦收法。

VCO 扫频搜索侦收法，如下：

VCO 扫频搜索侦收法是基于 VCO 扫频式全景显示搜索机制实现的，如图 3 - 1 所示。

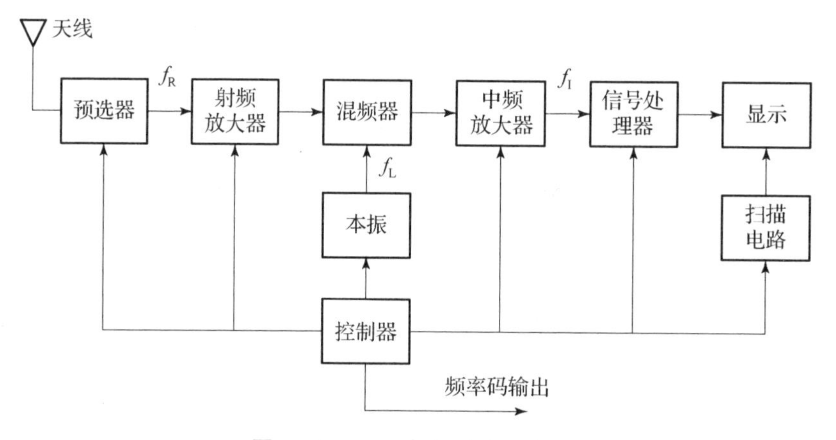

图 3 - 1　VCO 扫频搜索侦收法

预选器从天线感应到的密集的无线通信网台信号中选出落入其瞬时带宽内的信号。先将信号送到混频器经变频后转换为中频信号，再经过中频放大和滤波后送给信号处理器，由信号处理器完成对信号频率、带宽和其他技术参数的测量。频率搜索由控制器按照步进统调预选器和本振来实现，以确保落入预选器的信号频率 f_R 与本振频率 f_L 的频率差正好为中频频率 f_I。

频率搜索侦收主要采用锯齿波电压控制压控振荡器来实现，其基本原理：假定锯齿波电压产生器产生的锯齿波电压是理想线性的，压控振荡器控制特性曲线 $u(t) \sim f_L$ 是理想线性的，且生成的锯齿波电压加至 VCO 后，VCO 输出频率随时间变化曲线 $f_L(t) \sim t$ 也是线性变化的。这样，该锯齿波电压控制 VCO 产生频率为 $f_L(t)$ 的本振信号，同时通过对接收通道的预选器进行调谐，使接收通道的中心频率与本振频率 $f_L(t)$ 同步变化。随着锯齿波电压的扫描式线性变化，生成频率不断变化的本振信号，加到混频器后输出频率固定的中频信号，即可实现对接收到的输入信号 f_s 的搜索和截获。频率搜索范围和搜索速度取决于本振信号的频率变化范围和频率改变速度，频率变化范围和频率改变速度取决于锯齿波电压的幅度变化范围和扫描周期。

搜索侦收和下变频后得到的中频信号，一方面经过 A/D 采样和量化后送信号处理器，由信号处理器完成频率和电平等技术参数测量；另一方面经包络检波和视频放大等处理后，在扫描电路的控制下，按线性关系在显示器的坐标上标出与时间对应的频率值等测量内容和信号时频图。

对于宽带搜索，即使搜索频段内有多个信号存在，只要相邻信号的频率差大于分辨带宽，就可在显示器上明显区分和显示。

VCO 扫频搜索侦收法可通过预置步进频率间隔、信号门限电平、信道驻留时间、保护频率和保护频段等实现全频段搜索、部分频段搜索和预置信道搜索的频率搜索。其具有全频段显示、分频段显示、扩展显示和记忆显示等信号显示功能，以及显示信号的频率和相对幅度、存储记录参数、在重点频率上加标记等功能。

DDS 扫频搜索侦收法，如下：

DDS 扫频搜索侦收法是基于 DDS 扫频式全景显示搜索机制实现的。其架构如图 3 -2 所示，通常由输入单元、中频单元、DDS 单元、信号处理单元、控制单元、电源单元和面板单元等组成。从外接天线接收到的无线通信网台信号经过输入单元的选通后进入到中频单元，在第一混频器中与 DDS 生成的一本振信号混频后得到第一中频信号，第一中频信号经放大后由多级声表面滤波器进行滤波。在第二混频器中与 DDS 生成的二本振信号混频后得到第二中频信号。其中，中频单元可以是 1 个，也可以设计为多个。*N* 个信道产生 *N* 路中频信号送入信号处理单元进行数字化处理，并把接收信号的频谱和数字化处理结果在前面板上以直观的图形方式显示出来。

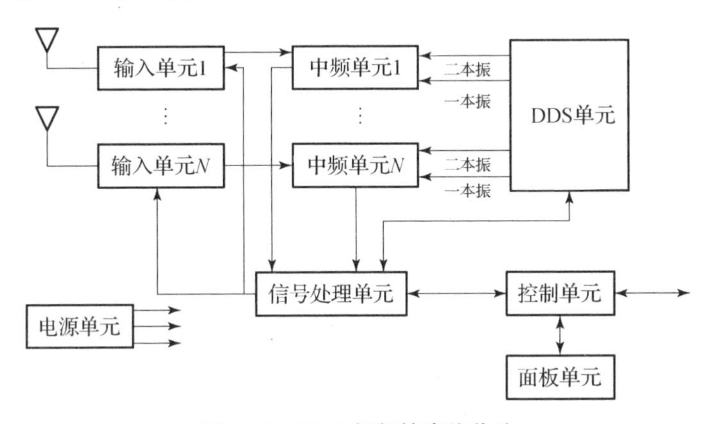

图 3 -2　DDS 扫频搜索侦收法

DDS 扫频搜索侦收法具有对空间无线通信网台信号进行频率快速搜索、全景频谱显示、信号解调、频谱显示、存储和记录、遥控和自检等功能。

（2）监测侦听分析侦收法。

监测侦听分析侦收法主要用于对无线通信网台信号技术参数的精确测量、特征分析、信息侦听、存储和记录，并在干扰过程中对干扰效果进行检查和评估。

监测侦听分析侦收法的架构与 DDS 扫频搜索侦收法类似如图 3 -3 所示，通常由输入单元、中频单元、DDS 单元、低频单元、信号处理单元、控制单元、电源单元和面板单元等组成。从外接天线接收到的信号经过输入单元的选通后进入到中频单元，在第一混频器中与 DDS 生成的一本振信号混频得到第一中频信号，并采用多级声表面滤波器进行滤波。在第一混频器中与 DDS 生成的二本振信号混频得到第二中频信号，经放大后送入信号处理单元进行数字化处理，并把接收信号的频谱和数字化处理结果在前面板上以直观的图形方式显示出来。

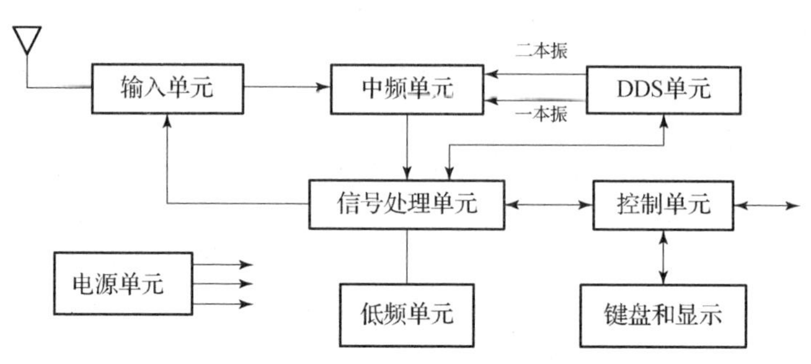

图 3－3　监测侦听分析侦收法

监测侦听分析侦收法与 DDS 扫频搜索侦收法区别在于对引导的信号进行锁定和分析处理。监测侦听分析侦收法可对空间无线通信网台信号进行频率搜索、信号分析和监听，以及参数测量、调制样式识别及解调、码型识别和解码、频谱显示与分析、存储和记录、遥控以及干扰监视和评估等功能。

2）并行搜索侦收法

频率搜索侦收法具有结构简单和工作可靠等特点，但因搜索时间长，降低了系统截获概率。提高截获概率的途径之一是采用并行搜索体制实现对通信网电磁信号的侦收。并行搜索侦收法包括信道化并行搜索侦收法、声光调制并行搜索侦收法、压缩滤波并行搜索侦收法和数字化并行搜索侦收法。其中信道化并行搜索侦收法采用大量的并行接收和处理信道覆盖测频范围，是一种具有快速信息处理能力的非搜索式超外差侦收方法，具有灵敏度高、频率分辨率高和截获概率高的优点，并可处理同时到达的多个信号。

（1）信道化并行搜索侦收法。

①纯信道化并行搜索侦收法。

纯信道化并行搜索侦收法原理如图 3－4 所示。采用纯信道化并行搜索侦收时，首先通过射频分路器将侦察频带划分为 m 路，每路射频分路器的输出信号均经过混频器下变频，将射频信号变换为频率为 f_{i1} 的第一中频信号，第一本振组输出频率等间隔的本振信号，使各路中频信号的频率和带宽均相同。每路中频信号经过中频放大后分成两路：一路送给门限检测电路以确定有无信号及信号处于哪个频段；另一路送给对应的中频分路器分成 n 路。各中频分路器先输出信号再经过混频器二次下变频，将一中频信号变换为二中频信号，各路频率为 f_{i2} 的二中频信号输出到门限检测：一方面检测有无信号，另一方面对信号所处信道进行编码并输出该信号供后续信号处理。

②频带折叠信道化并行搜索侦收法。

频带折叠信道化并行搜索侦收法的原理与纯信道化并行搜索侦收法类似，信道化模块中分路原理与纯信道化的相同。分路输出的信号首先进行折叠，即进行信道合并处理，然后进入后级信道化模块，以此类推。其原理如图 3－5 所示。

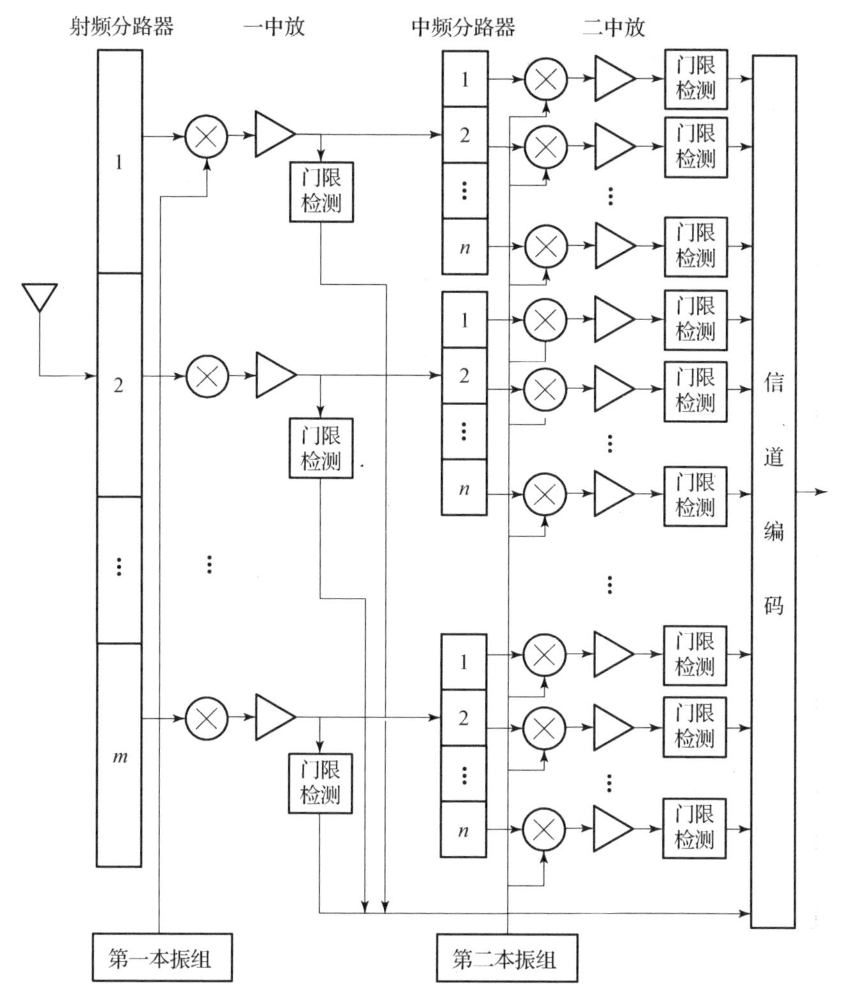

图3-4 纯信道化并行搜索侦收法

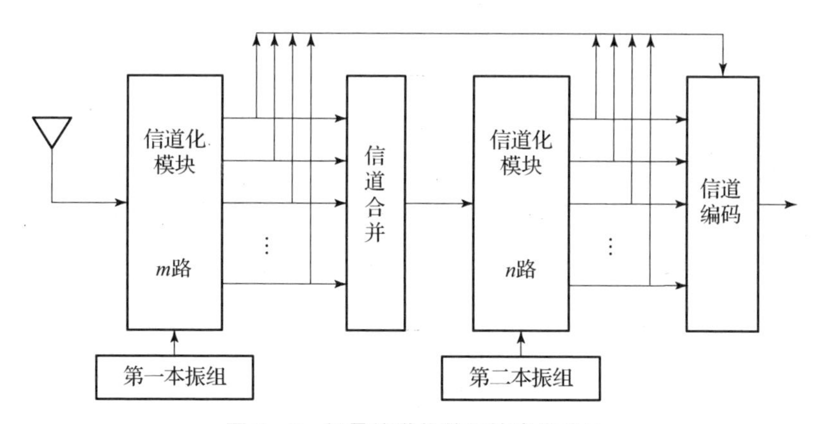

图3-5 折叠信道化并行搜索侦收法

采用频带折叠信道化并行搜索侦收法时，首先对 m 个分路器的输出进行折叠，即把 m 个分路器的输出叠加在一起，然后送至后续处理电路。

电路中每级只设一个信道化模块，减少了信道数量，降低了设备复杂度、体积和重量。但由于对分路器输出折叠合并，造成了噪声的叠加，接收灵敏度下降，并且合并输出后到后一级的信道化模块中会引起测频模糊现象。

③时分控制信道化并行搜索侦收法。

时分控制信道化并行搜索侦收法的架构与频带折叠信道化并行搜索侦收法基本相同，不同之处为采用快速切换控制开关取代了折叠合并电路。同一时刻，切换控制开关只接通一个信号输出通道，其他信号输出通道被切断，避免了频带折叠信道化并行搜索侦收法中存在的噪声累积和同时到达多信号之间的相互影响。时分控制信道化并行搜索侦收法原理如图 3－6 所示。

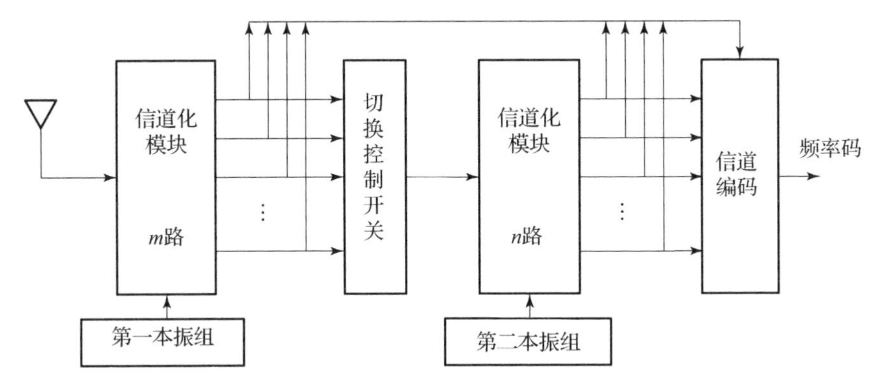

图 3－6　时分控制信道化并行搜索侦收法

时分控制架构每路输出由切换控制开关进行转换，代替频带折叠信道化并行搜索侦收法中的信道合并电路。访问开关依次连接各信号输出通道的输出端，把被接通的输出信号送至后一级分路器。时分控制信道化并行搜索侦收法是信道化并行搜索侦收法的另一实现形式，又称为搜索式信道化并行搜索侦收法。

时分控制信道化并行搜索侦收法存在信号的漏截获问题，截获概率相对降低。

④中频信道化并行搜索侦收法。

前面分析的纯信道化、频带折叠和时分控制三种信道化并行搜索侦收法是在射频端就开始进行信道化处理，在实际应用中还可以在中频进行信道化处理，这样的设计称为中频信道化并行搜索侦收法。典型的中频信道化并行搜索侦收法原理如图 3－7 所示。

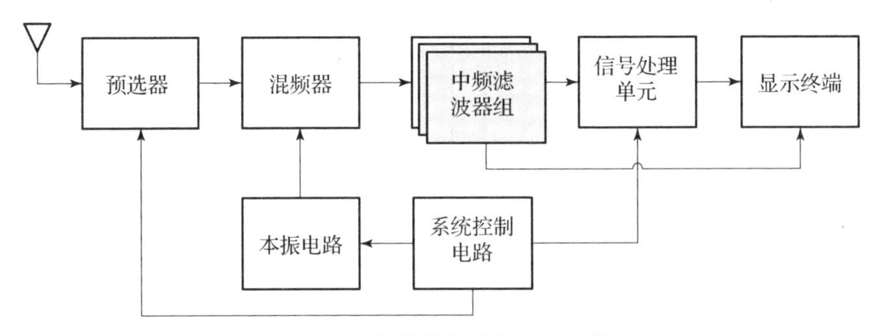

图 3－7　中频信道化并行搜索侦收法

中频的信道化通过中频电路中采用中频滤波器组实现信道化，信道化后输出的中频信号由后续信号处理器实现信号的参数测量、调制识别和编码识别等。

（2）声光调制并行搜索侦收法。

除了直接利用频率搜索侦收法和信道化并行搜索侦收法外，通信网对抗侦测系统（设备）中还采用特殊方法通过傅里叶变换间接实现信号侦收，即通过变换域方法实现无线通信网台信号截获。根据使用不同的器件有声光调制并行搜索侦收法和压缩滤波并行搜索侦收法两大类。

声光调制并行搜索侦收法是采用声光调制技术和透镜空间傅里叶变换技术相结合实现信号侦收的一种方法，其关键部件是声光调制器（称为布拉格小室、布拉格盒）。典型的声光调制并行搜索侦收法原理如图3－8所示。

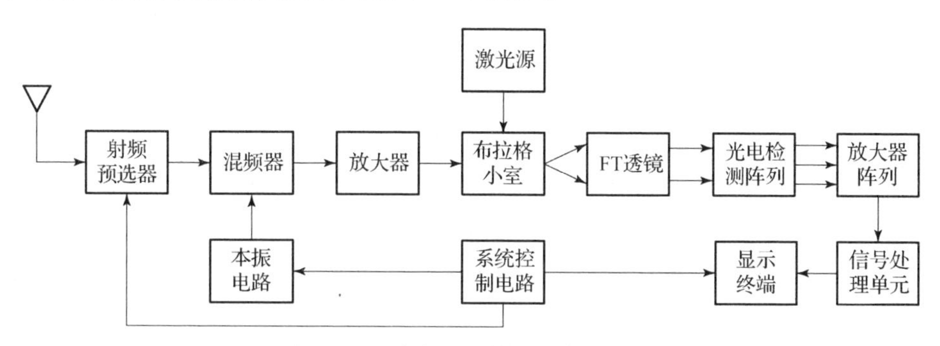

图3－8　声光调制并行搜索侦收法

天线接收的无线通信网台信号经射频预选器选择后传送至混频器，由混频器变频到声光调制器的工作频带内。混频后得到的中频信号经过中频放大器和功率放大器放大后送入声光调制器，驱动声光器件将中频信号转换为频率相同的超声波信号，通过对单色激光束进行调制产生相应的衍射光，即使入射光束受信号频率调制发生偏转，偏转角度正比于接收信号的频率。不同频率的信号使激光束产生不同的折射角度，然后利用光检测器将不同折射角度的激光束转换为不同的电信号，从而获得接收到的无线通信信号的频率信息，完成信号侦收和测频目的。

声光调制并行搜索侦收法的本质是通过控制本振采用步进扫描实现信号搜索。

声光调制并行搜索侦收法具有瞬时带宽宽、搜索速度快、频率分辨率高和截获概率高的特点，并且能处理同时到达的多个信号，但其动态范围小、信号调制信息易丢失。

（3）压缩滤波并行搜索侦收法。

压缩滤波并行搜索侦收法也属于一种特殊并行搜索侦收法，通过chirp变换间接实现信号侦收，典型的压缩滤波并行搜索侦收法原理如图3－9所示。

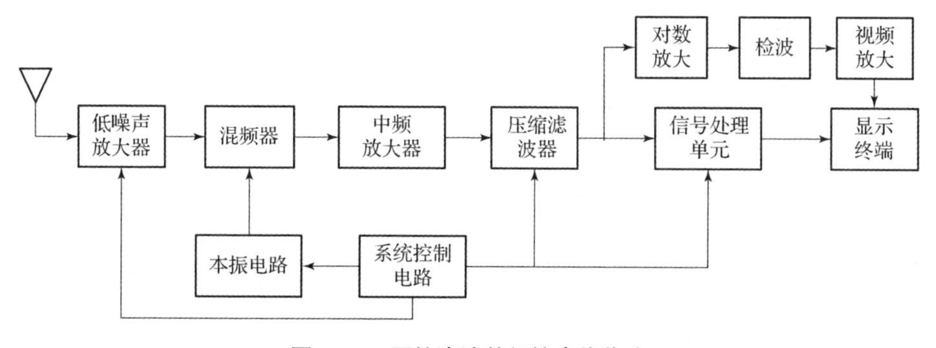

图3－9　压缩滤波并行搜索侦收法

压缩滤波并行搜索侦收法将接收到的无线通信网台射频信号经低噪声放大后送入混频器，与本振输出的线性扫频信号混频（$f_I=f_L-f_S$），得到混频器输出的线性调频信号，该线性调频信号的斜率与本振信号的斜率相同。此信号随后送至中频放大器进行中频放大。需要强调的是，如果中频放大器的中心频率为f_I、带宽为B_I，只有满足式（3－1）线性调频信号才能进入中频放大器的通带而被放大。

$$\left(f_i-\frac{1}{2}B_i\right)<[f_L(t)-f_s]<\left(f_i+\frac{1}{2}B_i\right) \tag{3-1}$$

因此，经中放放大后输出的信号为调频宽脉冲信号，然后经压缩滤波器压缩成窄脉冲信号。此窄脉冲一方面送信号处理器进行处理实现信号侦收和检测，另一方面经对数放大、检波和视放后送显示器显示。其中压缩滤波器和 chirp 变换是该方法的核心内容。

①压缩滤波器。

采用声表面波色散延迟线（SAW－DDL）将输入的调频宽脉冲信号压缩为窄脉冲。SAW－DDL 具有色散特性，即对不同频率的信号具有不同的延迟时间。其中 DDL 的作用是作为压缩线（PCL）通过卷积运算实现脉冲压缩，并作为展宽线（PEL）产生 chirp 信号用于脉冲展宽。而压缩滤波器（PCL）的时延－频率特性的斜率与输入线性调频信号（PEL）的时延－频率特性的斜率，必须符号相反，而绝对值大小相等。

在定时脉冲的作用下，窄脉冲产生器产生周期性射频窄脉冲序列送入 DDL，由于窄脉冲包含极丰富的频谱成分，各频谱成分经过 DDL 后的延迟时间不同，从而在 DDL 输出端得到周期性线性调频信号，如图 3－10 所示。

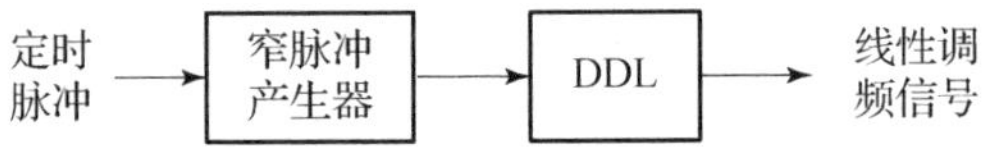

定时脉冲 → 窄脉冲产生器 → DDL → 线性调频信号

图 3－10　脉冲展宽原理

②chirp 变换。

设输入信号为$f(t)$，其频谱可以通过傅里叶变换得到：

$$F(\omega)=\int_{-\infty}^{\infty}f(t)\exp(-\mathrm{j}\omega t)\mathrm{d}t \tag{3-2}$$

假设$\omega=\mu\tau$，其中：μ是常数，τ是时间。对式（3－2）进行变量代换得

$$\begin{aligned}F(\omega)&=F(\mu\tau)=\int_{-\infty}^{\infty}f(t)\exp(-\mathrm{j}\mu\tau t)\mathrm{d}t\\&=\exp\left(-\mathrm{j}\frac{1}{2}\mu\tau^2\right)\int_{-\infty}^{\infty}f(t)\exp\left(-\mathrm{j}\frac{1}{2}\mu\tau^2\right)\exp\left(\mathrm{j}\frac{1}{2}\mu(\tau-t)^2\right)\mathrm{d}t\end{aligned} \tag{3-3}$$

利用卷积关系，式（3－3）可以表示为

$$F(\mu\tau)=\exp\left(-\mathrm{j}\frac{1}{2}\mu\tau^2\right)\left[f(t)\exp\left(-\mathrm{j}\frac{1}{2}\mu t^2\right)\otimes\exp\left(\mathrm{j}\frac{1}{2}\mu t^2\right)\right] \tag{3-4}$$

令$ch^-(t)=\exp\left(-\mathrm{j}\frac{1}{2}\mu t^2\right),\mathrm{ch}^-(t)=\exp\left(\mathrm{j}\frac{1}{2}\mu t^2\right)$，则

$$F(\mu\tau)=\mathrm{ch}^-(\tau)[f(t)\mathrm{ch}^-(\tau)\otimes\mathrm{ch}^+(\tau)] \tag{3-5}$$

其中，符号“⊗”表示卷积运算。根据式（3－5）可以得到 chirp 变换如图 3－11 所示。

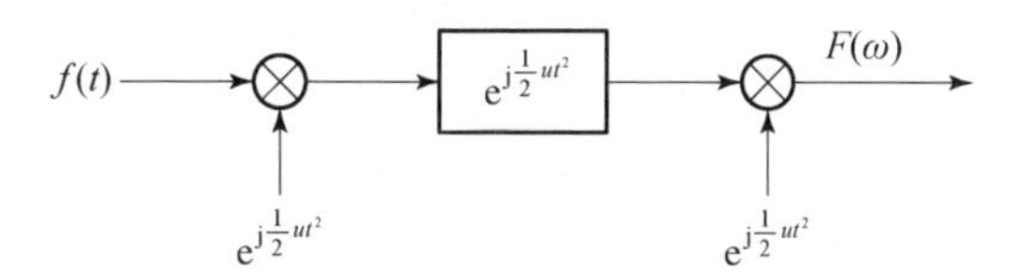

图 3－11　chirp 变换原理

chirp 变换计算模型分为如下步骤：将输入的时域信号 $f(t)$ 与线性调频信号 $ch^-(t)$ 相乘，使得 $f(t)$ 变成线性调频信号（其频率的变化与时间呈线性关系）；将上述乘积通过一斜率相等但符号相反的线性调频滤波器 $h(t)=ch^+(t)$ 进行卷积运算；卷积后的结果再与另一线性调频信号 $ch^+(t)$ 相乘，最终得到输入信号的谱函数实现信号的侦收和识别。

压缩滤波并行搜索侦收法就是根据上述原理采用 SAW 色散延迟线实现预乘和卷积，如图 3－12 所示。

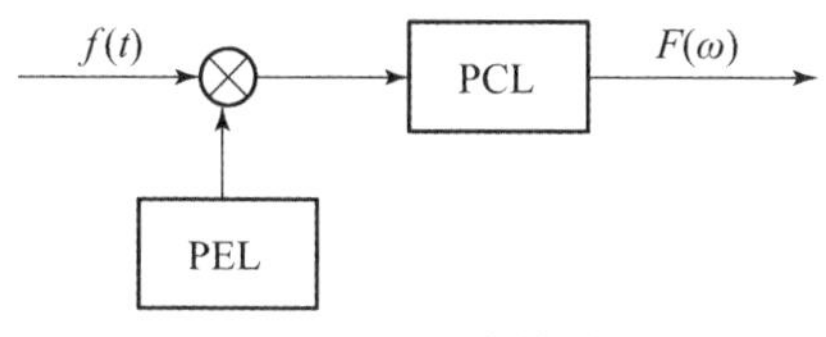

图 3－12　chirp 变换谱分析

如前面所述，脉冲展宽延迟线（PEL）产生 chirp 信号，脉冲压缩延迟线（PCL）实现卷积运算，而乘法利用混频器来实现。

压缩滤波并行搜索侦收法具有接收灵敏度高、搜索速度快、频率分辨率高、截获概率高和处理能力强等优点，但也有动态范围较小、调制信息易丢失和器件要求高等缺点。

（4）数字化并行搜索侦收法。

①宽带中频数字化并行搜索侦收法。

宽带中频数字化并行搜索侦收法原理如图 3－13 所示。

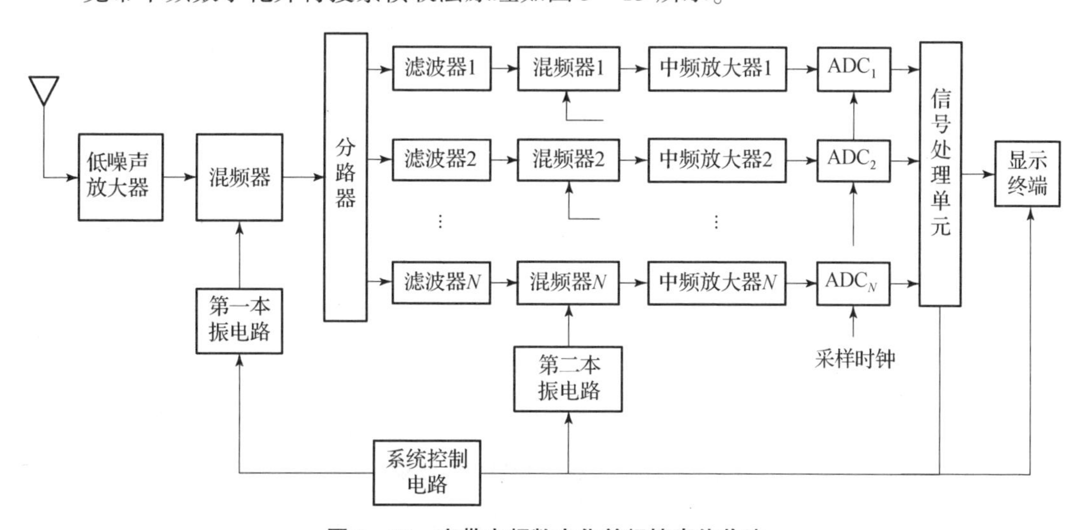

图 3－13　宽带中频数字化并行搜索侦收法

射频信号先经过低噪声放大器放大和混频器混频后变频为第一中频信号，第一中频信号经过中频分路器分为 N 路，同时送给 N 路中频滤波器组滤波，再经第二混频器混频后转换为统一的第二中频信号。N 路第二中频信号具有相同的频率，分别先经 N 路中频放大器放大后，再利用 N 路数模转换器进行高速采样数字化，最后由信号处理单元实现信号侦收处理。

宽带中频数字化并行搜索侦收法实际上是一种信道化和数字化结合的搜索侦收方法。其中信道化主要体现在分路器之后，包括 N 个滤波器、N 个混频器、N 个中频放大器和 N 个 ADC 电路等，其设计与前述的频率搜索接收机类似；数字化主要体现在中频放大器之后，包括 N 个 ADC 电路和信号处理单元。

该方法性能主要受分路器路数 N、单路处理瞬时带宽 B 和 ADC 采样频率等限制，而瞬时处理带宽和 ADC 采样频率主要受 ADC 器件和 DSP 处理器的处理能力等限制。

②数字中频数字化并行搜索侦收法。

数字中频数字化并行搜索侦收法采用数字滤波器组代替模拟滤波器组，即数字信道化在中频实现。典型的数字中频数字化并行搜索侦收法原理如图 3－14 所示，属于宽带搜索方法。截获的无线通信网台信号先经低噪声放大、混频和中频放大后得到模拟的宽带中频信号，模拟的宽带中频信号再经 ADC 采样后实现数字化，最后送给数字信道化滤波器和信号处理单元进行滤波、侦收和识别等处理。

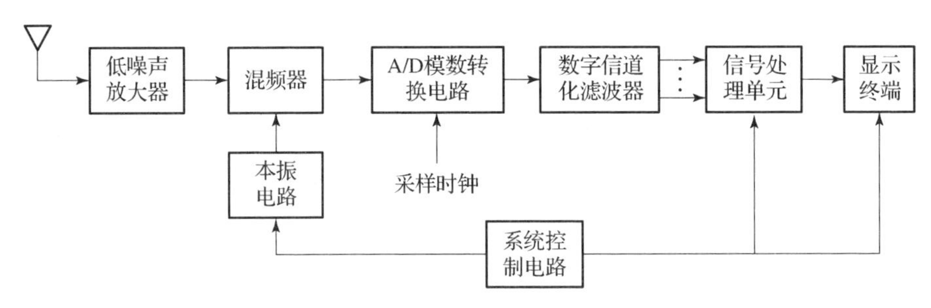

图 3－14　数字中频数字化并行搜索侦收法

数字信道化滤波器通常采用基于 DFT 多相滤波器组来实现，信道化滤波器的基本原理如图 3－15 所示。

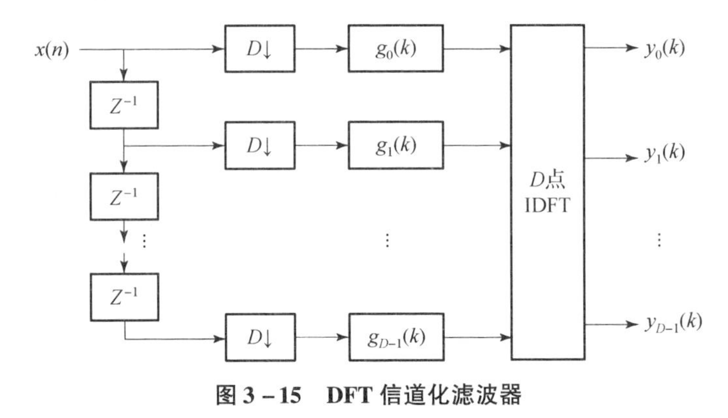

图 3－15　DFT 信道化滤波器

基于 DFT 多相滤波器组实现的数字信道化滤波器处理对象为 $x(n)$。对 $x(n)$ 进行预抽取、数字正交下变频和低通滤波后，再利用 FFT 实现 IDFT 完成数字信道化滤波处理。其中 $g_i(k)$ 是低通原型滤波器的多相分量，滤波器阶数是原来的 $1/D$。

对数字信道化的各信道输出进行门限检测、编码和判决，可实现信号侦收和截获。

2. 通信网对抗跳频通信信号侦收方法

1）定频通信信号剔除方法

在跳频通信信号侦收时需要考虑从宽带接收的信号中剔除定频通信信号。在复杂电磁环境下剔除定频通信信号的方法如下：

（1）统计不同频率点上通信信号的出现次数，设置次数门限，剔除连续定频通信信号。

（2）统计一定时频范围内通信信号的幅度分布特征，设置时频局部化幅度门限，并用该门限剔除大部分噪声信号。

（3）设置跳频通信信号瞬时带宽门限，跟踪连续出现的通信信号，并记录其所占用的频率。计算每一段连续通信信号的全局带宽，根据该带宽剔除扫频通信信号。

（4）剔除幅度较大但连续性极差，在瀑布图上表现为孤立点的噪声信号。

（5）根据跳频通信信号的跳速范围，设置驻留时间范围，并用驻留时间剔除部分突发信号。

（6）统计所有频率点上通信信号段出现次数，根据该出现次数剔除断续定频通信信号。

（7）根据不同信号段之间是否具有衔接关系剔除突发定频干扰信号。

依据该方法准则再判断接收的通信信号是否为跳频通信信号。

2）跳频通信信号侦收方法

跳频通信信号侦收的主要任务是实现跳频通信网台信号截获、特征参数测量和提取。这些特征参数包括：跳频速率，即跳频通信信号在单位时间内的跳频次数；跳频频率集，即跳频无线通信网台在一次通信过程中所使用的所有频率的集合，集合的大小称为跳频信道数，其完整的跳频顺序构成跳频图案；驻留时间，即跳频通信信号在一个频点停留的时间，其倒数是跳频速率；跳频范围，跳频无线通信网台的工作频率范围，即跳频带宽；跳频间隔，即跳频无线通信网台工作频率之间的最小间隔，又称为频道间隔或信道间隔。上述参数是通信网对抗目标侦察中跳频通信信号侦收和识别的基础。

跳频通信信号可通过前述的压缩滤波并行搜索侦收法和数字化并行搜索侦收法等来实现。随着微电子、高速数字芯片和信号处理算法的飞速发展，数字化并行搜索侦收法在跳频通信信号侦收领域占据了越来越重要的地位。

典型的跳频通信信号数字化侦收体系架构如图 3－16 所示。

在图 3－16 中宽带射频接收机先完成对射频信号的接收和下变频得到模拟中频信号，再由 A/D 模数转换电路将输入的模拟中频信号进行数字化处理。其中 A/D 模数转换通道的个数由中频信号带宽和 A/D 模数转换电路的采集带宽确定。在后续的数字信号处理阶段，第一完成同步头搜索与跳频图案检测，第二将检测到的跳频图案传递给 N 个并行的数字下变频（NCO）模块将其变换为零中频信号，第三进行 N 阶梳状滤波器进行滤波处理，其输出的 N 通道窄带信号进行非相干累加和短时 FFT 处理，得到每个信道采集数据的 FFT 复数谱，通过设置的门限进行谱检测，以此来判决当前的跳频点，

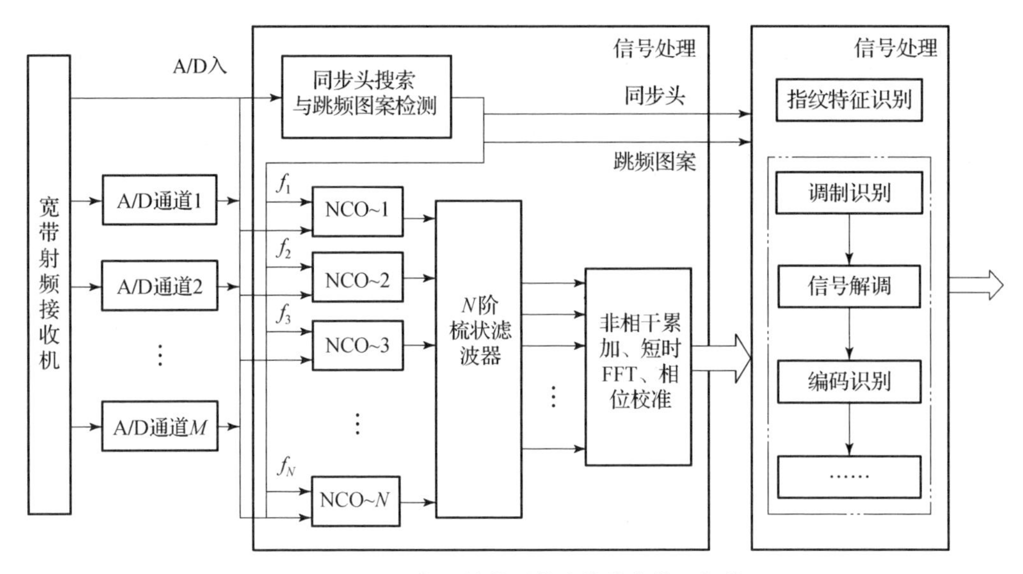

图 3-16　跳频通信信号数字化侦收体系架构

其中 N 由伪随机跳频信道数确定，如针对 30 ~ 88MHz 的超短波网台跳频通信信号，N 一般可设置为256。需要强调的是，跳频图案检测模块始终处于工作状态时以监测当前的跳频图案是否发生更新与变化，若变化，则及时更新给并行的 NCO 模块。在此基础上，各跳频点上的信号再完成后续的调制识别/解调、编码识别/解调等处理。

（1）数字信道化技术。

数字信道化接收技术所处理的瞬时频率覆盖范围大于跳频通信信号带宽，能够多个频率窗口（信道）同时工作，这些频率窗口的总和覆盖了跳频通信信号的频率范围。信道化可以直接利用射频滤波器组在射频频段实现，也可以把信号变到中频后利用中频滤波器组实现。信道化接收具有大动态范围、高增益、低噪声、窄带性能好、测量细致准确、具有分选功能等特点，同时又克服了窄带接收瞬时测频范围小的缺点。

数字信道化接收原理是首先将接收信号通过一组信道化滤波器均匀分成 N 个子频带，然后将各个子频带的信号下变频到基带，最后进行降速抽取后进行 DFT 变换，得到信道化滤波输出。对信道化滤波输出进行检测，可以实现对跳频无线通信网台信号的检测。

设数字信道化接收部分设计有 N 个信道滤波器，信道间隔为 B_{ch}，则其瞬时带宽为 $B=NB_{\text{ch}}$。如果其瞬时带宽大于跳频带宽 W_{th}（满足条件 $B \geqslant W_{\text{th}}$时），则跳频通信信号的某跳信号总会落到信道化滤波器组的某个信道滤波器 k 中，并且该滤波器输出最大，其他信道滤波器无信号输出。根据这个特点，只需对所有的 N 个信道滤波器的输出进行检测，具有最大输出的信道与跳频通信信号的瞬时频率相对应。数字化信道滤波器的输出通常是一个复信号序列，即

$$x(k,m)=x_I(k,m)\cos(\omega_k m+\theta_k)+\mathrm{j}x_Q(k,m)\sin(\omega_k m+\theta_k)+n(k,m) \tag{3-6}$$

式中：k 是信道序号，$k=1,2,\cdots,N$；m 是信道滤波器输出序列的下标，$m=0,1,\cdots,N-1$；$n(k,m)$是第 k 个信道滤波器的输出噪声，其表达式为

$$n(k,m)=n_I(k,m)\cos(\omega_k m+\theta_k)+\mathrm{j}n_Q(k,m)\sin(\omega_k m+\theta_k) \tag{3-7}$$

对输出信号进行包络检波，得到：

$$y(k)=\sum_{m=0}^{N-1}\sqrt{[x_I(k,m)+n_I(k,m)]^2+[x_Q(k,m)+n_Q(k,m)]^2} \tag{3-8}$$

对 $k=1,2,\cdots,N$ 个信道的包络检波输出幅度进行比较，其中最大输出的信道作为跳频通信信号的当前瞬时跳频频率值。

压缩滤波并行搜索侦收法和相关检测方法输出是非时域信号，直接用来对信号进行调制识别/解调比较困难。而信道化技术具有瞬时测频能力，同时其输出是时域信号，因此保留了信号的全部信息，对后续的信号分析非常有利。

（2）时频分析算法。

跳频通信信号由于其频率是时变的，是一个非平稳的信号。针对非平稳的无线通信网台信号，通常采用 STFT 变换实现其参数的估计。

STFT 又称为短时傅里叶变换或加窗傅里叶变换，如果设定一个时间宽度很小的窗函数 $w(k)$，并让该窗函数沿时间轴滑动，则信号的短时傅里叶变换定义为

$$\mathrm{STFT}_x(t,f)=\int_{-\infty}^{+\infty}[w(\tau)x^*(\tau-t)]\exp(-\mathrm{j}2\pi f\tau)\mathrm{d}\tau \tag{3-9}$$

由于窗函数的时移性能，使得 STFT 同时具备时间函数、频率函数的局域特性，因此，可以通过分析窗得到二维的时频分析。而在某一时刻 t 跳频通信信号的 STFT 可视为该时刻的“局部频谱”。

上述的是连续短时傅里叶变换，在实际应用中通常使用离散 STFT，对观测信号采样后得到长度为 N 的序列 $x(k)$，$k=0,1,2,\cdots,N-1$，则 STFT 离散化形式为

$$\mathrm{STFT}_x(m,n)=\sum_{k=-\infty}^{+\infty}[w(k)x^*(kT-mT)]\exp(-\mathrm{j}2\pi nF)k \tag{3-10}$$

式中：T 为时间变量的采样周期；F 为频率变量的采样周期；为 f_s 采样频率，采用 STFT 进行跳频通信信号参数估计的步骤如下：

①对信号 $x(k)$ 进行 STFT 变换，得到 $x(n)$ 的时频图 $\mathrm{STFT}_x(m,n)$。

②计算 $\mathrm{STFT}_x(m,n)$ 在每个时刻 m 的最大值，得到矢量 $\boldsymbol{A}(m)$。

③利用傅里叶变换 FFT 估计 $\boldsymbol{A}(m)$ 的周期，得到离散跳频周期的估计值 $\hat{T}_h$。

④求出 $A(m)$ 在 $m\in[\hat{T}_h+1,m-\hat{T}_h]$ 的峰值位置，得到峰值位置序列 $\boldsymbol{p}(q),q=1,2,\cdots,Q$，$Q$ 为峰值的个数，可以求得第一跳频的跳变时刻。

⑤估计跳频信号第一跳的跳变时刻。首先求出第一个峰值出现的平均位置：

$$\hat{p}_0=\frac{\sum_{q=1}^{Q}p(q)-(Q-1)Q(\hat{T}_h/2)}{Q} \tag{3-11}$$

跳频时刻可由下式求出：

$$\hat{n}_0=\frac{(\hat{p}_0-\hat{T}_h/2)}{f_s} \tag{3-12}$$

⑥利用得到的跳频周期估计值 $\hat{T}_h$，可以求出观测间隔 N 内包含的完整跳频点个数为

$$N_p = \left[\frac{(N - \hat{n}_0)}{\hat{T}_h} \right] \tag{3-13}$$

式中：[ ] 表示取整。

⑦估计观测信号内包含的跳频频率，得到跳频图案：

$$\hat{f}_k = \arg\left[\max\left(\sum_{m=\hat{n}_0+l\hat{T}_h}^{m=\hat{n}_0+(l+1)\hat{T}_h} \frac{\text{STFT}(m,n)f_s}{2N} \right) \right] \tag{3-14}$$

可见，在未知跳频通信信号任何先验信息的情况下，通过对时域信号进行 STFT 可以求得跳频通信信号的有关参数，实现对跳频通信信号参数的估计。

（3）跳频通信信号解跳方法。

跳频解跳是对跳频通信信号的解扩过程，是信息恢复的基础。对于模拟体制的跳频通信信号，侦收后可直接解调出其传输的信息；但对于目前广泛使用的伪随机数字跳频通信信号，则必须在侦收并截获到跳频通信信号的基础上。首先对跳频通信信号进行解跳，然后才能对基带信息进行解调。

主要基于前述的数字接收体系架构对跳频通信信号进行解跳，首先提取出跳频网台的频率集，为解跳处理提供检测跳频通信信号的频率范围，即当检测和侦收到跳频通信信号后，基于信号到达时间的先后顺序将信号串接起来，并将跳频通信信号搬移到基带，实现对跳频通信信号的解跳工作。特别是对于先进的频率自适应跳频通信信号的解跳，不但要检测已知的频率点，而且要检测其他的频率点，以期快速发现跳频通信信号频率的改变。

（4）跳频通信信号解调方法。

在实现对跳频通信信号解跳后，如果已知该基带跳频通信信号的调制样式，则可对其采用相应的解调方法进行解调；当未知跳频通信信号的调制样式时，则需要首先对其进行调制样式识别，在此基础上，按照对常规定频信号的解调方式解调并恢复出跳频通信信号调制信息。

3. 通信网对抗扩频通信信号侦收方法

扩频通信信号，特指直接序列扩频 DSSS（direct sequence spread spectrum，DSSS）通信信号，因其采用了伪随机序列将窄带信号的频谱进行了扩展，使得扩频后的信号淹没在噪声中，具有隐蔽性和抗干扰性的特点，在军事和民用领域都得到了广泛应用。下面将直接序列扩频信号简称为 DSSS 通信信号并对其侦收方法进行阐述。

DSSS 通信信号侦收通常包括信号检测和参数估计两部分内容，其中参数估计既可以与信号检测同步完成，也可以在解扩基础上的参照常规信号参数估计方法展开。鉴于扩频信号的特殊性，在阐述信号检测方法的同时也对其中重要参数的估计方法予以分析。需要指出的是，无线通信网台信号在传输过程中往往存在多径效应的影响，导致码间干扰的存在。对于 DSSS 通信信号，克服多径效应一般采用 RAKE 接收技术。

DSSS 通信信号侦收技术路线如图 3-17 所示。

需要指出的是，DSSS 通信信号的检测方法及其参数估计方法是相辅相成的，在理解相关内容时不能将两者截然分开。

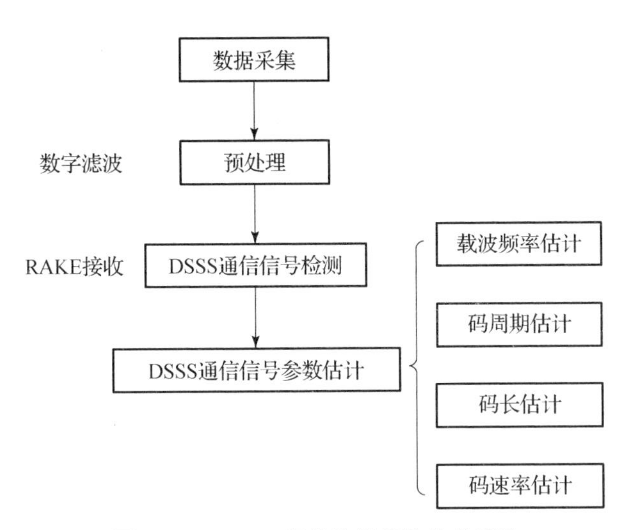

图 3 – 17　DSSS 通信信号侦收技术路线

1）DSSS 通信信号检测方法

（1）常规 DSSS 通信信号检测方法。

首先简要描述 DSSS 通信信号检测方法。不失一般性，常规的 DSSS 通信信号检测方法的阐述以基于 BPSK 调制的 DSSS 通信信号为例，其他调制样式同样适用。

假设接收到的信号为

$$x(t)=s(t)+n(t)=d(t)p(t)\cos(2\pi f_0 t+\varphi)+n(t) \tag{3-15}$$

式中：$n(t)$为均值为零；方差为 σ^2 的高斯白噪声信号；$d(t)\in\{+1,-1\}$为信息码序列，码片宽度为 T_d。$p(t)\in\{+1,-1\}$为扩频码序列，码片宽度为 T_p，f_0 为载波频率，φ 为初相。

①能量检测法。

能量检测法是信号检测领域最经典的方法，属于非相干检测算法范畴，通过测量特定时间内无线通信网台信号的能量来实现信号有无的检测，如图 3 – 18 所示。其基本原理是信号加噪声的能量大于噪声能量，因此只要选择合适的门限就可以解决信号的检测问题。

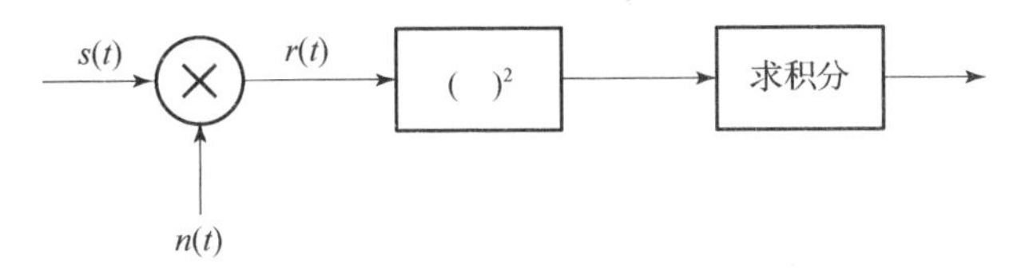

图 3 – 18　能量检测法

在图 3 – 18 中 $s(t)$是无线通信网台目标信号，可以是单一的无线通信网台目标信号，也可以是多个无线通信网台目标信号的混合叠加；可以是参数已知的信号，也可以是参数未知的信号。$n(t)$是加性噪声，可以是高斯白噪声信号，也可以是有色噪声或者其他干扰信号。$r(t)$($r(t)=s(t)+n(t)$)为接收信号，即用于能量计算的无线通信网台目标信号。在计算时间 T 内该输入信号总能量 E 的表达式为

$$
\begin{aligned}
E &= \int_0^T r^2(t)\,\mathrm{d}t = \int_0^T (s(t) + n(t))\,\mathrm{d}^2 t \\
&= \int_0^T s^2(t)\,\mathrm{d}t + 2 \cdot \int_0^T n(t) \cdot s(t)\,\mathrm{d}t + \int_0^T n^2(t)\,\mathrm{d}t
\end{aligned} \tag{3-16}
$$

由 Parseval 定理：

$$
\sum_{n=0}^{N-1} |x[n]|^2 = \frac{1}{N}\sum_{k=0}^{N-1} |X[k]|^2 \tag{3-17}
$$

式中：$X[k] = \sum_{n=0}^{N-1} x[n]\mathrm{e}^{-\frac{\mathrm{j}2\pi kn}{N}}$，即 $X[k]$ 是 $x[n]$ 的离散傅里叶变换（discrete Fourier transform，DFT）。所以，在时域上计算能量与在频域上计算能量是等价的。

由于通过快速傅里叶变换可大大降低 DFT 计算的复杂度，如 N 点 DFT 的运算量从原来的 N^2 次复数乘法下降到 $\frac{N}{2}\log_2 N$ 次复数乘法。因此，频域计算能量逐渐取代了时域计算能量，如图 3－19 所示。

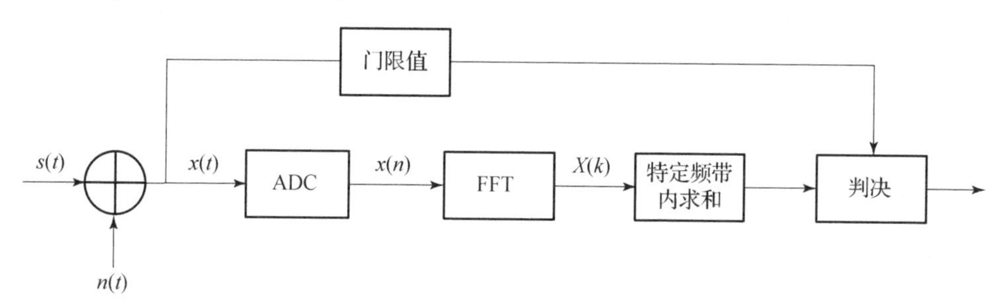

图 3－19　频域能量检测法

首先设定一个门限值 E_{th}，该门限值可以通过实时测试获得或根据经验值确定。然后计算时间 T 内的信号能量，假设时间 T 内输入信号的采样值为 N 个，对 N 点采样值进行 FFT 变换，在频域上计算信号能量 E，最后经过门限比较和判决以检测信号的有无，则

$$
\begin{cases}
H_0 : r[m] = s[m] + n[m] \\
H_1 : r[m] = n[m]
\end{cases} \tag{3-18}
$$

判决准则如下：如果 $E \geqslant E_{\mathrm{th}}$，则判断存在该信号；反之，判断不存在该信号。

②相关检测法。

时域相关检测法，如下：

自相关检测是将信号与自身延迟信号做相关处理，从而得到 DSSS 通信信号的自相关函数：

$$
\begin{aligned}
R_x(\tau) &= E\{x(t), x(t-\tau)\} = E\{s(t) + n(t), s(t-\tau) + n(t-\tau)\} \\
&= R_{ss}(\tau) + R_{sn}(\tau) + R_{nn}(\tau)
\end{aligned} \tag{3-19}
$$

由于噪声为高斯白噪声，故 DSSS 通信信号与噪声信号互不相关，可得

$$
R_x(\tau) = R_{ss}(\tau) + R_{nn}(\tau) \tag{3-20}
$$

DSSS 通信信号的自相关函数在时延 τ 为伪码周期的整数倍时存在峰值，而噪声在 $\tau \neq 0$ 时其自相关函数 $R_{nn}(\tau) \approx 0$。因此，通过检测自相关函数的峰值就可以判断 DSSS 通信信号是否存在。此外，通过计算相邻相关峰的时间间隔还可以估算 DSSS 通信信号

的码周期。

频域相关检测法如下：

频域平滑周期谱相关检测法首先对数据进行离散化处理，然后计算：

$$S_{x_T}^{ta}(f)_{\Delta f} \triangleq \frac{1}{M+1}\sum_{m=-M/2}^{M/2} S_{x_T}^{ta}(f+m/NT_s) \tag{3-21}$$

式中：$S_{x_T}^{ta} \triangleq \frac{1}{N}X_T(f+\alpha/2)X_T^*(f-\alpha/2)$；$N$ 是采样点数；$X_T(f) \triangleq \sum_{n=0}^{N-1} a_T(nT_s)x(nT_s)\exp(-\mathrm{j}2\pi nm/NT_s)$，$a_T(nT_s)$ 是加权数据窗口，$T=NT_s$ 是数据段长度，T_s 是采样间隔，$\Delta f \triangleq \frac{M+1}{NT_s}$ 是频域平滑窗宽度。

由此可得时频分辨率乘积为 $\Delta t\Delta f = T\Delta f = NT \times \frac{M+1}{NT_s} = M+1$

令 $\alpha_1+\alpha_2=\alpha$ 和 $\alpha_1=\alpha \gg 1$，则有 $\alpha_2=\alpha-\alpha_1$ 和 $\varepsilon=\alpha/2-\alpha_1=\alpha/2-(\alpha-\alpha_2)=\alpha_2-\alpha/2$。从而可得 $f+\alpha/2=f+\alpha_1+\varepsilon$ 和 $f-\alpha/2=f-\alpha_1-\varepsilon=f-\alpha_2+\varepsilon$，$S_{x_T}^{ta}(f)=\frac{1}{N}X_T(f+\alpha_1+\varepsilon)X_T^*(f-\alpha_2+\varepsilon)$，即有 $S_{x_T}^{ta}(f-\varepsilon)=\frac{1}{N}X_T(f+\alpha_1)X_T^*(f-\alpha_2)$。

定义：$S_{x_T}^{ta}(f') \triangleq S_{x_T}^{ta}(f-\varepsilon)$，其中 f' 为 $f-\varepsilon$ 的整数。对于实数序列 $X_T^*(f-\alpha)=X_T(\alpha_2-f)$，有

$$S_{x_T}^{ta}(f') = \frac{1}{N}X_T(f+\alpha_1)X_T(\alpha_2-f) \tag{3-22}$$

式中：α 取值范围为 $\frac{m}{NT_s}$，$m=\pm 1, \pm 2, \cdots, \pm N$。

通常将采样数据分为 K 段，对 K 段数据分别进行谱相关估计 $S_{x_T}^{ta}(f)_{\Delta f}$，然后对每段结果进行取模累加，即

$$y^a(f) = \sum_{k=1}^{K} \left| S_{x_T}^{ta}(f)_{\Delta f} \right| \tag{3-23}$$

如此即可实现 DSSS 通信信号的检测。

分路相关检测法，如下：

分路相关检测法架构如图 3-20 所示。

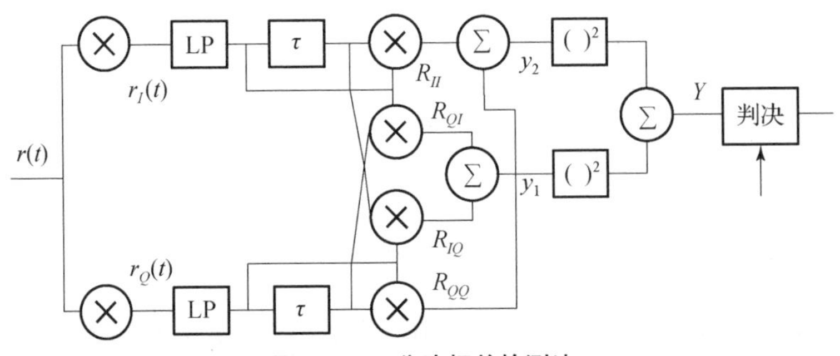

图 3-20　分路相关检测法

输入 $r(t)$ 为

$$\begin{cases} r(t) = \sqrt{2s}c(t)\cos(\omega_0 t+\varphi) + n(t) & (H_1) \\ r(t) = n(t) & (H_0) \end{cases} \tag{3-24}$$

式中：$c(t)$ 为 DSSS 通信信号；s、ω_0 和 φ 分别表示信号的平均功率、角频率和初相，且 φ 在 $(0,2\pi)$ 上均匀分布；$n(t)$ 为零均值高斯噪声，其双边功率谱密度为 N_0(W/Hz)。

由于 ω_0 较难准确测量，因此首先将 $r(t)$ 进行正交解调处理并通过低通滤波器滤去高频成分。

在 H_1 下

$$\begin{cases} r_I(t) = A\cdot c(t)\cos(\Delta\omega t+\theta) + n_c(t) \\ r_Q(t) = A\cdot c(t)\sin(\Delta\omega t+\theta) + n_s(t) \end{cases} \tag{3-25}$$

在 H_0 下

$$\begin{cases} r_I(t) = n_c(t) \\ r_Q(t) = n_s(t) \end{cases} \tag{3-26}$$

式（3-25）、式（3-26）中：$\Delta\omega$ 为信号角频率与本地振荡信号角频率之差；θ 为信号初相与本地振荡信号初相之差；$r_I(t)$ 和 $r_Q(t)$ 分别对应同相信号分量和正交信号分量；$n_c(t)$ 和 $n_s(t)$ 分别为噪声的同相分量和正交分量。设伪随机码的周期 $T_N=NT_c$，利用伪随机码良好的自相关特性，可得

$$R_{II}(\tau) = R_{II}(t,t+\tau) = E[r_I(t)\cdot r_I^{\cdot}(t+\tau)] = A'R_{\propto}(\tau)\cdot\cos(\Delta\omega\tau) + R_{n_cn_c}(\tau) \tag{3-27}$$

同样可得 $R_{QQ}(\tau)$、$R_{IQ}(\tau)$、$R_{n_cn_c}(\tau)$ 和 $R_{QI}(\tau)$，其中：$R_{n_cn_c}(\tau)$ 在 $\tau\neq 0$ 时为零。若 τ 取 T_N 的整数倍，则

$$\begin{cases} R_{II}(\tau) = R_{QQ}(\tau) = A'\cdot\cos(\Delta\omega\tau) \\ R_{IQ}(\tau) = R_{QI}(\tau) = A'\cdot\sin(\Delta\omega\tau) \end{cases} \tag{3-28}$$

可得

$$\begin{aligned} y_1 &= r_I(t)\cdot r_I(t-T_N) + r_Q(t)\cdot r_Q(t-T_N) \\ &= \frac{A^2}{4}c(t)\cdot c(t-T_N)\cdot\cos(\Delta\omega T_N) + N_1 \end{aligned} \tag{3-29}$$

式中

$$\begin{aligned} N_1 = \frac{A}{2}[&n_c(t-T_N)\cdot c(t)\cdot\cos(\Delta\omega t+\theta) + n_c(t)(t-T_N)\times\cos(\Delta\omega(t-T_N)+\theta) - \\ &n_s(t-T_N)\cdot c(t)\sin(\Delta\omega t+\theta) - n_s(t)c(t-T_N)\sin(\Delta\omega(t-T_N)+\theta)] + \\ &n_c(t)\cdot n_c(t-T_N) + n_s(t)\cdot n_s(t-T_n) \end{aligned} \tag{3-30}$$

同样依次类推，可得 y_2 和 N_2。对于 N_1 和 N_2，根据随机过程理论仍可看成是高斯的且具有零均值，因此有 $\sum N_1 \simeq \sum N_2 \simeq 0$。从而，有

$$Y = \left(\sum y_1\right)^2 + \left(\sum y_2\right)^2 = \frac{A^4}{16}\left(\sum c(t)\cdot c(t-T_N)\right)^2 \tag{3-31}$$

当 T_N 为伪随机码周期时，则有 $Y=A^2/16\cdot L^2$，其中：L 为求和长度。当 T_N 不等于伪随机码序列周期时，和式的值趋于零，特别是当 L 取得足够大时，可以获得较好的检测效果。从式（3-31）可知，该方法并不需要伪随机序列码周期的先验信息，只要根

据 $Y \sim T_N$ 的关系，利用$\max\limits_{T_N} Y$就不仅可以实现对 DSSS 通信信号的检测侦收，而且可以实现伪随机码序列周期的估计。

相位相关检测法，如下：

频率确定的信号经过时延 Δt 将产生相应的相移 $\Delta\theta_s = \omega\Delta t$，而噪声经一定时延后产生的相移 θ_n 是随机的，因此可利用该特征实现 DSSS 通信信号的检测。

经过 Δt 时延后，产生的相移为 $\Delta\theta_r = \omega\Delta t + \theta_n$，对其进行多次累积并取均值，可得平均相移为

$$\Delta\theta_\Sigma = \left(\sum_1^a \omega\Delta t + \sum_1^n \theta_n\right)/n \approx \Delta\theta_s \tag{3-32}$$

式中：ω 为 DSSS 通信信号频率；$\Delta t = mT_S$，T_S 为采样周期，m 为整数。根据 $\Delta\theta_\Sigma$ 可判决 DSSS 通信信号的存在性，并可求得较为精确的信号载波频率。

相位相关检测法如图 3-21 所示。

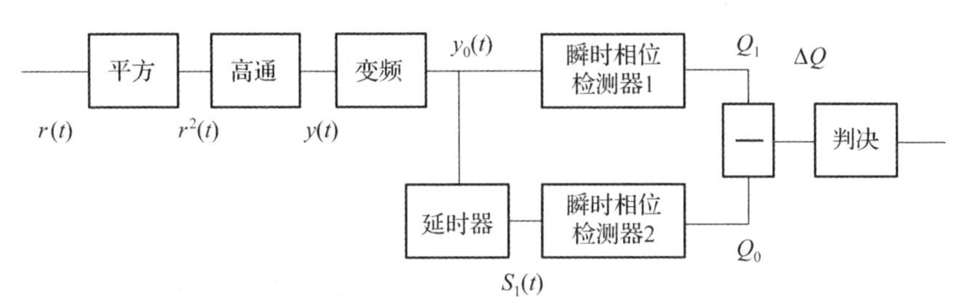

图 3-21　相位相关检测法

相位相关检测法的具体过程，如下：

设接收到的信号为

$$r(t) = A(t)\cos(\omega t + \phi) + n(t) \tag{3-33}$$

对该式进行平方，则有

$$r^2(t) = \frac{1}{2}A^2(t)\cos(2\omega t + 2\phi) + \frac{1}{2}A^2(t) + 2A(t)n(t)\cos(\omega t + \phi) + n^2(t) \tag{3-34}$$

对其进行高通滤波处理得到输出 $y(t)$ 为

$$y(t) = \frac{1}{2}k_1A^2(t)\cos(2\omega t + 2\phi) + n^2(t) \tag{3-35}$$

式中：k_1 为滤波因子。

对 $y(t)$ 经一次变频处理，得到 $y_0(t)$ 为

$$y_0(t) = \frac{1}{2}k_1k_2A^2(t)\cos(\omega t + \phi') + n'(t) \tag{3-36}$$

对 $y_0(t)$ 进行延时，则得输出 $S_1(t)$ 为

$$S_1(t) = \frac{1}{2}k_1k_2A^2(t-\Delta t)\cos(\omega t - \omega\Delta t + \phi') + n'(t-\Delta t) \tag{3-37}$$

式中：Δt 为延时时间。

将式（3-37）分别与 $\cos\omega t$ 和 $\sin\omega t$ 相乘，得输出 $S_2(t)$ 和 $S_3(t)$ 为

$$S_2(t) = \frac{1}{4}k_1k_2A^2(t-\Delta t)\cos(2\omega t - \omega\Delta t + \phi')$$

$$+\frac{1}{4}k_1k_2A^2(t-\Delta t)\cos(\omega\Delta t-\phi')+n'(t-\Delta t)\cos(\omega t) \tag{3-38}$$

$$S_3(t)=\frac{1}{4}k_1k_2A^2(t-\Delta t)\sin(2\omega t-\omega\Delta t+\phi')$$

$$+\frac{1}{4}k_1k_2A^2(t-\Delta t)\sin(\omega\Delta t-\phi')+n'(t-\Delta t)\sin(\omega t) \tag{3-39}$$

对 $S_2(t)$ 和 $S_3(t)$ 进行低通滤波，得输出 $S_4(t)$ 和 $S_5(t)$ 为

$$S_4(t)=\frac{1}{4}k_1k_2k_3A^2(t-\Delta t)\cos(\omega\Delta t-\phi')+n''(t) \tag{3-40}$$

$$S_5(t)=\frac{1}{4}k_1k_2k_3A^2(t-\Delta t)\sin(\omega\Delta t-\phi')+n''(t) \tag{3-41}$$

可见，当 $n(t)=0$ 时 $n''(t)=0$，由此可得 $\mu_0=\frac{S_4(t)}{S_5(t)}=\frac{\sin\omega\Delta t}{\cos\omega\Delta t}=\mathrm{tg}\omega\Delta t$。对其取反正切，得 Q_0 输出为 $Q_0=\omega\Delta t=\omega mT_s$。可以看出，当增加一个单位延时，即取 $\Delta t'=\Delta t+1$ 时，$\mu_1=\mathrm{tg}(\omega\Delta t+\omega)$；同样取反正切，得 $Q_1=\omega\Delta t+\omega=\omega\cdot mT_s+\omega T_s$。其中：$\omega$ 为分析时所取中频，当取采样率 $f_s>2(\omega+0.1/2\pi)$ MHz 时，Q_1 和 Q_0 之间仅相差一个定值 $\Delta Q=\omega T_s$。

当 $n(t)\neq 0$ 时，输出 ΔQ 将有一个波动，由于 $n(t)$ 为白噪声，其均值为零，因此，通过对 ΔQ 进行多次累积求平均，即可根据 ΔQ 判定信号有无，即可实现对 DSSS 通信信号的检测，并可估计信号载频。其中判决门限的选取准则为：$\Delta Q>\sqrt{3}\sigma^2$ 时有信号，$\Delta Q>\sqrt{3}\sigma^2$ 时无信号，其中 σ 为噪声的方差。

③循环谱检测法。

DSSS 通信信号属于循环平稳信号，而平稳噪声不具备周期平稳性，因此可利用这个特征对 DSSS 通信信号进行检测。信号 $x(t)$ 的谱相关函数为

$$S_x^\alpha(f)=S_s^\alpha(f)+S_n^\alpha(f) \tag{3-42}$$

式中：$S_n^\alpha(f)$ 为高斯白噪声的谱相关函数，因此不具有循环平稳特性，故可得 DSSS 通信信号的谱相关函数 $S_s^\alpha(f)$ 为

$$S_s^\alpha(f)=\begin{cases}\frac{1}{4T_c}[Q(f+f_0+\alpha/2)Q^*(f+f_0-\alpha/2)+Q(f-f_0-\alpha/2)Q^*(f-f_0-\alpha/2)]\mathrm{e}^{-\mathrm{j}2\pi\alpha} & (\alpha=k/T_c)\\ \frac{1}{4T_c}[Q(f+f_0+\alpha/2)Q^*(f-f_0-\alpha/2)]\mathrm{e}^{\{-\mathrm{j}[2\pi(\alpha+2f_0)t_0+2\varphi_t]\}} & (\alpha=k/T_c-2f_0)\\ \frac{1}{4T_c}[Q(f-f_0+\alpha/2)Q^*(f+f_0-\alpha/2)]\mathrm{e}^{\{-\mathrm{j}[2\pi(\alpha+2f_0)t_0-2\varphi_t]\}} & (\alpha=k/T_c+2f_0)\\ 0 & (\text{其他})\end{cases} \tag{3-43}$$

式中：$Q(f)$ 为码元窗函数 $q(t)$ 的 FFT 变换。在 $f=0$ 处求取循环谱，有

$$|S_n^\alpha(f=0)|=\begin{cases}\frac{1}{2T_c}|Q(f_0+\alpha/2)Q^*(f_0-\alpha/2)| & (\alpha=k/T_c)\\ \frac{1}{2T_c}|Q(\pm f_0+\alpha/2)|^2 & (\alpha=\mp 2f_0+k/T_c)\\ 0 & (\text{其他})\end{cases} \tag{3-44}$$

由式（3-44）可知，幅度最大值所对应的循环频率为两倍载频。因此，如果能够检测到两倍载频的存在，则表示 DSSS 通信信号存在，即可实现对 DSSS 通信信号的检测。

该方法也可用于 DSSS 通信信号载频和伪码速率的估计：在 $f=0$ 这个平面上，对循环频率轴 α 进行搜索会得到两个极大值，极大值对应的循环频率就是信号的载频 f_0 的 2 倍；在循环频率轴 $2f_0$ 处附近进行二维搜索，搜索次峰值，对应的循环频率与 $2f_0$ 之差就是 $1/T_c$，即伪码速率。

④倒谱检测法。

由 DSSS 通信信号的原理可知，DSSS 通信信号可以视为信息码与伪随机序列通过卷积叠加后形成，因此可采用倒谱来实现 DSSS 通信信号存在与否的检测。

DSSS 通信信号的倒谱可以通过对 DSSS 通信信号求对数功率谱得到：

$$
\begin{aligned}
C(\tau) &= |\mathrm{FFT}(\log|\mathrm{FFT}\{x(t)\}|^2)|^2 \approx \left|\mathrm{FFT}\left\{\log\left[S_s(f)+\frac{N_0}{2}\right]\right\}\right|^2 \\
&= \left|\mathrm{FFT}\left\{\log\left[\frac{N_0}{2}\left(1+\frac{S_s(f)}{N_0/2}\right)\right]\right\}\right|^2 = \left|\mathrm{FFT}\left\{\log\left(\frac{N_0}{2}\right)+\log\left(1+\frac{S_s(f)}{N_0/2}\right)\right\}\right|^2 \\
&= \left|\mathrm{FFT}\left\{\log\left(\frac{N_0}{2}\right)+\sum_{k=1}^{\infty}\frac{(-1)^{k-1}}{k}\left(\frac{S_s(f)}{N_0/2}\right)^k\right\}\right|^2 \\
&= \left|2\pi\log\left(\frac{N_0}{2}\right)\delta(\tau)+\sum_{k=1}^{\infty}\frac{(-1)^{k-1}}{k}\frac{(2\pi)^k}{(N_0/2)^k}\{R_s(-\tau)*R_s(-\tau)*\cdots*R_s(-\tau)\}\right|^2
\end{aligned} \tag{3-45}
$$

式（3-45）经推导后可简化为

$$
C(\tau) = \left|2\pi\log\left(\frac{N_0}{2}\right)\delta(\tau)+\frac{2\pi}{S_n}R(-\tau)\right|^2 \tag{3-46}
$$

通过检测倒谱的峰值有无即可推断 DSSS 通信信号是否存在，伪码周期可通过计算峰值间隔进行估计。

⑤高阶累积量检测法。

DSSS 通信信号模型同样可简化为

$$
s(t) = \sqrt{2P}c(t)\cos(2\pi f_0+\varphi) \tag{3-47}
$$

式中：$c(t)$ 为信息码经伪随机序列扩频后得到的序列。通过统计量计算公式可得到 DSSS 通信信号的各阶统计量：

$$
c_{1s} = E[s(t)] = 0 \tag{3-48}
$$

$$
c_{2s} = E[s(t)s(t+\tau)] = PR_c(\tau)\cos(2\pi f_0\tau) \tag{3-49}
$$

$$
\begin{aligned}
c_{3s}(\tau_1,\tau_2) &= E[s(t)s(t+\tau_1)s(t+\tau_2)] \\
&= 2P\sqrt{2P}E[c(t)c(t+\tau_1)c(t+\tau_2)]E[\cos(2\pi f_0 t+\varphi) \\
&\quad \cos(2\pi f_0(t+\tau_1)+\varphi)\cdot\cos(2\pi f_0(t+\tau_2)+\varphi)] = 0
\end{aligned} \tag{3-50}
$$

$$
\begin{aligned}
c_{4s}(\tau_1,\tau_2,\tau_3) &= E[s(t)s(t+\tau_1)s(t+\tau_2)] - E[s(t)s(t+\tau_1)]E[s(t)s(t+\tau_2)s(t+\tau_3)] - \\
&\quad E[s(t)s(t+\tau_2)]E[s(t)s(t+\tau_2)s(t+\tau_3)] - E[s(t)s(t+\tau_3)] \\
&\quad E[s(t)s(t+\tau_1)s(t+\tau_2)]
\end{aligned}
$$

$$
\begin{aligned}
&= \frac{1}{2} P^2 E[c(t)c(t+\tau_1)c(t+\tau_2)c(t+\tau_3)][\cos 2\pi f_0(\tau_2+\tau_3-\tau_1)+ \\
&\cos 2\pi f_0(\tau_1+\tau_2-\tau_3)+\cos 2\pi f_0(\tau_1+\tau_3-\tau_2)]- \\
&P^2 R_c(\tau_1)\cos(2\pi f_0\tau_1)R_c(\tau_2-\tau_3)\cos(2\pi f_0(\tau_2-\tau_3))- \\
&P^2 R_c(\tau_2)\cos(2\pi f_0\tau_2)R_c(\tau_3-\tau_1)\cos(2\pi f_0(\tau_3-\tau_1))- \\
&P^2 R_c(\tau_3)\cos(2\pi f_0\tau_3)R_c(\tau_1-\tau_2)\cos(2\pi f_0(\tau_1-\tau_2))
\end{aligned} \tag{3-51}
$$

式中：$R_c(\tau)$为$c(\tau)$的自相关函数。

DSSS 通信信号的高阶统计量与高斯噪声的高阶统计量差异较大。由于高阶累积量在理论上可以完全抑制高斯噪声，即噪声的四阶统计量为零，因此可采用四阶累积量实现对 DSSS 通信信号的检测，即

$$c_{4x}(\tau_1,\tau_2,\tau_3)=c_{4s}(\tau_1,\tau_2,\tau_3) \tag{3-52}$$

取$\tau_1=\tau_2=\tau_3=0$，得

$$c_{4x}(0,0,0)=-\frac{3}{2}P^2 \tag{3-53}$$

同时，根据累积量的半不变特性，可得

$$|c_{kx}(0,0,0)+c_{kn}(0,0,0)| \geqslant |c_{kn}(0,0,0)| \tag{3-54}$$

将此作为检测门限，可以实现信号的检测。

（2）基于机器学习的 DSSS 通信信号检测方法。

①DSSS 通信信号特征提取。

DSSS 通信信号时域特征提取，如下：

DSSS 通信信号在信息位的极性由 1 到 –1 或由 –1 到 1 跳变时其波形会发生跳变，在跳变点之外时域上呈现一个个长度为整数倍数据码片长度的相对较平稳的包络；DSSS 通信信号的相位在每个包络内呈连续分布，其载波频率的能谱大小反映包络内信号的能量值。因此，DSSS 通信信号在时域具有包络间隔点和能谱值两大特征，通常采用 Morlet 小波进行提取。

DSSS 通信信号时域包络特征提取，如下：

DSSS 通信信号相邻包络之间载波相位相差 180°，对其进行小波变换可得 $\mathrm{Re}[W_f(m,n)]=\sum\limits_k\sum\limits_n\left[\frac{1}{\sqrt{f_m}}\cdot\pi^{-\frac{1}{4}}\cdot x(k)\cdot\cos\left(\frac{k-n}{f_m}\right)\cdot \mathrm{e}^{-\frac{(k-n)2}{2f_m^2}}\right]$ 和 $\mathrm{Im}[W_f(m,n)]=\sum\limits_k\sum\limits_n\left[\frac{1}{\sqrt{f_m}}\cdot\pi^{-\frac{1}{4}}\cdot x(k)\cdot\sin\left(\frac{k-n}{f_m}\right)\cdot \mathrm{e}^{-\frac{(k-n)2}{2f_m^2}}\right]$，进一步可得信号相位为 $\theta_{m,n}=\arctan\left(\frac{\mathrm{Im}(W_f(m,n))}{\mathrm{Re}(W_f(m,n))}\right)$。选取$f_m$值使其对应于载波频率，提取$\theta_{m,n}$值发生 180°变化时的时间中点$t_n$值，即包络间隔点特征$\zeta_1=\sum \mathrm{fra}\left(\frac{T_i}{T_d}\right)$，其中：$T_i$为一个包络的时间长度，$T_d$为数据码片时间长度，fra 为取小数函数。

DSSS 通信信号时域能谱特征提取，如下：

小波提取的载波频率能谱值相当于使待测波形通过窄带滤波器，提取所有包络内的时域能谱值之和得到时域能谱特征$\zeta_2=\sum\limits_k\sum\limits_n W_f(m,n)$。

DSSS 通信信号频域特征提取，如下：

DSSS 通信信号频域特征提取主要利用小波函数在有限时间范围内对待测波形进行局域化频谱分析来提取。小波能谱表达式为 $E(f_m) = \sum_n |W_f(m,n)|^2$，表征了信号能量在 f_m 上的分布情况。

由于 DSSS 通信信号和噪声的频谱以载波频率为中心分布且较为集中在$(f_0 - f_d, f_0 + f_d)$，因此在有限的截取时间，以$\frac{f_d}{4}$为间隔选取相应频谱值$f_0 \pm \frac{k}{4}f_d$，其中：$k = 0, 1, \cdots, 4$，f_0 为载波频率，f_d 为信息数据的带宽。这些频谱值基本上能够反映待测波形的频谱分布。

提取的九个能谱值记为 $\zeta_3, \zeta_4, \zeta_5, \cdots, \zeta_{11}$。

DSSS 通信信号能量特征提取，如下：

通过积累检测时间内 DSSS 通信信号波形的能量值 $\sum_{k=-\infty}^{\infty} |x(k)|^2$ 作为能量特征。记为 ζ_{12}。

②DSSS 通信信号检测方法。

利用提取的特征采用神经网络进行扩频信号检测。检测网络架构如图 3－22 所示。

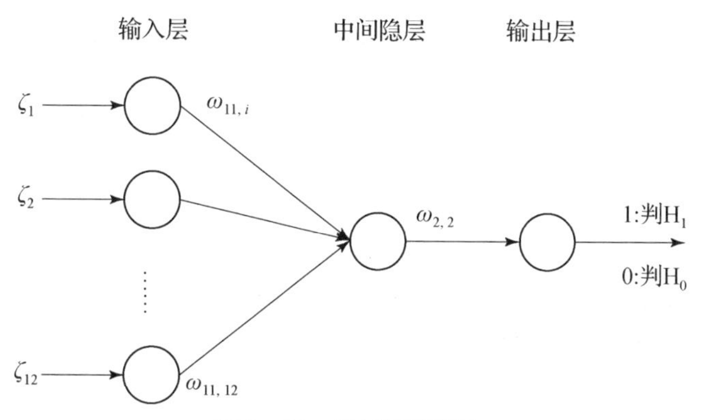

图 3－22　检测网络架构

用于二元检测的神经网络是由三层感知器组成的，如图 3－22 所示，其输出层只有一个神经元。网络输入层神经元的数目与接收到的样本数目相同（提取的信号特征值），$\omega_{11,i}(i = 1, 2, \cdots, M)$为输入层到输出层的连接权系数，$\omega_{2,2}$为隐层到输出层的连接权系数。其中连接权系数和各神经元的阈值 $\theta_j^{(n)}$ 可通过 BP 学习算法训练得到。反向传播（BP）算法两种信号如图 3－23 所示。其两种信号流通：一是工作信号，网络在输入信号后向前传输直到输出端产生的输出信号，是输入和权值的函数；二是误差信号，网络实际输出与应有输出之间的差值，即误差，由输出端开始逐层向后传播。

反向传播算法的步骤如下：

第一步，初始化设置：

在选定一个结构合理的网络的基础上，将所有可调的包括权和阈值的参数设置为较小的均匀分布的数值。

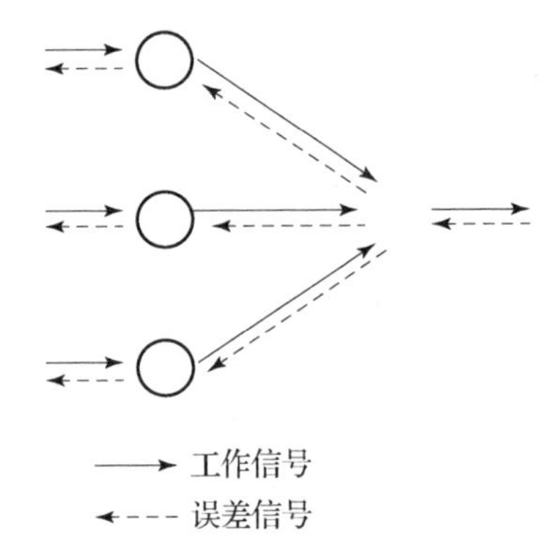

图 3-23 反向传播（BP）算法两种信号

第二步，输入样本计算：

前向计算：

对 l 层的 j 单元为

$$v_j^{(l)}(n) = \sum_{t=0}^{T} \omega_{ji}^{(l)}(n) y_i^{l-1}(n) \tag{3-55}$$

式中：$y_i^{l-1}(n)$为前一层（$l-1$ 层）的单元 i 送来的工作信号，当 $i=0$ 时，置 $y_0^{l-1}(n)=-1$，$\omega_{j0}^{(l)}(n)=\theta_j^{(l)}(n)$。

若单元 j 的激活函数为 sigmoid 函数，则

$$y_j^{(l)}(n) = \frac{1}{1+\exp(-v_j^{(l)}(n))} \tag{3-56}$$

且

$$\varphi'(v_j(n)) = \frac{\partial y_j^{(l)}(n)}{\partial v_l(n)} = \frac{\exp(-v_j(n))}{(1+\exp(-v_j(n)))^2} = y_j(n)[1-y_j(n)] \tag{3-57}$$

若神经元 i 属于输出第一隐层（$l=1$），则有 $y_j^{(0)}=x_i(n)$；若神经元 i 属于输出层（$l=L$），则有 $y_j^{(L)}(n)=O_j(n)$且 $e_j(n)=x_j(n)-O_j(n)$。

反向计算：

对输出单元为 $\delta_j^{(l)}(n)=e_j^{(L)}(n)O_j(n)[1-O_j(n)]$

对隐单元为 $\delta_j^{(l)} = y_j^{(l)}(n)[1-y_j^{(l)}(n)]\sum \delta_k^{(l+1)}(n)\omega_{kj}^{(l+1)}(n)$

修正权值和阈值：

$\omega_{jk}^{(l)}(n+1)=\omega_{ji}^{(l)}(n)+\eta\delta_j^{(l)}(n)y_j^{(l-1)}(n)$和 $\omega_{j0}^{(l)}(n)=\theta_j^{(l)}(n)$

样本迭代计算：

$n=(n+1)$输入新的样本（或新一周期样本），直至获取最佳参数。

在实现权系数和阈值获取后，采用似然比最佳检测方法实现扩频信号的侦收和识别。

设接收样本为 $\zeta=(\zeta_1,\zeta_2,\cdots,\zeta_{12})$，扩频码被侦收和识别时记为 H_1，未侦收和识别时记为 H_0，则对应的似然比为 $\Lambda(x)=P(\zeta/H_1)/P(\zeta/H_0)$，其中：$P(\zeta/H_1)$、$P(\zeta/H_0)$分别为 H_1 和 H_0 假设下 x 的联合概率密度。

对应的判决准则为当 $\Lambda(\zeta)>\eta$ 时，神经元被激活，输出为 1，表示扩频码已被侦收和识别，判 H_1；当 $\Lambda(\zeta)\leqslant\eta$ 时，神经元被抑制，输出为 0，表示扩频码未被侦收和

识别，判 H_0，η 为判决门限。

（3）基于 FAM 周期谱的 DSSS 通信信号检测方法。

①周期谱定义。

无线通信网台信号基本具有周期平稳特性。周期平稳信号 $x(t)$ 的周期自相关函数 $R_x^\alpha(\tau)$ 为

$$R_x^\alpha(\tau) = \lim_{T\to\infty}\int_{T/2}^{-T/2} x(t+\tau/2)x(t-\tau/2)\mathrm{e}^{-\mathrm{i}2\pi\alpha t}\mathrm{d}t \tag{3-58}$$

其自相关函数的傅里叶级数为

$$R_x(\tau) = \sum_\alpha R_x^\alpha(\tau)\mathrm{e}^{\mathrm{i}2\pi\alpha t} \tag{3-59}$$

式中：α 为信号所包含的周期频率。可见，周期自相关函数可以揭示信号的内在的周期性。对于平稳随机信号，在 $\alpha\neq0$ 处，$R_x^\alpha(\tau)$ 恒等于零；而对于周期平稳信号，在 $\alpha\neq0$ 处，$R_x^\alpha(\tau)$ 不全为零。因此，利用周期自相关函数可以提取信号的二次信息，即通常自相关函数所不能提取的信息。

$R_x^\alpha(\tau)$ 的傅立叶变换即为该信号的周期谱密度或谱相关函数

$$S_x^\alpha(f) = \int_{-\infty}^{+\infty} R_x^\alpha(\tau)\mathrm{e}^{-\mathrm{i}2\pi f\tau}\mathrm{d}\tau \tag{3-60}$$

对于实时信号 $x_\tau(t)$ 有

$$S_x^\alpha(f) = \lim_{T\to\infty}\frac{1}{T}X_T(t,f+\alpha/2)X_T^*(t,f+\alpha/2) \tag{3-61}$$

式中：$X_T(t,f) = \int_{t-T/2}^{t+T/2} X_T(u)\mathrm{e}^{-\mathrm{i}2\pi fu}\mathrm{d}u$，为 $x(t)$ 的时变实时复谱。

②信号检测方法。

周期谱检测方法通常分为两大类：基于频率平滑的周期谱检测法和基于时间平滑的周期谱检测法。FAM（FFT accumulation method，FAM）为典型的基于时间平滑的周期谱检测法。

根据前述内容，可得基于 FAM 的信号周期谱为

$$S_{x,p}^\alpha(n,f_0) = \sum_r X_+^{<A>}(r,f+\alpha_0/2)X_-^{*<A>}(r,f-\alpha_0/2)g(n-r) \tag{3-62}$$

式中：$X_+^{<A>}(t,f) = \sum_{l=0}^{N-1}\alpha_{\Delta f}(lT_s)\cdot x_+^{<A>}(t-lT_s)\cdot\mathrm{e}^{-\mathrm{j}2\pi f(t-lT_s)}$，$A=p/2$。若频移为 ε，则有

$$S_{x,p}^{\alpha+\varepsilon}(n,f_0) = \sum_r\left[X_+^{<A>}(r,f+\alpha_0/2)X_-^{*<A>}(r,f-\alpha_0/2)g(m-r)\mathrm{e}^{-\mathrm{i}2\pi\varepsilon rT}\right] \tag{3-63}$$

通过离散化处理，即令 $\varepsilon=q\Delta\alpha$，$q=0,1,\cdots,\Delta\alpha\Delta t$，其中 $\Delta\alpha=1/\Delta t$ 为周期频率的分辨率，$\Delta\alpha$ 为带通滤波器的带宽，同时谱分辨率为 $\Delta f=\Delta\alpha-|\varepsilon|$，则有

$$S_{x,p}^{\alpha+q\Delta\alpha}(n,f_0)_{\Delta t} = \sum_r\left[X_+^{<A>}(r,f+a_0/2)X_-^{*<A>}(r,f-\alpha_0/2)g(n-r)\mathrm{e}^{-\mathrm{i}2\pi qr/N}\right] \tag{3-64}$$

故可以用求 $\Delta\alpha\Delta tN$ 点的 FFT 来计算低阶周期谱，且可以同时求出 $\Delta\alpha\Delta tN$ 的 ε。再对该公式进行抽取处理即可得 FAM 表达式

$$S_{x,p}^{\alpha_0+q\Delta\alpha}(n,f_j)_{\Delta t} = \sum_r X_{N'}(rL,f_1)X_{N'}^*(rL,f_k)g(n-r)\mathrm{e}^{-\mathrm{i}2\pi qr/p} \tag{3-65}$$

式中：N'表示窄带滤波器的个数；L为抽取因子；f_s为采样频率。

周期谱的循环频率为

$$f_j=\frac{f_k+f_l}{2}=\frac{k+l}{2}\cdot\frac{f_s}{N'} \tag{3-66}$$

循环频率为
$$\alpha_0=\alpha_i+q\Delta\alpha,\ \alpha_i=(k-l)\frac{f_s}{N'}$$

分辨率为
$$\Delta\alpha=\frac{f_s}{LP}$$

根据上述推导，可得基于FAM周期谱DSSS通信信号检测法原理如图3-24所示。

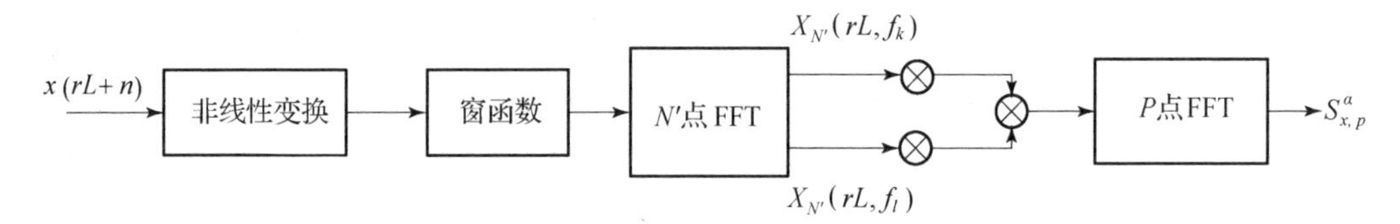

图3-24　基于FAM周期谱DSSS通信信号检测法

在图3-24中的非线性变换既可以取A阶分数低阶相位微分算子，也可以取不同的非线性变换算子来实现任意空间到希尔伯特空间的映射。

由此可得，基于FAM周期谱的DSSS通信信号检测法处理流程如图3-25所示。

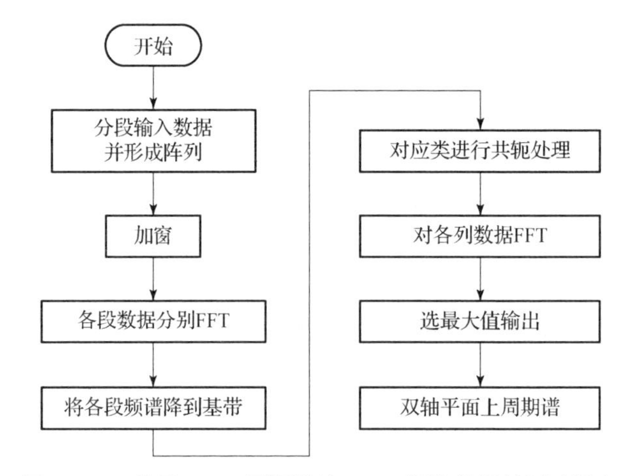

图3-25　基于FAM周期谱的DSSS通信信号检测法流程

基于FAM周期谱的DSSS通信信号检测的主要步骤如下：

第一步，对输入信号做非线性变换，实现任意空间到希尔伯特空间的映射。

第二步，对非线性变换后的信号进行加窗处理并计算N'点FFT。

第三步，计算两个复包络的共轭相关积，即计算一个$N'/4$的乘法阵。

第四步，计算$N'/4$个P点组成的变换阵。

通过在双轴平面上搜索最大值即可实现DSSS通信信号检测。

2）DSSS通信信号参数估计方法

（1）基于频域相关的参数估计法。

对于DSSS通信信号$S(t)$，如前面所述，设DSSS通信信号为

$$S(t)=\alpha(t-mT_d)p(t-mT_c)\cos(2\pi f_0 t+\varphi_0) \tag{3-67}$$

式中：f_0 为信号载频；T_c 为伪随机码周期；T_d 为信码周期。

当周期频率 $\alpha=\pm 2f_0+Kf_c+Lf_d$ 且 K、L 取整数时，其自相关函数 $R_s^{\alpha}(\tau)$ 和谱相关函数 $S_s^{\alpha}(f)$ 不等于零，噪声和干扰 $n(t)$ 由于不具有与信号完全相同的周期频率，则可推算其谱相关函数为

$$S_x^{\alpha}(f)=\begin{cases} S_s^{\alpha}(f) & (\alpha\in\alpha',\ \text{有信号}) \\ S_s^{\alpha}(f)+S_n^{\alpha}(f) & (\alpha\notin\alpha',\ \text{有信号}) \\ 0 & (\alpha\in\alpha',\ \text{无信号}) \\ S_n^{\alpha}(f) & (\alpha\notin\alpha',\ \text{有信号}) \end{cases} \tag{3-68}$$

对式（3－68）进行处理和分析，即可实现对重要参数估计。

针对 DSSS 通信信号谱相关函数对不同的 α 有不同的值，因此可有如下推论：谱相关函数在 $\alpha=2f_0$ 处取值最大，其次为 $\alpha=\pm 1/T_c$，再次为 $\alpha=2f_0\pm 1/T_c$。当 $\alpha=2f_0$ 和 $\alpha=2f_0\pm 1/T_c$ 时，$|S_{x_T}^{\alpha}(f)_{\Delta f}|$ 的最大值位于 $f=0$ 处；当 $x=\pm 1/T_c$ 时，$|S_{x_T}^{\alpha}(f)_{\Delta f}|$ 最大值位于 $f=f_0$ 处。依次推论可得参数估计法流程如图 3－26 所示。

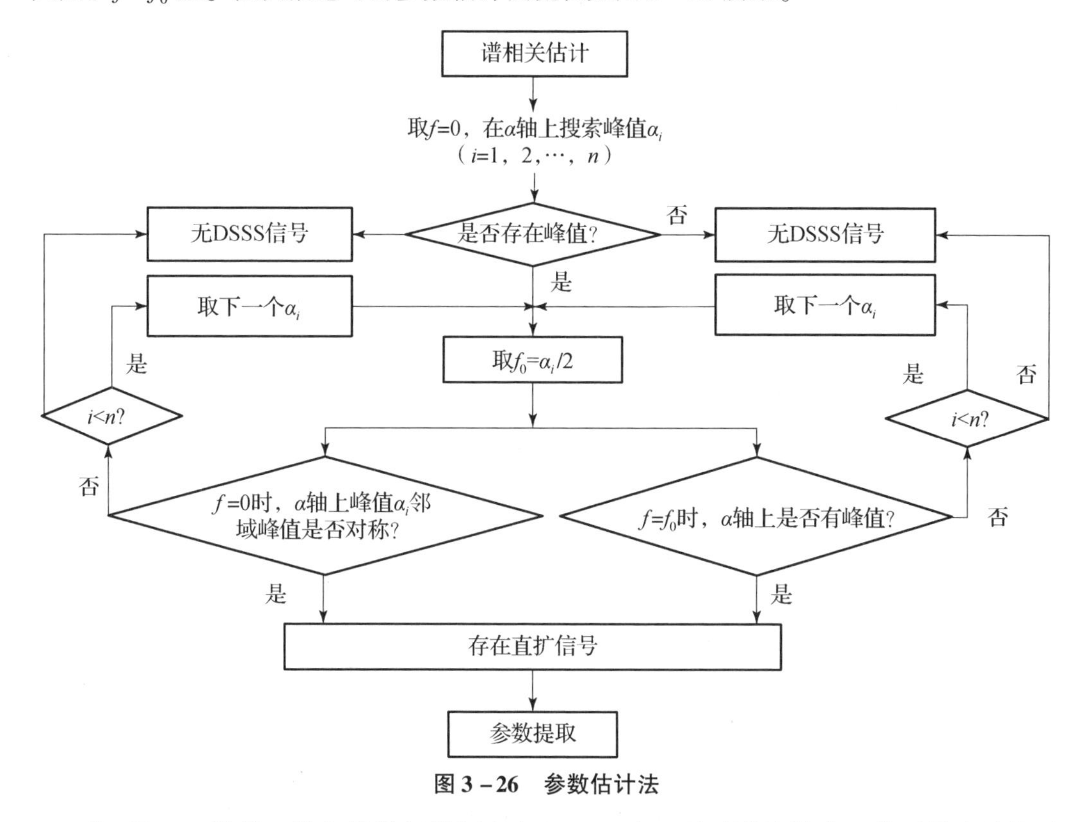

图 3－26　参数估计法

将 f 取 0，得到 α 轴上的谱相关幅度 $|S_{x_T}^{t\alpha}(0)_{\Delta f}|$。通过谱峰搜索，找到最大峰值对应的 α_0，作为估计的载频 $f_0=\alpha_0/2$，然后根据 α_0 左右邻近对称的次峰值所对应的 α_{-1}、α_{+1} 与其的差值，并利用 α_{-1}、α_{+1} 与 α_0 的对称性，用来估计伪随机码速率，即 $f_c=|\alpha_{-1}-\alpha_0|$ 或 $f_c=|\alpha_{+1}-\alpha_0|$，或者搜索 $|S_{x_T}^{t\alpha}(f)_{\Delta f}|$ 在 $f=f_0$ 时 α 轴上对应的最大值 α_0 作为伪随机码速率。

（2）基于小波变换的参数估计法。

小波变换是基于传统傅里叶变换提出的一种时频分析方法，可用于非平稳信号的分析，且同时具有时域分辨率和频域分辨率，即在高频部分具有较高的频率分辨率和较低的时间分辨率，而在低频部分具有较高的时间分辨率和较低的频率分辨率。下面以MPSK 调制的 DSSS 通信信号伪随机码速率估计为例阐述利用小波变换进行参数估计的机理。

信号 $x(t)$ 的小波变换定义如下：

$$WT_x(a,\tau) = \frac{1}{\sqrt{a}}\int_{-\infty}^{\infty} x(t)\varphi\left(\frac{t-\tau}{a}\right)\mathrm{d}t \tag{3-69}$$

式中：$a>0$ 称为尺度因子；τ 称为时移因子；$\varphi(t)$ 称为小波基函数。

对 MPSK 中频信号进行 Haar 小波变换可得到如下幅值表达式：

①当 $(i-1)T_d+a/2\leqslant\tau\leqslant iT_d-a/2$ 时，有 $|WT_x(a,\tau)|=2\sqrt{\dfrac{P}{a}}\left|\dfrac{\sin^2(\omega_c a/4)}{\sin(\omega_c/2)}\right|$，即小波变换在一个符号内时；②当 $\tau=iT_d$ 时：$|WT_x(a,\tau)|=2\sqrt{\dfrac{P}{a}}\left|\dfrac{\sin^2(\omega_c a/4)\sin(\omega_c a/4+\alpha/2)}{\sin(\omega_c/2)}\right|$，即小波变换在两个符号间时。其中：$T_d$ 是符号周期，P 是信号功率，ω_c 是信号频率，f_c 对应的载波角频率为 $\omega_c=2\pi f_c$，α 是相邻符号间相位变化。可见，MPSK 中频信号的 Haar 小波变换幅值是一个恒定值且与时间没有关系。

如果将 MPSK 中频信号变频为零中频的基带信号后，即在 $f_c\to 0$ 和 $\omega_c\to 0$ 时，有

①当 $(i-1)T_d+a/2\leqslant\tau\leqslant iT_d-a/2$ 时有：$|WT_x(a,\tau)|=2\sqrt{Pa}\,|\sin(\omega_c a/4)|\to 0$，即小波变换在一个符号内时；②当 $\tau=iT_d$ 时：$|WT_x(a,\tau)|=2\sqrt{Pa}\,|\sin(\omega_c a/4+\alpha/2)|\to\sqrt{Pa}\,|\sin(\alpha/2)|$，即小波变换在两个符号间时。

综上所述，对基带 DSSS/MPSK 信号进行 Haar 小波变换后，在伪随机码周期 T 整数倍处会出现峰值，非整数倍的位置则为 0，其中伪随机码持续时间 T 等价于 MPSK 信号中的符号持续时间 T_d，而峰值大小为 $\sqrt{Pa}\,|\sin(\alpha/2)|$。因此，通过峰值出现位置即可得到直扩信号伪随机码速率。

为便于描述，在 $\omega_c\to 0$ 时将上述两个结果合成后可得到：

$$|WT_x(a,\tau)| = \sqrt{Pa}\sum_i \sin(\alpha_i/2)T_i\left[\frac{2}{a}(\tau-iT_d)\right] \tag{3-70}$$

式中：α_i 为前后码片之间的相位变化，T_i 为

$$T_i(t)=\begin{cases}1-t & (0\leqslant t\leqslant 1)\\ 1+t & (-1\leqslant t\leqslant 0)\\ 0 & (\text{其他})\end{cases} \tag{3-71}$$

鉴于经过直接序列扩频的 MPSK 信号其功率谱被展宽，因此可等价于功率谱密度较低的 MPSK 信号，由此可得 DSSS 通信信号的 Haar 小波变换表达式为

$$|\boldsymbol{WT}_x(a,\tau)| \approx \sum_i Q(\tau-iT_d) \tag{3-72}$$

式中：$Q(\tau)=\sqrt{Pa}\sum_{i=0}^{N-1}A_iT_i\left[\dfrac{2}{a}(\tau-iT_d)\right]$，$N$ 是伪随机码周期，$A_i=(c_{i+1}-c_i)/2$ 是前

后码片幅度差。

对式（3－72）进行FFT变换，得

$$H_x(f)=F[\mid WT_x(a,\tau)\mid]=F\left[Q(t)*\sum_i\delta(t-iT_d)\right]=\frac{1}{T_d}F[Q(t)]\sum_i\delta(f-iT_d) \tag{3-73}$$

式中：$F[Q(t)]=\mathrm{FFT}[Q(t)]$，为$Q(\tau)=\sqrt{Pa}\sum_{i=0}^{N-1}A_iT_i\left[\frac{2}{a}(\tau-iT_d)\right]$经过FFT变换后的结果，$F[Q(t)]=\sqrt{Pa}\frac{2}{a}[\mathrm{sinc}(af/2)]^2\left\{\sum_{i=0}^{N-1}(A_i-1/2)\mathrm{e}^{-\mathrm{j}2\pi fiT_c}+0.5T\mathrm{e}^{-\mathrm{j}2\pi fT_d/2}\sum_{i=0}^{N-1}\mathrm{sinc}[T_d(f-iT_d)]\right\}$

由于$A_i=(c_{i+1}-c_i)/2$中$\{c_m\}$是伪随机序列，$\{A_i\}$必然也是伪随机序列且$E\left(\sum_{i=0}^{N-1}(A_i-1/2)=0\right)$，所以$F[Q(t)]$可进一步推导为

$$F[Q(t)]\approx\sqrt{Pa}\frac{a}{2}[\mathrm{sinc}(af/2)]^2\left\{C+0.5T_d\sum_{i=0}^{N-1}\mathrm{sinc}[T_d(f-iT_d)]\right\} \tag{3-74}$$

式中：C为$\{A_i-1/2\}$的功率谱密度。

整理式（3－73）和式（3－74）可得$H_x(f)$：

$$H_x(f)\approx\frac{\sqrt{Pa}}{2T_d}a\left[\mathrm{sinc}\left(\frac{af}{2T_d}\right)\right]^2\left\{C+0.5T_d\sum_{i=0}^{N-1}\mathrm{sinc}(f-iT_d)\right\}\sum_i\delta(f-iT_d) \tag{3-75}$$

可见，DSSS/MPSK基带信号经Haar小波变换和FFT变换后其谱线分布在$f=iT_d$（$i\in Z$）处且以sinc函数延拓，函数延拓周期为T_d、幅度为$\frac{\sqrt{Pa}}{2T_d}a\left[\mathrm{sinc}\left(\frac{af}{2T_d}\right)\right]^2$。分析sinc函数特点可知，$H_x(f)$谱线的最大值出现在$f=0$处，次峰出现在$f=\pm T_d$处。提取次峰所处的$f=\pm T_d$位置，即可估计得到DSSS通信信号的伪随机码速率。

由上面推导过程可以得到采用小波变换估计DSSS通信信号伪随机码速率的处理流程，如图3－27所示。

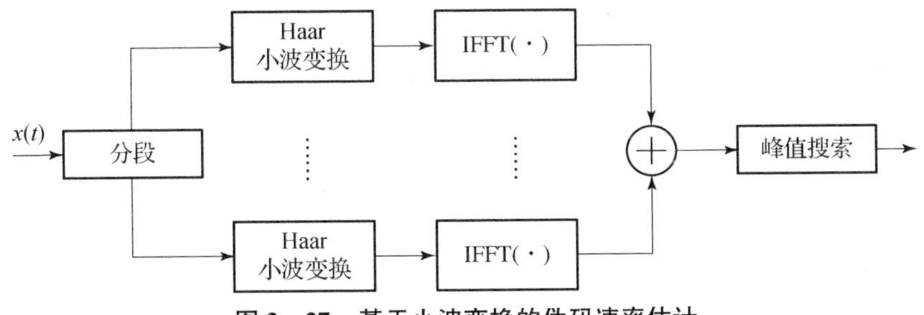

图3－27　基于小波变换的伪码速率估计

在图3－27中首先将DSSS基带信号分段，然后分别对每段进行上述小波变换和FFT变换处理，最后累加平均。此外，利用小波变换还可以进行去噪以提升信噪比，进而提高伪随机码速率估计的精度。

基于小波去噪的延迟相关算法步骤如下：

①将 DSSS 基带信号划分为 M 段，每段 $x_i(t)$ 长度大于两倍 PN 周期；

②对每段 $x_i(t)$ 进行小波变换得到信号 $WT_x(a,t)$；

③对 $WT_x(a,t)$ 进行延迟相关处理，得到 $WT_x(a,\tau)=WT_x(a,t)\cdot WT_x(a,t-\tau)$；

④对 $WT_x(a,\tau)$ 进行 FFT 变换得到功率谱 $S_i(f)$；

⑤对所有分段的功率谱进行累加平均处理，得到 $S(f)=\sum\limits_{i=1}^{N}|S_i(f)|/M$；

⑥依据上述描述搜索 $S(f)=\sum\limits_{i=1}^{N}|S_i(f)|/M$ 的峰值，得到伪随机码速率 R_c。

（3）基于循环谱的参数估计法。

若噪声为加性平稳噪声，则接收信号模型可写为

$$y(t)=s(t)+n(t)=A_s\sum_{n=-\infty}^{\infty}q(t-n\cdot T_c-t_0)\cos(2\pi f_0t+\theta_n+\varphi_0)+n(t) \tag{3-76}$$

式中：$s(t)$和$n(t)$分别为信号和噪声；A_s 为信号幅度；$q(t)$是调制脉冲串；T_c 是码片时宽；f_0 是载频；φ_0 是初相；t_0 是初始时间；θ_n 为扩频码序列。由 DSSS 通信信号的谱相关密度函数可知循环频率在码元速率$\frac{1}{T_c}$和两倍载频 $2f_0$ 处的循环谱分别为

$$S_s^{1/T_c}=\frac{A_s^2}{4T_c}\left[Q\left(f+\frac{1}{2T_c}+f_0\right)Q^*\left(f-\frac{1}{2T_c}-f_0\right)+Q\left(f+\frac{1}{2T_c}-f_0\right)Q^*\left(f-\frac{1}{2T_c}-f_0\right)\right]\cdot\exp\left(\frac{-\mathrm{j}2\pi t_0}{T_c}\right) \tag{3-77}$$

$$S_s^{2f_0}=\frac{A_s^2}{4T_c}Q(f)Q^*(f)\cdot\exp(-\mathrm{j}2\varphi_0) \tag{3-78}$$

式中：f 表示循环谱频率；$Q(\cdot)$为 sinc 函数；$S_s^{1/T_c}(f)$为循环谱的幅度，其相位为常量 $2\pi t_0/T_c$；$S_s^{2f_0}(f)$的相位为常量 $2\varphi_0$，因此可利用循环谱这两个相位估计出初始时间 t_0 和初相 φ_0。鉴于上述两个循环谱相位为常量，因此为提高 t_0 和 φ_0 的估计精度，可利用多个循环谱频率处的相位进行平均处理以实现高精度估计。

由式（3-77）可见，信号循环谱相位只是在 $|S_s^{1/T_c}(f)|$不为零时为常数 $2\pi t_0/T_c$，而当 $|S_s^{1/T_c}(f)|$相对较小时，信号的循环谱可能会被淹没在噪声的循环谱里，此时利用循环谱相位进行估计就会产生较大误差。为此需选择合适的门限 γ_{1/T_c}，并用 $|S_s^{1/T_c}(f)|$与 γ_{1/T_c}进行比较，只有 $|S_s^{1/T_c}(f)|>\gamma_{1/T_c}$时位于循环谱频率处的循环谱才可用于 t_0 估计。由式（3-78）可知初相的估计存在同样问题，故必须选择合适的门限 γ_{2f_0}，用 $|S_s^{2f_0}(f)|$与 γ_{2f_0}进行比较，只有 $|S_s^{2f_0}(f)|>\gamma_{2f_0}$时位于循环谱频率处的循环谱才可用于 φ_0 估计。

因此，通过推导可得到 t_0 和 φ_0 估计表达式：

$$\hat{t}_0=-\frac{T_c}{2\pi}\cdot\left[\frac{1}{M_1}\sum_{k=1}^{M_1}\angle\hat{S}_y^{1/T_c}(f_k)\right],\ |\hat{S}_y^{1/T_c}(f_k)|>\gamma_{1/T_c} \tag{3-79}$$

$$\hat{\varphi}_0=-\frac{1}{2}\cdot\left[\frac{1}{M_2}\sum_{k=1}^{M_2}\angle\hat{S}_y^{2f_0}(f_k)\right],\ |\hat{S}_y^{2f_0}(f_k)|>\gamma_{2f_0} \tag{3-80}$$

式中：符号“∠”表示相位提取；γ_{1/T_c}和γ_{2f_0}是幅度判决门限，在估计误差Δt_0和$\Delta\varphi_0$的均值都为零的情况下，可由式$\mathrm{Var}(\Delta t_0)=\frac{T_c^2}{(2\partial M_1)^2}\sum_{k=1}^{M_1}\mathrm{Var}(\Delta\phi_k^{1/T_c})=\frac{T_c^2}{(2\partial M_1)^2}\sum_{k=1}^{M_1}\frac{K_p+8B_n\mathrm{SNR}_{in}G(f_k,1/T_c)}{32\Delta t\Delta fB_n^2\mathrm{SNR}_{in}^2G^2(f_k,1/T_c)}$和$\mathrm{Var}(\Delta\phi_0)=\frac{1}{(2M_2)^2}\sum_{k=1}^{M_2}\mathrm{Var}(\Delta\phi_k^{2f_0})=\frac{1}{4M_2^2}\sum_{k=1}^{M_2}\frac{K_p+8B_n\mathrm{SNR}_{in}G(f_k,2f_0)}{32\Delta t\Delta fB_n^2\mathrm{SNR}_{in}^2G^2(f_k,2f_0)}$的估计误差方差公式计算得出；$\hat{S}_y^{1/T_c}(f_k)$和$\hat{S}_y^{2f_0}(f_k)$分别表示循环频率为码元速率和双倍载频的谱相关密度函数估计；为减少谱泄漏，得到可靠的谱相关密度函数估计，可采用前面所述的时域平滑或频域平滑的循环周期图估计法。

3）DSSS 通信信号解扩方法

（1）基于多相关的 DSSS 解扩方法。

①多相关解扩基本原理

DSSS 通信信号解扩的前提条件是接收端能够同步并跟踪所接收 DSSS 通信信号的伪随机序列相位，并根据同步并跟踪的结果调整接收端的本地伪随机序列产生器输出同步的伪随机序列。只有两者准确同步才能够对所接收的 DSSS 通信信号进行解扩。

因为直接序列扩频通信均采用伪随机序列实现对所传信息频谱的扩展，所以虽然伪随机序列种类和生成方法均较多，但其自相关函数必须满足如下条件：

$$\begin{cases}R_a(\tau)=1 & (\tau=0)\\0<R_a(\tau)<1 & (0<|\tau|<T_c)\\R_a(\tau)\approx 0 & (|\tau|\geqslant T_c)\end{cases}\tag{3-81}$$

式中：$R_a(\tau)$为伪随机序列的自相关函数；τ为相关时间；T_c为伪随机序列序列码片宽度。设计中为克服不同信道之间的相互干扰，伪随机序列之间的互相关函数亦必须满足如下条件：

$$\begin{cases}R_{ab}(\tau)\ll 1\\R_{ab}(\tau)\approx 0\end{cases}\tag{3-82}$$

伪随机序列可以通过抽取形成一个个伪随机子序列，抽取的时间间隔必须为T_c的整数倍。抽取的起始时间不同所得到的伪随机子序列也不相同。如抽取间隔为T_c的M倍时，则最终可形成M个互不相同的伪随机子序列。如果所抽取的伪随机子序列的自相关函数和互相关函数分别满足式（3－81）和式（3－82）的约束条件时，则可将伪随机序列看成是M个伪随机子序列的组合。

此时，伪随机扩频序列可表示为

$$C(t)=\sum_{k=0}^{M-1}C_i(t-kT_c)\times W(t-kT_c)\tag{3-83}$$

式中：$W(t)$是脉宽为T_c的信息序列，其周期为MT_c；$C_k(t)$为伪随机子序列，其码元宽度也为抽取间隔MT_c。因此，可利用伪随机子序列实现 DSSS 通信信号的解扩处理。

由于各伪随机子序列间的无关性，采用伪随机子序列解扩的方法：采用$C_k(t)M_k(t)$解扩或采用$C_k(t)$解扩，因此在同步状态下，采用$C_k(t)M_k(t)$解扩时，其解扩后输出信号的信噪比，采用$C_k(t)$解扩时，也输出信号的信噪比。

②多相关解扩方法。

根据上述原理，可形成如图 3－28 所示的一种 DSSS 通信信号解扩处理架构。

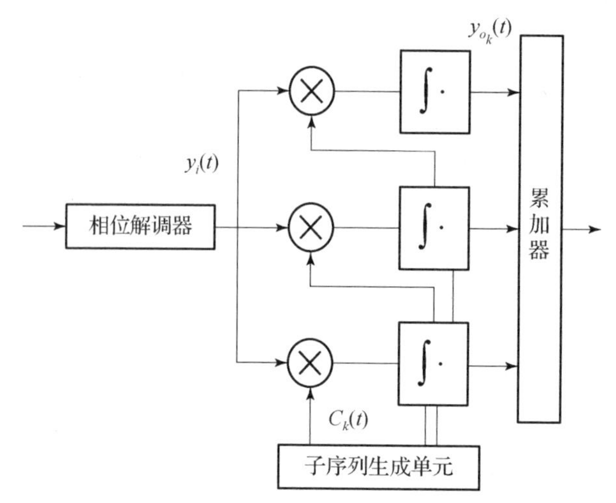

图 3－28　DSSS 通信信号解扩处理架构

伪随机子序列 $C_k(t)$ 由图 3－28 中子序列生成单元产生，$C_k(t)$ 之间的相位关系与其在被抽取的伪随机序列中的相位关系一致。每个伪随机子序列经过各自相关处理后进入累加器，由累加器最后完成解扩处理。

图 3－28 中相位解调器的输出可表示为

$$y_i(t)=S(t)C(t)+n(t) \tag{3-84}$$

式中：$S(t)$ 为信息信号；$C(t)$ 为扩频信号；$n(t)$ 为噪声/干扰。

在同步状态下采用完整伪随机序列解扩时，可有

$$\begin{aligned} y_o(t) &= \frac{1}{T}\int_T y_i(t-\tau)C(t-\tau)\mathrm{d}\tau \\ &= \frac{1}{T}\int_T (S(t-\tau)C(t-\tau)+n(t))C(t-\tau)\mathrm{d}\tau \\ &= \frac{1}{T}\int_T S(t-\tau)C(t-\tau)C(t-\tau)\mathrm{d}\tau+\frac{1}{T}\int_T n(t)+C(t-\tau)\mathrm{d}\tau \end{aligned} \tag{3-85}$$

式中，T 为积分器的积分时间。

同理，在同步状态下采用伪随机子序列 $C_k(t)W_k(t)$ 解扩时，任一子路的信号输出为

$$y_{o_k}(t)=\frac{1}{T}\int_T S(t-\tau)C(t-\tau)C_k(t-\tau)\mathrm{d}\tau+\frac{1}{T}\int_T n(t)C_k(t-\tau)\mathrm{d}\tau \tag{3-86}$$

即与传统的解扩方式输出结果相同。

因此，累加器将积分器输出进行累加处理后得到输出：

$$\begin{aligned} y(t) &= \sum_k\left[\frac{1}{T}\int_T S(t-\tau)C(t-\tau)C_k(t-kT_c-\tau)\mathrm{d}\tau\right]+\sum_k\left[\frac{1}{T}\int_T n(t)C_k(t-kT_c-\tau)\mathrm{d}\tau\right] \\ &= \frac{1}{T}\int_T S(t-\tau)C(t-\tau)\sum_k C_k(t-kT_c-\tau)\mathrm{d}\tau+\frac{1}{T}\int_T n(t)\sum_k C_k(t-kT_c-\tau)\mathrm{d}\tau \end{aligned}$$

$$= \frac{1}{T}\int_T S(t-\tau) \times \sum_m \sum_{k\neq m} [C_k(t-kT_c-\tau)C_m(t-mT_c-\tau) \times W(t-mT_c-\tau)]\mathrm{d}\tau + \frac{1}{T}\int_T n(t)\sum_k C_k(t-kT_c-\tau)\mathrm{d}\tau \tag{3-87}$$

由于 $C(t)$、$W(t)$ 均为二进制序列，故在式（3－87）结果中的第一部分可进一步简化：

$$\frac{1}{T}\int_T S(t-\tau)\sum_m \sum_{k\neq m} [C_k(t-kT_c-\tau)C_m(t-mT_c-\tau) \times W(t-mT_c-\tau)]\mathrm{d}\tau$$
$$= \frac{1}{T}\int_T S(t-\tau)\left[\sum_k C_k(t-kT_c-\tau)W(t-mT_c-\tau)\right] \times \left[\sum_k C_k(t-kT_c-\tau)W(t-mT_c-\tau)\right]\mathrm{d}\tau$$
$$= \frac{1}{T}\int_T S(t-\tau)C(t-\tau)C(t-\tau)\mathrm{d}\tau \tag{3-88}$$

比较上面结果可见，式（3－88）与式（3－85）结果中的第 1 部分相同；式（3－87）中的第 1 项为 $M-1$ 个相位各异的伪随机序列与所接收的 DSSS 通信信号相关后的结果；式（3－87）中的第 2 项为 M 个相位各异的伪随机序列与所接收噪声/干扰相关后的结果。简而言之，其最大结果不超过式（3－85）第 2 部分的 M 倍。

通过分析可以看出，所述解扩架构具有较好的普适性：当需要较强的抗多径能力或良好的解扩增益时，子序列生成单元输出的伪随机序列为 $C_k(t)W_k(t)$；当需要良好的抗失锁能力时输出的伪随机序列为 $C_k(t)$。

（2）DSSS 通信信号的盲解扩方法。

①DSSS 通信信号盲解扩基本原理。

在实际通信中，DSSS 通信信号采用最多的是伪随机码，又称为 PN 码。由于真正的随机信号和噪声不可能重复再现和产生，PN 码序列只能通过产生一种周期性的脉冲信号来近似，从而使得 PN 码序列具有近似于噪声的性能。目前采用最多的是 m 序列和 Gold 序列，这两种序列都是根据生成多项式来构造的移位寄存器采用反馈方式生成。图 3－29 为一个可生成 PN 码的典型的利用多项式构造的 m 级线性反馈式移位寄存器。

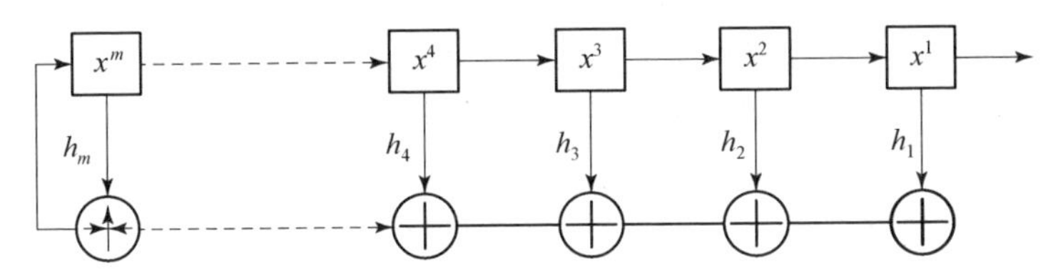

图 3－29　*m* 级线性反馈式移位寄存器

在图 3－29 中 $h_1,h_2,\cdots,h_m$ 是该多项式的各项系数，$h_i \in \{0,1\}$。可见，该移位寄存器第 $m+1$ 个输出数据为

$$x_{N+m+1} = \sum_{i=1}^{m} h_i x_{N+i} \tag{3-89}$$

式中：$\sum$ 表示模二加。因此，在接收端通过对采样后的数据 x_i 联立求解 h_i 的方程组：

$$\begin{bmatrix} h_1 \\ h_2 \\ \cdots \\ h_m \end{bmatrix} = \begin{bmatrix} x_{N+1} & x_{N+2} & \cdots & x_{N+m} \\ x_{N+2} & x_{N+3} & \cdots & x_{N+m+1} \\ \cdots & \cdots & \cdots & \cdots \\ x_{N+m} & x_{N+m+1} & \cdots & x_{N+2m-1} \end{bmatrix}^{-1} \begin{bmatrix} x_{N+m+1} \\ x_{N+m+2} \\ \cdots \\ x_{N+2m} \end{bmatrix} \tag{3-90}$$

作为第三方侦察，不可能预先知道 DSSS 通信信号扩频码的信息，因此只能采用反馈系数矢量大数判决法来求解移位寄存器的阶数。设采样量化后的数据为 $x_1, x_2, \cdots, x_i, \cdots$，用长为 $2m$ 的滑动窗截取数据进行计算，其中 m 为初定的移位寄存器的阶数，虽然现在已经可得到 3～100 级 m 序列发生器，为阐述方便，m 取为 2～16 且由小到大地变化。

对于一级 m，长度为 $2m$ 的滑动窗每滑动一次都会计算出一个反馈系数向量$(h_1, h_2, \cdots, h_m)$。此时，为每一个反馈系数向量设置一个计数器，每个向量只要通过计算其对应的计数器就累加 1 次。每批采样数据计算完成后，选取其中最大计数器的值为该级 m 的函数 $y(m)$，比较所有的 $y(m)$，其中最大的 $y(m)$ 所对应的 m 就是移位寄存器的阶数，其反馈系数即为对应的反馈系数向量$(h_1, h_2, \cdots, h_m)$。

根据 m 阶反馈移位寄存器的定义有 $h_1 = 1$，反馈方程由此可表示为 $x_{m+1} + x_1 = \sum_{i=2}^{m} h_i x_i$，其中，“+”表示模二加。从而，求解 $m-1$ 阶反馈系数向量$(h_1, h_2, \cdots, h_m)$的方程组表示为

$$\begin{bmatrix} h_2 \\ h_3 \\ \vdots \\ h_m \end{bmatrix} = \begin{bmatrix} x_{N+2} & x_{N+3} & \cdots & x_{N+m} \\ x_{N+3} & x_{N+4} & \cdots & x_{N+m+1} \\ \vdots & \vdots & \vdots & \vdots \\ x_{N+m-1} & x_{N+m} & \cdots & x_{N+2m-2} \end{bmatrix}^{-1} \begin{bmatrix} x_{N+m+1} + x_{N+1} \\ x_{N+m+2} + x_{N+2} \\ \vdots \\ x_{N+2m-1} + x_{N+m-1} \end{bmatrix} \tag{3-91}$$

滑动窗的长度也由原来的 $2m$ 变成 $2m-1$。

上述求解反馈系数向量方程组采用降阶解法的原因：通过将 m 阶矩阵的计算简化为 $m-1$ 阶矩阵的计算，同时将长度为 $2m$ 的滑动窗变成长度为 $2m-1$ 的滑动窗，不仅减少了数据样本点，而且降低矩阵运算的运算量；简化的 $m-1$ 阶方程组计算是建立在 m 阶系数向量$(h_1, h_2, \cdots, h_m)$中 $h_1 = 1$ 的基础上，这样排除了由于噪声的引入使 $h_1 = 0$ 的可能性，一方面降低了系数向量的估计错误概率，另一方面也降低了分析信号时所要求的信噪比门限。

②DSSS 通信信号盲解扩方法。

设基带直扩信号为 $x(t) = p_c(t)s(t)$，其中：$p_c(t) = \sum_{i=-\infty}^{\infty} p_i g_{T_c}(t - T_c)$，$p_i$ 是扩频码序列，$p_i \in \{-1, 1\}$，T_c 是扩频码码元时宽；$s(t) = \sum_{i=-\infty}^{\infty} d_j g_T(t - T_c)$，式中：$d_j$ 为信息码序列，$d_j \in \{-1, 1\}$，$g_T(t)$是宽度为 T 的方波脉冲，T 是信息码码元时宽，$T = NT_c$，N 为大于 0 的整数。

如前面所述，$\overline{x_1}$，$\overline{x_2}$，…，$\overline{x_i}$…经过矩阵计算后就可以估计出反馈移位寄存器的阶数 m 和求解出移位寄存器的反馈系数。但当 d_j 由 1 变为 -1 时，即在信息码元发生了

变化使扩频码发生了翻转反向时，采样到的信号$\overline{x_1}$，$\overline{x_2}$，…，$\overline{x_i}$…将使上述等式不再成立。

设一 m 序列由 m 阶的反馈移位寄存器生成，其周期为 2^m-1，即长度为 m 的移位寄存器有 2^m-1 个不重复的状态，唯一不出现的状态就是 m 个全0。由 m 序列的性质可知，必定会存在着一个全 1 状态。也就是当信息码元发生变化时，即由 1 变为 -1，原来长为 m 的全 1 状态实际采样变成长为 m 的全 0 状态。此时，如果反馈移位寄存器的长度仍然为 m，则整个序列就进入了全 0 的死循环。因此，当扩频码序列发生了翻转反向时，解决方法就只能由一个 $m+1$ 阶的反馈移位寄存器生成。

例如：对于生成多项式 $f(z^{-1})=1+z^{-2}+z^{-3}+z^{-4}+z^{-5}$，其生成方程可表示为 $x_{N+5}=x_N \oplus x_{N+1} \oplus x_{N+2} \oplus x_{N+3}$，假定移位寄存器的初始态为 11111，则产生的码序列为 00100110…；发生翻转反向后，上述码序列为 00000 和 110110001…，其生成方程为 $x_{N+6}=x_N \oplus x_{N+4} \oplus x_{N+5}$，生成多项式推导为 $f(z^{-1})=1+z^{-1}+z^{-2}+z^{-6}$。也就是说，产生码序列的反馈移位寄存器的阶数由原来五级在取反后变为了六级。实际上，截短 m 序列及 Gold 序列也具有同样的性质。

综上所述，对 DSSS 通信信号进行盲解扩是通过对输入的 DSSS 通信信号进行矩阵计算，如果求得的最大反馈系数向量长度为 m，$d_j=1$，如果为 $m+1$，$d_j=-1$。在实际对 DSSS 通信信号进行解扩时，当识别出扩频码的生成反馈移位寄存器的长度为 m 时，计算就仅限于 m 和 $m-1$ 阶的矩阵上，甚至可以只计算 $m-1$ 阶的矩阵，如果在该阶上出现最大反馈系数向量峰值，则 $d_j=1$，反之 $d_j=-1$。

3.2 雷达电磁信号侦收方法

3.2.1 雷达电磁信号侦收概述

通常情况下，雷达对抗目标是指敌方或潜在作战对手的雷达辐射源。雷达电磁信号侦收的含义：利用雷达信号侦收系统（设备）中的侦收设备（接收机），以参数扫描的方式对雷达参数进行搜寻，进而实现对雷达信号的截获，为雷达信号的参数测量、雷达信号的到达方向测量、雷达信号的分选和识别、雷达无源定位奠定基础，为引导雷达干扰、反辐射攻击提供情报保障。

本书对雷达电磁信号的侦收，与雷达对抗侦察在职能任务、涵盖内容上基本相同，因此本书以雷达对抗侦察为研究对象，通过分析其具体内容，涵盖雷达电磁信号侦收方法。

雷达对抗侦察根据不同的分类标准和范畴，有不同的分类。

1. 按军种不同划分

根据军种的区别，雷达对抗侦察可划分为陆军雷达对抗侦察系统（装备）、海军雷达对抗侦察系统（装备）、空军雷达对抗侦察系统（装备）、火箭军雷达对抗侦察系统（装备）等。

2. 按雷达体制划分

根据雷达技术体制的差别对雷达对抗侦察在技术和侦察策略上的不同要求，雷达对抗侦察可划分为对合成孔径雷达的侦察、对相控阵雷达的侦察、对脉冲多普勒雷达的侦察等。

3. 按侦察装备划分

根据侦察装备运载平台的差异，雷达对抗侦察可划分为地面雷达对抗侦察装备、车载式雷达对抗侦察装备、便携式雷达对抗侦察装备、投掷式雷达对抗侦察装备、机载雷达对抗侦察装备、舰载雷达对抗侦察装备、系留气球雷达对抗侦察装备和星载雷达对抗侦察装备。

4. 按作战任务和用途划分

按作战任务和用途，雷达对抗侦察可划分为雷达对抗支援侦察和雷达对抗情报侦察两类。

1）雷达对抗支援侦察

雷达对抗支援侦察主要用于战术侦察，为告警、干扰、硬杀伤、伪装、隐身和规避等目标电子防护设备提供实时引导，为制定和实施遂行的作战行动提供实时或近实时的情报支援。

雷达对抗支援侦察通常在作战准备和作战过程中实施，因此可以将其定义为：在作战准备和作战过程中实时截获、测量、分选和识别敌方雷达信号，判明其属性和威胁程度的电子对抗支援侦察。

雷达对抗侦察的特点主要体现在三个方面：一是侦察的目的是满足当前作战的需要，对雷达参数测量的要求不像情报侦察那样全面、准确，但对威胁等级高的雷达要求及时、全面、准确地截获和识别。二是侦察通常在战斗前夕和战斗中进行，对于敌方制导雷达和火控雷达通常要求及时和准确测定空间位置，引导杀伤武器予以摧毁或予以无源、有源干扰。三是装备这种侦察设备的平台要求机动性能好，具有自卫能力，如电子战飞机、军舰、地面机动侦察站，或者是无人驾驶飞机。

2）雷达对抗情报侦察

雷达对抗情报侦察主要用于战略侦察，要求获得全面、广泛、准确的技术和军事情报，在平时和战时都要进行。

雷达对抗情报侦察的定义可表述为利用电子侦察卫星、电子侦察飞机、电子侦察船或地面雷达对抗侦察站，对敌方或潜在作战对象的雷达进行长期或定期的侦察，收集有关雷达的技术情报和军事情报，为雷达对抗数据库提供准确的数据，为己方制定电子对抗决策和发展雷达对抗装备提供依据。

雷达对抗情报侦察的特点主要体现在两个方面：一是要求全面详尽地侦察敌方雷达的技术和战术情报，以供上级机关参考和情报部门的数据库存档。二是无论平时还是战时都不间断、定期地进行侦察，侦察时间充裕，对实时性要求相对不高。

3.2.2 雷达电磁信号侦收方法

实现对雷达电磁信号的侦收，直接效果表现为实现对敌方某雷达信号的截获。同时，实现对雷达信号的截获，是通过信号搜索的过程实现的。因此，需要对于雷达对抗目标信号的侦收方法进行研究，即转化为对侦察设备搜索和截获策略的分类研究。如前面所说，对雷达信号的截获是指在频域、空域和时域内同时实现截获，三个条件缺一不可。

在讨论侦察设备搜索和截获策略的问题之前，有必要将频域截获、空域截获（极化域截获一并在空域截获中考虑）和时域截获的含义作介绍。

频域截获是指侦察设备的工作频带对准雷达载频（RF）的工作状态。此处的工作频带通常是指瞬时工作频带。频域截获主要与侦察设备的测频体制和敌方雷达信号的频率变化规律等因素有关。

空域截获是指在方向和距离上同时截获信号。方向截获是指侦察天线的波束与雷达发射天线的波束互指。距离截获又称为能量截获，指信号在侦察设备的侦察作用距离之内。空域截获主要与侦察设备的灵敏度、天线方向图、天线搜索方式、极化方式和敌方雷达的等效发射功率、天线方向图、天线扫描方式、电磁波传播环境等因素有关。

时域截获是指侦察设备的侦察驻留时间与敌方雷达的照射时间存在重叠，从而能够完成信号的正常接收。时域截获主要与侦察设备的测频体制、测向体制和敌方雷达的天线扫描方式等因素有关。

雷达对抗目标信号的侦收方法的分类是指在实现截获目的的前提下，对信号搜索方式的不同分类。由于侦察设备通常不做距离向的搜索，因此信号搜索主要考虑方向和频率的对准方法。通常情况下，搜索方式分为宽开非搜索方式和窄窗口搜索方式，对应非搜索式侦察和搜索式侦察。非搜索式侦察又称为宽开式侦察是指侦察设备对频率和方向进行非搜索式瞬时截获的侦察状态；搜索式侦察是指侦察设备在频率维采用搜索或非搜索式侦察状态与方向维进行搜索或非搜索式侦察状态的自由组合。

因此，对雷达对抗目标信号，即雷达信号的侦收方法的讨论，转化为对信号搜索的四种典型方法，即频率搜索方向非搜索侦收方法、频率非搜索方向搜索侦收方法、频率搜索方向搜索侦收方法和频率非搜索方向非搜索侦收方法的讨论。下面主要对这四种侦收方法（搜索策略）的具体实现方法进行介绍。

1. 频率搜索方向非搜索侦收方法

侦察系统采用频率搜索方向非搜索侦收方法时，通常使用1个全向的测频天线和 N 个定向测向天线组合的方式。其典型的侦察系统如图3－30所示。

如图3－30所示，当采取频率搜索方向非搜索侦收方式时，侦收设备通常采用全向测频天线与搜索式超外差测频接收机结合使用，完成对感兴趣信号的频域截获；测向设备通常采用多个定向天线与对应的宽带测向接收机结合使用，完成不同方位信号的空域截获。

需要说明的是，采用此种侦收方法时，由于搜索式超外差测频接收机灵敏度最高，全向天线增益最低，宽带测向接收机灵敏度较低，定向天线增益较高，因此综合来看，此侦收方法下的侦察系统灵敏度中等、截获概率中等。

2. 频率非搜索方向搜索侦收方法

侦察系统采用频率非搜索方向搜索侦收方法时，通常有两种典型的侦察系统，区别在于天线部分的组成。

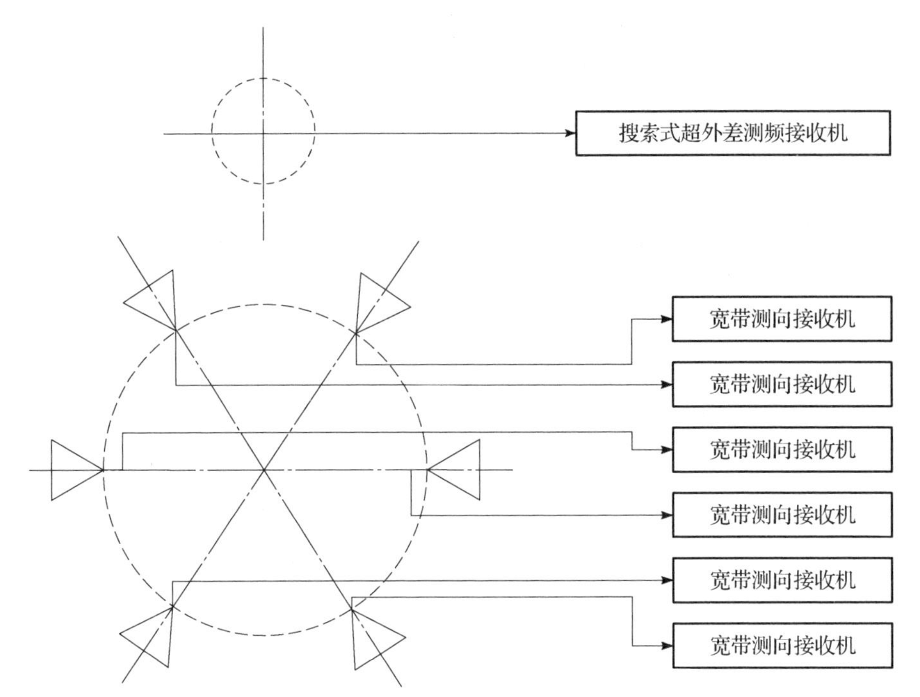

图 3-30 典型频率搜索方向非搜索侦察系统示意图

一种典型的侦察系统采用 1 个共用的可旋转的定向天线，测频时采用非搜索式的宽频段瞬时测频（instantaneous frequency measurement，IFM）接收机或信道化测频接收机；测向时采用旋转天线进行方位搜索，天线旋转机构计算的天线轴向方向即为信号到达方向（DOA）。此类型的侦察系统如图 3-31 所示。

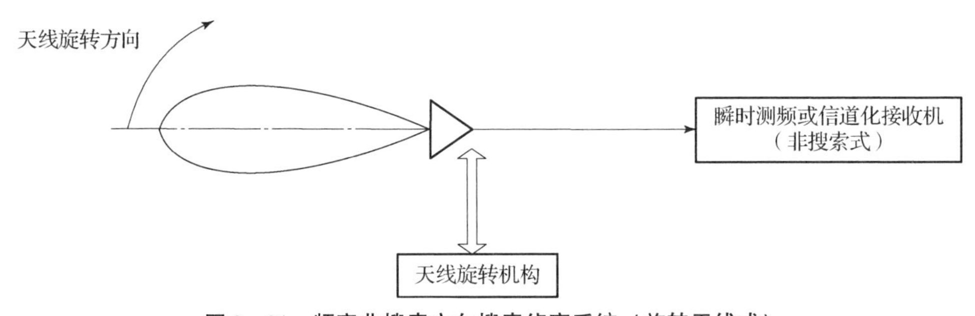

图 3-31 频率非搜索方向搜索侦察系统（旋转天线式）

另外一种典型的侦察系统采用 N 个共用的定向天线，测频时依旧采用非搜索式的宽频段 IFM 接收机或信道化测频接收机；测向时采用转换式多波束搜索，通过单刀 N 掷开关控制波束的轴线指向，实时接通的天线波束轴线指向即为信号到达方向（DOA）。此类型的侦察系统如图 3-32 所示。

采用此种侦收方法时，由于 IFM 接收机灵敏度较低，信道化测频接收机灵敏度最高，定向天线增益最高，因此在此侦收方法中，当采用信道化测频接收机时侦察系统灵敏度最高、截获概率中等，当采用 IFM 接收机时侦察系统灵敏度中等、截获概率中等。

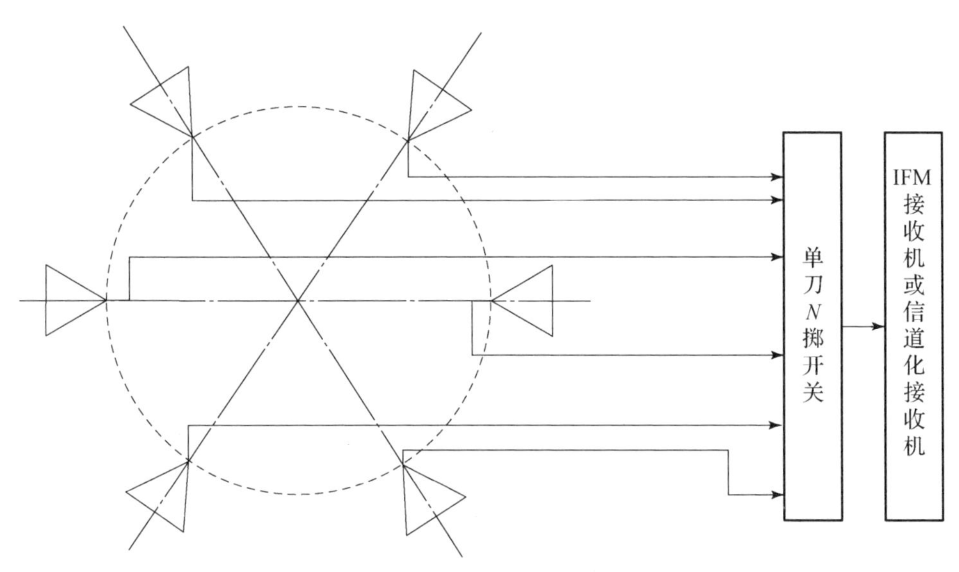

图 3 – 32　频率非搜索方向搜索侦察系统（转换开关式）

3. 频率搜索方向搜索侦收方法

侦察系统采用频率搜索方向搜索侦收方法时，同样有两种典型的侦察系统，区别在于天线部分的组成。

一种典型的侦察系统采用 1 个共用的可以旋转的定向天线，测频时采用频率搜索式超外差测频接收机；测向时采用旋转天线进行方位搜索，天线旋转机构计算的天线轴向方向即为信号到达方向（DOA）。此类型的侦察系统如图 3 – 33 所示。

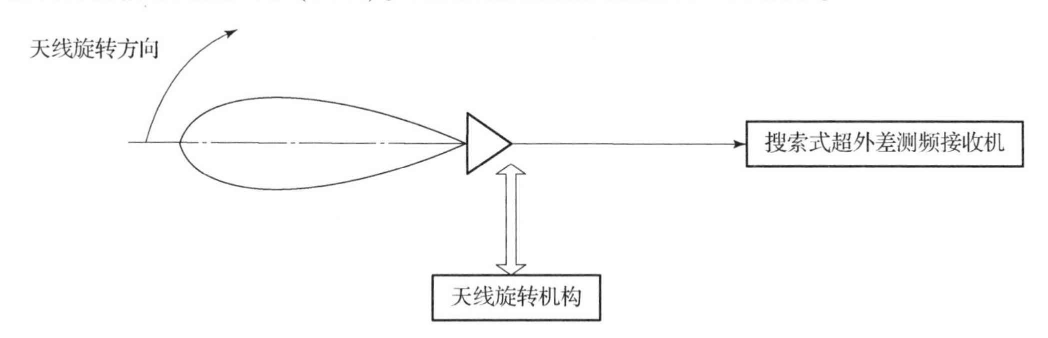

图 3 – 33　频率搜索方向搜索侦察系统（旋转天线式）

另外一种典型的侦察系统采用 N 个共用的定向天线，测频时依旧采用搜索式超外差测频接收机；测向时采用转换式多波束搜索，通过单刀 N 掷开关控制波束的轴线指向，实时接通的天线波束轴线指向即为信号到达方向（DOA）。此类型的侦察系统如图 3 – 34 所示。

采用此种侦收方法时，由于搜索式超外差测频接收机灵敏度最高，定向天线增益最高，因此在此侦收方法中，侦察系统灵敏度最高，但是由于搜索时间过长，导致系统截获概率最低、截获时间最长。

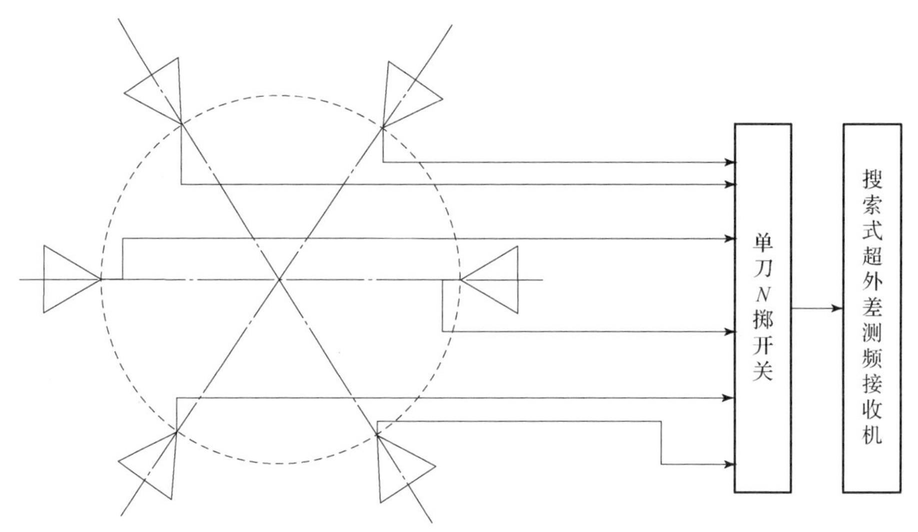

图 3－34　频率搜索方向搜索侦察系统（转换开关式）

4. 频率非搜索方向非搜索侦收方法

侦察系统采用频率非搜索方向非搜索侦收方法时，通常使用 1 个全向的测频天线和 N 个定向测向天线组合的方式。典型的侦察系统如图 3－35 所示。

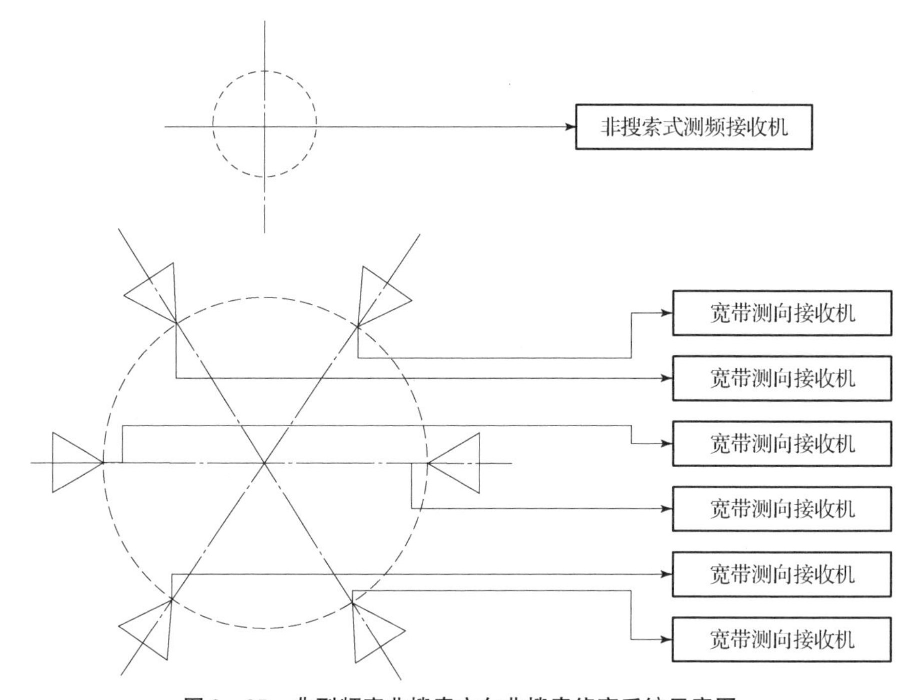

图 3－35　典型频率非搜索方向非搜索侦察系统示意图

如图 3－35 所示，当采取频率非搜索方向非搜索侦收方式时，频率侦收设备通常采用全向测频天线与非搜索式测频接收机（IFM 或信道化测频接收机）结合使用，完成对感兴趣信号的频域截获；测向设备通常采用多个定向天线与对应的宽带测向接收机结合使用，完成不同方位信号的空域截获。

采用此种侦收方法时，由于 IFM 测频接收机灵敏度较低，信道化测频接收机灵敏度最高，全向天线增益最低，宽带测向接收机灵敏度较低，而定向天线增益较高，因此在此侦收方法中，当采用信道化接收机时侦察系统灵敏度中等，当采用 IFM 接收机时侦察系统灵敏度最低。此侦收方法的特点是瞬时截获概率最高，适用于实时性要求较高的情形。

第4章

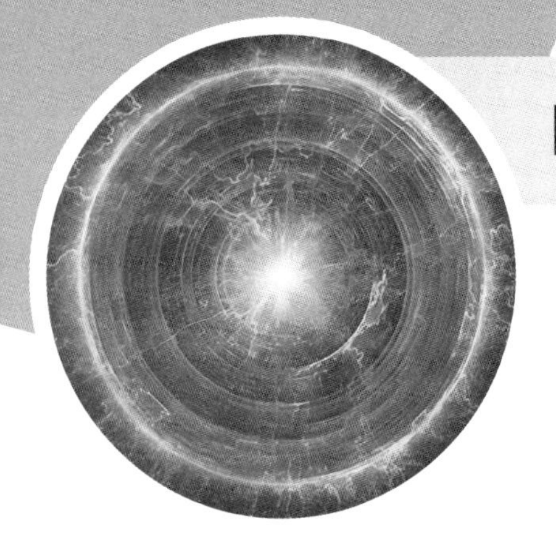

电磁信号参数测量方法

4.1　通信网电磁信号参数测量方法

通信网电磁信号统称为无线通信网台信号。通信网对抗侦测系统（设备）的任务是在由多频段多体制信号、背景噪声及各种干扰构成瞬息万变的复杂电磁信号环境中侦收、分选和分离各个无线通信网台信号，测量和分析各个无线通信网台信号的基本参数，识别无线通信网台信号的调制样式、编码类型、组网特征和网台属性，并进一步对信号进行解调和解码处理，获取和还原信号所传输的信息，作为军事情报。

通信网对抗侦察首先需要解决的问题是无线通信网台信号的侦收、分选和分离，以及无线通信网台信号参数的测量分析。在通信网对抗侦测系统（设备）瞬时带宽内，通常会有多个无线通信网台信号同时存在，在实现无线通信网台信号侦收的基础上，通信网对抗侦察接下来的任务是将瞬时带宽内多个（甚至重叠在一起的）无线通信网台信号分选或分离出来。由于被侦测的无线通信网台信号的参数是未知的，因此无线通信网台信号的分选和分离通常采用盲源分离技术。通信网对抗侦测系统（设备）一般先基于全景显示搜索侦收法和并行搜索侦收法，再采用 DFT/FFT 等方法对无线通信网台信号进行粗略分析，估计无线通信网台信号载波的中心频率和带宽，实现对多信号的分离，最后对无线通信网台信号的各种参数进行测量。

信号参数测量是后续信号处理的基础，无线通信网台信号的体制较多，因此对应需要测量分析的参数也较为复杂。其中，模拟调幅信号的主要参数有载波频率、信号电平、信号带宽和调幅度等；模拟调频信号的主要参数有载波频率、信号电平、信号带宽、最大频偏和调频指数等；数字无线通信网台信号的主要参数有载波频率、信号电平、信号带宽、码元速率或符号速率等。

4.1.1　无线通信网台信号载频频率测量分析方法

通信网对抗侦测系统（设备）只有通过测频处理才能得到信号的精确频率，载频频率测量分析主要包括一阶差分法测频分析法、FFT 测频分析法、互相关测频分析法和平方测频分析法等。

1. 一阶差分测频分析方法

由通信理论可知，信号的瞬时频率 $f(t)$ 与其瞬时相位 $\varphi(t)$ 之间存在如下关系：

$$f(t)=\frac{\mathrm{d}\varphi(t)}{\mathrm{d}t} \tag{4-1}$$

在信号处理时，无线通信网台信号被侦收后，通常经过采样和量化处理转换为数字信号，数字信号的瞬时频率 $f(n)$ 与其瞬时相位 $\varphi(n)$ 之间的对应关系如下：

$$f(n)=\frac{\Delta\varphi(n)}{2\pi T}=\frac{\varphi(n)-\varphi(n-1)}{2\pi T} \tag{4-2}$$

式中：T 为采样时间间隔；$\Delta\varphi(n)$ 为相位差，$\Delta\varphi(n)=\varphi(n)-\varphi(n-1)$。

可见，数字信号的瞬时频率和瞬时相位之间是一阶差分关系，瞬时频率值可通过瞬时相位一阶差分得到。

由于信号的瞬时相位在$[-\pi,\pi]$，因此相位差会呈现不连续性，从而产生相位模糊。通常采用式（4-3）和式（4-4）消除相位模糊问题，即

$$C(n)=\begin{cases}C(n-1)+2\pi & (\varphi(n)-\varphi(n-1)>\pi)\\ C(n-1)-2\pi & (\varphi(n)-\varphi(n-1)<-\pi)\\ C(n) & \text{其他}\end{cases} \tag{4-3}$$

$$\begin{cases}\varphi(n)=\varphi(n)+C(n)\\ \Delta\varphi(n)=\varphi(n)-\varphi(n-1)\end{cases} \tag{4-4}$$

则信号的瞬时频率为

$$f(n)=\frac{\Delta\varphi(n)}{2\pi T} \tag{4-5}$$

式中：$\varphi(n)$可通过 DFT 得到，即$X(k)=\mathrm{DFT}[x(n)]=\sum_{n=0}^{N-1}x(n)\mathrm{e}^{-\mathrm{j}\frac{2\pi kn}{N}}(k=0,1,2,\cdots,N-1)$，经过推导得$X(k)=\sum_{n=0}^{N-1}x(n)\left[\cos\left(\frac{2\pi kn}{N}\right)-\mathrm{j}\sin\left(\frac{2\pi kn}{N}\right)\right]=\mathrm{Re}[X(k)]+\mathrm{jIm}[X(k)]$，由此可得信号的瞬时相位为$\varphi(k)=\arctan\frac{\mathrm{Im}[X(k)]}{\mathrm{Re}[X(k)]}$。

需要说明的是，由于一阶差分测频分析方法对噪声较为敏感，通常取多点平均，估计信号的瞬时频率为

$$\hat{f}=\frac{1}{N-1}\sum_{n=1}^{N-1}f(n) \tag{4-6}$$

式中：N 为输出的采样点数。因此，输入信号的瞬时频率为

$$\hat{f}_k=\hat{f}+f_L \tag{4-7}$$

式中：f_L 为本振频率。

一阶差分测频分析法的特点是运算量小、速度快且算法简单，较适合实时处理系统。

2. FFT 测频分析方法

信号的频率可以通过 FFT 进行测量分析。对信号的采样序列$x(n)$进行 FFT，得信号的频谱序列为

$$X(k)=\mathrm{FFT}[x(n)] \tag{4-8}$$

估计其中心频率为

$$\hat{f}_0=\frac{\sum_{k=1}^{N_s/2}k\,|X(k)|^2}{\sum_{k=1}^{N_s/2}|X(k)|^2} \tag{4-9}$$

FFT 测频分析方法的测频精度依靠数据长度和信号采样频率，设 FFT 长度为 N，采样频率为f_s，则 FFT 测频分析方法的测频精度为

$$\delta f=\frac{f_s}{N} \tag{4-10}$$

FFT测频分析方法的测频误差范围为$\left[0,\frac{\delta f}{2}\right]$。如果测频误差在$\left[-\frac{\delta f}{2},\frac{\delta f}{2}\right]$均匀分布，则测频精度可采用均方误差形式表示：

$$\sigma_f = \left[\frac{1}{\delta f}\int_{-\frac{\delta f}{2}}^{\frac{\delta f}{2}} x^2 \mathrm{d}x\right]^{\frac{1}{2}} = \frac{\delta f}{2\sqrt{3}} \tag{4-11}$$

可见，利用FFT测频分析方法时，提高测频精度是通过增加FFT的长度来保证的，从而导致测频分析处理时间相对较长。

FFT测频分析方法适合对称谱的情况，如AM/DSB、FM、FSK、ASK和PSK等种类大多数无线通信网台信号。

3. 互相关测频分析方法

空中传播的无线通信网台信号不可避免地会受到外部噪声、干扰和多径衰落，以及通信网对抗侦测系统（设备）内部噪声的影响。排除恶意干扰，通常通信网对抗侦测系统（设备）接收到的是叠加了噪声的信号，考虑大部分噪声与信号是统计不相关的。设通信网对抗侦测系统（设备）接收的含噪信号的表达式为

$$x(t) = s(t) + n(t) \tag{4-12}$$

式中：$s(t)$为无线通信网台信号；$n(t)$为窄带平稳随机噪声；$s(t)$与$n(t)$不相关。

接收信号的相关函数：

$$R_x(\tau) = E\{x(t)x(t+\tau)\} = R_s(\tau) + R_n(\tau) \tag{4-13}$$

式中：$R_s(\tau)$和$R_n(\tau)$分别为信号和噪声的相关函数。

由于$n(t)$为窄带平稳随机噪声，故其相关函数具有如下特点：

$$R_n(\tau) = 0,\ \tau > \tau_0 \tag{4-14}$$

式中：τ_0为噪声的相关时间，$\tau_0 = 10/\Delta f_n$，Δf_n为噪声的带宽。接收信号的相关函数表达式为

$$Rx(\tau) = Rs(\tau),\ \tau > \tau_0 \tag{4-15}$$

利用信号相关函数的性质，从接收信号$x(t)$截取两段不相重叠的信号$x_1(t)$和$x_2(t)$：

$$\begin{cases} x_1(t) = x(t) & (0 \leqslant t \leqslant T_0) \\ x_2(t) = x(t-T_0) & (T_0 \leqslant t \leqslant T_1 + T_0) \end{cases} \tag{4-16}$$

式中：T_0为信号$x_1(t)$的持续时间；T_1为$x_2(t)$的持续时间；$T_0 > \tau_0$。

$x_1(t)$和$x_2(t)$的互相关函数为

$$R_{x_1x_2}(\tau) = E\{x_1(t)x_2(t+\tau)\} \tag{4-17}$$

其中：对$R_{x_1x_2}(\tau)$进行FFT得到互功率谱$S_{x_1x_2}(f)$，显然$S_{x_1x_2}(f) = S_s(f)$。因此，在低信噪比条件下利用互相关函数可实现信号频率的测量。

4. 平方测频分析方法

上面三种测频分析方法是基于接收信号中包含载波频率分量，但在现实中有些信号不包含载波频率分量，如数字相位调制类MPSK信号。因此，对于不包含载波频率分量信号的估计，需要首先恢复信号中的载波分量，载波分量的恢复一般通过平方或高次方变换实现。

下面以BPSK信号为例，说明载波恢复过程。BPSK信号的表达式为

$$x(t) = [\sum_n a_n g(t-nT_b)]\cos(2\pi f_0 t+\varphi_0) = s(t)\cos(2\pi f_0 t+\varphi_0) \quad (4-18)$$

式中：a_n 是二进制信息码，且满足 $a_n = \begin{cases} +1, & 以概率 P \\ -1, & 以概率 1-P \end{cases}$；$g(t)$是矩形脉冲。

对接收的信号平方处理后，可得

$$x^2(t) = s^2(t)\left\{\frac{1}{2}\cos[2(2\pi f_0)t+2\varphi_0]+1\right\} = \frac{1}{2}\cos[2(2\pi f_0)t+2\varphi_0]+1 \quad (4-19)$$

对式（4－19）去直流滤波后可得

$$x(t) = \frac{1}{2}\{\cos[2(2\pi f_0)t+2\varphi_0]\} \quad (4-20)$$

由式（4－20）可知，经过平方处理后得到了一个频率为 $2f_0$ 的信号，其大小为接收信号载波频率的两倍。以此类推，对于 MPSK 信号，可以对信号进行 M 次方，获得频率为 Mf_0 的单频信号。因此，通过上面方法的处理，对信号进行 FFT，可以实现载波频率测量和估计。

4.1.2 无线通信网台信号带宽测量分析方法

信号带宽的测量分析对于信号的匹配或准匹配接收、调制识别和信息解调至关重要。信号带宽包括 3dB 带宽、等效功率带宽和必要带宽等，但信号带宽通常是指 3dB 带宽，即以信号中心频率处的信号功率谱密度作为参考点，当信号功率谱密度下降到一半时界定的频率范围。

信号带宽一般通过 FFT 等信号处理方法进行测量分析。对接收信号的采样序列 $x(n)$进行 FFT 得到其频谱序列 $X(k)$，然后计算中心频率 $f_0(k=k_0)$对应的信号功率谱密度：

$$P(k_0) = |X(k)|^2|_{k=k_0} \quad (4-21)$$

以 -3dB 处功率 $P_T = P_{-3} = \frac{1}{2}P(k_0)$作为门限搜索信号功率谱：

$$\begin{cases} k_{\max} = \min\limits_{k>k_0}\{|X(k)|^2\}|_{|X(K)|^2 \geq P_T} \\ k_{\min} = \min\limits_{k<k_0}\{|X(k)|^2\}|_{|X(K)|^2 \geq P_T} \end{cases} \quad (4-22)$$

计算式（4－22）中两个方程之间的频率差，可得到信号带宽 B：

$$B = (k_{\max}-k_{\min})\Delta f = (k_{\max}-k_{\min})\frac{f_s}{N} \quad (4-23)$$

带宽测量也可以在载波频率测量的基础上，对采样序列通过如下计算实现：

$$B = \frac{\sum\limits_{k=1}^{N_s/2}|k-f_0||X(k)|^2}{\sum\limits_{k=1}^{N_s/2}|X(k)|^2} \quad (4-24)$$

4.1.3 无线通信网台信号电平测量分析方法

先根据式（4－22）得 $k_{\max}$和 $k_{\min}$，再通过下式计算信号带宽内的功率（单位：W）

作为信号相对功率，即

$$P_T = \frac{1}{|k_{\max} - k_{\min}|}\sum_{k=k_{\min}}^{k_{\max}} |X(k)|^2 \tag{4-25}$$

将式（4－25）转换为对数形式：

$$P_T(\text{dBW}) = 10\lg P_T \tag{4-26}$$

可得通信网对抗侦测系统（设备）天线处接收信号的实际功率为

$$P_R(\text{dBW}) = P_T - G_A - G_S - G_T - P_S \tag{4-27}$$

式中：G_A 为接收天线增益；P_S 为通信网对抗侦测系统（设备）中接收机灵敏度；G_S 为系统增益；G_T 为系统处理变换因子。

信号电平通常有 dBμV、dBmV、dBm 和 dBW 等四种表示形式，在接收机输入阻抗为 50Ω 时，四种电平之间存在如下转换关系：

$$\begin{cases} \text{dB}\mu\text{V} = 10\lg(\mu\text{V}) \\ \text{dBmV} = 10\lg(\text{mV}) = \text{dB}\mu\text{V} - 30 \\ \text{dBW} = 10\lg(\text{V}^2/\text{R}) = 20\lg(\text{V}) - 17 = 20\lg(\mu\text{V}) - 137 \\ \text{dBm} = 10\lg(\text{mW}) = 20\lg(\mu\text{V}) - 107 \end{cases} \tag{4-28}$$

无线通信网台信号电平测量分析方法是基于 FFT 来实现信号电平测量分析，故其精度与 FFT 的分辨率密切相关。当 FFT 分辨率较低时，电平的测量值往往不准确；当 FFT 分辨率较高时，电平的测量结果才相对准确。因此，为了提高测量精度，可以采用多次测量再计算平均值的方法。

4.1.4　无线通信网台信号码元速率测量分析方法

码元速率是数字无线通信网台信号的重要参数之一。无线通信网台信号的码元速率相对通信网对抗侦测系统（设备）而言，通常是未知的。

1. 频谱测量分析方法

基于频谱的码元速率测量分析要求，其调制信号包含码元速率分量。调制信号是否包含码元速率分量与其二进制采用的脉冲的调制有关，二进制基带脉冲的调制方式有单极性不归零、单极性归零、双极性不归零、双极性归零、差分、极性交替和三阶高密度双极性等。

二进制基带脉冲的表达式为

$$s(t) \sum_n a_n g(t - nT_s) \tag{4-29}$$

式中：a_n 是信息码；$g_1(t)$，$g_2(t)$为发送波形；$g(t-nT_s) = \begin{cases} g_1(t-nT_s), & \text{概率为 } P \\ g_2(t-nT_s), & \text{概率为}(1-P) \end{cases}$。

基带脉冲序列的功率谱由连续谱和离散谱两部分组成，其双边带功率谱表达式为

$$P_s(\omega) = f_b P(1-P)\,|G_1(f) - G_2(f)|^2 + f_b^2 \sum_{m=-\infty}^{\infty} |PG_1(mf_b) + (1-P)G_2(mf_b)|^2 \delta(f - mf_b) \tag{4-30}$$

式中：$G_1(f)$，$G_2(f)$分别为发送波形 $g_1(t)$和 $g_2(t)$的频谱；f_b 为码元速率。由式（4－30）可知，功率谱中的连续谱由基带脉冲波形决定，而离散谱与被传输的信息码的统计特性

和基带脉冲波形有关。

对于单极性脉冲，若 $g_1(t)=0$、$g_2(t)=g(t)$，则其功率谱为

$$P_s(\omega)=f_bP(1-P)\ |G(f)|^2+\sum_{m=-\infty}^{\infty}|f_b(1-P)G(mf_b)|^2\delta(f-mf_b) \tag{4-31}$$

对于双极性脉冲，若 $g_1(t)=-g_2(t)=g(t)$，则其功率谱为

$$P_s(\omega)=4f_bP(1-P)\ |G(f)|^2+\sum_{m=-\infty}^{\infty}|f_b(2P-1)G(mf_b)|^2\delta(f-mf_b) \tag{4-32}$$

假定二进制信息 0 和 1 等概分布，即 $P=1/2$，则经过推导可得双极性基带脉冲和单极性基带脉冲的功率谱。

双极性脉冲的功率谱为

$$P_s(\omega)=f_b\ |G(f)|^2 \tag{4-33}$$

单极性脉冲的功率谱为

$$P_s(\omega)=\frac{f_b}{4}\ |G(f)|^2+\sum_{m=-\infty}^{\infty}\left|\frac{f_b}{2}G(mf_b)\right|^2\delta(f-mf_b) \tag{4-34}$$

由式（4-33）和式（4-34）可知，双极性基带脉冲没有离散谱，即不包含码元速率分量。单极性基带脉冲的离散谱可能包含码元速率分量，但还与脉冲采用的波形有关，如采用矩形脉冲，当脉冲宽度等于码元宽度时，则其功率谱中只有直流分量而不包含码元速率分量；如采用升余弦脉冲时，则其功率谱中包含码元速率分量。在实际应用中，无线通信网台为解决码间干扰问题，大多数单极性基带脉冲均采用升余弦波形进行设计，所以该方法具有较强的实用性。

由此可见，当基带脉冲序列中包含码元速率分量时，可以通过频谱分析方法直接估计码元速率。反之，需要进行适当的变换，才能估计码元速率。

此外，PSK 调制类信号通常采用双极性脉冲调制，因此其调制信号中没有码元速率分量，故不能直接通过频谱测量分析方法得到码元速率。

2. 延迟相乘测量分析方法

延迟相乘测量分析方法适用于脉冲采用双极性调制的 BPSK 和 QPSK 等相位调制类信号。其测量分析方法如图 4-1 所示。

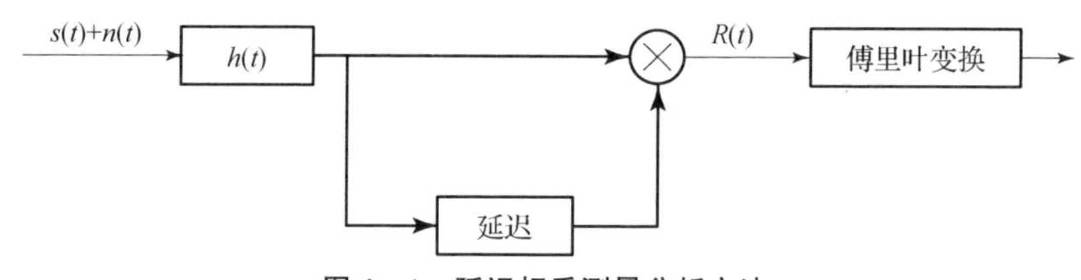

图 4-1　延迟相乘测量分析方法

在图 4-1 中，$s(t)$为基带信号，其幅度为 $\pm A$；$n(t)$为高斯白噪声，其功率谱为 $N_0/2$；$h(t)$为滤波器，其特性后续将加以分析；$R(t)$由 $s(t)$和 $s(t)$的延迟通过相乘后得到，表达式为 $s(t)s(t-\tau)$。由于经过滤波器的滤波处理，高斯白噪声 $n(t)$不再予以考虑，因此可分别得到各部分的信号波形，如图 4-2 所示。

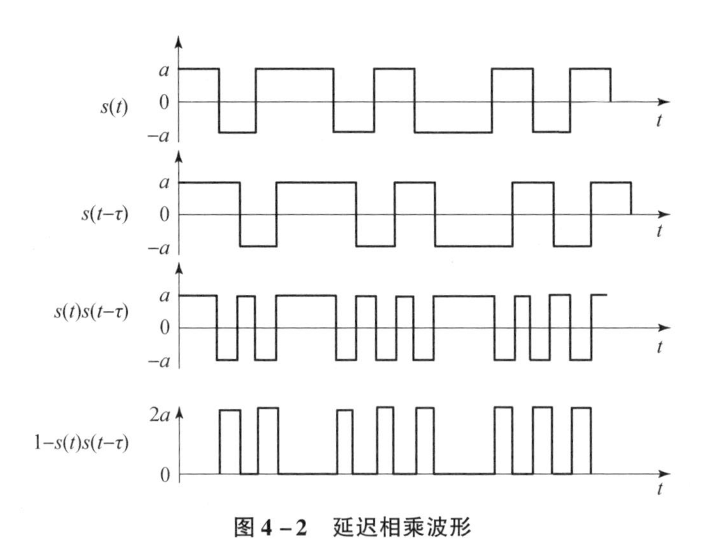

图 4－2　延迟相乘波形

信号的幅度仅在时间间隔等于 τ 时等于 2A，其他时间间隔都等于零，即 $R(t)$ 的信号幅度等于 2A 的时间间隔在数值为信号码元速率 $R=f_b$ 的整数倍处。相应地，只要 $s(t)$ 在码元速率的整数倍处改变状态，则在该处 $s(t)$ 的值必等于 2A。也就是说，只有当基带信号 $s(t)$ 改变状态时，$R(t)$ 的幅度才等于 2A，此时对 $R(t)$ 作傅里叶变换，就可以得到与码元速率整数倍位置对应的离散的谱线，如图 4－3 所示。

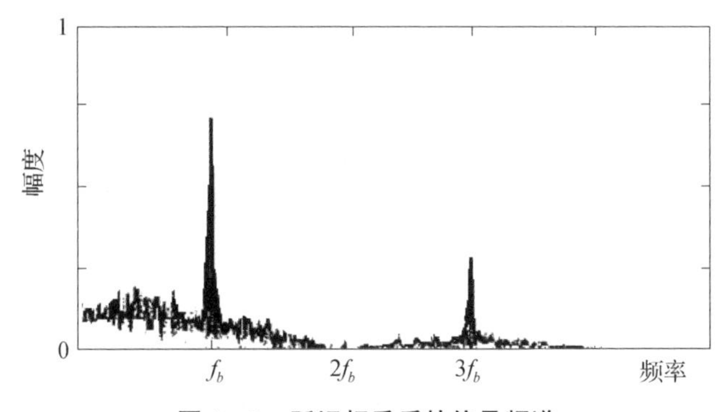

图 4－3　延迟相乘后的信号频谱

在实际测量分析时，如果在频谱中出现多个离散谱线，通常选取幅度明显高于其他谱线的谱线，确定该谱线所对应的数值为信号的码元速率值。

由图 4－1 可知，码元速率测量分析时，基带信号和白噪声要经过滤波器 $h(t)$，最佳的接收滤波器是匹配滤波器。但作为第三方侦察，信号码元速率往往是未知的，故采用匹配滤波器的方法不可取。通常是使信号通过一个矩形滤波器，其频率响应为

$$H(f)=U(f+B)-U(f-B) \tag{4-35}$$

延迟相乘测量分析方法的性能受到延迟量和滤波器带宽的影响，当延迟量与滤波器带宽存在 $\tau=1/B$ 的关系，特别是当码元速率所对应的频率 f_b 在 $[0.6B, 1.4B]$ 范围内时具有较高的测量精度。因此，延迟相乘测量分析方法更为适应 f_b 未知的应用场景。

上面的推导虽然是建立在基带信号分析的基础上，但在带通信号处理上同样有效。设带通信号为：

$$x(t)=s(t)\cos(2\pi f_0 t) \tag{4-36}$$

式中：$s(t)$为基带信号；f_0 为载频频率。经过上述滤波和延迟相乘后有

$$y(t)=x(t)x(t-\tau)=\frac{1}{2}s(t)s(t-\tau)\cos(\omega_0\tau)+\frac{1}{2}s(t)s(t-\tau)\cos(2\omega_0 t+\omega_0\tau) \tag{4-37}$$

式中：第一项包含了因子$s(t)s(t-\tau)$，所以在对$y(t)$进行傅里叶变换得到离散谱线后，就可以在基带和二倍载频处实现码元速率的测量分析。

3. 小波变换测量分析方法

小波变换由于突变检测能力较强，因此可以用来对无线通信网台信号幅度跳变位置或相位跳变位置进行判定，实现码元速率的测量分析，在码元速率测量分析中通常使用Haar小波函数。

Haar小波函数的表达式为

$$\Psi_{a,b}(t)=\begin{cases}1/\sqrt{a} & (-a/2<t<0)\\ -1/\sqrt{a} & (0\leqslant t<a/2,a>0)\\ 0 & \text{其他}\end{cases} \tag{4-38}$$

由Haar小波函数可得，平方可积信号$s(t)$的小波变换表达式为

$$W_s(a,b)=\frac{1}{\sqrt{|a|}}\int_{-\infty}^{\infty}s(t)\Psi^*\left(\frac{t-b}{a}\right)\mathrm{d}t,\ a\neq 0 \tag{4-39}$$

式中：$\Psi_{a,b}(t)$表示母小波的伸缩与平移。

通过式（4-39）可知，在同一码元内或相邻两个码元相同时，小波变换的幅度为恒定值；如果相邻码元发生变化时，则小波变换后的幅度由前后码元的幅度、频率和相位确定。MASK、MPSK和MQAM调制信号的前后码元之间的幅度或相位如果发生变化，则其对应的小波变换的幅度就会发生变化。MFSK调制信号分为两类：一类是如果FSK调制信号的相位连续，如MSK调制信号（该类信号没有幅度或相位上的明显变化），则其小波变换的幅度也不会发生较大变化；另一类信号是如果FSK调制信号的相位不连续，则其小波变换的幅度将会有发生较大变化。

由于MASK、MFSK、MPSK和MQAM调制信号小波变换后，其幅度或相位各有特点，因此有必要将测量分析方法进行归纳和统一。

首先，MASK、MFSK和QAM调制信号经小波变换处理后，其幅度可表示为

$$x(t)=\sum_i A_i u(t-iT_s)+\sum_j B_j\delta(t-jT_s) \tag{4-40}$$

式中：$u(t)$为单位阶跃函数；$\delta(t)$为单位冲激函数；T_s 为码元宽度；A_i 为第 i 个符号的小波变换后的幅度；B_j 为码元交界处的幅度。

其次，MPSK调制信号经小波变换处理后，其幅度可表示为

$$x(t)=A+\sum_i A_i\delta(t-iT_s) \tag{4-41}$$

式中：A 为变换区间内的小波变换幅度。

综上所述，MASK、MFSK、MPSK和MQAM调制信号经过小波变换后，其输出由阶跃函数$A_i u(t-iT_s)$或冲激函数$\delta(t-iT_s)$构成。

冲激函数的小波变换表达式为

$$|W_\delta(\lambda,\tau)| = \begin{cases} \dfrac{1}{\sqrt{\lambda}}, & (-\lambda/2+iT_s-\tau)\leqslant t\leqslant(\lambda/2+iT_s-\tau) \\ 0, & 其他 \end{cases} \tag{4-42}$$

在 $\lambda \ll T_s$ 时，式（4-42）可近似为冲激函数。

对于阶跃函数 $A_i u(t-iT_s)$，分为两种情况，具体如下：

一是如果小波变换区域幅度没有发生变化，则阶跃函数的小波变换表达式为

$$|W_u(\lambda,\tau)| = \frac{1}{\sqrt{\lambda}}\int_{-\lambda/2}^{0} A_i\mathrm{d}t - \frac{1}{\sqrt{\lambda}}\int_{0}^{\lambda/2} A_i\mathrm{d}t = 0 \tag{4-43}$$

二是如果小波变换区域幅度发生了变化，即在区间$\left(-\dfrac{\lambda}{2},\dfrac{\lambda}{2}\right)$中幅度 $A_i \to A_{i+1}$，则阶跃函数的小波变换表达式为

$$|W_u(\lambda,\tau)| = \begin{cases} \dfrac{1}{\sqrt{\lambda}}|A_i-A_{i+1}|\cdot|d+\lambda/2| & -\lambda/2\leqslant d\leqslant 0 \\ \dfrac{1}{\sqrt{\lambda}}|A_i-A_{i+1}|\cdot|d-\lambda/2| & 0\leqslant d\leqslant\lambda/2 \end{cases} \tag{4-44}$$

式中：d 为幅度变化区间。

同理，$\lambda \ll T_s$ 时，式（4-44）可近似为冲激函数，结论不影响码元速率的提取。

综上所述，如果侦收的无线通信网台信号为 MASK、MFSK 和 QAM 调制信号，则需要对小波变换后幅度再进行一次小波变换处理，二次小波变换后的表达式：

$$y_1(t) = \frac{1}{\sqrt{\lambda}}\sum_i\left(\frac{\lambda}{2}|A_i-A_{i+1}|+B_i\right)\delta(t-iT_s) \tag{4-45}$$

如果侦收的无线通信网台信号为 MPSK 调制信号，则其二次小波变换的结果为

$$y_2(t) = \frac{1}{\sqrt{\lambda}}\sum_i A_i\delta(t-iT_s) \tag{4-46}$$

由式（4-45）和式（4-46），可得表达式为

$$y(t) = \frac{1}{\sqrt{\lambda}}\sum_i C_i\delta(t-iT_s) \tag{4-47}$$

式中：C_i 为$\dfrac{\lambda}{2}|A_i-A_{I+1}|+B_i$ 或 A_i 的统一表达形式，对式（4-47）进行傅里叶变换，可得

$$Y(\omega) = \frac{2\pi}{T_s}\sum_k C_k\delta\left(\omega-\frac{2k\pi}{T_s}\right) \tag{4-48}$$

式中：C_k 为 C_i 的傅里叶变换，码元速率为 $Y(\omega)$ 中第一个峰值所处的位置。

利用小波变换测量分析方法提取无线通信网台信号的码元速率是根据小波变换在信号幅度或信号相位跳变处特有的属性来实现的。需要注意的是，利用小波变换测量分析方法对码元速率进行测量分析时，一是要采用滤波器保证信号包络恒定，二是该方法仅适合信噪比较高的应用场合。

4. 直方图测量分析方法

直方图测量分析方法是一种对基带信号进行采样和判决的统计方法。

对于二进制调制的数字信号，其测量分析过程：首先对基带信号进行采样和量化得

到比特序列，然后对二进制比特序列逐点判决后得到 0、1 序列，最后对所得的该序列中连 0 和连 1 的个数进行直方图统计。

在直方图统计时，将连 0 个数和连 1 个数的最小周期标识为最大峰值，该最小周期就是码元周期。如果直方图最大峰值处连 0 和连 1 的个数为 N，采样频率为 f_s，可得码元速率：

$$R_b = \frac{f_s}{N} \tag{4-49}$$

同样，对于多进制基带信号序列，也可采用直方图测量分析方法进行码元速率的测量和分析，但此时不是统计连 0 和连 1 个数，而是根据进制数 M 统计 $\log_2 M$ 连比特个数。例如：在四进制时，统计采样序列中 4 组 2 连比特个数，即统计连 00、连 01、连 10 和连 11 个数；在八进制时，统计采样序列中 8 组 3 连比特个数，即统计连 000、连 001、连 010、连 100、连 011、连 101、连 110 和连 111 个数。依次类推，最后按照式（4-49）计算码元速率。

4.1.5 无线通信网台信号瞬时参数测量分析方法

无线通信网台信号的瞬时特征包括瞬时频率、瞬时电平和瞬时相位，这些参数的测量分析可采用希尔伯特变换（Hilbert transform）来实现，希尔伯特变换是求取信号参数的一种综合型方法。希尔伯特变换通过解析信号表达式中实部与虚部的正弦和余弦关系，给出无线通信网台信号任意时刻的瞬时频率、瞬时电平和瞬时相位，从而解决复杂信号瞬时参数的测量分析问题，希尔伯特变换在信号处理中占据极其重要的地位。对于某些不满足希尔伯特变换条件的无线通信网台信号，首先可以经过经验模态分解（empirical mode decomposition，EMD），然后进行希尔伯特变换，最后达到信号瞬时特征参数提取的目的。

定义实函数 $f(t)$ 的希尔伯特变换为

$$H\{f(t)\} = \frac{1}{\pi}\int_{-\infty}^{\infty}\frac{f(\tau)}{t-\tau}\mathrm{d}\tau \tag{4-50}$$

式中：$H\{\cdot\}$ 表示希尔伯特变换。可见，希尔伯特变换实质是使无线通信网台信号通过一个线性网络，该线性网络的冲激响应为 $1/(\pi t)$。

假定侦收的窄带无线通信网台信号为 $u(t)=a(t)\cos\theta(t)$，通过引入 $v(t)=a(t)\sin\theta(t)$ 构成一个可进行希尔伯特变换的含实部和虚部的复信号，则该复信号的表达式为

$$z(t) = a(t)\cos\theta(t) + ja(t)\sin\theta(t) \tag{4-51}$$

因此，可采用如下表达式表示窄带无线通信网台信号的瞬时包络 $a(t)$、瞬时相位 $\theta(t)$ 和瞬时角频率 $\omega(t)$。

瞬时包络：

$$a(t) = \sqrt{u^2(t) + v^2(t)} \tag{4-52}$$

瞬时相位：

$$\theta(t) = \arctan\left\{\frac{\mathrm{Im}[z(t)]}{\mathrm{Re}[z(t)]}\right\} = \arctan\left\{\frac{v(t)}{u(t)}\right\} \tag{4-53}$$

瞬时角频率：

$$\omega(t)=\frac{\mathrm{d}\theta(t)}{\mathrm{d}t}=\frac{v'(t)u(t)-u'(t)v(t)}{v^2(t)+u^2(t)} \tag{4-54}$$

最终将求信号 $u(t)$ 的瞬时参数归结为求其共轭信号，即虚部 $v(t)$。窄带信号 $u(t)$，因其虚部 $v(t)$ 是实部 $u(t)$ 的正交分量，故有

$$v(t)=H\{u(t)\}=\frac{1}{\pi}\int_{-\infty}^{\infty}\frac{u(\tau)}{t-\tau}\mathrm{d}\tau \tag{4-55}$$

该方法适用于窄带信号，由于在实际应用中大多数无线通信网台信号均为窄带信号，所以该方法具有较为广泛的应用前景。由于窄带信号的频谱集中在 $\pm f_0$ 的频率范围内，且其包络变化相对较为缓慢，因此先通过对窄带信号 $u(t)$ 做希尔伯特变换，求取其共轭正交分量 $v(t)$，然后对信号采取解析形式表示，就可求出该信号的瞬时幅度、瞬时相位和瞬时频率，实现瞬时参数的提取。下面针对常见模拟信号和二进制数字信号阐述瞬时参数测量分析方法。

1. 幅度调制信号

AM 调制信号的解析表达式为

$$z(t)=A_0[1+m_a m(t)]\exp(\mathrm{j}2\pi f_c t) \tag{4-56}$$

其瞬时幅度 $a(t)$ 和瞬时相位 $\varphi(t)$ 为

$$\begin{cases}a(t)=|1+m_a m(t)|\\ \varphi(t)=2\pi f_c t\end{cases} \tag{4-57}$$

由式（4-57）可见，AM 调制信号的瞬时幅度是基于直流分量的时变函数，瞬时频率为恒定常数，瞬时相位不计线性分量 $2\pi f_c t$ 时取值为恒定常数，通过希尔伯特变换和归一化处理可得 AM 调制信号的瞬时参数，如图 4-4 所示。

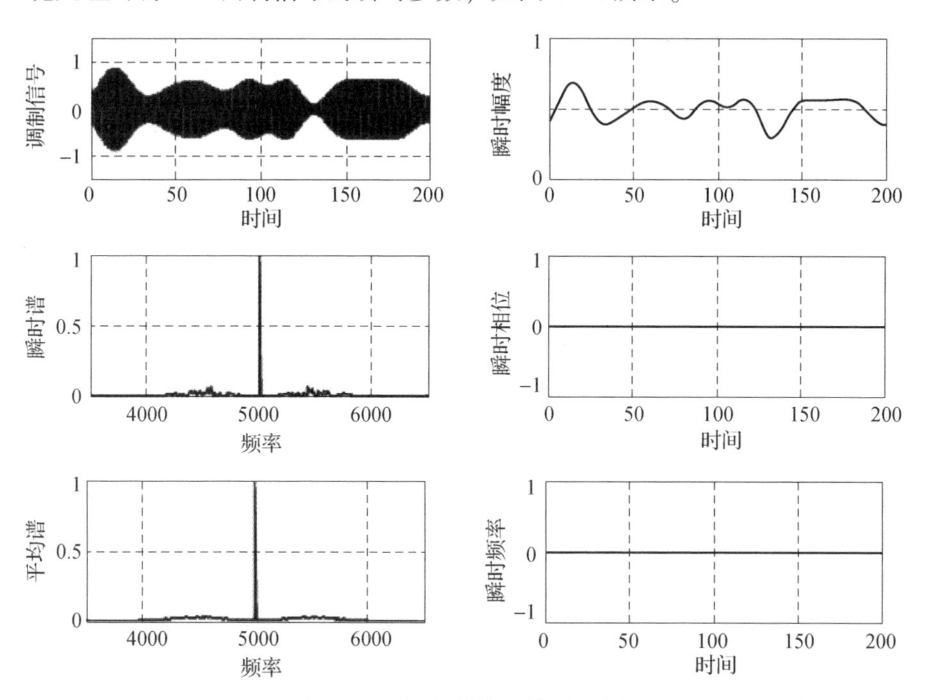

图 4-4　AM 调制信号的瞬时参数

1）双边带调制信号

双边带（double sideband，DSB）调制信号的解析表达式为

$$z(t) = m(t)\exp(\mathrm{j}2\pi f_c t) \tag{4-58}$$

其瞬时幅度 $a(t)$ 和瞬时相位 $\varphi(t)$ 为

$$\begin{cases} a(t) = |m(t)| \\ \varphi(t) = \begin{cases} 2\pi f_c t, & x(t)>0 \\ 2\pi f_c t + \pi, & x(t)<0 \end{cases} \end{cases} \tag{4-59}$$

由式（4-59）可知，DSB 调制信号的瞬时幅度是时变函数，瞬时相位不计线性分量 $2\pi f_c t$ 时为常数 $-\dfrac{\pi}{2}$ 和 $\dfrac{\pi}{2}$，瞬时频率与瞬时相位呈微分关系。通过希尔伯特变换和归一化处理可得 DSB 调制信号的瞬时参数，如图 4-5 所示。

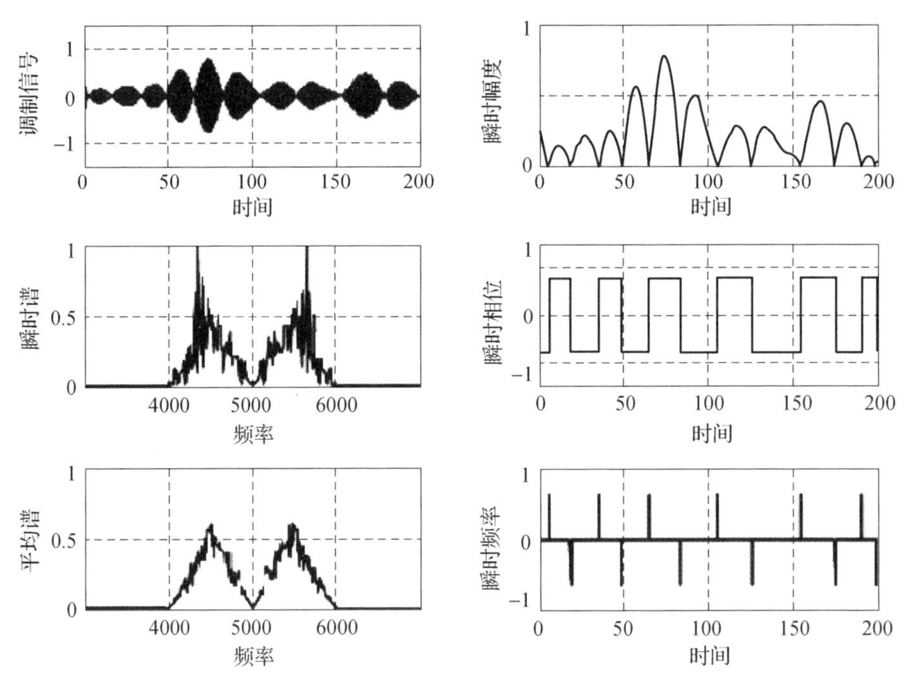

图 4-5　DSB 调制信号的瞬时参数

2）单边带调制信号

单边带（single sideband，SSB）调制信号的解析表达式为

$$z(t) = m(t)\cos(2\pi f_c t) \mp \hat{m}(t)\sin(2\pi f_c t) \tag{4-60}$$

式中：$\hat{m}(t)$ 是基带调制信号 $m(t)$ 的希尔波特变换；f_c 是载波频率。当取“+”时为下边带（lower sideband，LSB）调制信号，当取“-”时，为上边带（upper sideband，USB）调制信号。

其希尔波特变换为

$$\hat{m}(t) = \sum_{i=1}^{N} m_i \sin(2\pi f_i t + \Psi_i) \tag{4-61}$$

式中：m_i 为基带调制信号 $m(t)$ 傅立叶级数的系数。因此，SSB 调制信号通过希尔波特

变换后的表达式为

$$\begin{cases} z_H(t) = \sum_{i=1}^{N} m_i \cos(2\pi(f_c \pm f_i)t + \psi_i) \\ \hat{z}_H(t) = \sum_{i=1}^{N} m_i \sin(2\pi(f_c \pm f_i)t + \psi_i) \end{cases} \tag{4-62}$$

其瞬时幅度 $a(t)$ 和瞬时相位 $\varphi(t)$ 为

$$\begin{cases} a(t) = \sqrt{\sum_{i=1}^{N} m_i^2 + 2\sum_{i=1}^{N}\sum_{j=1}^{N} m_i m_j \cos(2\pi(f_i - f_j)t)} \\ \varphi(t) = \arctan\left(\dfrac{\sum_{i=1}^{N} m_i \sin(2\pi(f_c + f_i)t + \Psi_i)}{\sum_{i=1}^{N} m_i \cos(2\pi(f_c + f_i)t + \Psi_i)}\right) \end{cases} \tag{4-63}$$

由式（4-63）可知，调制信号的瞬时幅度、瞬时频率和瞬时相位均是时变函数，通过希尔伯特变换和归一化处理后 LSB 调制信号的瞬时参数，如图 4-6 所示。

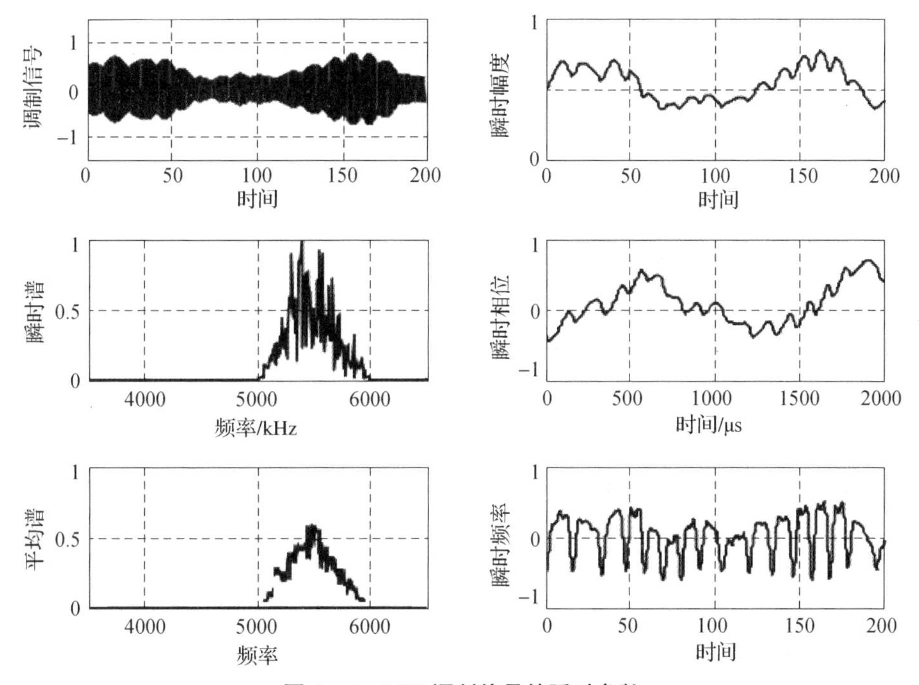

图 4-6　LSB 调制信号的瞬时参数

2. 频率调制信号

FM 调制信号的解析表达式为

$$z(t) = \cos\left(2\pi f_c t + K_f \int_{-\infty}^{t} m(\tau)\,\mathrm{d}\tau\right) \tag{4-64}$$

式中：K_f 为频偏系数；f_c 为载波频率。FM 调制信号的瞬时频率与调制信号 $m(t)$ 之间呈现线性关系。FM 调制信号希尔波特变换后表达式为

$$\hat{z}(t) = \sum_{n=-\infty}^{\infty} J_n(\beta)\sin(2\pi f_c t + 2\pi n f_n t) \tag{4-65}$$

式中：$J_n(\beta)$ 为第 n 阶贝塞尔函数。

其瞬时幅度 $a(t)$ 和瞬时相位 $\varphi(t)$ 为

$$\begin{cases} a(t) = 1 \\ \varphi(t) = \arctan\left(\dfrac{\sum\limits_{n=-\infty}^{\infty} J_n(\beta)\sin(2\pi(f_c + nf_n)t)}{\sum\limits_{n=-\infty}^{\infty} J_n(\beta)\cos(2\pi(f_c + nf_n)t)}\right) \end{cases} \tag{4-66}$$

由式（4-66）可知，FM 调制信号的瞬时幅度是恒定常数，但其瞬时相位和瞬时频率是时变函数，通过希尔伯特变换和归一化处理后 FM 调制信号的瞬时参数，如图 4-7 所示。

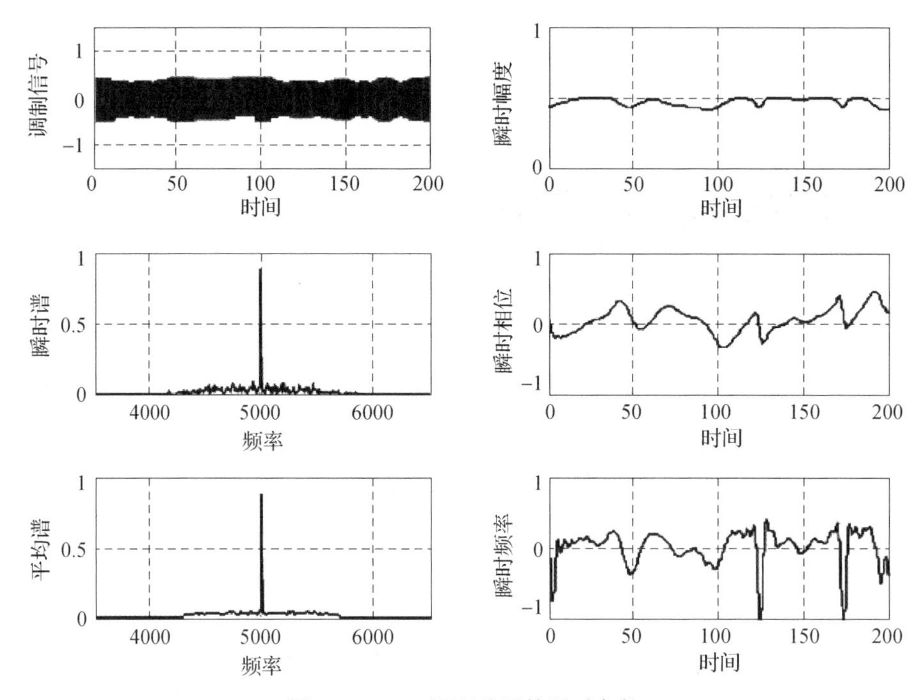

图 4-7　FM 调制信号的瞬时参数

3. 幅度键控信号

2ASK 调制信号的解析表达式为

$$z(t) = m(t)\cos(2\pi f_c t) \tag{4-67}$$

式中：$m(t)$ 是取值为 0 和 1 的单极性数字基带信号，单极性数字基带信号的码元宽度为 T_b，码元速率为 R_b 且 $R_b = 1/T_b$；f_c 为载波频率。2ASK 调制信号的功率谱密度表达式为

$$G(f) = \frac{A^2}{16}(\delta(f-f_c) + \delta(f+f_c)) + \frac{A^2}{16}\left[\frac{\sin^2 \pi T_b(f-f_c)}{\pi^2 T_b(f-f_c)^2} + \frac{\sin^2 \pi T_b(f+f_c)}{\pi^2 T_b(f+f_c)^2}\right] \tag{4-68}$$

由式（4-68）可知，2ASK 调制信号的功率谱中包含边带分量和载波分量。

其瞬时幅度 $a(t)$ 和瞬时相位 $\varphi(t)$ 为

$$\begin{cases} a(t) = |m(t)| \\ \varphi(t) = 0 \end{cases} \tag{4-69}$$

由式（4-69）可知，2ASK 调制信号的瞬时幅度是时变函数，但其瞬时相位和瞬时频率是常数，通过希尔伯特变换和归一化处理后 2ASK 调制信号的瞬时参数，如图 4-8 所示。

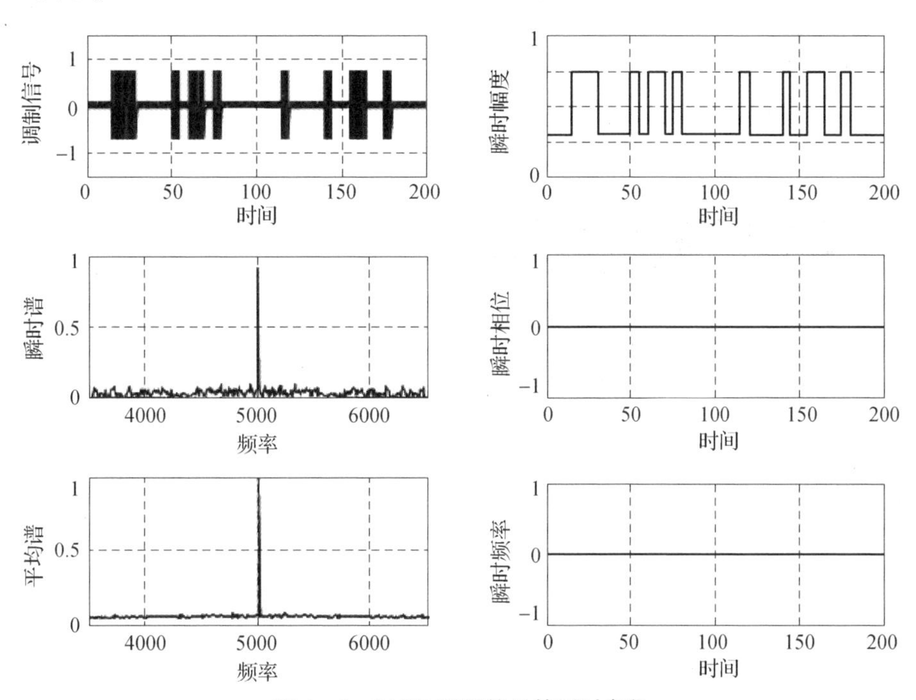

图 4-8　2ASK 调制信号的瞬时参数

4. 相位键控信号

2PSK 调制信号的解析表达式为

$$z(t) = \cos(2\pi f_c t + M_p m(t)) \tag{4-70}$$

式中：$m(t)$ 是取值为 -1 和 +1 的双极性数字基带信号，双极性数字基带信号的码元宽度为 T_b，码元速率为 R_b 且 $R_b = 1/T_b$；f_c 为载波频率；M_p 是相位调制因子。

2PSK 调制信号的功率谱密度表达式为

$$G(f) = \frac{A^2}{4}\left[\frac{\sin^2 \pi T_b (f-f_c)}{\pi^2 T_b (f-f_c)^2} + \frac{\sin^2 \pi T_b (f+f_c)}{\pi^2 T_b (f+f_c)^2}\right] \tag{4-71}$$

由式（4-71）可知，2PSK 调制信号的功率谱中仅包含边带分量，但不包含载波分量。

令 $M_p = \frac{\pi}{2}$，可得 2PSK 调制信号的解析表达式为

$$s(t) = -m(t)\sin(2\pi f_c t) \tag{4-72}$$

其复包络对应为

$$a(t) = \mathrm{j}m(t) \tag{4-73}$$

其瞬时幅度 $a(t)$ 和瞬时相位 $\varphi(t)$ 为

$$
\begin{cases} a(t) = |m(t)| = 1 \\ \varphi(t) \begin{cases} -\dfrac{\pi}{2}, & m(t) = -1 \\ \dfrac{\pi}{2}, & m(t) = 1 \end{cases} \end{cases} \tag{4-74}
$$

由式（4－74）可知，2PSK 调制信号的瞬时幅度为恒定常数，瞬时相位取值为$\dfrac{\pi}{2}$或$-\dfrac{\pi}{2}$，瞬时频率与瞬时相位呈微分关系，通过希尔伯特变换和归一化处理后 2PSK 调制信号的瞬时参数，如图 4－9 所示。

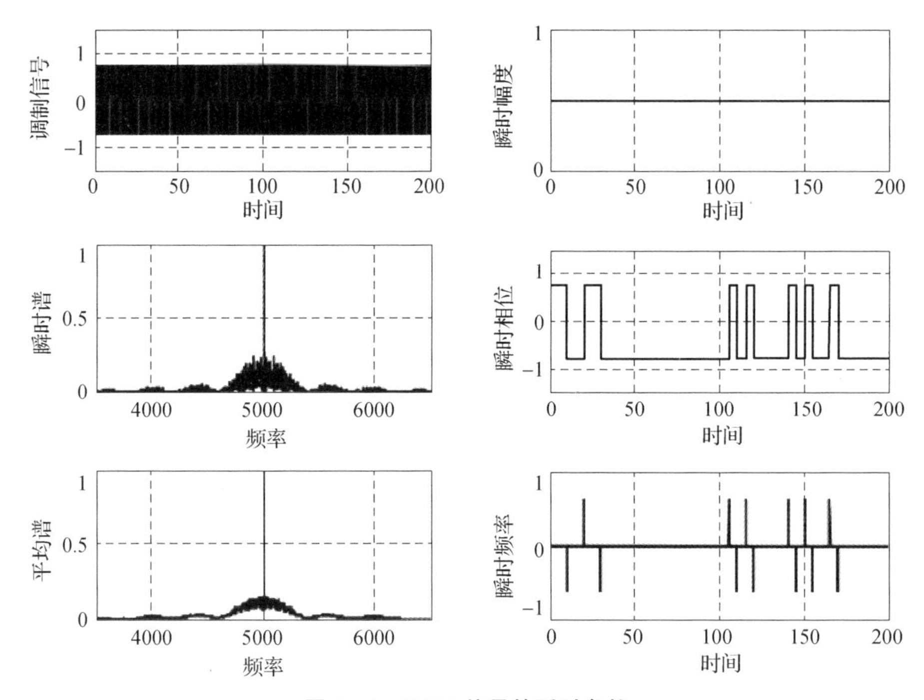

图 4－9　2PSK 信号的瞬时参数

5. 频移键控信号

2FSK 调制信号的解析表达式为

$$
s(t) = \cos\left(2\pi f_c t + M_f \int_{-\infty}^{t} m(\tau)\mathrm{d}\tau\right) \tag{4-75}
$$

式中：$m(t)$是取值为 -1 和 $+1$ 的双极性数字基带信号，双极性数字基带信号的码元宽度为 T_b，码元速率为 R_b 且 $R_b = 1/T_b$；f_c 为载波频率；M_f 是频率调制因子。2FSK 调制信号可视为两个载波频率分别为f_1 和f_2 的 2ASK 调制信号的组合，故其功率谱密度表达式为

$$
\begin{aligned}
G(f) = &\frac{A^2}{16}(\delta(f-f_1)+\delta(f+f_1)) + \frac{A^2}{16}\left[\frac{\sin^2\pi T_b(f-f_1)}{\pi^2 T_b\ (f-f_1)^2} + \frac{\sin^2\pi T_b(f+f_1)}{\pi^2 T_b\ (f+f_1)^2}\right] + \\
&\frac{A^2}{16}(\delta(f-f_2)+\delta(f+f_2)) + \frac{A^2}{16}\left[\frac{\sin^2\pi T_b(f-f_2)}{\pi^2 T_b\ (f-f_2)^2} + \frac{\sin^2\pi T_b(f+f_2)}{\pi^2 T_b\ (f+f_2)^2}\right]
\end{aligned} \tag{4-76}
$$

由式（4 -76）可知，2FSK 调制信号的功率谱相当于两个 2ASK 调制信号功率谱的累加，既包含边带分量又包含载波分量 f_1 和 f_2。

其瞬时幅度 $a(t)$ 和瞬时相位 $\varphi(t)$ 为

$$\begin{cases} a(t) = |m(t)| = 1 \\ \varphi(t) = M_f \int_{-\infty}^{t} m(\tau)\mathrm{d}\tau \end{cases} \tag{4-77}$$

可见，2FSK 调制信号的瞬时幅度是恒定常数，但其瞬时相位和瞬时频率均是时变函数，通过希尔伯特变换和归一化处理后 2FSK 调制信号的瞬时参数，如图 4 - 10 所示。

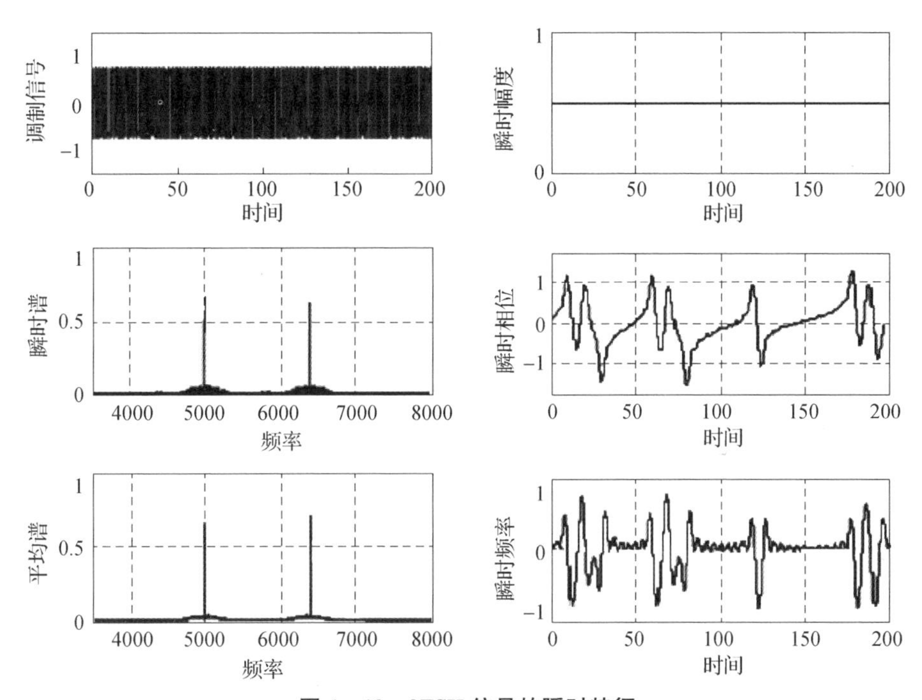

图 4 -10　2FSK 信号的瞬时特征

4.1.6　调制信号特定参数测量分析方法

1. 调幅信号调幅度测量分析方法

调幅度是衡量 AM 调制信号调制深度的参数。

AM 调制信号表达式为

$$s_{\mathrm{AM}}(t) = A_0(1 + m_a m(t))\cos(2\pi f_c t + \varphi_0) \tag{4-78}$$

式中：A_0 为载波幅度；f_c 为载波频率；m_a 是调幅度；$m(t)$ 是模拟基带信号，且 $|m(t)| < 1$；φ_0 为信号初始相位。

AM 调制信号的调幅度 m_a 可以通过时域测量分析或频域测量分析得到。

时域测量时，首先需要计算 AM 调制信号的瞬时幅度，即 AM 调制信号的瞬时包络。AM 调制信号的瞬时幅度可以基于采样值，通过平方计算和低通滤波后求取，具体过程如下：

$$s_{\mathrm{AM}}^2(t) = [A_0(1 + m_a m(t))]^2(\cos^2(2\pi f_c t + \varphi_0))$$

$$=[A_0(a+m_a m(t))]^2\frac{1+\cos 2(2\pi f_c t+\varphi_0)}{2} \tag{4-79}$$

其次采用低通滤波得到$[A_0(a+m_a m(t))]^2$，$[A_0(a+m_a m(t))]^2$进行开平方得到AM调制信号的瞬时幅度为

$$a(t)=kA(1+m_a m(t)) \tag{4-80}$$

再次计算AM调制信号瞬时幅度的最大值E_{max}和最小值E_{min}，即可测量分析出调幅度为

$$m_a=\frac{E_{max}-E_{min}}{E_{max}+E_{min}}=\frac{1-E_{min}/E_{max}}{1+E_{min}/E_{max}} \tag{4-81}$$

最后频域测量时，AM调制信号的调幅度计算方法为

$$m_a=\frac{2E}{E_c} \tag{4-82}$$

式中：E_c为信号频域峰值；E为信号频域有效值。

需要指出的是，基带调制信号$m(t)$如果是单音信号（正弦信号），则通过上述方法测量分析得到的调幅度是准确的；基带调制信号$m(t)$如果是语音类的窄带信号，则通过上述方法测量分析得到的是瞬时调幅度。因此，需通过多次测量，对得到的一组瞬时调幅度值进行排序，其中调幅度最大值，即调幅度。

2. 调频信号调频斜率测量分析方法

调频斜率是体现调频信号（FM）调制指数的参数。

FM调制信号表示为

$$s_{FM}(t)=A_0\cos\left[2\pi f_c t+2\pi K_f\int_{-\infty}^{t}m(\tau)\mathrm{d}\tau\right] \tag{4-83}$$

式中：A_0为载波幅度；f_c为载波频率；$m(t)$为模拟基带信号，且$|m(t)|<1$；K_f为调频斜率。

FM调制信号的瞬时频率为

$$f(t)=f_c+\Delta f_m(t) \tag{4-84}$$

通过前面的瞬时频率测量分析方法，得

$$f_{min}=f_c-\Delta f_m(t),\ f_{max}=f_c+\Delta f_m(t)$$

FM调制信号的调频斜率可以通过下式，得

$$K_f=\frac{f_{max}-f_{min}}{f_{max}+f_{min}}f_c \tag{4-85}$$

可见，调频信号调频斜率测量分析的关键是提取瞬时频率中瞬时频率最大值和瞬时频率最小值，然后通过计算即可求出调频斜率。

得到调频斜率，可以进一步计算出调频指数$m_f=\frac{K_f}{2\pi f_{max}}$。

3. 频移键控信号频移间隔测量分析方法

已知2FSK调制信号有两个载波、4FSK信号有四个载波，那么MFSK调制信号有M个载波频率，载波频率间的频率间隔，即为频移间隔。第i个符号对应的信号可表示为

$$S_{MFSK}^{i}(t)\sqrt{\frac{2E_b}{T_b}}\cos 2\pi f_i t\quad(0\leqslant t\leqslant T_b;i=0,1,\cdots,M-1) \tag{4-86}$$

式中：E_b 为单位符号的信号能量，MFSK 调制信号的幅度是恒定不变的；f_i 为第 i 个载波频率。

M 个信号之间两两正交：

$$\int_0^{T_b} S_{\mathrm{MFSK}}^i(t) S_{\mathrm{MFSK}}^j(t)\,\mathrm{d}t = 0 \quad (i \neq j) \tag{4-87}$$

MFSK 调制信号的带宽一般定义为

$$B_{\mathrm{MFSK}} = |f_M - f_L| + 2f_b = (M-1)f_{\mathrm{sep}} + 2f_b = f_b\left[\frac{(M-1)f_{\mathrm{sep}}}{f_b} + 2\right] \tag{4-88}$$

式中：f_M 为载波最大频率；f_L 为载波最小频率；$f_b = 1/T_b$ 为码元速率；$f_{\mathrm{sep}} = |f_{i+1} - f_i|$，$i = 1,2,\cdots,M-1$，称为 MFSK 调制信号的最小频率间隔或者频移间隔。通过前面的方法求得载波频率和码元速率后即可得到频移间隔。

需要进一步分析的是，MFSK 调制信号的功率谱由连续谱和离散谱组成。其中，连续谱的形状会根据 MFSK 调制信号的调制指数 $h = f_{\mathrm{sep}}/f_b$ 的变化而变化，当 $h > 0.9$ 时，谱线中会有 M 个谱峰；当 $h < 0.9$ 时，谱线中仅仅只有单峰。针对这两种情况，对 MFSK 调制信号频移间隔的测量分析分别讨论如下：

当调频指数 h 较大，MFSK 调制信号频谱上将出现多个谱峰时，对 MFSK 调制信号进行 N 点 FFT，其频谱函数 $X(k)$ 的任意两个相邻谱峰之间的频率间隔，即频移间隔：

$$F = |k_{i+1} - k_i|\,\Delta f \quad (i = 1,2,\cdots,M-1) \tag{4-89}$$

式中：k_{i+1}、k_i 分别为两个相邻谱峰所对应 $X(k)$ 的序号；Δf 是 FFT 的频率分辨率。

当调频指数 h 较小，MFSK 调制信号频谱上出现单峰时，MFSK 调制信号的瞬时频率为

$$f(t) = f_i \quad (i = 1,2,\cdots,M) \tag{4-90}$$

由于 MFSK 调制信号中 M 个符号对应 M 个频率，因此采用直方图来统计瞬时频率，统计出的直方图将会有 M 个峰值。此时，可测量分析任意两个相邻谱峰之间的间隔，即频移间隔。

4. 调相信号相位测量分析方法

相位测量分析在雷达、通信和语音处理等领域具有重要的价值和意义，较为成熟的估计方法有循环平稳法、希尔伯特变换（Hilbert transform）法、正弦曲线拟合法和双子段相位估计法等。下面着重阐述基于希尔伯特变换的相位参数测量和提取方法。

希尔伯特变换可以测量分析和提取线性调制信号、非线性调制信号的相位信息，其基本原理，如图 4 -11 所示。

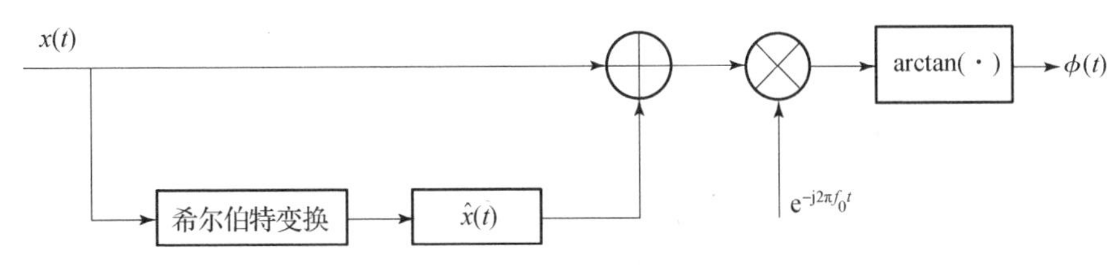

图 4 -11　基于希尔伯特变换的相位提取

该方法的基本原理阐述如下：

首先，设信号载波频率为 f_0，幅度为 A，则调相信号可表示为

$$s_{PM}(t)=A[1+\varepsilon(t)]\cos[2\pi f_0 t+\phi(t)] \tag{4-91}$$

式中：$\varepsilon(t)$为信号实时幅度的波动量；$\phi(t)$为相位调制量，即需要提取的目标。

其次，对信号$s_{PM}(t)$进行展开，可得

$$s_{PM}(t)=A[1+\varepsilon(t)]\cos2\pi f_0 t\cdot\cos\phi(t)-A[1+\varepsilon(t)]\sin2\pi f_0 t\cdot\sin\phi(t) \tag{4-92}$$

再次，对$s_{PM}(t)$作希尔伯特变换$\hat{s}_{PM}(t)=H[s_{PM}(t)]$，并引用如下希尔伯特变换的性质：

$$H[f(t)e^{j2\pi f_0 t}]=-jf(t)e^{j2\pi f_0 t} \tag{4-93}$$

综合推导，可得

$$\hat{s}_{PM}(t)=A[1+\varepsilon(t)]\sin2\pi f_0 t\cdot\cos\phi(t)+A[1+\varepsilon(t)]\cos2\pi f_0 t\cdot\sin\phi(t) \tag{4-94}$$

则解析信号为

$$S_{PM}(t)=s_{PM}(t)+j\hat{s}_{PM}(t)=A[1+\varepsilon(t)]e^{j[2\pi f_0 t+\phi(t)]} \tag{4-95}$$

最后，对解析信号移频和反正切变换得到相位：

$$\phi(t)=\mathrm{arctg}[S_{PM}(t)e^{-j[2\pi f_0 t+\varepsilon(t)]}] \tag{4-96}$$

实现调相信号相位测量。

4.2 雷达电磁信号参数测量方法

4.2.1 概述

雷达对抗侦察的第一步工作是通过对电磁环境中信号的搜索，实现对雷达信号的截获；第二步工作是通过对截获的信号进行处理，提取信号中的参数信息，测量参数的大小，分析参数的变化类型。在第二步工作完成的前提下，才能与雷达信号的到达方向合成雷达信号脉冲描述字（PDW），进行后续的雷达信号分选、识别等处理，最终形成雷达对抗情报。因此，雷达信号参数测量是雷达对抗侦察的主要任务之一。

本书以脉冲雷达为研究对象，结合脉冲信号的特征，根据脉冲描述字的组成，将雷达信号的参数类型分为脉内调制参数、载波频率参数、脉冲重复周期参数、脉冲宽度参数和天线扫描类型参数。每一种雷达信号参数类型又包含多种不同的变化方式，具体变化如表 4-1 所列。

表 4-1　雷达信号参数类型

雷达目标信号参数类型	包含的变化方式
脉内调制参数	常规调制（单载频）、线性频率调制、非线性频率调制、相位编码、频率编码、复合调制等
载波频率参数	载波频率固定、载波频率跳变、载波频率捷变、载波频率分集、载波频率步进、载波频率正弦等
脉冲重复周期参数	脉冲重复周期固定、脉冲重复周期驻留、脉冲重复周期参差、脉冲重复周期滑变、脉冲重复周期抖动、脉冲重复周期脉组、脉冲重复周期正弦等

续表

雷达目标信号参数类型	包含的变化方式
脉冲宽度参数	脉冲宽度固定、双脉冲宽度、多脉冲宽度等
天线扫描类型参数	圆周扫描、扇形扫描、一维电扫、一维机械扫描、二维相控阵扫描、圆锥扫描等

在雷达信号参数类型的基础上，可以总结出每一种参数类型需要测量或间接计算的参数内容。例如：对于脉内调制参数，线性频率调制信号需要测量的参数是中心频率、调制斜率、调制带宽；相位编码信号需要测量的参数是编码类型、编码序列。具体需要测量的参数内容，如表 4 – 2 所列。

表 4 – 2　雷达信号参数内容

雷达目标信号参数类型	参数内容
脉内调制参数	脉内调制类型、中心频率、调制带宽、调制斜率、编码序列、子脉冲宽度
载波频率参数	频段、载波频率变化类型、载波频率值、载波频率变化范围
脉冲重复周期参数	脉冲到达时间、脉冲重复周期变化类型、脉冲重复周期值、脉冲重复周期变化范围
脉冲宽度参数	脉冲宽度变化类型、脉冲宽度值
天线扫描类型参数	天线扫描周期、天线扫描速度、波束宽度

表 4 – 2 所列为通过雷达对抗侦察期望获得的雷达信号参数，目的是通过获得的信号参数，实现雷达信号的准确分选，进而能够识别该雷达。需要说明的是，雷达对抗侦察在工作时，接收机面临的是非合作的信号环境，而雷达在工作时，接收机面临的是合作性的信号。因此，雷达对抗侦察系统接收机在测量信号参数时，在方法上与雷达接收机对信号的测量有所区别。目前，通过雷达对抗侦察系统测量的雷达信号参数主要包括信号到达方向、载波频率、脉冲到达时间、脉冲宽度、脉冲幅度、脉内调制参数（根据不同的脉内调制类型，参数有所区别）、极化特性等。这些参数是构成脉冲描述字的基础，有些参数还可以用于导出其他特征参数，为分选识别雷达信号提供依据，如可以通过脉冲到达时间推导雷达信号的脉冲重复周期值和变化特点，应用于雷达信号的分选。

对雷达信号不同参数的测量，由雷达对抗侦察系统的不同模块完成。在通常情况下，对雷达信号载频的测量由测频接收机完成；对脉冲到达时间、脉冲宽度、脉冲幅度、脉内调制参数的测量，由通用逻辑电路、专用集成电路、现场可编程门阵列器件、数字信号处理器件完成；对雷达的极化特性的测量由天线和极化测量接收机完成。

4.2.2　载波频率测量分析方法

雷达对抗侦察的职能任务是获得敌方雷达辐射源的位置和参数特征，而反映其参数特征的信息均包含在信号中。因此，需要对雷达信号进行分析和测量。在雷达辐射源的参数特征中，频率参数是重要的参数之一。频率参数的测量，通常是指雷达信号的载波频率或多普勒频移的测量和分析（本书只讨论载波频率的测量和分析）。在通常情况下，对雷达信号的载波频率的测量是通过雷达对抗侦察接收机完成的。

雷达对抗侦察系统在对信号的载波频率进行测量和分析时，在通常情况下首先对单个脉冲进行载波频率测量和分析；其次针对同一辐射源信号发射的连续脉冲信号进行载波频率变化特点的分析，得到该辐射源频率参数更加精确和细致的变化规律；再次经过不同时间段对该辐射源信号频率变化情况的分析；最后综合得到该辐射源全面精细的频率参数变化情况。

本书对载频参数的测量和分析，主要讨论对单个脉冲频率参数的测量和分析。

1. 测频方式分类

雷达对抗侦察接收机测频的本质是对信号在频域上进行滤波处理。根据不同的分类方式，测频的方式和方法可以分为不同的类别。

根据测频接收机的技术体制不同，测频方式分为检波式测频和数字式测频。检波式测频为传统意义上对信号载频的测量，是指对雷达信号载波的中心频率的测量，通常由检波式接收机完成。采用检波方式测频的接收机种类有射频调谐晶体视放测频接收机、搜索式超外差测频接收机、信道化测频接收机、瞬时测频接收机、压缩接收机和声光接收机等。数字式测频是指通过对雷达信号频谱的分析，得到雷达信号的频率参数。采用数字式测频的接收机称为数字化接收机。

根据测频方法的不同，测频方式分为直接法测频和间接法测频。直接法测频也称为频域取样法测频，是直接在频域实现载频测量的一种测频方法。根据测频技术的差别，直接法测频可以分为搜索频率窗、毗邻频率窗和时频分析方法三种方法。搜索频率窗测频通过接收机的窄频带连续或步进扫描对频率侦察范围进行取样，也称为频率搜索法测频技术，如搜索式超外差测频接收机；毗邻频率窗测频通过多个固定的频率窗口覆盖整个频率侦察范围，这些频率窗口同时接收侦察频带内的雷达信号，以每个频率窗口后接收机输出信号的有无或幅度大小来确定雷达信号载频在哪个窗口内，进而实现测频，如模拟/数字信道化测频接收机；时频分析方法通过对雷达信号进行时频变换，得到信号频谱特性，如数字化接收机。间接法测频也称为频域变换法测频，是先通过将雷达信号频率单调变换到相位、时间或空间等其他物理域，再通过对变换域信号的测量得到信号载频。根据变换域的差异，间接法测频可以分为比相法测频、线性调频变换法测频和声光变换法测频，分别对应的接收机有瞬时测频（IFM）接收机、压缩接收机和声光接收机等。

2. 测频接收机的性能指标

测频接收机的性能指标主要包括以下几个方面。

（1）测频精度。测频精度是指雷达信号载频的真实值与测频接收机测量值之间的差值。测频精度可以表示为相对误差，也可以表示为绝对误差；可以是最大值，也可以是均方根值，通常用统计值表示。

（2）频率分辨力。频率分辨力也称为频率分辨率，指接收机能够分开的两个同时到达信号的最小频率差。

（3）测频范围。测频范围是指测频接收机能够覆盖的雷达工作频率范围。可采用多部测频接收机分区测频的方法，增大测频范围。

（4）频率截获概率。频率截获概率也称为频率搜索概率，指当雷达和雷达对抗侦察接收机均处于开机状态时，在给定时间内，接收机能够实现频率截获的可能性大小。

（5）频率截获时间。频率截获时间是指当实现雷达信号的频率截获概率为 100% 时，雷达对抗侦察接收机截获信号所需的时间，通常采用统计值表示。

（6）测频灵敏度。测频灵敏度是指测频接收机接收微弱信号的能力，通常是指接收机能够检测的最小信号功率。

（7）动态范围。动态范围是指在保证精确测频的前提下，输入信号功率的允许变化范围。

除了上述主要性能指标之外，还有可靠性、尺寸、重量、成本等指标。

下面具体对不同测频方法进行讨论，本书采用直接法测频和间接法测频的分类方式，对每种测频方法中的不同测频技术进行分析。

3. 直接法测频分析方法

直接法测频分析方法可分为频率搜索法测频法、毗邻频率窗测频方法和时频分析测频方法三种。

1）频率搜索法测频方法

频率搜索法测频方法分为射频调谐测频方法和搜索式超外差测频方法两种。下面分别对应用这两种测频方法的典型接收机系统组成、工作原理和性能特点进行分析。

（1）射频调谐测频方法。

射频调谐测频方法利用射频调谐滤波器选择特定频率的输入信号，完成对该信号载频等参数的测量。该方法主要应用于射频调谐晶体视放测频接收机。其基本系统组成如图 4－12 所示。

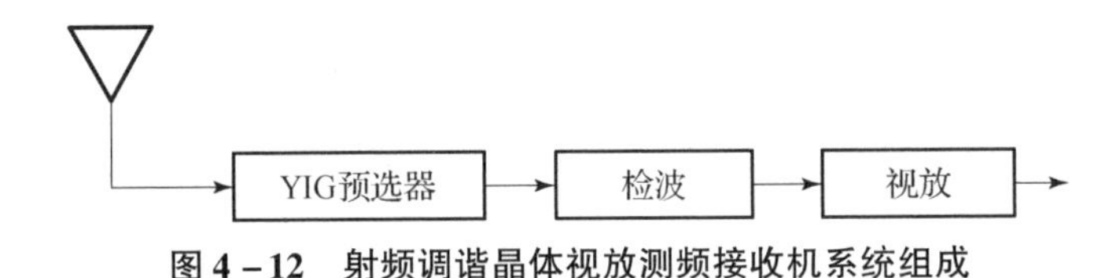

图 4－12　射频调谐晶体视放测频接收机系统组成

射频调谐晶体视放测频接收机是在晶体视放接收机的基础上，前端增加 YIG 预选器构成的。YIG 预选器为通频带可调谐的高频窄带滤波器，在侦察频段内可通过调谐选择所需载频信号，滤除通带外的信号，进而实现信号载频的测量。当视放有信号输出时，高频窄带滤波器的中心频率，即所要测量的载频。

采用射频调谐晶体视放测频的接收机有如下的性能特点。

①测频范围较宽。一般可以达到几个至十几个倍频程。

②频率分辨力较低。由于 YIG 预选器的瞬时带宽决定了接收机测频的频率分辨力，而 YIG 预选器的瞬时带宽 Δf 与工作频率 f_0 之间的比例通常在 1% 左右，如当 $f_0 = 1\text{GHz}$ 时，Δf 在 100MHz 左右，其频率分辨力较低。

③测频精度较低。由于频率分辨力较低，因此测频精度较低。

④频率搜索速度慢。由于 YIG 需要人工调谐，因此其频率搜索速度较慢。

⑤灵敏度较低。由于 YIG 预选器的损耗和检波视放的内部噪声较大，限制了接收

机的灵敏度。在实际应用中，为了改善灵敏度性能，常在 YIG 预选器前加低噪声射频放大器，如图 4－13 所示。

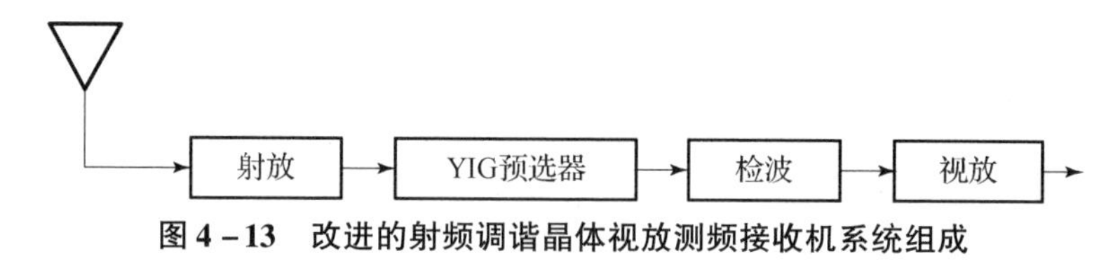

图 4－13　改进的射频调谐晶体视放测频接收机系统组成

（2）搜索式超外差测频方法。

搜索式超外差测频方法主要应用于超外差测频接收机。其工作原理是利用中放的高增益和优良的频率选择特性，对本振与输入信号变频后的中频信号进行检测和载频测量。由于变频后的中频信号可以保留窄带输入信号的调制信息，消除了变频前输入信号载频的巨大差异，便于进行后续的信号处理，特别是数字信号处理。因此，该测频技术广泛应用于电子战接收机中，频率搜索主要是指对变频本振的调谐和控制。

搜索式超外差测频接收机的系统组成如图 4－14 所示。信号通过接收天线、低噪声放大器进入 YIG 预选器。

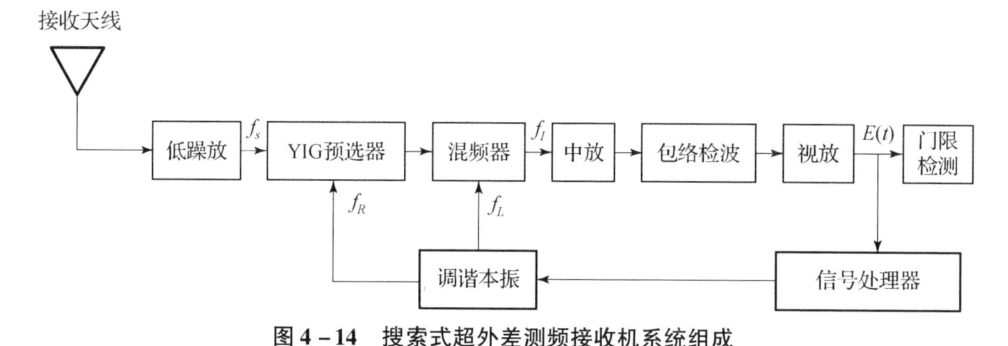

图 4－14　搜索式超外差测频接收机系统组成

信号处理器根据需要分析的输入信号频率 f_s 设置调谐本振频率 f_L、YIG 预选器当前中心频率 f_R 和中放通频带 B。以上参数满足如下关系：

$$\begin{cases} f_L - f_R = f_I \\ B = \left[f_I - \frac{1}{2}\Delta\Omega_{RF}, f_I + \frac{1}{2}\Delta\Omega_{RF} \right] \end{cases} \tag{4-97}$$

式中：f_I 为中频放大器的中心频率，$\Delta\Omega_{RF}$ 为中放带宽；$\left[f_I - \frac{1}{2}\Delta\Omega_{RF}, f_I + \frac{1}{2}\Delta\Omega_{RF} \right]$ 为中放通频带。如果 f_s 位于 B 内，则信号可以通过 YIG 预选器、混频器、中放、包络检波和视频放大等环节；若输出视频脉冲包络信号的 $E(t)$ 大于设置的检测门限，则启动信号处理器测量信号的载频 f_{RF}，使其满足

$$f_{RF} = f_L - f_I \tag{4-98}$$

还可以启动信号到达时间、脉冲宽度、幅度、到达方向等参数的测量电路，形成对单个脉冲检测的脉冲描述字。如果 f_s 在 B 外或者其功率低于灵敏度，则不会发生门限检测和脉冲描述字输出。式（4－97）中，f_I 与 f_R 保持差值恒定的方法称为频率统调，主要作用是防止接收机的寄生信道干扰。例如：固定的中放通频带与中心频率 f_I 使混

频器输出的其他频率成分被滤除。然而，由于混频输出还存在镜像频率，测频过程容易形成测频错误，在实际应用时接收机可通过频带对准、镜像抑制混频器、零中频技术等方式，消除镜像频率干扰。

搜索式超外差测频接收机有如下的性能特点。

①频率分辨力较高。由于仅当中频信号落入中放通频带时，信号才能输出，而中放带宽可达中放通频带中心频率的1%，通常f_I为几百兆赫，因此中放带宽可窄至1MHz，频率分辨力为中放带宽。所以，搜索式超外差测频接收机的频率分辨力在检波式测频体制的接收机中是最高的。

②测频精度高。由于搜索式超外差测频接收机的测频分辨力较高，故测频精度也相对较高。

③灵敏度较高。由于搜索式超外差测频接收机中放带宽较窄，内部噪声小，中放增益很大，接收机通常在混频器前加射频放大器，因此搜索式超外差测频接收机灵敏度在目前的检波式测频接收机中也是最高的，可达－75～－65dBmW。

④动态范围较宽。由于搜索式超外差测频接收机放大电路多采用多级对数放大器，因此其动态范围较大，可达50～90dB。

⑤测频范围大。测频范围大小由调谐本振决定，由于本振的调谐范围可达几个倍频程，因此搜索式超外差测频接收机的测频范围较大。

⑥频率截获概率较低。由于搜索式超外差测频接收机采用调谐的方式进行频率搜索，因此其频率截获概率较低。在实际的雷达对抗侦察系统中，通常非搜索体制的频率粗测接收机与搜索式超外差接收机协同使用，弥补搜索式超外差测频接收机的截获概率低的缺陷。

⑦存在频率分辨力与频率截获概率之间的矛盾。频率搜索体制决定了其较高的频率分辨力和较低的频率截获概率。

2）毗邻频率窗测频方法

毗邻频率窗测频方法主要应用于信道化测频接收机，因此该测频方法也称为信道化测频方法，指利用毗邻的滤波器组对输入信号进行频域滤波和检测的测频方法。它可以采用模拟滤波器组或数字滤波器组实现，分别称为模拟信道化测频法和数字信道化测频法，对应的应用分别为模拟信道化测频接收机和数字信道化测频接收机。

（1）模拟信道化测频方法。

模拟信道化测频方法应用于测频接收机，根据测频方法的区别，可以分为直接滤波测频接收机和基带滤波测频接收机两大类。其中，直接滤波测频接收机又称为多波道测频接收机；基带滤波测频接收机包括纯信道化测频接收机、频带折叠式信道化测频接收机和时分制信道化测频接收机三种类型。

①直接滤波测频方法。直接滤波测频方法采用的直接滤波测频接收机的系统组成如图4－15所示。从原理构成上看，直接滤波测频接收机可以看成是多个射频窄带滤波器在同时接收同一雷达信号，而所有窄带滤波器的通带覆盖整个侦察频段。

为了实现对整个侦察频段f_1～f_2之间的雷达信号100%的频率截获概率，要求n个带通滤波器能够覆盖整个侦察频段。通常的做法是将侦察频段划分成n个宽度相同的分频段，每个分频段与一个带通滤波器的通带相同。

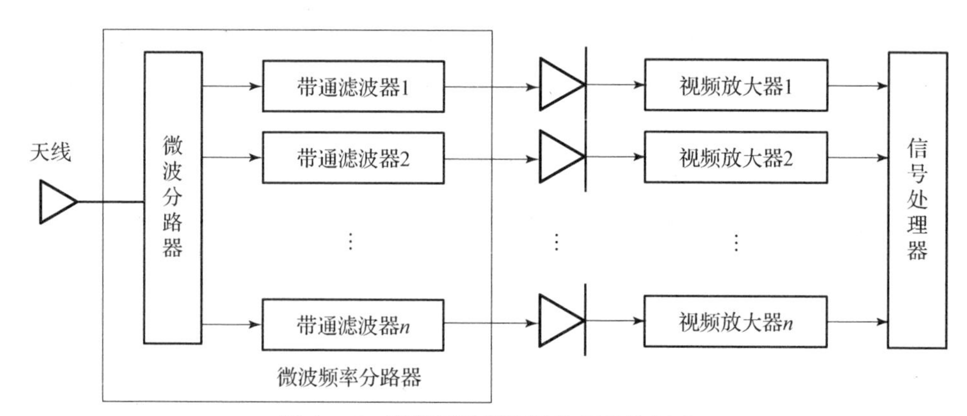

图 4-15　直接滤波测频接收机系统组成

下面简要介绍直接滤波测频接收机的工作过程，如下：

第一，微波功率分路器将输入的雷达信号（可能含有多个不同频率的雷达信号）从功率上均匀地分成 n 等份，送入每个带通滤波器。

第二，某个带通滤波器 i 的输入端仅允许频率落入其通带内的信号通过，其他信号被滤除。微波功率分路器和各带通滤波器合起来可看成一个频率分路器。

第三，各路检波和视频放大器取出雷达信号包络，并放大到信号处理器所需的电平。

第四，信号处理器根据收到信号的分波段号数 i，可以确定雷达信号载频 f_R 在第 i 分波段内，即

$$f_1+\frac{f_2-f_1}{n}i>f_R>f_1+\frac{f_2-f_1}{n}(i-1) \tag{4-99}$$

通常，可认为雷达信号载频在分波段频率中心处，即

$$\begin{aligned} f_R &= \frac{1}{2}\left[f_1+\frac{f_2-f_1}{n}(i-1)+f_1+\frac{f_2-f_1}{n}i\right] \\ &= f_1+\frac{f_2-f_1}{n}\left(i-\frac{1}{2}\right) \end{aligned} \tag{4-100}$$

第五，频率模糊区的产生和克服。由于带通滤波器的频率特性不是理想矩形，因此在相邻频带有部分重叠，使整个频带衔接良好，当信号频率处于频率重叠区时，相邻波道都有信号输出，使信号处理器无法确定信号频率所处波道，进而出现测频模糊现象。

解决测频模糊现象的方法通常是采用封闭电路，即让第 i 路输出的视频脉冲信号封闭第 $i+1$ 路的视频输出，如图 4-16 所示。当相邻两路的视频输出是由同一部雷达信号引起时，由于两个分波道输出视频脉冲的时刻相同，第 $i+1$ 路输出通路就被第 i 路输出视频信号所封闭，仅有第 i 路分波段有输出信号。当相邻两路的视频输出是由不同载频的雷达信号引起时，由于两个雷达脉冲的到达时刻和脉宽等参数不可能完全相同，因此第 $i+1$ 路分波段输出信号大多数情况下可以通过封闭门，不受第 i 路分波段输出信号的封闭，此时信号处理器就可以正确判定有两个不同频率的雷达信号处于相邻的分波段。

直接滤波测频接收机的性能特点如下：

一是频率分辨力和测频精度较低。由于分波道带宽 $\Delta f=\dfrac{f_2-f_1}{n}$，因此最大测频误差

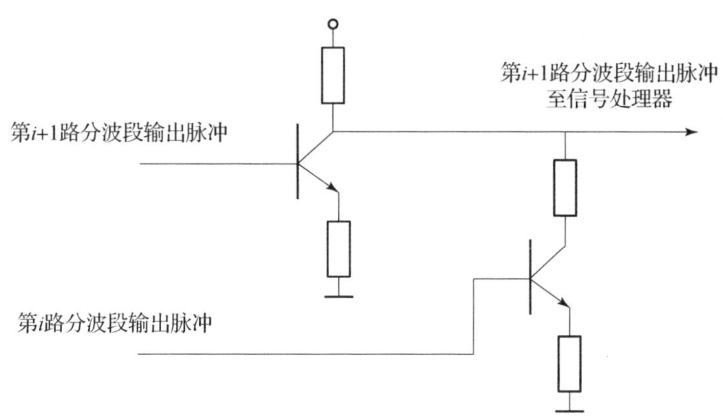

图4－16　直接滤波测频接收机封闭电路

δf_{max}和频率分辨力分别为0.5Δf和Δf。由于受到体积的限制，分波道数目n不可能过大，通常在10～20，加上带通滤波器处于微波频段，无法制造出很窄的带宽，因此Δf通常大于50MHz，造成频率分辨力和测频精度较低。

二是灵敏度较低。由于送到每个分波段的信号经过功率分路器，其功率仅为输入功率的1/π，因此造成灵敏度较低。可通过在天线后加装射频宽带放大器的方法，提高灵敏度。

三是频率截获概率较高。由于没有本振等搜索模块，因此频率截获概率较高，对单脉冲频率截获概率可达100%。

②纯信道化测频方法。

纯信道化测频方法属于基带滤波测频方式的典型应用，具体是指将被测信号变频到特定基带再测频。超外差搜索式测频接收机在截获概率和频率分辨力之间存在无法解决的矛盾，任一瞬时的频率取样范围等于中放带宽，造成测频时间长，不能满足现代电子对抗既要求测频精度高，又要求测频速度快的要求。满足此要求的最简单方法是将许多同时工作的、非调谐的超外差接收机实现对整个频率范围内信号的接收和测频。纯信道化测频接收机的原理如图4－17所示。

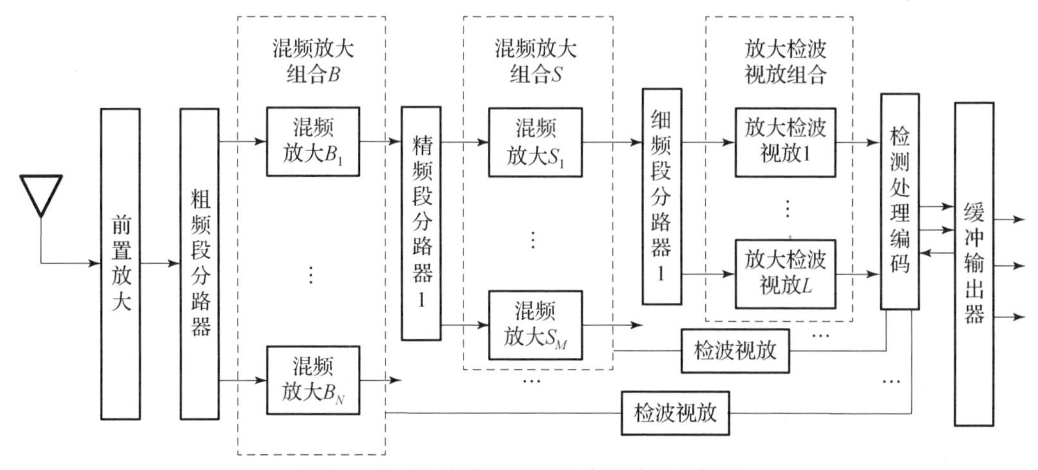

图4－17　纯信道化测频接收机的原理框图

下面简要介绍纯信道化测频接收机的工作过程，如下：

第一，频率粗分路及将各波段信号变换到相同的第一中频频率范围。频率粗分路由波段分路器完成。波段分路器的 N 路输出信号，频率范围只可能处于各自的分波段内。由于每个分波段的带宽相同，令第一中放组中各中放的通频带相同，中放带宽与分波段带宽也相同，只要适当选择加到第一混频器组的各第一本振频率，可以使第一中放组输出信号都变换到相同的第一中频频率范围。第一中放组输出信号分成两路：一路中频信号经检波后用于判定哪一路分波段有输出信号，从而得到频率波段码；另一路中频信号送入下一路分波段分路器。

第二，频率精分路及将各分波段信号变换到相同的第二中频频率范围。其工作过程与频率粗分路及变换相同。但是由于 M 个分波段分路器是相同的，因此第二本振组中任一本振要给 m 个第二混频器提供相同的本振频率信号。第二中放组输出信号分成两路：一路中频信号经检波后用于判定哪一路分波段有输出信号，从而得到频率波段码；另一路中频信号送入下一路分波段分路器。

第三，频率细分路。其工作过程与频率粗分路和频率精分路及变换相同，将前级信号再分 L 路，放大检波视放后用于判定哪一路分波段有输出信号，从而得到频率波段码。

第四，频率码的产生。纯信道化测频接收机输出的频率码由三部分组成，即高位码、中位码和低位码，代表信号载频所在的位置。频率码由相同的电路分别产生，主要经过三个步骤：门限检测、逻辑判决和编码。

门限检测器的作用是降低噪声的虚警概率和保证对脉冲信号的发现概率。门限检测器将第一、第二和第三检波器组输出信号和基准电压（检测门限）进行比较，只有大于基准电压的信号才能通过门限检测器，继续测频过程；否则，低于检测门限的信号被认为是噪声，接收机不对它进行处理。因此，适当提高检测门限可使更多的噪声被中止处理过程，但是检测门限太高时，也会使幅度较弱的信号被中止处理过程。通常检测门限要选择适当，强信号会使载频周围多个接收信道的输出通过门限检测器。

逻辑判决电路的作用是确定信号幅度最强的频谱中心，即载频 f_R。由于从射频脉冲信号的频谱看，在载频处信号频谱幅度最大，因此接收信道对准载频时输出信号幅度最大，偏离载频越远的接收信道，它的输出信号幅度越小。如果从多个送到逻辑判决电路的信号中，取出幅度最强的信号，便可根据该信号所在的信道知道载频所在频率。在逻辑判决电路中的最大值电路，因为该信道的输出信号幅度是所有输出信号中最大的，所以即使有多个信号同时到达，逻辑判决电路也只输出最强信号的频率中心所对应信道的输出信号。

编码器的作用是根据它所对应信道所在频率范围将正确的二进制频率码送至信号处理器。例如：信道化接收机的波段分路器和分波段分路器都有个输出端，当信号载频位于侦察频段的最低点 f_1 时，它们的各自第一路有输出，它们的编码器将给出频率码的高位、中位和低位码分别为 000、000、000，合起来得到频率码为 000000000。

该体制测频接收机由于采用频域同时取样的方式测频，避免了时域重叠频率不同信号的干扰，抗干扰能力强并且在超外差测频接收机的基础上实现频率分路。因此，纯信道化测频接收机兼具非搜索测频的高截获概率和超外差接收机高频率分辨力的优点。

纯信道化测频接收机的性能特点如下：

一是频率截获概率高。在侦察频段内，对单个脉冲的频率截获概率为 100%。

二是测频精度高。测频精度取决于接收机细频率分路器的单元宽度，因此其可以达到很高。

三是频率分辨力高。频率分辨力取决于接收机细频率分路器的单元宽度，因此其可以达到很高。

四是灵敏度高。该接收机具有和超外差测频接收机相当的灵敏度，可达 −75 ~ −65dBmW。

五是动态范围大。该接收机具有和超外差测频接收机相当的动态范围，可达 50 ~ 90dB。

六是分离同时到达信号能力强。

纯信道化接收机也存在严重的缺陷，体积庞大、功耗高、成本贵、技术复杂等，这些限制了其应用。因此，其通常只应用于大型或重要的雷达对抗侦察装备。随着微波集成电路和声表面波滤波器技术的发展，纯信道化接收机的体积和功耗正逐步减小，因此它具有很大的应用潜力。

为了克服纯信道化测频接收机体积庞大的缺陷，一种解决办法是在部分频段采用纯信道化接收机；另一种解决办法是采用两种改进型的信道化接收机：频带折叠式信道化测频和时分制信道化测频。

③频带折叠式信道化测频。

频带折叠式信道化测频接收机与纯信道化测频接收机的区别：仅采用一个分波段分路器，将 N 路波段分路器的输出信号经过取和电路后送入唯一的分波段分路器。取和电路可看作功率分路器的逆应用，其原理如图 4 − 18 所示。频带折叠式信道化测频同样覆盖了与纯信道化接收机相同的瞬时带宽，省去了 $(N-1)\times M\times L$ 个信道，减小了体积。然而，由于 N 个波段的噪声被折叠到了一个共同波段，故使接收机的灵敏度变低。

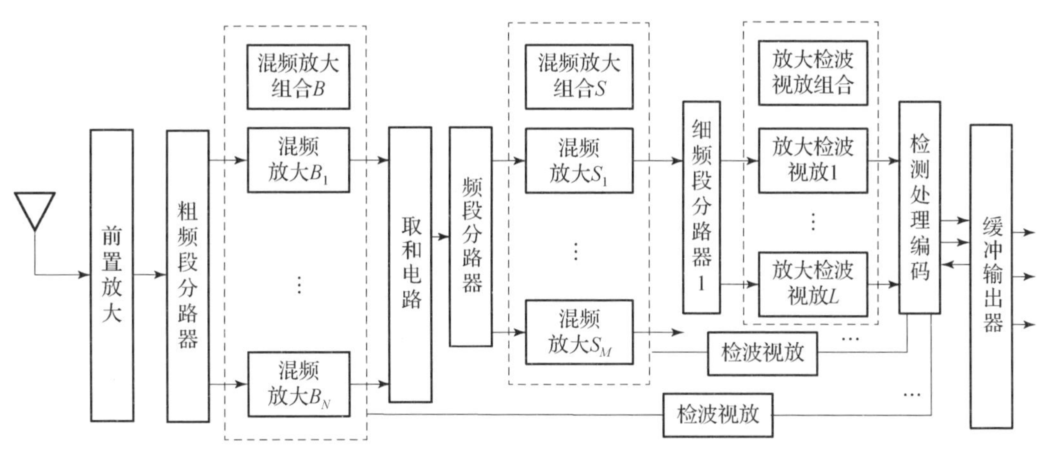

图 4 − 18　频率折叠式信道化测频接收机原理框图

④时分制信道化测频。

时分制信道化测频接收机的结构与频带折叠式信道化接收机相同，只是时分制信道化测频用“访问开关”取代了“取和电路”。在一个时刻，访问开关只与一个波段接通，将该波段接收的信号送入唯一的分波段分路器，其他所有波段均被断开，避免了因折叠频带而引起的接收机灵敏度的下降。

对访问开关的控制，通常分为内部信号控制、外部指令控制、内部控制与外部指令相结合三种方式。

一是内部信号控制。输入信号经第一混频器和中频放大器之后，在波段检波器中检波，用被检波的脉冲前沿将访问开关与该波段接通，输入信号便送入分波段分路器。由于只能处理一个波段的脉冲，因此降低了频率截获概率。虽然可以通过降低访问开关门限的方法获得所需要的发现概率，以提高系统的截获概率弥补上述缺陷，但是又引起了虚警概率升高的副作用。虚警信号立即控制分波段分路器使其接入无信号的波段，而对于有信号的波段不管。此外，不能重点照顾威胁等级高的波段。

二是外部指令控制。作用于访问开关的外部指令可以是预编的程序或由操作人员插入。在指向的波段，接收机的频率截获概率高，而其他波段频率截获概率为 0。为了获得一定的频率截获概率，控制指令可使接收机依次通过感兴趣的频段。在一个波段，单个脉冲的频率截获概率可表示为

$$P_f = \frac{t_{dwi}}{t_{dw\Sigma}} \tag{4-101}$$

式中：t_{dwi}为接收机在某一波段访问开关的停留时间；$t_{dw\Sigma}$为所有波段停留时间之和。

三是内部控制与外部指令控制相结合。通常采用内部控制，是根据事先掌握的敌情，当突防飞机在某些区域可能遭到来自某些特定波段低空导弹制导雷达或截击雷达的照射时，便可采用外部指令控制，保证优先截获此类威胁等级高的雷达信号。

（2）数字信道化测频方法。

数字信道化测频方法是指利用宽带数字接收机和数字信号处理技术测量与分析输入信号载频的方法。其与模拟测频接收机不同的是，数字接收机将信号数字化，以便计算机进行处理，计算机软件可以模拟任何类型的滤波器或解调器，数字化的信号能够进行最佳滤波等处理。

由于直接进行数字处理的射频带宽有限，即直接在射频频段对信号进行 A/D 变换和数据存储对数字电路的处理速度要求较高，因此数字信道化测频通常情况下会在测频前将载频信号通过混频的方式，先将需要处理的射频信号变换到某一中频，再进行 A/D 变换成为基带数字信号。在通常情况下，出于扩展处理带宽的考虑，采用图 4－19 所示的零中频正交双通道处理技术。如果有门限检测信号支持，则数字信道化测频仅在包络时间内进行，否则必须全时进行。

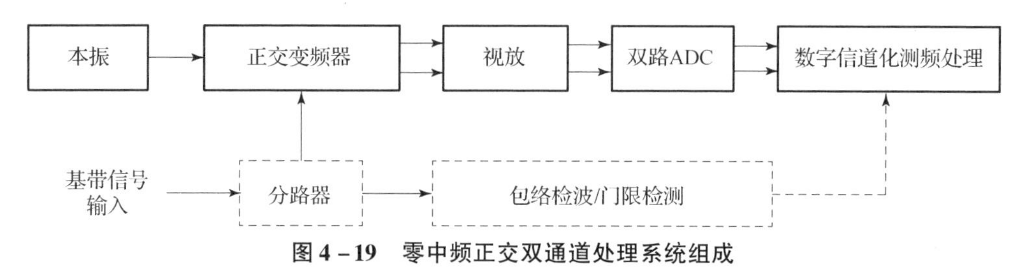

图 4－19　零中频正交双通道处理系统组成

基本的数字信道化测频接收机的结构组成如图 4－20 所示。

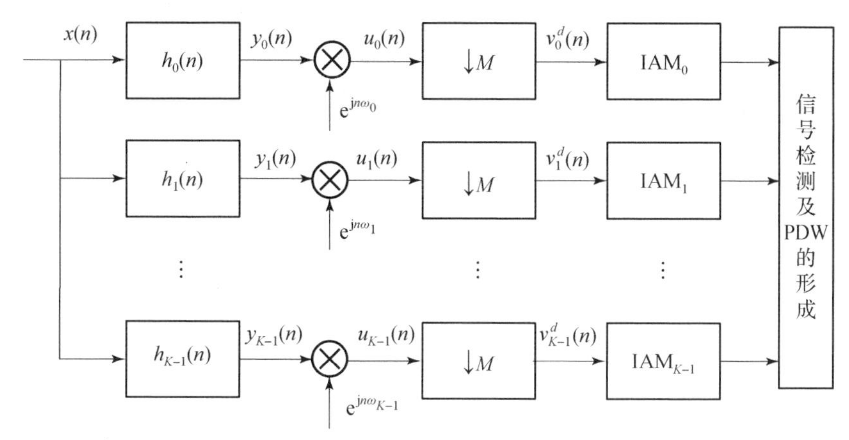

$\downarrow M$ 表示 M 抽取处理单元；IAM_{k-1} 表示第 k 个通道的信息分析处理单元。

图 4－20　数字信道化测频接收机基本构成

数字信道化测频接收机的工作原理：将频段划分为 K 个子频段，每个子频段通过相应的中心频率下变频到零中频，然后经过一个带宽为信道宽度的低通滤波器。假定滤波器没有过渡带，各信道的输出经过 D 倍抽取后不会有频谱混叠。然而，在实际的滤波器中，过渡带必然存在，D 倍抽取后会产生频谱混叠。为了解决这个问题，在设计滤波器时令其过渡带不大于通带宽度，对数据率进行降低处理，即进行 M 抽取。M 抽取是指抽取 $x(Mn)$，是由 $x(n)$ 通过仅保持与序列 $k=Mn$ 相对应的第 M 个采样点，丢弃其他采样点而得。通过 M 抽取，数据采样率为原来的 $1/m$。

A/D 变换器输出的离散信号 $x(n)$，同时通过 K 个带通滤波器后，首先由数字混频器将信号下变频到基带上，然后对每个信道中的数字信号进行抽取，最后对降速率后的数字信号进行数字信号处理，提取有用信息。

图 4－21 所示为用 K 个带通滤波器 $h_0,h_1,\cdots,h_{K-1}$ 覆盖整个处理带宽。带通滤波器组由原型低通滤波器 $h_0(n)$ 导出。

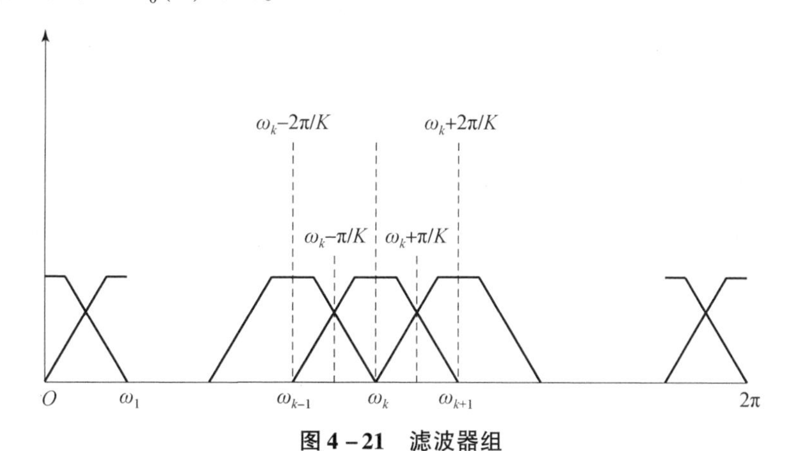

图 4－21　滤波器组

其频域响应为

$$H_k(e^{j\omega})=H_0(e^{j(\omega-\omega_k)}) \tag{4-102}$$

第 k 个滤波器的输出为

$$y_k(n) = \sum_{m=0}^{N-1} h_k(m)x(n-m) = \sum_{m=0}^{N-1} h_0(m)x(n-m)\mathrm{e}^{\mathrm{j}2\pi kn/K} \tag{4-103}$$

假定 $N=KP$，P 是整数，式（4－103）可以变换为

$$y_k(n) = \sum_{m=0}^{K-1}\sum_{p=0}^{P-1} h_0(m+pK)x(n-m-pK)\mathrm{e}^{\mathrm{j}2\pi kn/K} \tag{4-104}$$

为了降低后续处理的实现难度，一般需要将带通滤波器的输出下变频到基带，基带信号可表示为

$$u_k(n) = y_k(n)\mathrm{e}^{-\mathrm{j}2\pi kn/K} \tag{4-105}$$

由于这些基带信号频率范围是 $-2\pi/K \leqslant \omega \leqslant 2\pi/K$，进行 M 抽取后，可得

$$v_k^d(n) = u_k(Mn) \tag{4-106}$$

对式（4－106）进行傅里叶变换，可得

$$V_k(\mathrm{e}^{\mathrm{j}\omega}) = \frac{1}{M}\sum_{l=0}^{M-1} U_k \mathrm{e}^{\mathrm{j}(\omega-2\pi l)/M} \tag{4-107}$$

经过抽取后，各信道的输出是带限信号，数字频率范围是 $-2M\pi/K \leqslant \omega \leqslant 2M\pi/K$，为了防止频谱混叠，要求满足

$$2M\pi/K \leqslant \pi \tag{4-108}$$

实际上进行 M 点的快速傅里叶变换（FFT），通过 IAM_{k-1} 对抽取序列处理，可以得到每个信道中的信息。把各个信道处理的结果整合，完成整个带宽的信号检测，形成脉冲描述字供终端分选、记录和处理。

分析上面结构，在滤波和下变频后进行抽取。这意味着许多进过带通滤波和下变频的数据没有被利用，大量的运算结果被浪费，运算效率低。多速率信号处理理论提供了一种多相滤波结构，可以将抽取放在滤波之前，大幅提高了运算效率。

3）时频分析测频方法

时频分析测频方法可以进一步细致地研究和掌握雷达信号的视频调制特征，便于分析和判断雷达的功能和性能，分选和识别雷达目标，甚至识别雷达个体。这些特征与雷达的技术能力、技术水平、发展与使用等具有密切的关系。

时频分析测频方法主要包括对单个脉冲信号脉内时频调制信息分析和对脉组信号时频调制信息分析两部分。

（1）对单个脉冲信号脉内时频调制信息分析。

对单个脉冲信号脉内时频调制信息分析，主要包括脉冲的频谱信息、脉内时频谱信息、瞬时相位和瞬时频率信息等。

①脉冲频谱分析。

对于在 $[t, t+\tau_{\mathrm{PW}}]$ 时间内出现的单个脉冲信号，其频谱可定义为该信号的傅里叶变换，即

$$G(t,f) = \int_t^{t+\tau_{\mathrm{PW}}} s(p)\mathrm{e}^{-\mathrm{j}2\pi fp}\mathrm{d}p = |G(t,f)|\mathrm{e}^{\mathrm{j}\varphi(t,f)} \tag{4-109}$$

式中：t、τ_{PW} 分别表示脉冲到达时间和脉宽值。

在实际应用中，通常通过采样的方式，将脉冲信号转化为离散信号，并通过 DFT 算法计算信号频谱，如下：

$$G(\omega) = \sum_{n=0}^{N-1} s(n)\mathrm{e}^{-\mathrm{j}\omega n} \quad (0 \leqslant \omega \leqslant 2\pi) \tag{4-110}$$

$$G(k) = \sum_{n=0}^{N-1} s(n)\mathrm{e}^{-\mathrm{j}\frac{2\pi}{M}kn} \quad (M = 2^m \geqslant N, k \in \boldsymbol{N}_M) \tag{4-111}$$

式中：N 为单个脉冲采样的数据长度。式（4－111）是将式（4－110）中的 ω 取值在离散频率集合$\left\{\frac{2\pi}{M}k\right\}_{k=0}^{M-1}$上，其频率分辨力为$\frac{2\pi}{M}$。当 M 为 2 的整次幂式，式（4－111）即为 FFT 运算，适合于快速计算。

可以对式（4－110）和式（4－111）的计算结果$\{G(\omega_i)\}_{i=0}^{N-1}$和$\{G(k)\}_{k=0}^{N-1}$进一步地处理，具体如下：

最大值检测$(G_{\max},\omega_{i'})$：

$$\begin{cases} G_{\max} = |G(\omega_{i'})|^2 = \max\limits_{0\leqslant i\leqslant N-1}\{|G(\omega_i)|^2\} \\ G_{\max} = |G(k')|^2 = \max\limits_{0\leqslant k\leqslant N-1}\{|G(k)|^2\} \end{cases} \tag{4-112}$$

由该式可得该脉冲频谱的最大值 $G_{\max}$ 和最大值频率 $\omega_{i'}$ 或最大值数字频率 k'。

等效带宽 ω_e：

$$\begin{cases} \omega_e = \dfrac{\sum\limits_{i=0}^{N-1}|G(\omega_i)|^2}{G_{\max}} \\ \omega_e = \dfrac{\sum\limits_{k=0}^{N-1}|G(k)|^2}{G_{\max}} \end{cases} \tag{4-113}$$

归一化功率谱密度 $p(\omega_i)$ 和 $p(k)$：

$$\begin{cases} p(\omega_i) = \dfrac{|G(\omega_i)|^2}{\sum\limits_{i=0}^{N-1}|G(\omega_i)|^2} \\ p(k) = \dfrac{|G(k)|^2}{\sum\limits_{k=0}^{N-1}|G(k)|^2} \end{cases} \tag{4-114}$$

均值 $\bar{\omega}$ 和方差 σ_ω^2：

$$\begin{cases} \bar{\omega} = \sum\limits_{i=0}^{N-1}\omega_i p(\omega_i), & \bar{\omega} = \sum\limits_{k=0}^{N-1}kp(k) \\ \sigma_\omega^2 = \sum\limits_{i=0}^{N-1}(\omega_i - \bar{\omega})^2 p(\omega_i), & \sigma_\omega^2 = \sum\limits_{k=0}^{N-1}(k - \bar{\omega})^2 p(k) \end{cases} \tag{4-115}$$

综上所述，对于$\{G(\omega_i)\}_{i=0}^{N-1}$和$\{G(k)\}_{k=0}^{N-1}$进一步地处理可以获得更多更加细致的信息。由于它们都是建立在信号频谱分析的基础上，因此对于同类辐射源的同类信号具有较好的稳健性。

②脉内时频谱分析。

脉内时频谱分析的目的是进一步获取脉冲信号内部的时频调制特征。由于受到处理时间的限制，目前对脉内时频谱进行分析时，通常采用 STFT 算法和 WVD 算法，即

$$\begin{cases} G(m,k) = \sum_{i=0}^{n-1} s(m+i)\omega_i \mathrm{e}^{-\mathrm{j}\frac{2\pi}{n}ki} \\ n < N, m \in \boldsymbol{N}_N, k \in \boldsymbol{N}_n \end{cases} \tag{4-116}$$

$$\begin{cases} W(m,k) = \sum_{i=0}^{N-1} s(m+i)s^*(m+i+k)\omega_i \mathrm{e}^{-\mathrm{j}\frac{2\pi}{n}ki} \\ m \in \boldsymbol{N}_N, k \in \boldsymbol{N}_n \end{cases} \tag{4-117}$$

由于扩展了时间维，它的计算量远大于脉冲频谱分析，在实际中主要依靠 DSP 等进行处理，其优点是能够反映信号频率在脉内随时间的变化。需要说明的是，STFT 是线性计算，能够适用于同时多信号的场合，而 WVD 为非线性计算，在同时多信号环境下会形成严重的交调项。

③瞬时相位和瞬时频率分析。

对于输入的正交采样序列$\{s(n)=I(n)+jQ(n)\}_n$，瞬时相位的计算式为

$$\phi(n) = \arctan\frac{Q(n)}{I(n)} + \begin{cases} 0 & (I(n) \geqslant 0) \\ \pi & (I(n) < 0, Q(n) \geqslant 0, n \in \boldsymbol{N}_N) \\ -\pi & (I(n) < 0, Q(n) \leqslant 0) \end{cases} \tag{4-118}$$

通过式（4－118）的变换，得到在区间$[-\pi,\pi]$分布的有模糊瞬时相位序列$\{\phi(n)\}_n$。显然，该相位误差中包含了接收系统中$\{I(n),Q(n)\}_n$的相位不平衡误差，噪声引起的误差和量化误差等。

根据瞬时频率的定义可知，频率的物理定义为其相位调制函数的时间变化率，即

$$f(t) = \frac{\partial\varphi(t)}{2\pi\partial t} \tag{4-119}$$

可以采用相位差分算法，对$\{\phi(n)\}_n$求一阶相位差分$\{\phi'(n)\}_n$，可以估计出信号的瞬时频率$\{f(n)\}_n$：

$$\begin{cases} \phi'(n) = \phi(n+1) - \phi(n) + \begin{cases} 0 & |\phi(n+1)-\phi(n)| \leqslant \pi \\ 2\pi & |\phi(n+1)-\phi(n)| < -\pi \\ -2\pi & |\phi(n+1)-\phi(n)| > \pi \end{cases} \\ f(n) = \dfrac{\phi'(n)}{2\pi T}, \quad n \in \boldsymbol{N}_{N-1} \end{cases} \tag{4-120}$$

式中：T 为采样周期。通过二阶相位差分$\{\phi''(n)\}_n$可以估计瞬时线性调频斜率$\{\mu(n)\}_n$：

$$\begin{cases} \phi''(n) = \phi'(n+1) - \phi'(n) + \begin{cases} 0 & |\phi'(n+1)-\phi'(n)| \leqslant \pi \\ 2\pi & |\phi'(n+1)-\phi'(n)| < -\pi \\ -2\pi & |\phi'(n+1)-\phi'(n)| > \pi \end{cases} \\ \mu(n) = \dfrac{\phi''(n)}{T}, \quad n \in \boldsymbol{N}_{N-2} \end{cases} \tag{4-121}$$

也可以通过高阶相位差分计算更高阶的相对相位变化率。

瞬时频率分析可以适用于各种脉内相位调制的信号，特别是对脉内相位编码的信号，甚至能够解调输出编码的码组。

相对瞬时频率 $f(n)$、瞬时调制斜率与真实瞬时频率、瞬时调频斜率的关系为

$$\begin{cases} f(n)=\dfrac{f_L \pm f'(n)}{T}=f_L \pm f'(n)\cdot f_{ck} \\ k_{\mathrm{FM}}(n)=\dfrac{f'(n)\cdot f_{ck}}{T} \end{cases} \tag{4-122}$$

式中：T 为采样周期；f_L 为混频过程中的各级本振频率，其倒数为采样频率 f_{ck}。式（4－118）为非线性计算，不适于同时多信号的情形，并且由于它是基于信号瞬时波形的分析，容易受到噪声的影响，一般需要较高的信噪比。为此，对序列 $\{f(n)\}_{n=0}^{N-2}$，$\{k_{\mathrm{FM}}(n)\}_{n=0}^{N-3}$ 一般采用均值、方差等统计判决处理，即

$$\begin{cases} \bar{f}=\dfrac{1}{N-1}\sum\limits_{n=0}^{N-2} f(n) \\ \sigma_f^2=\dfrac{1}{N-1}\sum\limits_{n=0}^{N-2}\left[f(n)-\bar{f}\right]^2 \\ \bar{k}_{\mathrm{FM}}=\dfrac{1}{N-2}\sum\limits_{n=2}^{N-3} k_{\mathrm{FM}}(n) \\ \sigma_{k_{\mathrm{FM}}}^2=\dfrac{1}{N-2}\sum\limits_{n=0}^{N-3}\left[k_{\mathrm{FM}}(n)-\bar{k}_{\mathrm{FM}}\right]^2 \end{cases} \tag{4-123}$$

几种典型相位调制信号的判别，如表 4－3 所列。

表 4－3　几种典型相位调制信号的判别

判别内容	单载频	线性调频	非线性调频	相位编码
$\dfrac{\bar{f}}{\sigma_f}$	很大	较小	较小	较大
$\dfrac{k_{\mathrm{FM}}}{\sigma_{k_{\mathrm{FM}}}}$	较小	较大	较小	较大

（2）对脉组信号时频调制信息分析。

雷达信号在脉间的时频调制主要分为频率捷变和非捷变调制两种情况。由于频率捷变信号在脉间的相位不具有连续性，即不相关，因此对频率捷变信号的脉间时频调制分析相当于对每个脉冲信号的时频调制分析。在现代雷达中，相参脉冲串之间的射频信号是连续且稳定的，因此对这类信号的长时间频谱分析具有重要意义。

信号的长时间频谱分析主要采用 FFT 算法：

$$G(k)=\sum_{n=0}^{M-1} s(n)\mathrm{e}^{-\mathrm{j}\frac{2\pi}{M}kn}\quad (k=0,1,\cdots,M-1) \tag{4-124}$$

该式与式（4－111）的区别：当分析数据长度增加到 M 时，没有信号存在时的数据 $s(n)$ 全部补零。假设在分析时间内共发生了 m 次检测，第 i 次采样数据的起始和结束时间分别为 n_{si}、n_{ei}，则式（4－124）也可表示为

$$G(k)=\sum_{i=1}^{m}\sum_{n=n_{si}}^{n_{ei}}s(n)\mathrm{e}^{-\mathrm{j}\frac{2\pi}{M}kn}\quad(k=0,1,\cdots,M-1)\tag{4-125}$$

长时间的频谱分析，其精度受到雷达对抗侦察设备自身的频率稳定度、雷达与侦察站之间的距离运动、雷达天线波束形状和扫描特性的影响。由于该频谱中具有丰富的信号频谱细节和良好的稳健性，因此已经成为雷达目标分选识别、个体识别的重要特征。高速 FPGA 和 DSP 技术的发展为其工程实现奠定了良好的基础，因此对长时间射频脉冲串信号频谱的分析已经越来越多地出现在雷达对抗侦察系统中，其频率分辨力逐渐从数百千赫兹提升到赫兹，甚至更小的量级。

4. 间接法测频分析方法

间接法测频分析方法可分为比相法测频方法、线性调频变换测频方法和声光变换测频方法三种。

1）比相法测频方法

比相法测频方法是一种宽带、快速的测频方法，也称为瞬时测频方法。它通过射频延迟将频率变换成相位差，先由宽带微波相关器件将相位差转换成电压，再经过信号处理，输出信号载频测量值，通常应用于瞬时测频接收机。

（1）比相法测频方法基本工作原理。

比相法测频方法的基本工作原理组成如图 4－22 所示。

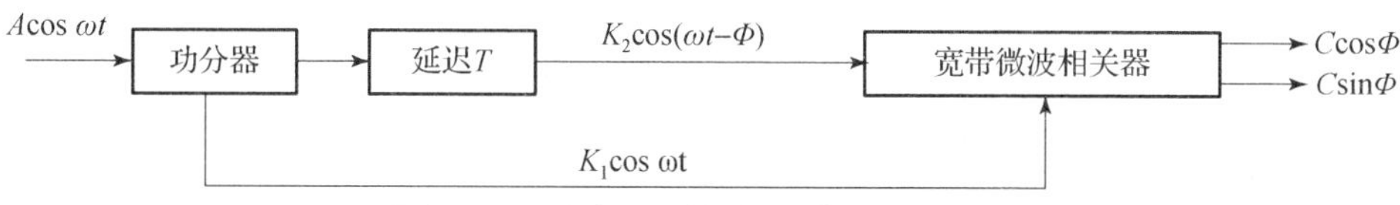

图 4－22　比相法测频方法基本电路组成

输入信号经过功率分路器分成两路：一路直接进入宽带微波相关器，另一路经过延迟线鉴相器延迟 T 后再进入宽带微波相关器，形成两路信号的相位差：

$$\varPhi=\omega T\tag{4-126}$$

在宽带微波相关器中两信号经过正交相位检波，输出一对相位差信号：

$$U_I=C\cos\varPhi,\ U_Q=C\sin\varPhi\tag{4-127}$$

利用式（4－127）可以求得在$[0,2\pi)$区间内的相位差 $\varPhi$ 为

$$\begin{cases}\varPhi=\varPhi'+\begin{cases}0 & (U_I>0,U_Q\geqslant 0)\\ \pi & (U_I\leqslant 0)\\ 2\pi & (U_I>0,U_Q\leqslant 0)\end{cases}\\ \varPhi'=\arctan\dfrac{U_Q}{U_I}\in\left[-\dfrac{\pi}{2},\dfrac{\pi}{2}\right]\end{cases}\tag{4-128}$$

由于宽带微波相关器输出信号的相位 $\varPhi$ 与被测信号的载频值（频率 ω）成正比，因此在 T 已知的条件下，利用 U_I、U_Q 的极性和数值，只要测得 $\varPhi$ 即可确定 ω：

$$\begin{cases}\omega=\dfrac{\varPhi}{T}+\dfrac{2\pi}{T}k,\quad k=\begin{cases}k_1 & (\varPhi\geqslant\varPhi_1)\\ k_1+1 & (\varPhi<\varPhi_1)\end{cases}\\ k_1=\mathrm{int}\left(\dfrac{\omega_1 T}{2\pi}\right),\quad \varPhi_1=\mathrm{mod}(\omega_1 T,2\pi)\end{cases}\tag{4-129}$$

式中：ω_1 为被测信号频率的最小值。由于相位的无模糊测量范围仅为$[0,2\pi)$，因此限制了比相法测频的无模糊测频范围：

$$\Omega_{RF} \leqslant \frac{1}{T} \tag{4-130}$$

此外，为了保证信号在相关器中具有足够的相关时间，延迟时间 T 和信号处理时间 T_s 之和必须小于等于脉冲宽度 τ，即

$$T + T_s \leqslant \tau \tag{4-131}$$

比相法测频在信号处理环节，通常采用极性量化法或者 AD 量化法，将正交电压所包含的相位信息 Φ 转换为数字代码。

①极性量化法。

极性量化法是根据鉴相输出信号的正负极性进行信号载频的测量和编码的输出。直接对 U_I 和 U_Q 进行极性量化和编码，只能将$[0,2\pi)$量化为 4 个区间。为了提高量化的位数，通常根据三角函数的性质，对 U_I 和 U_Q 进行适当的加权处理，产生各项需要的相位细分，即

$$\begin{cases} U_I\cos\alpha + U_Q\sin\alpha = C\cos(\Phi-\alpha) = U_I(-\alpha) \\ U_Q\cos\alpha - U_I\sin\alpha = C\sin(\Phi-\alpha) = U_Q(-\alpha) \end{cases} \tag{4-132}$$

常用的相位细分有 $\alpha=45°$，$\alpha=22.5°$，$\alpha=11.25°$等。细分越多，输出频率的表示精度越高。由于细分是由高速宽带模拟电路担任的，在宽频带内，相关器的相位误差与细分电路的相位误差都会影响相位细分的精度，因此工程上常用的相位细分都不大于 11.25°。对 U_I、U_Q 和它们派生出来的各项相位细分信号进行极性量化（符号函数 $\mathrm{sgn}(x)$），从而可以将$[0,2\pi)$相位区间量化成更多的子区间，每个子区间分别对应于不同的输入信号频率，从而形成信号频率码。表 4-4 所列为 $T=0.5$ns，α 细分为 45°，$\Omega_{RF}=[2\text{GHz},4\text{GHz})$，不考虑相位误差时的极性量化和频率编码的测频结果。

表 4-4　极性量化法测频结果举例

$\Phi/(°)$	$\mathrm{sgn}[U_I]$	$\mathrm{sgn}[U_Q]$	$\mathrm{sgn}[U_I(-45°)]$	$\mathrm{sgn}[U_Q(-45°)]$	f/GHz
[0,45)	1	1	1	0	[2,2.25)
[45,90)	1	1	1	1	[2.25,2.5)
[90,135)	0	1	1	1	[2.5,2.75)
[135,180)	0	1	0	1	[2.75,3)
[180,225)	0	0	0	1	[3,3.25)
[225,270)	0	0	0	0	[3.25,3.5)
[270,315)	1	0	0	0	[3.5,3.75)
[315,360)	1	0	1	0	[3.75,4)

②AD 量化方法。

AD 量化方法直接对信号电压 U_I 和 U_Q 进行 A/D 转换，先将模拟信号转换为数字信号，再按照式（4-128）计算相位差 Φ，按照式（4-129）计算信号载频。由于 A/D

转换的量化位数远远高于极性量化的位数，且便于将式（4－128）和式（4－129）预先制表，甚至将电路和测量系统的偏差也预先校准后存放在表内。因此，在相同条件下，AD 量化法具有较高的测频精度。

（2）多路相关器的并用。

在理论上，采用相位细分的极性量化或提高 AD 量化的位数，都可以在无模糊测频范围内获得较高的测频精度。但由于宽带微波相关器本身存在一定的相位误差，相位细分不仅会沿袭该相位误差，还会在加权处理的微波电路中引入新的相位误差，使相位误差进一步增大。AD 变换的输入信号中也存在系统相位误差和噪声的影响，变换过程中还存在量化误差，它们都在一定程度上限制了测频精度的进一步提高。因此，实际应用中，比相法测频技术往往采用图 4－23 所示的多路相关器并用，其中最短延迟时间 T 的相关器保证无模糊测频范围，最长延迟时间 $n^{k-1}T$ 的相关器保证频率测量的精度。

假定各级相关器经过式（4－127）求解得到有模糊的相位测量值输出值为

$$\{\Phi_i\}_{i=1}^{k},\Phi_i\in[0,2\pi),\quad \forall i\in \boldsymbol{N}_{k+1}^{*} \tag{4-133}$$

式中：$\boldsymbol{N}_{k+1}^{*}$ 为非零非负整数集；集末项为 k，即 $\boldsymbol{N}_{k+1}^{*}=\{1,2,\cdots,k\}$。可利用相邻长短迟延相关器的各自特点，用短迟延相关器的鉴相输出求解长迟延相关器鉴相输出的模糊，用长迟延相关器的解模糊后的鉴相输出校准短迟延相关器的相位测量值。

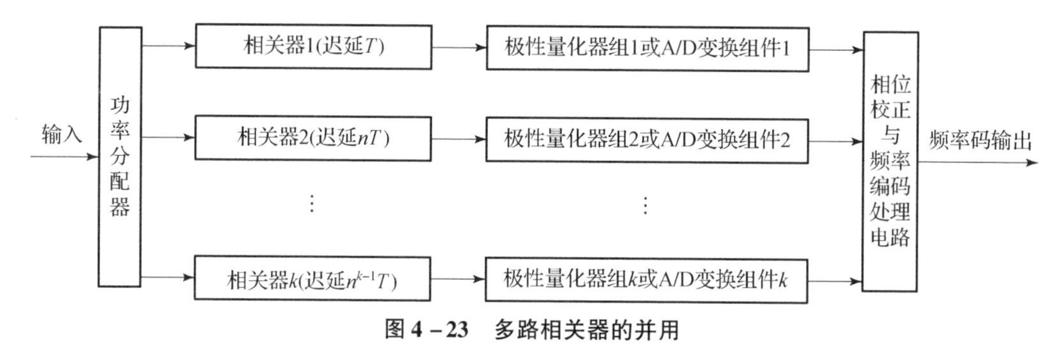

图 4－23　多路相关器的并用

假设最短迟延相关器的相位测量值 Φ_1 没有模糊，相邻相关器的迟延时间比为 n，则逐级迭代解模糊和相位校正的计算如下：

$$\begin{cases}\hat{\Phi}_{i+1}=\varphi_i+\hat{\Phi}_{i+1}+\begin{cases}2\pi & (\Phi_{i+1}+\varphi_i-n\hat{\Phi}_{i+1}\leqslant-\pi)\\ -2\pi & (\Phi_{i+1}+\varphi_i-n\hat{\Phi}_{i+1}\geqslant\pi)\\ 0 & (\Phi_{i+1}+\varphi_i-n\hat{\Phi}_{i+1}\in(-\pi,\pi))\end{cases}\\ \varphi_i=2\pi\cdot\mathrm{int}\left(\dfrac{n\hat{\Phi}_{i+1}}{2\pi}\right)\quad(\hat{\Phi}_1=\Phi_1,i\in\boldsymbol{N}_k^{*})\end{cases} \tag{4-134}$$

式中：$\{\hat{\Phi}_i\}_{i=1}^{k}$ 为解模糊和相位校正以后各级相关器的输出相位。可以利用最长迟延 $n^{k-1}T$ 的相关器输出 $\hat{\Phi}_k$ 估计信号频率：

$$\hat{f}_{\mathrm{RF}}=\frac{\hat{\Phi}_k}{2\pi n^{k-1}T}+f_0 \tag{4-135}$$

式中：f_0 是无模糊测频范围内满足 f_0T 为正整数的最小频率。利用所有相关器的相位输

出对频率进行最小二乘估计，即

$$\hat{f}_{\mathrm{RF}} = \frac{(n-1)\sum_{i=1}^{k}\hat{\Phi}_i}{2\pi T(n^k-1)} + f_0 \qquad (4-136)$$

在一般情况下，式（4－136）利用了更多的测量信息，具有更高的测频精度。这种相邻迟延相关器相位校正的方法可校正的最大相位误差为 $\pm\pi/(n+1)$。式（4－134）～式（4－135）确立的测频算法适合于用数字信号处理进行计算，也称为数字化瞬时测频（DIFM）技术。

在表4－5中，测频范围是[2GHz,4GHz)，最短迟延线的迟延时间为0.5ns，采用了3路相关器，$n=4$，假设输入信号频率为2.761GHz。表4－5列出了各相关器输模糊相位的理论值$\{\Phi_{ci}\}_{i=1}^{3}$、有误差的实际测量值$\{\Phi_i\}_{i=1}^{3}$和按照式（4－134）进行解模糊/相位校正的部分中间计算值$\{\varphi_i\}_{i=1}^{2}$、$\{\varphi_i+\Phi_{i+1}-4\hat{\Phi}_i\}_{i=2}^{3}$，以及各相关器无模糊的相位估计值$\{\hat{\Phi}_i\}_{i=1}^{3}$。为计算方便，表中所有相位均以度（°）为单位。

表4－5 3路相关器测频输出的试例（输入信号频率为2761MHz）

相关器	$\Phi_{ci}/(°)$	$\Phi_i/(°)$	$\varphi_i/(°)$	$\varphi_i+\Phi_{i+1}-4\hat{\Phi}_i/(°)$	$\hat{\Phi}_i/(°)$
1	136.98	166	360	—	166
2	187.92	160	1800	－144	520
3	31、68	56	—	－224	2216

由于最短迟延时间是0.5ns，在测频范围内满足条件的最小频率$f_0=2\mathrm{GHz}$，由式（4－135）和式（4－136）可得到的频率估计值分别为

$$\hat{f}_{\mathrm{RF}} = \frac{2216°}{360°\times 4^{3-1}\times 0.5}(\mathrm{GHz}) + 2(\mathrm{GHz}) = 2.7694(\mathrm{GHz})$$

$$\hat{f}_{\mathrm{RF}} = \frac{(4-1)\times(166°+520°+2216°)}{360°\times 0.5\times(4^3-1)}(\mathrm{GHz}) + 2(\mathrm{GHz}) = 2.7677(\mathrm{GHz})$$

（3）同时到达信号对测频的影响。

若同时存在$\boldsymbol{A}$、$\boldsymbol{B}$两个信号矢量，以强信号矢量$\boldsymbol{A}$为基准，合成信号矢量相对于强信号矢量的相位将发生偏差$\Delta\Phi$，如图4－24所示。

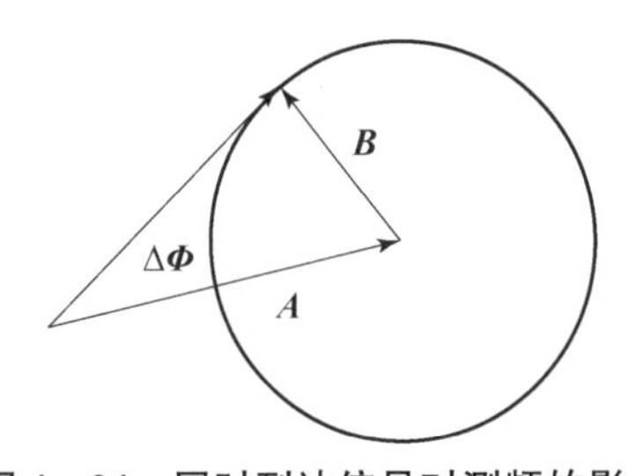

图4－24 同时到达信号对测频的影响

从图4－24可以看出，合成信号矢量的相位偏离了其中任一信号矢量的原相位，且受两信号矢量幅度比和频率差的调制，在各路相关器中都会造成一种随机性的相位偏

差，其中与强信号矢量相位的最大偏差为

$$\Delta\Phi_{\max}=\arcsin\frac{|B|}{|A|}=\arcsin\sqrt{\frac{P_B}{P_A}} \tag{4-137}$$

式中：P_A、P_B 分别为两信号的功率。如果 $\Delta\Phi$ 超过了编码器的校正能力，则将出现严重的测频错误。为此，在比相法测频接收机中还需要检测同时到达信号，以防止此时产生错误的测频输出。

图 4－25 所示为一种常用的同时信号检测电路，主要由自差混频器、带通滤波器、检波器以及比较器构成。如果只有一个信号输入，则混频的全部谐波均来自同一信号，它们将处于滤波器带外，检波器和比较器无输出。如果有多个信号同时到达时，混频后的谐波通过滤波器和检波器将有输出信号，一旦超过了比较器门限，比较器将产生一个同时到达信号的指示标志，这时的测频结果将被放弃。

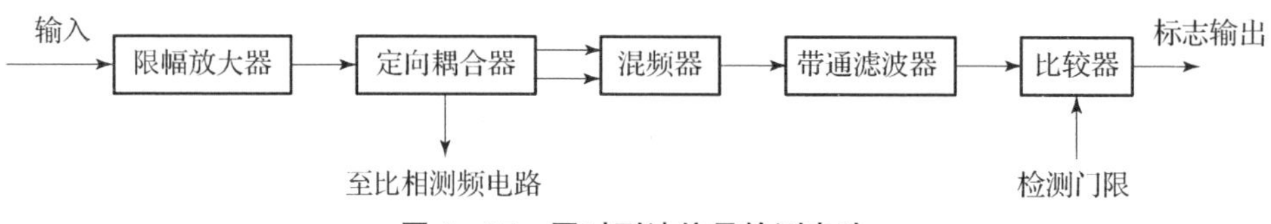

图 4－25　同时到达信号检测电路

输入信号中存在的噪声也相当于是一种同时存在的随机信号，同样会引起信号相位的随机偏差以及相应的测量值起伏。根据式（4－137），在 13dB 信噪比下，该噪声引起信号的相位偏差均方根值约为 12.62°。因此，为了保证测频精度，比相法瞬时测频接收机也需要有一定的检测信噪比。

完整的比相法瞬时测频接收机的系统组成如图 4－26 所示。输入端的限幅放大器用于保持测量信号的功率稳定，以减小输入信号功率起伏对测频结果的影响；到达信号检测电路用于防止同时多信号造成的测频错误；门限检测/定时控制电路用于产生测频启动和结果输出的控制时序，也可以用来启动对脉冲到达时间、脉冲宽度和脉冲幅度等参数进行测量的电路。

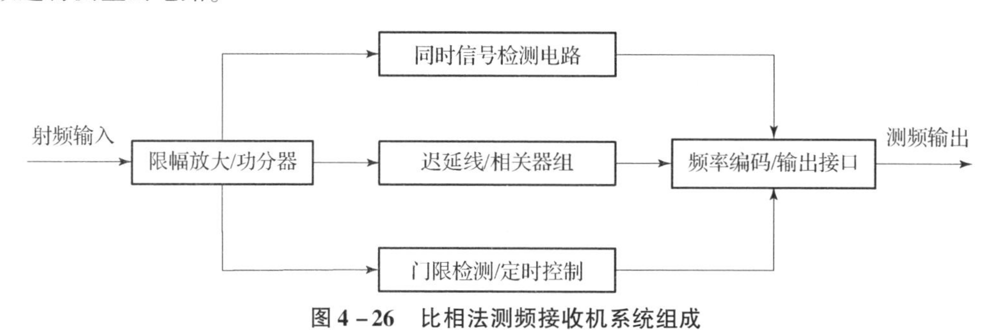

图 4－26　比相法测频接收机系统组成

根据比相法瞬时测频接收机的测频原理，可以总结这种体制的测频接收机的性能特点如下：

一是测频范围较大。测频范围由鉴相器组中迟延线的延时决定，通常可以达到一个倍频程。若需扩展测频范围，则可通过变频方式将其他频段变换到瞬时测频接收机的瞬时带宽内。

二是频率分辨力一般。频率分辨力取决于频率最小量化单元。

三是测频精度一般。输出频率编码的最低位通常代表所要求的测频精度。

四是灵敏度一般。由于满足测频误差要求的信噪比要高于虚警概率所要求的信噪比，故应按测频误差要求的信噪比来确定接收机的灵敏度，通常在 -50 ~ -40dBmW。

五是频率截获概率较高。由于采用间接法测频，因此在侦察频段内，对单个脉冲的频率截获概率为 100%。

六是动态范围一般。动态范围通常为 50 ~ 60dB。

2）线性调频变换测频方法

线性调频变换测频方法主要应用于压缩测频接收机。其基本原理：首先利用快速调频的本振，将单频信号扩展成宽带、相对大时宽的线性调频信号；然后利用与此线性调频信号相配的滤波器，将相对大时宽的线性调频脉冲信号压缩成为窄脉冲信号。该窄脉冲信号相对于调频本振调谐起始时间的迟延与原信号频率成正比，实现了频率 - 迟延时间的变换，通过测量迟延时间确定信号频率。

（1）线性调频变换。

将雷达时域信号表示为 $s(t)$，将其进行傅里叶变换，可以得到其频谱 $F(\omega)$ 为

$$F(\omega) \overset{\text{def}}{=} \int_{-\infty}^{\infty} s(t)\mathrm{e}^{\mathrm{j}\omega t}\mathrm{d}t \tag{4-138}$$

令 $F(\omega)$ 中的 $\omega=\mu\tau$，其中 μ 为常数，τ 为时间参数，则 $s(t)$ 的线性调频（Chirp）变换可定义为

$$F(\mu\tau) \overset{\text{def}}{=} \int_{-\infty}^{\infty} s(t)\mathrm{e}^{\mathrm{j}\frac{\mu(t-\tau)2-\mu t2-\mu\tau2}{2}}\mathrm{d}t = \mathrm{e}^{-\mathrm{j}\frac{\mu}{2}\tau^2}\int_{-\infty}^{\infty}\left[s(t)\mathrm{e}^{-\mathrm{j}\frac{\mu t2}{2}}\right]\mathrm{e}^{\mathrm{j}\frac{\mu(t-\tau)2}{2}}\mathrm{d}t \tag{4-139}$$

由式（4-139）可知，信号的频谱可以通过对信号进行线性调频分析得到。具体的分析过程：首先将信号与线性调频因子 $\mathrm{e}^{-\mathrm{j}\frac{\mu t2}{2}}$ 相乘（进行混频处理）；然后将变换后的信号进行匹配滤波，滤波器的冲激响应函数为 $\mathrm{e}^{\mathrm{j}\frac{\mu t2}{2}}$（将信号与冲激响应进行时域循环卷积处理）；最后将变换后的信号与调频因子 $\mathrm{e}^{-\mathrm{j}\frac{\mu t2}{2}}$ 相乘（再次进行混频处理），目的是进行相位上的校正。如果对相位信息不关心，则可以不进行相位校正，直接对时域循环卷积后的信号进行振幅检波，可以得到信号 $s(t)$ 的振幅谱为

$$|F(\mu\tau)| = \left|\int_{-\infty}^{\infty}\left[s(t)\mathrm{e}^{-\mathrm{j}\frac{\mu t2}{2}}\right]\mathrm{e}^{\mathrm{j}\frac{\mu(t-\tau)2}{2}}\mathrm{d}t\right| \tag{4-140}$$

由式（4-138）、式（4-139）可以看出，上述对信号进行 Chrip 变换是在无穷时域进行的。在实际工程应用中，Chrip 变换通常是在有限时间区间 $[-T_c, T_c]$ 内进行的，其中 T_c 为滤波器时宽。同时，Chrip 变换后的频谱范围也受到滤波器带宽 Δf_c 的限制。综上所述，可以得到在实际应用中 Chrip 变换后的振幅谱为

$$|F(t,\mu\tau)| = \left|\int_{-T_c}^{T_c}\left[s(t+s)\mathrm{e}^{-\mathrm{j}\frac{\mu s2}{2}}\right]\mathrm{e}^{\mathrm{j}\frac{\mu(\tau-s)2}{2}}\mathrm{d}s\right| \tag{4-141}$$

式中：$\mu=2\pi\dfrac{\Delta f_c}{T_c}$，表示信号 $s(t)$ 在 $[t-T_c, t+T_c]$ 时间区间、Δf_c 的带宽范围内的频谱变化特点。假定 $t=0$，对于该时间、频段内的载频值为 f 的信号，根据式（4-123）可得处理后的窄脉冲峰值迟延时间 τ 为

$$\tau = \frac{(f-f_1)T_c}{\Delta f_c}\quad (f_1 \leqslant f \leqslant f_1+\Delta f_c) \tag{4-142}$$

式中：f_1 为滤波器的最小工作频率，同时也是输入信号的最低频率值。

(2) 压缩测频接收机。

压缩测频接收机是线性调频变换测频技术的典型应用，其基本组成如图 4-27 所示。

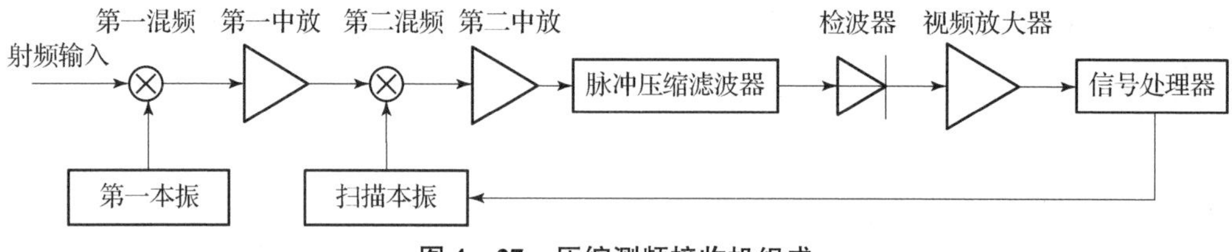

图 4-27　压缩测频接收机组成

在图 4-27 中，脉冲压缩滤波器的通频带为$[f_1, f_1+\Delta f_c]$，输入信号经过第一次混频、第一中放后，输出频率的范围限定为$f_s \in [f_i, f_i+\Delta f_c]$，当 $t=-T_c$ 时扫描本振开始扫频，输出的本振频率为

$$f_L(t)=f_i+f_1+\Delta f_c+\frac{\Delta f_c}{T_c}t \quad (|t|\leqslant T_c)$$

经过第二次混频（超外差混频）后，输出信号的频率为

$$f_L(t)-f_s=f_i+f_1+\Delta f_c-f_s+\frac{\Delta f_c}{T_c}t \quad (|t|\leqslant T_c, f_s\in[f_i, f_i+\Delta f_c])$$

第二中放的通频带与脉冲压缩滤波器保持一致。如果输入信号为连续波，其载频固定，则第二中放输出信号为脉冲宽度为 T_c、调频斜率为$\frac{\mu}{2\pi}\frac{\Delta f_c}{T_c}$、初始延迟时间为 Δt 的线性调频脉冲。Δt 可表示为

$$\Delta t=(f_s-f_i)\frac{T_c}{\Delta f_c}-T_c \quad (f_i\leqslant f_s\leqslant f_i+\Delta f_c) \tag{4-143}$$

该宽脉冲经过压缩滤波器滤波后，在其后沿时刻（具有固定迟延 T_c）形成脉冲宽度为 t_c 的窄脉冲，其脉冲宽度为

$$t_c=\frac{1}{\Delta f_c} \tag{4-144}$$

因此可以得到相对于当前时刻（$t=0$），频率 f_s 的迟延 τ 为

$$\tau=\Delta t+T_c=(f_s-f_i)\frac{T_c}{\Delta f_c} \quad (f_i\leqslant f_s\leqslant f_i+\Delta f_c) \tag{4-145}$$

时间迟延 τ 可以通过测量获得，由式（4-145）可以估计出信号的载频值为

$$f_s=\tau\frac{\Delta f_c}{T_c}+f_i \quad (0\leqslant\tau\leqslant T_c) \tag{4-146}$$

通过对压缩测频接收机测频原理和系统组成的分析，可以总结该技术体制测频接收机的性能特点如下：

①频率分辨力中等。频率分辨力等于滤波器时宽 T_c 的倒数。

②测频范围中等。测频范围等于滤波器带宽 Δf_c。

③灵敏度较高。由于采用了超外差测频技术，因此具有较高的灵敏度。

④动态范围较小。由于受限于脉冲压缩滤波器的性能，瞬时动态范围通常为 35～45dB。

⑤频率截获概率较高。在通频带内，单脉冲的频率截获概率为100%。

⑥分离信号能力强。能够分离同时到达的信号。

3）声光变换测频方法

声光变换测频方法主要应用于声光测频接收机。其属于频率－空间变换测频技术，基本工作原理：首先通过逆压电器件将输入的射频信号变换为声光通道中的超声波；然后通过超声波对声光通道中的单色波（激光）进行相位调制，使激光发生衍射；最后由于在一定条件下激光衍射输出的角度与输入射频信号的频率成一一对应关系，因此将射频信号的载频测量转化为对输出激光衍射角度（或空间）的测量。

（1）声光测频接收机工作原理。

声光测频接收机的关键器件是声光调制器（布拉格小盒），因此对其工作原理的分析可转化为对声光调制器工作原理的分析。图4－28所示为声光调制器的组成。其主要由三部分组成，分别是声光通道（由二氧化碲制成）、电声换能器和超声波匹配吸收器。

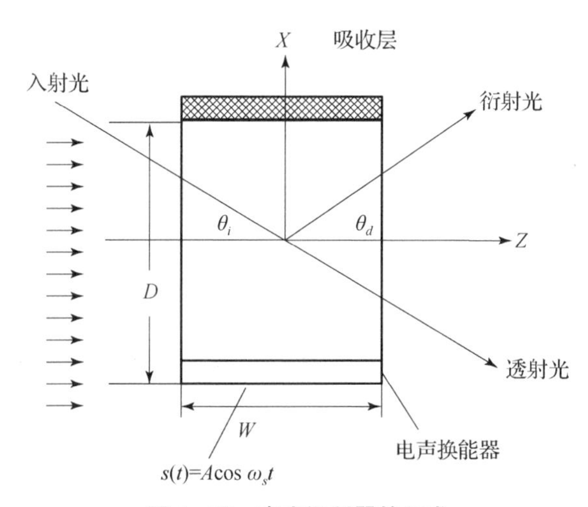

图4－28　声光调制器的组成

当输入信号 $s(t)=A\cos\omega_s t$ 加到电声换能器时，根据逆压电效应，输入电信号会被变换成声光通道中传播的超声波。由于声光通道的另一端是超声波匹配吸收器（吸收层），因此保证了声光通道中的超声波以行波状态传播。

正弦超声波在声光通道传播过程中，由于各种物理效应，因此使声光通道的介质折射率沿 X 轴以正弦规律周期性变化，从而形成相位光栅。该相位光栅完成对声光通道中传播激光的相位调制，使得激光束的等相位面被调制成沿 X 轴以正弦规律变化。由于激光束的等相位面发生变化，产生了光的衍射，调整激光入射角度 θ_i，可以使得衍射光拥有绝大部分输入激光的能量，衍射光最强时的入射角度 θ_i 称为布拉格角，因此此时衍射光的角度为 θ_d，θ_d 与激光波长 λ_0、输入信号 $s(t)$ 的波长 λ_s 三者之间的关系为

$$\theta_i+\theta_d=2\arcsin\frac{\lambda_0}{2\lambda_s}\tag{4-147}$$

由于输入信号的波长远大于激光的波长，因此式（4－147）可以近似为

$$\theta_i+\theta_d\approx\frac{\lambda_0}{\lambda_s}=\frac{\lambda_0}{\nu_s}\cdot f_s\tag{4-148}$$

式中：ν_s 为声波在介质中的传播速度，是常数。

通过式（4－148）可见，当 θ_i 为布拉格角时，$\theta_i+\theta_d$ 的值与输入信号的载频 f_s 成正比，因此，布拉格器件将信号载频转换为激光的空间衍射角度，测出衍射光的偏转角度，即测出了信号的载频 f_s。

（2）声光测频接收机系统组成。

声光测频接收机系统组成如图 4－29 所示。图中的激光产生器用来产生一束平行激光至声光调制器，入射角等于布拉格角。

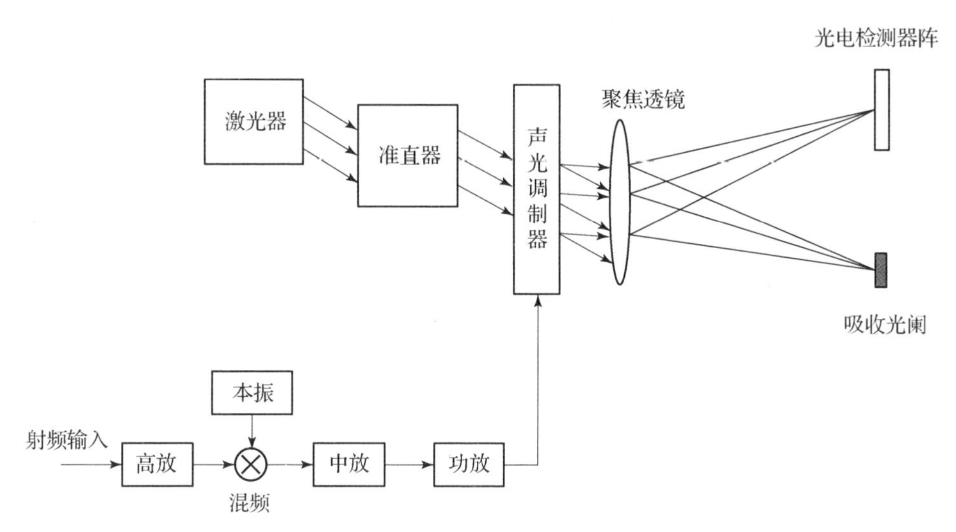

图 4－29　声光测频接收机系统组成

当雷达信号经混频和放大器后，产生超声波。声光调制器根据输入信号频率（或声波频率）改变介质折射率，从而改变衍射光的输出角。

聚焦透镜用于将声光调制器输出的平行衍射光进行聚焦。

在衍射光的聚焦点位置，设置光电检测器阵，根据有输出的光电检测阵单元，可反推出输入信号的载频值。

吸收光栏用来吸收透射光，以避免干扰光电检测阵的信号检测工作。

通过对声光测频接收机测频原理和系统组成的分析，可以总结该技术体制测频接收机的性能特点如下：

①测频范围较大。测频范围通常可以达到一个倍频程。

②分离信号能力较强。当输入信号功率未使声光调制器发生过载时，不同频率的输入信号分别对一部分激光进行相位调制，产生各自的偏转角衍射光，分别被光电检测阵对应的单元所监测。由此可见，声光接收机实质是一种等效的信道化接收机，它从空间角度上直接对不同频率的信号进行滤波，故而分离性能较好。

③频率分辨力高。扩大声光通道的口径 D，可以使更多的激光通过聚焦透镜，从而使得光电检测阵的聚焦光电更小，使分辨力更高。

④灵敏度较高。由于被测信号经过了高灵敏度的超外差接收机进行放大，因此具有较高的灵敏度。

⑤动态范围较小。通常情况下只有 30dB 左右。

综上所述，声光测频接收机解决了搜索式接收机频率截获概率和频率分辨力之间的主要矛盾，并且在同时到达信号的分离能力方面进行了提升，优于瞬时测频（IFM）接收机；在处理电路的复杂性方面，声光测频接收机要比压缩接收机简单得多；在制造成本方面，声光测频接收机要比信道化接收机更能降低成本，但是在动态范围上的缺陷也限制了其发展。近些年来，声光调制器技术正在被持续发展的信道化和数字式接收机技术所超越。

4.2.3　脉冲参数测量分析方法

雷达信号脉冲的参数种类较多，其中可以通过相应的测量电路直接测得的参数主要有脉冲到达时间、脉宽、脉幅、脉内调制参数等，它们通常情况下是在接收机中完成测量的。对于脉冲重复周期、脉冲群周期等参数，通常需要通过对直接测得的参数进行推导分析才能得出。分析雷达信号脉冲参数，一方面是以得到的雷达性能参数为依据，如雷达天线波束宽度、扫描周期、方向图等；另一方面是后续雷达信号分选识别的基础。因此，对脉冲参数的测量进行讨论是很有必要的。

1. 脉冲到达时间测量分析方法

将脉冲到达时间的值表示为 t_{TOA}，它是雷达信号的重要时域参数之一。在雷达对抗侦察装备或系统中，对 t_{TOA}的测量电路如图4－30所示。

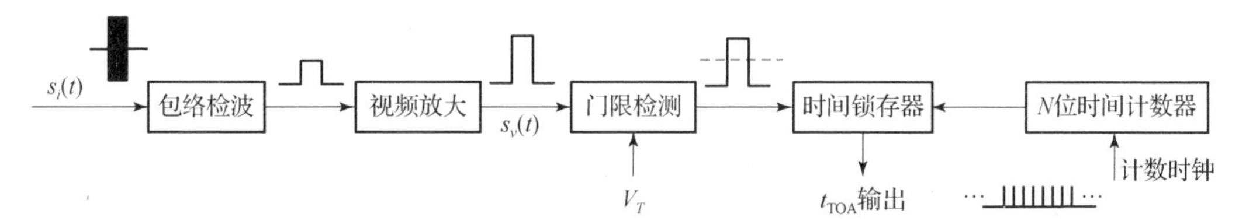

图4－30　脉冲到达时间测量电路图

输入射频信号 $s_i(t)$经包络检波、视频放大后变为 $s_v(t)$，将其与检测门限 V_T 比较。若 $s_v(t)\geqslant V_T$，则当前时刻 t 被时间计数器读取并存入锁存器，生成本次测量的 t_{TOA}值。在实际应用中，时间计数器通常采用 N 位的二进制计数器级联方式，通过时间锁存器记录的 t_{TOA}为

$$\begin{cases} t_{\mathrm{TOA}}=\mathrm{mod}(T,\Delta t,t)\mid s_v(t)\geqslant V_T,s_v(t-\varepsilon)<V_T,\varepsilon\to 0 \\ \mathrm{mod}(T,\Delta t,t)=\mathrm{int}\left(\dfrac{t-T\cdot \mathrm{int}(t/T)}{\Delta t}\right) \end{cases} \tag{4-149}$$

式中：$\mathrm{mod}(T,\Delta t,t)$表示求模运算；函数 $\mathrm{int}(x)$表示取整运算，x 为实变量；Δt 表示时间计数器的计数脉冲周期；$T=\Delta t\times 2^N$ 表示计数器的最大无模糊计时范围；t_{TOA}表示信号 $s_v(t)$的脉冲前沿经过检测门限的时刻值。由于时间计数器的位数有限，为了防止时间测量模糊，假定被测雷达的脉冲重复周期最大值为 $\mathrm{PRI}_{\max}$，通常应满足

$$T\geqslant \mathrm{PRI}_{\max} \tag{4-150}$$

Δt 取决于测量的量化误差和时间分辨力，减小 Δt 可以提高时间分辨力，降低量化误差，但是对于相同的 T，就需要提高计数器的级数 N，同时增加 t_{TOA}的字长，这样就给 t_{TOA}的数据存储和处理增加了负担。

$s_v(t)$信号的前沿时间 t_{rs}以及信噪比会影响 t_{TOA}的测量精度。由于雷达对抗侦察装备

通常按照最小可测的雷达信号脉宽设置接收机带宽($B_v \approx 1/\tau_{\min}$)，因此在一般情况下，影响 t_{TOA} 测量误差的主要因素通常是雷达信号脉冲本身的上升沿时间 t_{rs}，其引起的均方根值 σ_t 为

$$\sigma_t = \frac{t_{rs}}{\sqrt{2S/N}} \tag{4-151}$$

通过改进可以减小测量误差，改进后的测量电路图如图 4 – 31 所示。

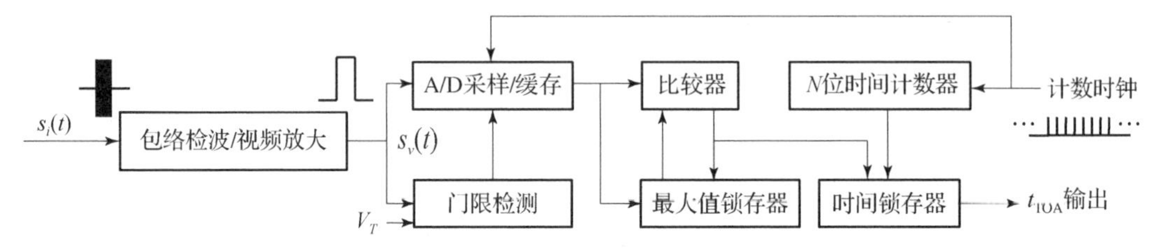

图 4 – 31　改进的脉冲到达时间测量电路图

将 t_{TOA}定义为 $s_v(t)$的最大值时间，在门限检测时间内，对 $s_v(t)$进行连续的 A/D 变换采样，同时将采样结果与最大值锁存器（初始值为0）内的数据进行比较。当采样结果大于锁存器内的存储值时，更新锁存器内数据，将此刻时间计数器显示值写入时间锁存器。通过处理，检测脉冲结束后，该电路可输出脉冲幅度最大的时刻值 t_{TOA}和 $s_v(t)$脉冲包络电压的最大值。此方法消除了检测门限对 t_{TOA}测量的影响，同时充分利用了最大信噪比时刻的测量值，因此可以减小噪声引起的测量误差，但是该电路需要采用较高处理速度的 A/D 变换采样处理电路。

如果在测量过程中出现同时到达的多个信号，则 t_{TOA}测量结果会出现较为复杂的情况，具体如下：

(1) 输出相对较早到达的脉冲信号的 t_{TOA}值，由于相对晚到达的脉冲信号在时间上不可分辨，其 t_{TOA}将会丢失。

(2) 除了输出相对较早到达脉冲信号的 t_{TOA}值之外，由于多个信号合成包络的起伏，可能发生多次检测，从而形成多次虚假检测和 t_{TOA}输出。

为克服同时到达信号对 t_{TOA}值测量的影响，通常在雷达对抗侦察系统中应尽量将信号检测和 t_{TOA}值测量电路设置在方向和频率的滤波处理之后，降低信号在时域上重叠的概率。

2. 脉冲宽度测量分析方法

将脉冲宽度的值表示为 τ_{PW}，它也是雷达信号的重要时域参数之一。在通常情况下，雷达的脉宽比较稳定且变化类型相对较少，在信噪比较高的情况下，受噪声的影响较小，通常可以直接用作信号分选识别的重要依据。在雷达对抗侦察装备或系统中，τ_{PW}的测量与脉冲到达时间的测量是同时进行的，其测量电路如图 4 – 32 所示。

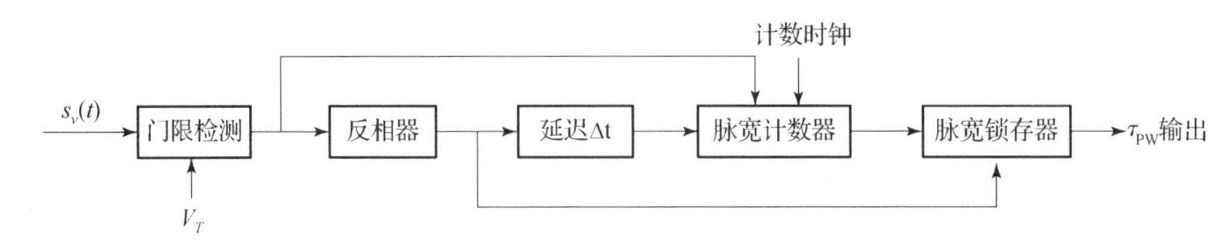

图 4 – 32　脉冲宽度测量电路图

在进行门限检测之前，脉宽计数器初始值为零。在门限检测信号有效期间，脉宽计数器对时钟信号计数，门限检测信号的后沿将脉宽计数值送入脉宽锁存器，并在经过一个计数时钟周期 Δt 延迟后将脉宽计数器清零，等待下一次测量。当脉宽计数器采用 N 位二进制计数器与其级联时，最大无模糊脉宽测量范围为

$$\tau_{\mathrm{PW}_{\max}} = \Delta t \cdot 2^N \tag{4-152}$$

与脉冲到达时间的测量相同，τ_{PW} 测量时，脉冲信号的前、后沿过门限的时刻也会受到系统中噪声的影响，其测量误差的均方根值为

$$\sigma_{\mathrm{PW}} = \frac{t_{rs} + t_{do}}{\sqrt{2S/N}} \tag{4-153}$$

式中：t_{do} 为脉冲信号的下降沿时间。多个信号同时到达时，信号在时域上的重叠会造成脉宽测量的错误，通常会出现合成信号视频包络展宽或者脉宽分裂的情况。

3. 脉冲幅度测量分析方法

将脉冲幅度的值表示为 A_P，在通常情况下，A_P 的测量与脉冲到达时间和脉宽的测量是同时进行的。A_P 测量电路如图 4－33 所示。以门限检测时刻为初始状态，经过延迟 τ 后，用作采样保持电路和 A/D 转换器的启动信号。A/D 转换器经过 t_c 时间后完成对 $s_v(t)$ 的 A/D 变换，在启动信号的作用下，将 $s_v(t)$ 的数据送入输出缓存器。延迟的目的是尽可能准确地捕获 $s_v(t)$ 的峰值。因此，图 4－31 为更加合理的测量电路，此电路在完成对脉冲到达时间测量的同时，最大值锁存器也完成了对 A_P 的测量。

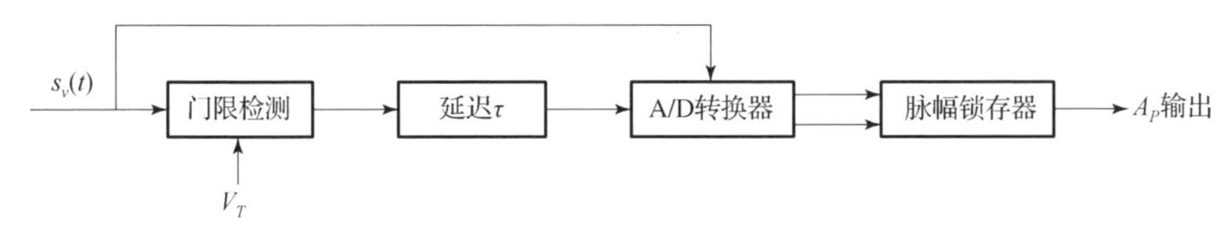

图 4－33　脉冲幅度测量电路图

由于受到雷达发射功率、发射天线增益、波束扫描，接收天线的极化匹配、天线增益，收发距离和传播路径，接收机增益，频率响应等多方面因素的影响，A_P 的变换范围很大。为了压缩 $s_v(t)$ 的动态范围，在实际的雷达对抗侦察系统中通常利用限幅器、限幅放大器和对数放大器等器件，使输入信号 $s_v(t)$ 近似满足以下特性。

限幅特性：

$$s_v(t) \approx \begin{cases} s_{v\max}, & k_A\,|s_i(t)| \geqslant s_{v\max} \\ k_A\,|s_i(t)|, & k_A\,|s_i(t)| < s_{v\max} \end{cases} \tag{4-154}$$

对数特性：

$$s_v(t) \approx k_A \lg|s_i(t)| \tag{4-155}$$

式（4－154）、式（4－155）中：k_A 表示接收机、检波器增益特性决定的常数。在理想情况下，A/D 转换器输出脉冲的幅度值为

$$A_P = \begin{cases} 2^N - 1, & s_v(\tau) - V_0 > (2^N - 1)\Delta V \\ \mathrm{int}\left[\dfrac{(s_v(\tau) - V_0)}{\Delta V}\right], & 0 \leqslant s_v(\tau) - V_0 \leqslant (2^N - 1)\Delta V \\ 0, & s_v(\tau) < V_0 \end{cases} \tag{4-156}$$

式中：N 为 A/D 转换器的量化位数，$[V_0, V_0+(2^N-1)\Delta V]$ 为其输入动态范围。为了充分利用 A/D 转换器输出数据的有效位，应保持 $s_v(t)$ 的动态范围与其动态范围一致。

4. 脉冲细微特征测量提取方法

除了脉冲到达时间、脉冲宽度和脉冲幅度等时域参数之外，雷达信号脉冲内部也有很多特征可以用于雷达信号的分选识别，如脉内有意调制、脉内无意调制、脉冲上升时间、脉冲上升陡度、脉冲下降时间和脉冲下降陡度等，将其称为雷达信号的细微特征。接收机的数字化为这些细微特征的测量和提取提供了可能。获得雷达信号的细微特征，对于雷达属性、雷达个体的识别具有重要意义。

有意调制特征通常包括相位调制特征、频率调制特征、幅度调制特征以及三者相结合的混合调制特征等。

脉内有意调制特征测量（提取）通常包括时域和频域上对雷达信号进行分析，进而得出雷达信号脉内调制参数和变化规律，提取出脉间、脉组间调制编码特征。

雷达信号所采用的脉内有意调制主要包括单载频调制、线性频率调制、非线性频率调制、频率编码、频率分集、二相编码、多相编码等。对于每一种调制方式，对应的主要调制参数如表 4－6 所列。

表 4－6　脉内有意调制类型及对应调制参数表

脉内有意调制类型	主要调制参数
常规调制（单载频）	载频值 f_{RF}
线性频率调制	调制带宽 B，时宽 τ，中心频率 f_0，调制斜率 k
非线性频率调制	调制带宽 B，时宽 τ，中心频率 f_0
频率编码	编码个数 k，频率集 $\{f_1, f_2, \cdots, f_k\}$，子脉冲宽度 $\Delta\tau$
频率分集	分集个数 k，频率集 $\{f_1, f_2, \cdots, f_k\}$
二相编码	编码个数 N，频率 f，子脉冲宽度 $\Delta\tau$，编码序列
多相编码	编码个数 N，频率 f，子脉冲宽度 $\Delta\tau$，编码序列
相位编码＋频率编码复合调制	编码个数 k，频率集 $\{f_1, f_2, \cdots, f_k\}$，一级子脉冲宽度 $\Delta\tau_1$，编码个数 N，频率 f，二级子脉冲宽度 $\Delta\tau_2$，编码序列

脉内频率调制可分为连续调频和离散调频两大类。连续调频是指频率值在脉冲内部是连续变化的，如线性频率调制类型信号。离散调频是指载频值在脉冲内部是通过对单个脉冲内部的多个子脉冲包络进行调制而离散变化，如频率编码类型信号。

脉内相位调制是指相位编码类型。其变化特征：在载频值固定的情况下，通过改变时域信号的相位实现脉冲内部的调制，技术简单成熟，抗干扰性能优越。在实际雷达对抗侦察应用中，相位编码信号通常采用伪随机序列编码。

对脉内有意调制特征参数的测量（提取）可以采用数字处理的相关算法。使用较多且较为成熟的算法主要包括时域分析法，如瞬时自相关算法；频域分析法，如傅里叶分析；调制域分析法，如过零点检测算法；时频域分析法，如短时傅里叶变换

(short－time Fourier transform，STFT)、魏格纳－威利分布变换（Wigner－Ville distribution，WVD）等。上面算法对各种调制类型信号调制参数的测量和分析都有一定的效果，在工程上有一定的应用。

脉内无意调制特征也称为个体特征或称为指纹特征，通常是指雷达信号的频率稳定度、信号包络和高阶谱特征等，是单部雷达所具有的、区别于其他任意一部雷达的独有特征。这些特征是由于雷达发射机在工作时，其发射管调制器、高压电源、晶振等器件或电路所产生的无法避免的寄生调制，可应用于雷达个体的识别领域。

5. 信号极化测量分析方法

1）雷达信号极化测量基本原理

极化是电磁波电场矢量的变化方向，雷达发射信号的极化与其功能和性能有着密切的关系，极化自适应、变极化、目标的极化识别等技术也是当前雷达抗干扰的重要措施。由于雷达主要采用线极化收发天线，许多雷达对抗侦察装备都采用圆极化的侦察天线，虽然可以接收各种线极化的电磁波，仅存在一定的极化失配损失，但是不能测量雷达信号的极化方向，也不能引导干扰发射的极化瞄准，不能有效地对抗越来越多的具有雷达极化自适应、极化识别和极化对消等抗干扰措施的新体制雷达。因此，开展对雷达信号极化信息的测量，对于雷达信号的分选、引导干扰和降低雷达的极化抗干扰能力等具有重要意义。

空间电磁波的极化可以分解为两个正交的固定方向，其中水平极化和垂直极化是最常用的正交极化方向。信号极化方向的检测和测量系统组成如图4－44所示。水平、垂直极化接收天线获得的信号分别送入各自接收机，通过带通滤波、低噪声放大、混频和中放，分别进行包络检波和互相进行相位滤波，对包络检波的输出进行门限检测，只要任何一路信号超过检测门限，都会启动包络和相位测量电路，完成对两路信号包络 A_H、A_V 以及相位差 Φ 的测量，经过极化测量处理机，输出信号极化测量结果。对于典型的雷达信号极化特性，其主要识别依据和参数估计如表4－7所列。

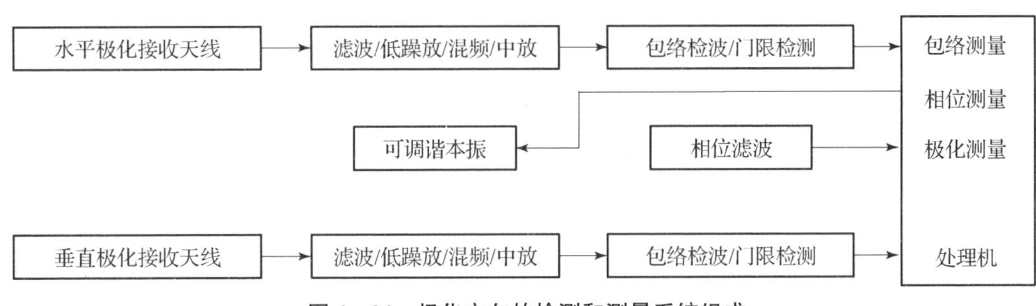

图4－34　极化方向的检测和测量系统组成

表4－7　极化测量和识别的典型判据

极化类型	识别判据	输出参数
水平极化	$A_H/10A_V$	极化抑制比 $d=20\lg(A_H/A_v)$ (dB)
垂直极化	$A_V>10A_H$	极化抑制比 $d=20\lg(A_V/A_H)$ (dB)
斜线极化	$0.1\leq A_H/A_V\leq 10$，$\Phi\approx 0$，π	极化方向 $\gamma=\pm\arctan(A_V/A_H)$，$\Phi\to\pi$ 时取负号

续表

极化类型	识别判据	输出参数
左旋圆极化	$A_H \approx A_V$，$\Phi \approx \frac{\pi}{2}$	轴比 $r = A_V / A_H$
右旋圆极化	$A_H \approx A_V$，$\Phi \approx -\frac{\pi}{2}$	轴比 $r = A_V / A_H$

由于极化测量需要利用两路正交极化接收信号之间的幅相信息，所以对接收系统的宽带线性动态范围和幅相一致性具有较高的要求。

2）影响雷达信号极化测量的因素分析

具有一定极化的雷达信号在介质传播过程中，会改变信号极化方式和方向，侦察天线的极化域与被侦察信号的极化差异会产生极化损耗。

（1）传播过程的影响。

在测量信号极化的过程中，应考虑传播介质的作用和多径效应。假如圆极化波照射金属平板，经过奇数次反射后，原入射信号电场矢量的旋转方向会改变，即改变了反射信号的极化方向。如果反射信号脉冲时间延迟与原信号时域交叠，则其脉冲描述字的基本参数相近，而极化方式有所差异。

当雷达信号波束照射在细长的导体上时，场发生变化而产生线性极化，信号处理系统智能化程序可按极化方向分离反射脉冲信号和天线副瓣信号。

（2）侦察天线极化选择。

由于当侦察天线的极化选择与雷达信号极化方向不同时，会产生极化损耗，因此应尽量保证两者的极化方向相同，才能获得相对最大的信号幅度，减少极化损耗。一般考虑到侦察天线的设备量，因此在实际中采用斜极化可以照顾到水平、垂直极化信号的侦察，但是其极化功率损耗很大。此外，侦察天线和天线罩的设计也会影响极化的选择。表4－8所列为极化损耗、侦察天线极化、雷达信号极化三者之间的关系。

表4－8　极化损耗、侦察天线极化、雷达信号极化之间关系

侦察天线极化方式		雷达信号极化方式	信号幅度接收比（相对最大值）
垂直极化		垂直极化	1
		斜线极化（45°/135°）	0.5
		圆极化（左旋/右旋）	0.5
		水平极化	0
水平极化		水平极化	1
		斜线极化（45°/135°）	0.5
		圆极化（左旋/右旋）	0.5
		垂直极化	0
圆极化	左旋（右旋）	左旋（右旋）圆极化	1
	左旋（右旋）	右旋（左旋）圆极化	0
	左旋或右旋	斜线极化（45°/135°）	0.5

6. 信号脉冲重复间隔分析方法

脉冲重复间隔（PRI）分析涉及几个方面：对观察到的 PRI 变化进行定量化描述，将这些变化与雷达信号的其他方面相关联，对有关雷达的使用功能及产生 PRI 的使用技术进行情报推测。

历史上，确定平均 PRI 的一种常用人工技术是将一个合成产生的脉冲串 PRI 与未知信号进行匹配。合成产生的信号触发一个示波器，而被分析的信号作为示波器的垂直输入。扫描时间应设置为明显小于 PRI 的时间，使屏幕上单个脉冲的位置由触发时间与脉冲到达时间之间的时间差来决定。如果合成信号的 PRI 与有用信号不同，那么屏幕上的脉冲水平位置将发生移动：当合成信号的 PRI 大于有用信号时向右移动，当合成信号的 PRI 小于有用信号时向左移动。调整合成器，直至脉冲的位置固定不动，然后用计数器对合成信号的 PRI 进行精确测量（由于它不受扫描或热噪声的影响，所以很容易测量）。这种方法也可用在下面讨论的光栅显示器中。

用上面方法确定的信号 PRI 的精度受限于各种因素。当然，合成信号的 PRI 可按很高的精度来测量，但这种精度有时被错误地报告成测量未知信号的精度。在将基准 PRI 与未知 PRI 匹配时所包含的实际误差，其大幅低于对单个 PRI 进行测量时所包含的误差，这是因为对大量脉冲测量时得出的结果实际上是测量过程中的平均值。首先考虑噪声的影响，如果合成的 PRI 严格地与未知 PRI 相匹配，那么观察人员可以看到大量带噪声的叠加脉冲以及变化的幅度。噪声可能给脉冲精确位置带来某些不确定性，通常只能提供有限的时间进行测量，但是观察人员无法判断脉冲位置移动是由于噪声干扰了脉冲边沿，还是合成器调整得不合适。因此，测量时间和噪声两者都会影响这种方法的精度。假定噪声是判断屏幕上脉冲位置的限制因素，由噪声引起的脉冲位置的均方根变化大体可由 $\sigma_{\mathrm{PRI}}^2=\sigma_{T_i}^2+\sigma_{T_j}^2$ 给出，其中：T_i 为脉冲 i 的到达时间，T_j 为脉冲 j 的到达时间，$\sigma_{T_i}^2$ 为脉冲 i 的到达时间测量均方根误差，$\sigma_{T_j}^2$ 为脉冲 j 的到达时间测量均方根误差。

观察人员可能利用比脉冲跨越门限时间更多的信息，在这种情况下，由 $\sigma_{\mathrm{PRI}}^2=\sigma_{T_i}^2+\sigma_{T_j}^2$ 预测的误差可能是在整个平均时间内的误差。

基于示波器的时域分析技术是最实用和最广泛使用的技术之一。利用具有双时基线的示波器能够分析偶然的跳变和某些类型的参差。由于跳变通常比 PRI 小得多，因此延迟是必要的。显示单个 PRI 的标准示波器允许进行峰值到峰值跳变的粗略测量，精度可达 PRI 的 1%。使用延迟的时间基线可以将屏幕的整个宽度调整得只显示 PRI 的很小一部分，以便很容易地对跳变范围进行分析。对于随机分布的恒定 PRI，跳变将随着延迟的增加而缓慢增加。如果跳变与延迟无关，那么确定跳变的因素可能与跨越门限的变化有关，这是由噪声引起的，而不是由雷达触发产生器的特性引起的。

同样的分析过程在分析脉冲参差时同样适用。其共同的问题是，如何将参差的 PRI 从离散的随机抖动中区分出来，抖动可能只有很少一点时间间隔值。由于脉冲参差是周期性的，因此很容易知道何时将延迟选择等于该周期。

1）光栅显示器

光栅显示器是一种显示器技术，它使用 z 轴调制指示脉冲的存在，x 轴习惯上用于时间扫描，y 轴也与时间相关，这样每次 x 轴扫描就会出现轻微的偏移。最普遍使用的方案是扫描线从屏幕的顶部开始，然后每次扫描逐渐向下位移，因此得名“下落光栅”。光栅显示器与常规示波器显示器相比，可以在存在大量间隔的情况下方便地观察PRI的变化。这种示波器是很有用的，并且允许一次粗略观察分析数百或数千个脉冲的PRI变化。美国在20世纪70年代末已经使用了这种技术，这种设备可提供在屏幕上小至1ns的校准步进时间，并可存储约16000个事件。当然，如果使用单独的时间基线数字化仪来捕捉数据，就能使用通用计算机和软件制造出分析用的光栅型显示器。

绝大多数设计用于脉冲分析的光栅显示器也可以用于显示脉冲幅度与时间的关系。同时显示时间与时间，以及幅度与时间的对应关系，就可以粗略显示出天线波束扫描与PRI之间的对应关系。通常在显示器上还包括一些光标或标记，便于分析人员选择一些脉冲，这些脉冲构成了供今后分析用的显示段。

有几种方法可以用来控制光栅显示器的触发工作：

在一种模式下，信号控制基线的开始，基线完成之后，只有在接收到另一个脉冲后才能产生下一个基线。在自由运行模式下，在前一个基线结束后，紧接着就开始下一个基线，但基线的持续时间必须进行调整，使其等于平均PRI，以便形成垂直脉冲线。在这种模式下，通过对PRI的合成来产生平均PRI，为了放大脉冲之间的水平距离，可以利用一条基线结束与下一条基线开始之间的延迟来产生放大效应。

2）PRI声音

使用扬声器或耳机监听脉冲串的声音是一种古老的PRI分析技术，如今它仍然有效。雷达信号的低占空比使得脉冲展宽电路成为一种重要的辅助工具，同时，由于变换很大的幅度会扰乱监听者，因此可采用恒定幅度的脉冲。

最简单的PRI分析技术是同时监听一个音频振荡器和雷达脉冲串，分析人员按类似调整乐器的方式使发生器的音调与正在监听的脉冲串的音调相吻合。一个缺乏PRI分析经验的分析人员可能将音频振荡器调到PRI的谐波或分谐波上，但是经过一段时间的实践后，这种错误会很少发生。分析人员调大音量，直至听到拍频音调时为止，拍频音调的频率为音频振荡器的频率与PRI频率（PRF）之差；分析人员调谐音频振荡器，直至拍频音调的频率为零（拍频消失）。在最佳情况下，误差约为±20Hz，这是因为人耳能分辨的最低频率为20Hz。由于扫描的影响，使得拍频音调听起来更加困难，因此可能带来附加的误差。

现代电子情报系统设计为产生可听得到的声音，即使PRF超过人耳听力范围。通过将真实的PRF非线性地变换为合成的PRF，就可以做到这一点。例如：PRF为1kHz以下时可以原样赋值，而1~200kHz的PRF可以变换为1~20kHz的PRF。

第5章

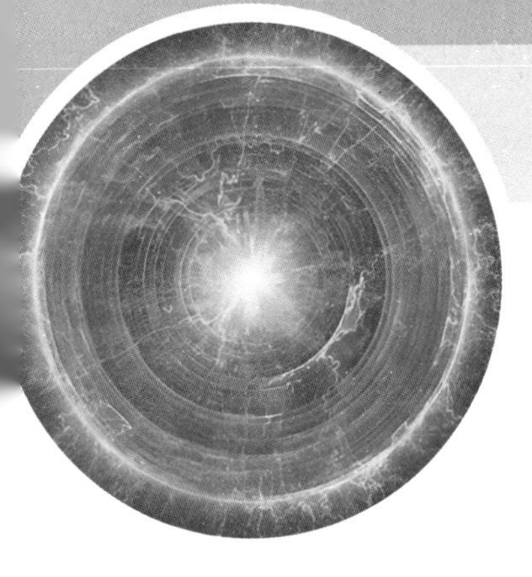

电磁信号调制与编码识别方法

通信网电磁信号的特征通常是指信号的技战术特征。战术特征，即通联特征，反映了通信联络的特点。通联特征主要包括通信诸元、通联情况和作业特点等，其中通信诸元主要指通信频率、通信呼号、通信术语和通信联络时间。通信频率是指无线通信网台工作时使用的频率，通信呼号是无线通信电台的代名；通信术语是指无线通信网台在通信联络中用于传达无线通信网台工作勤务的专用语言；通信联络时间是指通信双方进行通信联络的时间，又称为会晤时间。通联情况是指无线通信网台的通联状态，包括通联程序（从通信开始到结束的整个过程）、联络次数多少、联络时间长短、报（话）务员情绪（可以从人工手键报和话音特征变化中反映出来）及通联用语等内容。作业特点通常指人工参与时的通信特点，尤其是电报作业特点，通常指摩尔斯报及单边带话的通信特点，主要包含电报数量、等级、种类、报头和转报关系等。而技术特征是指无线通信网台信号反映在技术方面的特点，即信号对应的技术特点和技术参数，除了第三章分析的信号侦收以及第四章阐述的信号参数测量外，信号还包括调制域和编码域等特征，本章将对通信网目标信号调制识别方法、解调方法、信道编码识别方法和信道译码展开阐述。

5.1 概　　述

通信网目标信号的调制识别通常基于中频信号或基带采样信号展开，如前面所述，基带信号与中频信号（带通信号）仅仅是频率上的差异，其他特性完全一致，故本节内容以中频信号为例展开分析。如图 5－1 所示，通信网目标信号调制识别的中频信号来自对搜索锁定的信号变频所得。

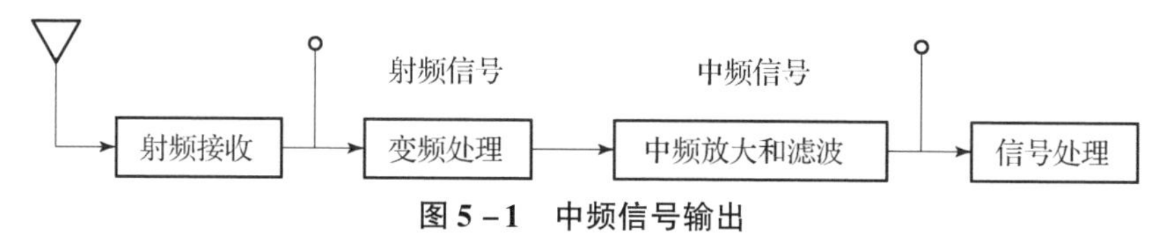

图 5－1　中频信号输出

目标信号调制识别，即利用无线通信网台信号的某些参数通过一定的算法来确定信号的调制方式，也称为目标信号的调制识别或调制分类。信号调制识别是通信网目标信号侦测与分析的重要任务之一，是信号解调、信号解码、引导干扰和情报信息获取等后续处理的基础。

常规无线通信网台信号的调制分模拟调制和数字调制。其中，模拟调制包括 AM、LSB、USB、VSB 和 DSB 等调幅调制；FM 和 PM 等调频和调相调制；CW 等幅报调制；AM－FM 混合二次调制。数字调制包括 MASK、MFSK、MPSK、MQAM 和 OFDM 等多种类型。常见的 MASK 有 2ASK 和 4ASK 等类型；MFSK 有 2FSK、4FSK 和 8FSK 等类型；MPSK 有 2PSK、4PSK、QPSK 和 8PSK 等类型；MQAM 有 16QAM、64QAM 和 256QAM 等类型。

调制识别问题实际上是典型的模式识别问题，其处理过程如图 5－2 所示。

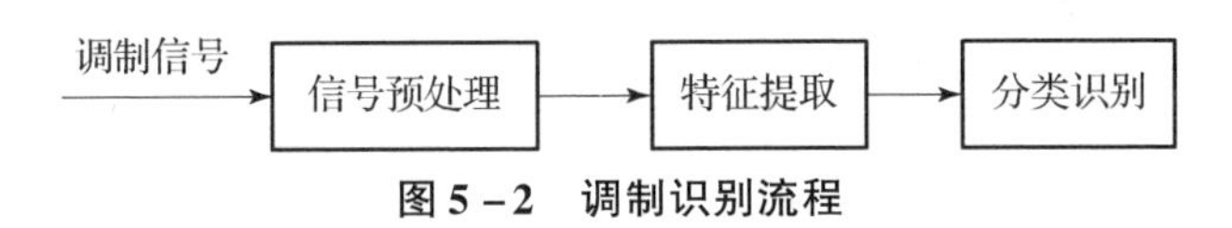

图 5-2　调制识别流程

信号预处理是特征提取的基础，主要实现对接收的信号进行下变频、信号分离和载频估计等处理。特征提取是从预处理过的量化的数字信号中提取对调制识别有价值的特征参数，包括信号的时域特征参数或变换域特征参数。其中时域特征参数主要包括信号的瞬时幅度、瞬时相位或瞬时频率等，变换域特征参数包括功率谱、谱相关函数、时频分布及其它统计参数。特征提取通常采用 FFT、希尔伯特变换和过零检测法等方法来实现。分类识别是根据提取的特征参数，通过选择最合适的判决规则和分类器来推断信号的调制类型。

目前采用的调制识别方法分为决策树理论方法和统计模式识别方法两大类，其中决策树理论方法，即决策论判决理论方法，采用概率论和假设检验理论来解决分类问题。无线通信网台信号调制识别所涉及到的分类特征包括直方图特征，包括幅度、频率和相位的直方图，瞬时频率和相位变化的直方图，以及过零间隔和相位差的直方图等。利用直方图特征可以实现对 2FSK ~ MFSK、2PSK ~ MPSK 和 CW 等信号的调制识别和分类；统计矩特征包括信号瞬时幅度、瞬时相位和瞬时频率函数的各阶矩特征，适合分类调制阶数较低的数字无线通信网台信号；变换域特征，如循环谱相关特征，主要基于无线通信网台通常将待传输的信息序列调制周期性信号某个参数，导致无线通信网台信号大多具有循环平稳性。

5.2　电磁信号调制识别与解调方法

5.2.1　电磁信号调制识别方法

1. 基于决策论的模拟信号调制识别法

1）模拟调制信号表示方法

模拟调制信号均可用如下的表达式来表示：

$$S(t)=a(t)\cos[2\pi f_c t+\varphi(t)] \tag{5-1}$$

式中：f_c 为调制信号载波频率；$a(t)$ 为调制信号瞬时包络；$\varphi(t)$ 为调制信号瞬时相位；调制信号瞬时频率 $f(t)=\dfrac{\mathrm{d}\varphi(t)}{\mathrm{d}t}$。

不同调制样式的模拟调制信号其差异主要体现在 $a(t)$ 和 $\varphi(t)$ 的不同，常见模拟调制信号之间的差异性如表 5-1 所列。

由表 5-1 可见，模拟调制信号除了 AM 调制信号和 VSB 调制信号外，其他调制信号既含有幅度信息又含有相位信息，利用调制信号含有的相位变化信息可实现调制识别。

调制识别最关键的一步就是从接收的信号中提取可用于信号调制识别的特征参数。该方面的研究成果相对成熟，本章结合无线通信网台信号调制识别需求作归纳和阐述。

表 5-1 模拟调制信号之间差异性

调制类型	$\varphi(t)$	$a(t)$	备注
AM	$\varphi(t)=0$	$a(t)=A_0(1+m_a m(t))$	m_a 为调制度，$m(t)$ 为基带调制信号，A_0 为载波信号的幅度
FM	$\varphi(t)=K_f\int_{-\infty}^{+\infty}m(\tau)\mathrm{d}\tau$	$a(t)=1$	K_f 是调频斜率
SSB	$\varphi(t)=\mp\arctan\dfrac{\hat{m}(t)}{m(t)}$	$a(t)=\sqrt{m^2(t)+\hat{m}^2(t)}$	$m(t)$ 为基带调制信号，$\hat{m}(t)$ 为 $m(t)$ 的希尔伯特变换，USB 的相位为 $\varphi(t)$ 取负号，LSB 的相位为 $\varphi(t)$ 取正号
DSB	$\varphi(t)=\begin{cases}0, & m(t)\geqslant 0\\ \pi, & m(t)<0\end{cases}$	$a(t)=\lvert m(t)\rvert$	
VSB	瞬时幅度和相位推导较为困难且实际应用较少，故不予讨论		

2）特征参数提取

（1）零中心归一化瞬时幅度谱密度最大值。

零中心归一化瞬时幅度谱密度最大值 $\gamma_{\max}$ 定义如下：

$$\gamma_{\max}=\max\lvert \mathrm{FFT}[a_{cn}(i)]\rvert^2/N_S \tag{5-2}$$

式中：N_S 为被侦收无线通信网台信号的采样点数；$a_{cn}(i)$ 为零中心归一化瞬时幅度。$a_{cn}(i)$ 的计算公式如下：

$$a_{cn}(i)=a_n(i)-1 \tag{5-3}$$

式中：$a_n(i)=\dfrac{a(i)}{m_a}$，其中 $m_a=\dfrac{1}{N_S}\sum\limits_{i=1}^{N}a(i)$ 为 $a(i)$ 的平均值，采用 m_a 对 $a(i)$ 进行归一化处理是为了最大化降低接收增益导致的影响。

$\gamma_{\max}$ 用来识别 FM 调制信号、DSB 调制信号和 AM-FM 调制信号。其基本原理：FM 调制信号的瞬时幅度理论上为恒定不变的常数，通过推导必有 $a_{cn}(i)=0$，即 $\gamma_{\max}=0$；而 DSB 调制信号和 AM-FM 调制信号的瞬时幅度理论上不是恒定不变的常数，通过推导有 $a_{cn}(i)\neq 0$，故 $\gamma_{\max}\neq 0$。在实际信号处理时，不能简单地以 $\gamma_{\max}$ 是否为零来识别 FM 调制信号、DSB 调制信号和 AM-FM 调制信号，通常需设置一个门限来比较和判决，该门限用 $\zeta(\gamma_{\max})$ 来表示，判决规则如下：

$$\begin{cases}\gamma_{\max}\leqslant\zeta(\gamma_{\max})\text{时,判为 FM 信号}\\ \gamma_{\max}>\zeta(\gamma_{\max})\text{时,判为 DSB 或 AM-FM 信号}\end{cases} \tag{5-4}$$

（2）零中心非弱信号瞬时相位非线性分量绝对值的标准偏差。

零中心非弱信号瞬时相位非线性分量绝对值的标准偏差 σ_{ap} 定义如下：

$$\sigma_{ap}=\sqrt{\frac{1}{M}\left[\sum_{a_n(i)>a_0}\phi_{NL}^2(i)\right]-\left[\frac{1}{M}\sum_{a_n(i)>a_0}\lvert\phi_{NL}(i)\rvert\right]^2} \tag{5-5}$$

式中：a_0 是弱信号判决门限，为一个幅度电平；M 为全部采样点数 N_S 中非弱信号的点数；$\phi_{NL}(i)$是零中心化处理后的瞬时相位，其计算公式如下：

$$\phi_{NL}(i)=\varphi(i)-\varphi_0 \tag{5-6}$$

式中：$\varphi_0=\frac{1}{N_S}\sum_{i=1}^{N_S}\varphi(i)$，$\varphi(i)$为瞬时相位。$\phi_{NL}(i)$显然是个非线性分量，该变量求取的前提条件是载波实现同步。

σ_{ap}用来识别DSB调制信号和AM－FM调制信号。其基本原理：由于DSB调制信号的$\varphi_0=\frac{\pi}{2}$，因此$\phi_{NL}(i)=\begin{cases}-\pi/2\\ \pi/2\end{cases}$，通过推导有$\sigma_{ap}=0$；而AM－FM调制信号，通过推导后$\sigma_{ap}\neq 0$。在实际信号处理时，不能简单地以$\sigma_{ap}$是否为零来识别DSB调制信号和AM－FM调制信号，通常需设置一个门限来比较和判决，该门限用$\zeta(\sigma_{ap})$来表示。其判决规则与$\gamma_{\max}$类似。

（3）零中心非弱信号瞬时相位非线性分量的标准偏差。

零中心非弱信号瞬时相位非线性分量的标准偏差σ_{dp}定义如下：

$$\sigma_{dp}=\sqrt{\frac{1}{M}\left[\sum_{a_n(i)>a_0}\phi_{NL}^2(i)\right]-\left[\frac{1}{M}\sum_{a_n(i)>a_0}\phi_{NL}(i)\right]^2} \tag{5-7}$$

σ_{dp}与σ_{ap}的区别：σ_{ap}是$\phi_{NL}(i)$取绝对值后求得的标准偏差，而σ_{dp}是对$\phi_{NL}(i)$直接计算求得的标准偏差。

σ_{dp}用来识别AM/VSB类调制信号与DSB/LSB/USB/AM－FM类调制信号，其基本原理：AM/VSB类调制信号不含直接相位信息，而DSB/LSB/USB/AM－FM类调制信号含直接相位信息。在实际信号处理时，不能简单地以σ_{dp}来识别AM/VSB类调制信号与DSB/LSB/USB/AM－FM类调制信号，通常需设置一个门限来比较和判决，该门限用$\zeta(\sigma_{dp})$来表示。其判决规则与$\gamma_{\max}$类似。

（4）谱对称性。

谱对称性P定义如下：

$$P=\frac{P_L-P_U}{P_L+P_U} \tag{5-8}$$

式中：$P_L=\sum_{i=1}^{f_{cn}}|S(i)|^2$；$P_U=\sum_{i=1}^{f_{cn}}|S(i+f_{cn}+1)|^2$；$S(i)=\text{FFT}(S(n))$，为信号$S(t)$离散化后数据的傅里叶变换；$f_{cn}=\frac{f_c\cdot N_S}{f_S}-1$，$f_c$为信号载频，$f_S$为采样率，$N_S$为采样点数。

谱对称性P是判断信号经FFT变换后在频域中频谱是否对称的量度。用来识别AM/FM/DSB/AM－FM类调制信号和VSB/LSB/USB类调制信号。其基本原理：AM/FM/DSB/AM－FM类调制信号的频谱具有对称性，而VSB/LSB/USB类调制信号的频谱不具备对称性。在实际信号处理时，不能简单地以P来识别AM/FM/DSB/AM－FM类调制信号和VSB/LSB/USB类调制信号，通常需设置一个门限来比较和判决，该门限用$\zeta(P)$来表示。其判决规则与$\gamma_{\max}$类似。

3）模拟信号调制识别流程

根据上述分析的$\gamma_{\max}$、σ_{ap}、σ_{dp}和P这四个典型特征参数可实现AM、FM、VSB、LSB、USB和AM－FM等模拟信号的调制识别，识别方法归纳如图5－3所示。

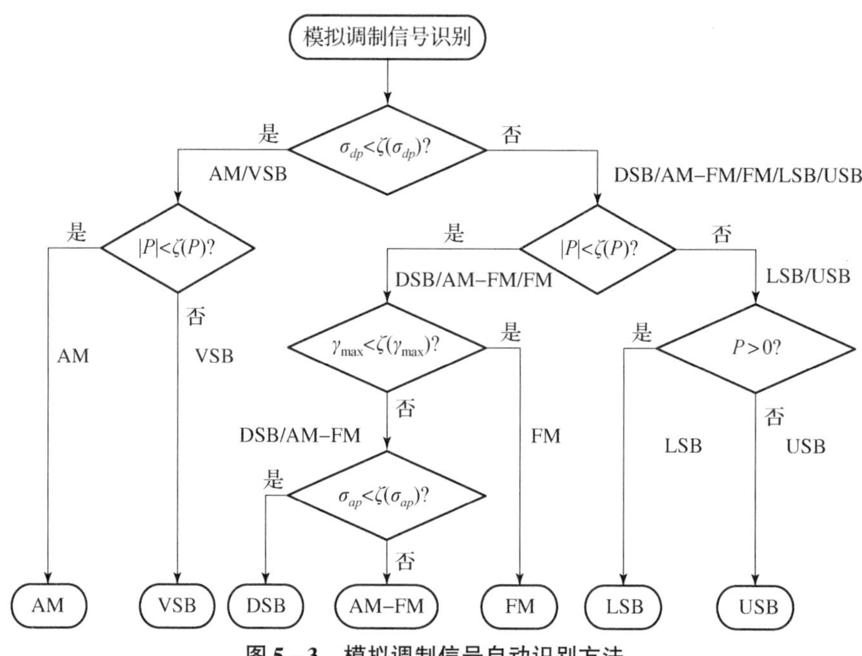

图 5-3　模拟调制信号自动识别方法

依据图 5-3 所示，采用决策论进行调制识别的过程如下：

(1) 计算待识别信号的直接相位标准差 σ_{dp}，与门限 $\zeta(\sigma_{dp})$ 比较，将其识别归入 AM/VSB 类调制信号或 DSB/AM-FM/FM/LSB/USB 类调制信号。

(2) 对于判决为 AM/VSB 的调制信号，先计算该信号的谱对称性 P，再将其绝对值与门限 $\zeta(P)$ 比较。根据其谱对称性和非对称性，识别为 VSB 调制信号或 AM 调制信号。

(3) 对于判决为 DSB/AM-FM/FM/LSB/USB 调制信号，计算其谱对称性 P，并将其绝对值与门限 $\zeta(P)$ 比较，根据其是否满足谱对称性将其再识别和区分为 DSB/AM-FM/FM 类调制信号或 LSB/USB 类调制信号。

(4) 对于判决为 DSB/AM-FM/FM 类的调制信号，计算其幅度谱峰值 $\gamma_{\max}$，并与门限 $\zeta(\gamma_{\max})$ 比较，将其识别为 DSB/AM-FM 调制信号或 FM 调制信号。

(5) 对于判决为 DSB/AM-FM 类的调制信号，计算绝对相位标准差 σ_{ap}，并与门限 $\zeta(\sigma_{ap})$ 比较，将信号识别为 DSB 调制信号或 AM-FM 调制信号。

(6) 对于判决属于 LSB/USB 类的调制信号，利用谱对称性 P，将信号识别为 LSB 调制信号和 USB 调制信号。

2. 基于统计矩的数字信号调制识别法

用于数字信号调制识别的特征参数共有 7 个，除了前述模拟信号调制识别所采用的 $\gamma_{\max}$、σ_{ap} 和 σ_{dp} 的三个特征参数外，还有以下 4 个特征参数。

1) 特征参数提取

(1) 零中心归一化瞬时幅度绝对值标准偏差。

零中心归一化瞬时幅度绝对值标准偏差 σ_{aa} 定义如下：

$$\sigma_{aa} = \sqrt{\frac{1}{N_S}\left[\sum_{i=1}^{N_S} a_{cn}^2(i)\right] - \left[\frac{1}{N_S}\sum_{i=1}^{N_S} a_{cn}(i)\right]^2} \tag{5-9}$$

式中：$a_{cn}(i)$为零中心归一化瞬时幅度。

σ_{aa}用来识别 MASK 调制信号和 MQAM 调制信号。其基本原理：MASK 类调制信号的瞬时幅度理论上与进制数 M 有关，如 2ASK 调制信号的瞬时幅度理论上为恒定不变的常数，通过推导必有 $\sigma_{aa}=0$；而 4ASK 等多进制调制信号和 MQAM 的瞬时幅度理论上不是恒定不变的常数，通过推导有 $\sigma_{aa}\neq 0$。在实际信号处理时，不能简单地以 σ_{aa}是否为零来识别 2ASK 调制信号和 4ASK 等多进制调制信号，通常需设置一个门限来比较和判决，该门限用 $\zeta(\sigma_{aa})$来表示。其判决规则与 γ_{max}类似。

（2）零中心归一化非弱信号瞬时频率绝对值标准偏差。

零中心归一化非弱信号瞬时频率绝对值标准偏差 σ_{af}定义如下：

$$\sigma_{af}=\sqrt{\frac{1}{M}\Big[\sum_{a_n(i)>a_0} f_N^2(i)\Big]-\Big[\frac{1}{M}\sum_{a_n(i)>a_0} f_N(i)\Big]^2} \tag{5-10}$$

式中：$f_N(i)=\dfrac{f_m(i)}{R_S}$；$f_m(i)=f(i)-m_f$；$m_f=\dfrac{1}{N_S}\sum_{i=1}^{N_S} f(i)$。其中 R_S 为信号的符号速率，$f(i)$为信号的瞬时频率。

σ_{af}用来识别 MFSK 类调制信号。其基本原理：MASK 类调制信号的瞬时频率理论上与进制数 M 有关，如 2FSK 调制信号的瞬时频率理论上为两个不同的数值，通过推导必有 $\sigma_{af}=0$；而 4FSK 等多进制调制信号的瞬时频率理论上为 4 个或 4 个以上不同的数值，通过推导有 $\sigma_{af}\neq 0$。在实际信号处理时，不能简单地以 σ_{af}是否为零来识别 2FSK 调制信号和 4FSK 调制信号，通常需设置一个门限来比较和判决，该门限用 $\zeta(\sigma_{af})$来表示。其判决规则与 γ_{max}类似。

（3）基于瞬时频率的频率统计峰值。

基于瞬时频率的频率统计峰值 μ_{42}^f定义如下：

$$\mu_{42}^f=\frac{E[f^4(i)]}{(E[f^2(i)])^2} \tag{5-11}$$

式中：$f(i)$是信号的瞬时频率，符号 $E\{\cdot\}$表示统计平均。设判决门限为 $\zeta(\mu_{42}^f)$。

μ_{42}^f用来识别 MPSK 调制信号和 MFSK 调制信号。其基本原理：MPSK 调制信号的瞬时频率理论上为恒定不变的常数，但 MFSK 调制信号的瞬时频率理论上有 M 个数值，而不是恒定不变的常数。在实际信号处理时，不能简单地以 μ_{42}^f来识别 MPSK 调制信号和 MFSK 调制信号，通常需设置一个门限来比较和判决，该门限用 $\zeta(\mu_{42}^f)$来表示。其判决规则与 γ_{max}类似。

（4）修正的绝对相位标准差。

修正的绝对相位标准差 σ_{iap}定义如下：

$$\sigma_{iap}=\sqrt{\frac{1}{N_S}\Big[\sum_{i=1}^{N_S}\varphi_2^2(i)\Big]-\Big[\frac{1}{N_S}\sum_{i=1}^{N_S}|\varphi_2(i)|\Big]^2} \tag{5-12}$$

式中：$\varphi_1(i)=\varphi(i)-E(\varphi(i))$，$\varphi_2(i)=|\varphi_1(i)|-E(|\varphi_1(i)|)$，$\varphi(i)$为瞬时相位。$\sigma_{iap}$反映了绝对相位变化。

σ_{iap}用来识别 MPSK 类多进制调制信号。其基本原理：MPSK 调制信号的瞬时相位理论上与进制数 M 有关，而不是恒定不变的常数，如 4PSK 调制信号瞬时相位有 4 个数值，8PSK 调制信号瞬时相位有 8 个数值。在做实际信号处理时，既可以用 σ_{iap}来识别 MPSK 类多进制调制信号，也可以通过设置门限$\zeta(\sigma_{iap})$来比较和判决，其判决规则与$\gamma_{\max}$类似。

下面分析前述$\gamma_{\max}$、σ_{ap}和σ_{dp}这三个特征参数在数字调制信号识别中的作用。

$\gamma_{\max}$用来识别 MFSK 调制信号与 MQAM、MASK 调制信号和 MPSK 调制信号。其基本原理：MFSK 调制信号理论上其瞬时幅度为常数，其$a_{cn}(i)=0$，即有$\gamma_{\max}<\zeta(\gamma_{\max})$；MQAM 和 MASK 调制信号理论上其瞬时幅度与进制数M有关，其$a_{cn}(i)\neq 0$，故有$\gamma_{\max}>\zeta(\gamma_{\max})$；MPSK 调制信号理论上其瞬时幅度为常数，但其受限与信道带宽，其瞬时幅度在相位变化时会有幅度突变，所以其$a_{cn}(i)\neq 0$，但其$\gamma_{\max}<\zeta(\gamma_{\max})$。所以$\gamma_{\max}$可区分 MFSK 调制信号与 MQAM、MASK 调制信号和 MPSK 调制信号。

σ_{ap}用来识别 MPSK 调制信号和 MASK 调制信号。其基本原理：MASK 调制信号理论上不含相位信息，故$\sigma_{ap}<\zeta(\sigma_{ap})$；MPSK 调制信号理论上含有相位信息，如 2PSK 调制信号的瞬时相位只有两个，故其$\phi_{NL}(i)$为常数，故有$\sigma_{ap}<\zeta(\sigma_{ap})$；4PSK 调制信号，其瞬时相位有 4 个，故其$\phi_{NL}(i)$不为常数，有$\sigma_{ap}>\zeta(\sigma_{ap})$。

σ_{dp}用来识别 MASK 调制信号和 MPSK 调制信号。其基本原理：MASK 调制信号理论上不含相位信息，即$\sigma_{dp}=0$；MPSK 调制信号理论上含有相位信息，如 2PSK 调制信号含有 0 或 π 两个相位信息，故$\sigma_{dp}\neq 0$。

2）调制识别流程

根据$\gamma_{\max}$、σ_{ap}、σ_{dp}、σ_{iap}、σ_{aa}、σ_{af}和μ_{42}^{f}七个特征参数，可归纳出数字调制信号识别方法，如图 5－4 所示。

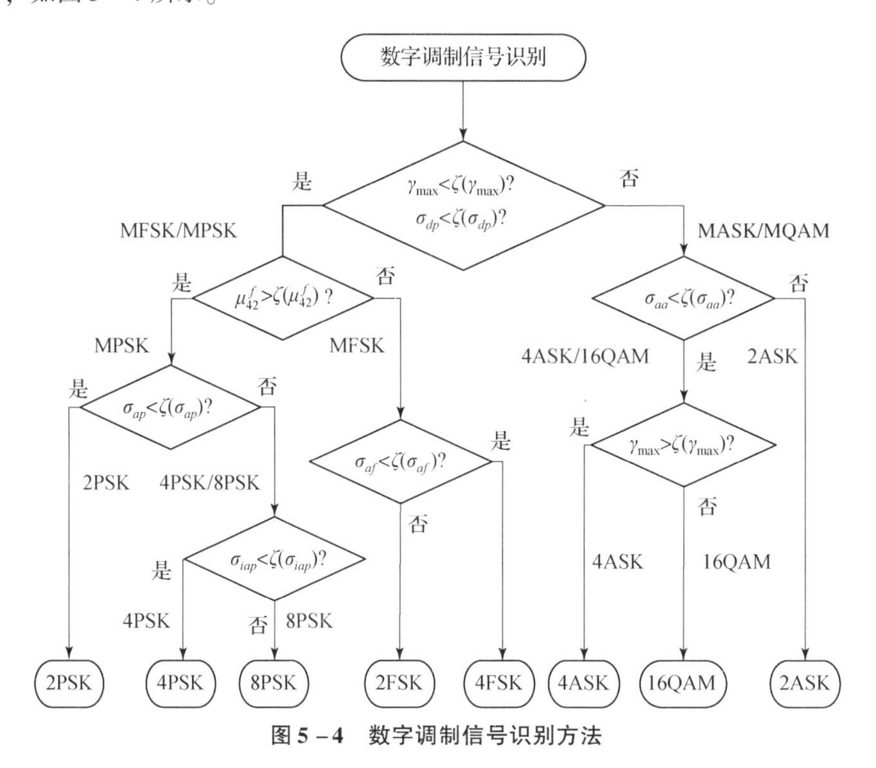

图 5－4　数字调制信号识别方法

依据图 5－4 所示，采用统计矩进行调制识别的过程如下：

（1）计算待识别信号零中心归一化瞬时幅度谱密度的最大值$\gamma_{\max}$，与门限$\zeta(\gamma_{\max})$比较，将待识别的信号分成 MASK/MQAM 非恒定包络信号和 MPSK/MFSK 恒定包络信号两类。

（2）对于判决类属于非恒定包络的信号，计算参数 σ_{aa} 并与门限 $\zeta(\sigma_{aa})$ 比较，将其识别为 2ASK 或 4ASK/MQAM 两类；对于判决类属于 4ASK、MQAM 的信号，用其参数 $\gamma_{\max}$ 与门限 $\zeta(\gamma_{\max})$ 比较，将其识别为 4ASK 或 MQAM。此处 MQAM 以 16QAM 为例。

（3）对于判决类属于恒定包络的 MPSK 或 MFSK 的信号，计算待识别信号的频率峰值参数 μ_{42}^{f}，通过与门限 $\zeta(\mu_{42}^{f})$ 比较，将其分成 MFSK 调制信号或 MPSK 调制信号两大类。

（4）对识别为 MFSK 的调制信号，计算待识别信号的参数 σ_{af} 与门限 $\zeta(\sigma_{af})$，将其进一步细化识别为 2FSK、4FSK 或 8FSK 等多进制调制信号。

（5）对识别为 MPSK 调制信号，计算待识别信号 σ_{ap} 与门限 $\zeta(\sigma_{ap})$，将其识别为 2PSK 调制信号或 4PSK/8PSK 等多进制调制信号；对识别为 4PSK、8PSK 或更高进制的调制信号，计算待识别信号 σ_{iap} 与门限 $\zeta(\sigma_{iap})$，将其识别为 4PSK、8PSK 或更高进制的调制信号。

3. 基于统计矩的调制信号联合识别法

作为第三方的侦测与分析，通常对所接收的无线通信网台信号没有先验知识，即不明确所接收的无线通信网台信号属于模拟调制还是数字调制。因此，实际信号处理时往往要采用近盲的调制识别方法，也就是本节将要阐述的基于统计矩的调制信号联合识别方法。用于联合识别的特征参数除了已介绍的 $\gamma_{\max}$、σ_{ap}、σ_{dp}、σ_{aa}、σ_{af} 和 P 等 6 种特征参数，还需考虑以下 3 种特征参数。

1）零中心归一化非弱信号瞬时幅度标准偏差

零中心归一化非弱信号瞬时幅度标准偏差 σ_a 定义如下：

$$\sigma_a = \sqrt{\frac{1}{M}\Big[\sum_{a_n(i)>a_0} a_{cn}^2(i)\Big] - \Big[\frac{1}{M}\sum_{a_n(i)>a_0} a_{cn}(i)\Big]^2} \tag{5-13}$$

σ_a 既用来识别 DSB 调制信号与 MPSK 调制信号，也可以用来识别 AM－FM 调制信号与 MPSK 调制信号。其基本原理：MPSK 调制信号属于相位调制，其瞬时幅度理论上除了在前后符号变化时仅有突变外，不含任何幅度调制信息，其 $\sigma_a \approx 0$；DSB 调制信号和 AM－FM 调制信号理论上属于幅度调制，均含有幅度调制信息，其 $\sigma_a \neq 0$。因此，可通过设置合适的判决门限 $\zeta(\sigma_a)$ 来进行识别。

DSB 调制信号和 MPSK 调制信号的识别：如果 $\sigma_a > \zeta(\sigma_a)$，待识别信号为 DSB 调制信号；反之，如果 $\sigma_a < \zeta(\sigma_a)$，待识别信号为 MPSK 调制信号。

AM－FM 调制信号和 MPSK 调制信号的识别：如果 $\sigma_a > \zeta(\sigma_a)$，则待识别信号为 AM－FM 调制信号；反之，如果 $\sigma_a < \zeta(\sigma_a)$，则待识别信号为 MPSK 调制信号。

2）零中心归一化瞬时幅度紧致性

零中心归一化瞬时幅度紧致性 μ_{42}^{a} 定义如下：

$$\mu_{42}^{a} = \frac{E\{a_{cn}^4(i)\}}{\{E[a_{cn}^2(i)]\}^2} \tag{5-14}$$

式中：μ_{42}^{a} 也称为瞬时幅度四阶矩。

μ_{42}^{a} 用来识别是 AM 调制信号和 MASK 调制信号，即识别所接收信号为模拟幅度调制还是数字幅度调制。其基本原理：AM 调制信号的瞬时幅度具有较高的紧致性，即 μ_{42}^{a} 值较大；而 MASK 调制信号只有 2 个或 2 个以上有限非连续幅度电平值，其紧致性较差，即μ_{42}^{a}值相对较小。因此，通过设置一个适当门限$\zeta(\mu_{42}^{a})$即可以进行识别。

AM 调制信号和 MASK 调制信号识别：如果$\mu_{42}^{a}>\zeta(\mu_{42}^{a})$，则待识别信号为 AM 调制信号；反之，则待识别信号为 MASK 调制信号。实际应用时，M 值不宜过大。

3）零中心归一化瞬时频率紧致性

零中心归一化瞬时频率紧致性$\mu_{42}^{\bar{f}}$定义如下：

$$\mu_{42}^{\bar{f}}=\frac{E\{f_N^4(i)\}}{\{E[f_N^2(i)]\}^2} \tag{5-15}$$

式中：$\mu_{42}^{\bar{f}}$也称为瞬时频率四阶矩，$f_N(i)=\dfrac{f_m(i)}{R_S}$，$f_m(i)=f(i)-m_f$，$m_f=\dfrac{1}{N_S}\sum_{i=1}^{N_S}f(i)$，其中 R_S 为信号的符号速率，$f(i)$为信号的瞬时频率。

$\mu_{42}^{\bar{f}}$用来识别 FM 调制信号和 MFSK 调制信号，即识别所接收信号为模拟调频信号还是数字调频信号。其基本原理：FM 调制信号的瞬时频率具有较高的紧致性，即$\mu_{42}^{\bar{f}}$值较大；而 MFSK 调制信号其瞬时频率只有 2 个或 2 个以上有限非连续频率值，其紧致性相对较差，即$\mu_{42}^{\bar{f}}$较小。因此，通过设置一个适当门限$\zeta(\mu_{42}^{\bar{f}})$即可以进行识别。

FM 调制信号和 MFSK 调制信号识别：如果$\mu_{42}^{\bar{f}}>\zeta(\mu_{42}^{\bar{f}})$，则待识别信号为 FM 调制信号；反之，如果$\mu_{42}^{\bar{f}}<\zeta(\mu_{42}^{\bar{f}})$，则待识别信号为 FSK 调制信号。

结合上述 9 个特征参数，可归纳得到调制信号联合识别方法如图 5-5 所示。

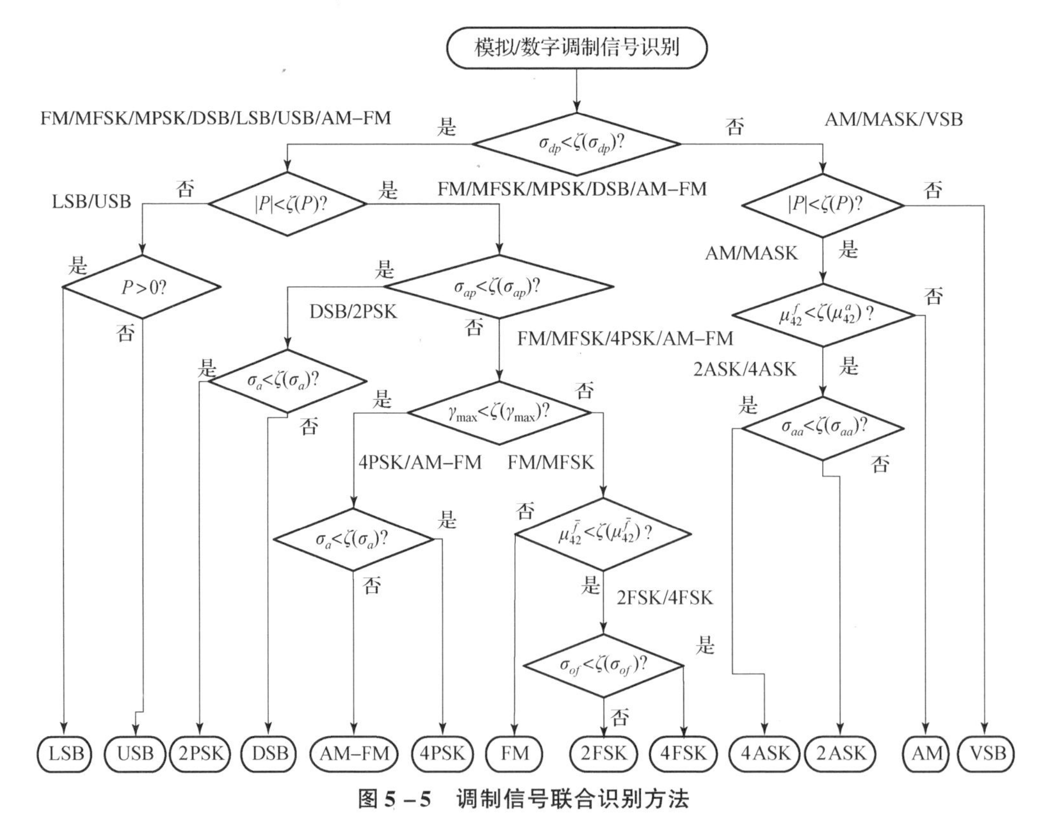

图 5-5　调制信号联合识别方法

上述调制识别方法中最佳特征门限值如表 5－2 所列。

表 5－2　调制识别最佳特征门限

参数	模拟调制	数字调制	模拟数字调制	备注
$\zeta(\gamma_{\max})$	5.50～6.00	4.00	2.00～2.50	—
$\zeta(\sigma_{ap})$	0.48～1.26	0.57	0.57	—
$\zeta(\sigma_{dp})$	0.52	0.48～1.26	0.52	—
$\zeta(P)$	0.50～0.99	—	0.60～0.90	SSB
	0.55～0.60		0.50～0.70	VSB
$\zeta(\sigma_{aa})$	—	0.25	0.25	—
$\zeta(\sigma_{af})$	—	0.40	0.40	—
$\zeta(\sigma_{a})$	—	—	0.13～0.40	2PSK
			0.15	4PSK
$\zeta(\mu_{42}^{f})$ $\zeta(\bar{\mu}_{42}^{f})$	—	—	2.15	—
$\zeta(\sigma_{iap})$	—	2.03	2.03	—

4. 基于高阶累积量的信号调制识别法

使用高阶累积量作为特征参数识别调制信号的基带信号，简单有效且运算量小，适合于识别数字类调制信号，如 MQAM、MPSK 和 MASK 等。

1）高阶累积量基本概念

令 $\boldsymbol{x}=[x_1,\cdots,x_k]^{\mathrm{T}}$ 是一组随机向量，依据概率论可得其第一特征函数 $\Phi(\omega_1,\cdots,\omega_k)$ 如下：

$$\Phi(\omega_1,\cdots,\omega_k)\overset{\text{def}}{=}E\{\exp(\mathrm{j}(\omega_1x_1+\cdots+\omega_kx_k))\} \tag{5-16}$$

对其求 k 阶偏导，并且令 $\omega_1=\cdots=\omega_k=0$，得到该 $\boldsymbol{x}=[x_1,\cdots,x_k]^{\mathrm{T}}$ 的 k 阶矩：

$$\mathrm{mom}(x_1,\cdots,x_k)\overset{\text{def}}{=}E\{x_1\cdots x_k\}=(-\mathrm{j})^k\frac{\partial^k\Phi(\omega_1,\cdots,\omega_k)}{\partial\omega_1\cdots\partial\omega_k}\bigg|_{\omega_1=\cdots=\omega_k=0} \tag{5-17}$$

理论上，随机向量的第一特征函数又称为矩生成函数。其对数 $\Psi(\omega_1,\cdots,\omega_k)=\ln[\Psi(\omega_1,\cdots,\omega_k)]$ 被称为随机向量的第二特征函数，又称为累积量生成函数。以此类推可得，累积量表达式为

$$\begin{aligned}\mathrm{cum}(x_1,\cdots,x_k)&\overset{\text{def}}{=}(-\mathrm{j})^k\frac{\partial^k\Psi(\omega_1,\cdots,\omega_k)}{\partial\omega_1\cdots\partial\omega_k}\bigg|_{\omega_1=\cdots=\omega_k=0}=\\&(-\mathrm{j})^k\frac{\partial^k[\ln\Phi(\omega_1,\cdots,\omega_k)]}{\partial\omega_1\cdots\partial\omega_k}\bigg|_{\omega_1=\cdots=\omega_k=0}\end{aligned} \tag{5-18}$$

考虑平稳随机过程 $\{x(n)\}$，若令 $x_1=x(n)$，$x_2=x(n+\tau_1)$，$\cdots$，$x_k=x(n+\tau_{k-1})$，则随机过程 $\{x(n)\}$ 的 k 阶矩和 k 阶累积量定义为

$$m_{kx}(\tau_1,\cdots,\tau_{k-1})=\text{mom}[x(n),x(n+\tau_1),\cdots,x(n+\tau_{k-1})]=\text{mom}[x_1,\cdots,x_k] \tag{5-19}$$

$$c_{kx}(\tau_1,\cdots,\tau_{k-1})=\text{cum}[x(n),x(n+\tau_1),\cdots,x(n+\tau_{k-1})]=\text{cum}[x_1,\cdots,x_k] \tag{5-20}$$

推导可知，高斯随机过程的奇数阶矩为零，偶数阶矩不为零。其高阶累积量（$k\geqslant 3$）恒等于零。

四阶累积量在信号处理中具有特别重要的意义。对于零均值的平稳复随机过程 $X(k)$，定义 $m_{pq}=E[X(k)^{p-q}(X(k)^*)^q]$，并且令 $\tau_1=\tau_2=\tau_3=0$，则二阶和四阶累积量定义如下：

$$\begin{cases} c_{20}=m_{20} \\ c_{21}=m_{21} \\ c_{40}=m_{40}-3m_{20}^2 \\ c_{41}=m_{41}-3m_{21}m_{20} \\ c_{42}=m_{42}-|m_{20}|^2-2m_{21}^2 \\ c_{63}=m_{63}-9c_{42}c_{21}-6c_{21}^3 \end{cases} \tag{5-21}$$

在信号的实际处理中，要从有限的接收数据中估计信号的累积量，此时使用采样点的平均代替理论的平均。

2）基于累积量的无线通信网台信号调制识别方法

假设接收到的信号包含与信号相互独立的零均值的复高斯白噪声，由于零均值高斯白噪声的高阶累积量为零，因此接收信号的高阶累积量等于无线通信网台目标信号的高阶累积量。也就是说，信号处理时采用高阶累积量可以有效抑制高斯类噪声，其最终结果不受高斯噪声的影响。理论上，无线通信网台信号的各阶累积量与信号调制样式具有密切相关，因此，采用高阶累积量作为调制识别的特征参数，完全可以从被高斯白噪声污染的接收信号中识别出该信号的调制样式，即利用高阶累积量实现调制识别的理论依据。

在接收机中，接收信号经过下变频、中频滤波、解调和码元同步后，其采样复信号序列可表示为

$$x_k=\sqrt{E}\text{e}^{\text{j}\theta}a_k+n_k(k=1,2,\cdots,N) \tag{5-22}$$

式中：a_k 为接收信号中平均功率归一化的未知调制样式的目标信号的码元序列；E 为该信号的平均功率；θ 是未知的载波相位偏差；n_k 是零均值的复高斯噪声序列。N 为观测数据的长度，载波的频差暂时不考虑。

假设接收的基带信息码元 a_k 取值等概率，则各种数字化无线通信网台信号的采样序列可以表示为

$$\text{MPSK 信号}: x_k=\sqrt{E}\text{e}^{\text{j}\theta}a_k, a_k\in\left[\exp\left(\frac{\text{j}2\pi(m-1)}{M}\right), m=1,2,\cdots,M\right] \tag{5-23}$$

$$\text{MFSK 信号}: x_k=\sqrt{E}\text{e}^{\text{j}\theta}a_k, a_k\in[\exp(2m-1-M)\Delta\omega, m=1,2,\cdots,M] \tag{5-24}$$

$$\text{MASK 信号}: x_k=\sqrt{E}\text{e}^{\text{j}\theta}a_k, a_k\in[2m-M+1, m=0,1,\cdots,M-1] \tag{5-25}$$

$$\text{MQAM 信号}: x_k=\sqrt{E}\text{e}^{\text{j}\theta}[a_k+\text{j}b_k], a_k、b_k\in[(2m-M+1)A, m=0,1,\cdots,M-1] \tag{5-26}$$

由此可见，其信息表现在接收的基带信号的幅度和相位上。

依据上述各类调制样式的信号采样序列，将信号按照平均功率归一化后分别计算各

阶累积量，可得 MASK 调制信号、MPSK 调制信号、MFSK 调制信号和 MQAM 调制信号的各阶累积量理论值如表 5 - 3 所列。

表 5 - 3　平均功率归一化的高阶累积量的理论值

信号样式	累积量						
	$\lvert C_{20}\rvert$	$\lvert C_{21}\rvert$	$\lvert C_{40}\rvert$	$\lvert C_{41}\rvert$	$\lvert C_{42}\rvert$	$\lvert C_{60}\rvert$	$\lvert C_{63}\rvert$
2ASK	E	E	$2E^2$	$2E^2$	$2E^2$	$16E^2$	$13E^3$
4ASK	E	E	$1.36E^2$	$1.36E^2$	$1.36E^2$	$8.32E^2$	$9.16E^3$
8ASK	E	E	$1.23E^2$	$1.23E^2$	$1.23E^2$	$7.18E^2$	$8.76E^3$
2FSK	0	E	0	0	E^2	0	$4E^3$
4FSK	0	E	0	0	E^2	0	$4E^3$
8FSK	0	E	0	0	E^2	0	$4E^3$
BPSK	E	E	$2E^2$	$2E^2$	$2E^2$	$16E^2$	$13E^3$
QPSK	0	E	E^2	0	E^2	0	$4E^3$
8PSK	0	E	0	0	E^2	0	$4E^3$
16QAM	0	E	$0.68E^2$	0	$0.68E^2$	0	$2.08E^3$

表 5 - 3 中 E 为信号的能量，MQAM 调制信号以 16QAM 为例进行理论计算。

由表 5 - 3 可看出，有些调制信号的各阶累积量相同，导致难以实现调制样式识别，如 2ASK 与 2PSK。为了精确实现无线通信网台信号的调制识别，可以采用不同累积量的组合作为调制识别的特征参数，其中四阶和六阶累积量的组合具有相对优越的识别效果，故有

$$f_{x1}=\frac{\lvert C_{x,40}\rvert}{\lvert C_{x,42}\rvert},\ f_{x2}=\frac{\lvert C_{x,63}\rvert}{\lvert C_{x,42}\rvert},\ F=[f_{x1},f_{x2}] \tag{5-27}$$

鉴于基带调制信号和频带调制信号除了中心频率外具有完全相同的调制特性，不是一般性，特征参数的推导以基带调制信号展开，即将所接收到的无线通信网台信号首先进行下变频处理得到零中频的基带调制信号，然后通过推导和计算可得 MPSK、MASK 和 MQAM 基带调制信号的 f_{x1}、f_{x2} 特征参数如表 5 - 4 所列。

表 5 - 4　理论参数

参数	f_{x1}	f_{x2}	参数	f_{x1}	f_{x2}
2ASK/2PSK	1	21.25	4PSK	1	16
4ASK	1	34.3560	2FSK/4FSK	0	0
8ASK	1	40.4362	8PSK	0	16

根据特征参数 $F=[f_{x1},f_{x2}]$ 可实现对信号的调制识别，可识别的信号包括 2PSK、2ASK、4ASK、8ASK、4PSK 和 16QAM 等。

具体识别方法如下：计算基带调制信号的高阶累积量，并计算特征参数 f_{x1} 和 f_{x2}，利用 f_{x1} 可识别将 8PSK 和 MFSK 调制信号与其他调制类型信号，利用 f_{x2} 区分 8PSK 调制信号和 MFSK 调制信号以及 2ASK、4ASK 与 8ASK 调制信号和其他类型调制信号。

需要说明的是，即使在相对较低的信噪比条件下也可采用高阶累积量实现无线通信网台信号的调制识别，其理论依据为高斯白噪声二阶以上的累积量为零。

5. 多载波 OFDM 信号调制识别法

上面分析的数字信号调制识别方法没有涉及 OFDM 调制信号，但由于 OFDM 调制信号在实际应用中越来越广泛，因此本节内容详细阐述。

1）基于循环功率谱的 OFDM 信号调制识别法

（1）调制识别机理。

基于循环功率谱实现信号调制识别的机理在于信号的循环平稳特性，信号的循环平稳特性已被证明在无线通信领域是普遍存在的。这种循环平稳特性不仅在时域和频域中有所体现，而且在二阶统计特性和高阶统计特性中也有所体现。其中 OFDM 调制信号就具有这种循环平稳特性。

该调制识别方法的理论依据：加入循环前缀或者具有导频的 OFDM 调制信号具有循环平稳特性，而噪声却不具有循环频率域的相关性，干扰信号通常表现出与主用户信号不同的循环平稳特征。因此，基于循环平稳特性不仅能够实现信号调制识别，而且能够区分信号、噪声和干扰信号。只需要判别在 $\alpha\neq0$ 处有无谱线出现来作为判决条件，这是信号调制识别的重要依据。

OFDM 调制信号可表示为

$$x(t)=\sum_{k=0}^{N-1}x_k(t)=\sum_{k=0}^{N-1}\sum_{l=-\infty}^{+\infty}d_l(k)\cdot q(t-lT)\cdot \mathrm{e}^{\mathrm{j}\frac{2\pi kt}{T_u}} \tag{5-28}$$

式中：N 是子载波数；子载波具有独立同分布属性，其方差为 σ_d^2 且 $E\{d_l(k)d_{l'}^*(k')\}=\sigma_d^2\delta_{k,k'}\delta_{l,l'}$；$T$ 是包含循环前缀的总的 OFDM 符号的时间；T_u 是不包含循环前缀的 N 个子载波的总时间；$d_l(k)$ 表示第 l 个 OFDM 符号中第 k 个子载波的数据符号；$q(t)$ 是脉冲成形函数。令 $v_{k,l}(t)=\sum\limits_{l=-\infty}^{+\infty}d_l(k)q(t-lT)$，则可求出 $R_{v_{k,l},v_{k',l'}}(t,\tau)$ 的表达式为

$$R_{v_{k,l}v_{k',l'}}(t,\tau)=E\{v_{k,l}(t)v_{k',l'}^*(t-\tau)\}=\sigma_d^2q(t-lT)q^*(t-\tau-lT)\delta_{k,k'}\delta_{l,l'}$$

OFDM 调制信号的自相关函数为

$$\begin{aligned}R_x(t,\tau)&=E\left\{\sum_{k=0}^{N-1}x_k(t)\sum_{k'=0}^{N-1}x_{k'}^*(t-\tau)\right\}=\sum_{k=0}^{N-1}\sum_{k'=0}^{N-1}\sum_{l=-\infty}^{+\infty}\sum_{l'=-\infty}^{+\infty}E\{v_{k,l}(t)v_{k',l'}^*(t-\tau)\}\mathrm{e}^{\mathrm{j}\frac{2\pi kt}{T_u}}\mathrm{e}^{-\mathrm{j}\frac{2\pi k'(t-\tau)}{T_u}}\\&=\sum_{k=0}^{N-1}\sum_{l=-\infty}^{+\infty}\sigma_d^2q(t-lT)q^*(t-\tau-lT)\mathrm{e}^{\mathrm{j}\frac{2\pi k\tau}{T_u}}=\sum_{k=0}^{N-1}R_q(t,\tau)\mathrm{e}^{\mathrm{j}\frac{2\pi k\tau}{T_u}}\end{aligned} \tag{5-29}$$

式中：$R_q(t,\tau)=\sum\limits_{l=-\infty}^{+\infty}\sigma_d^2q(t-lT)q^*(t-\tau-lT)$。可见，OFDM 调制信号的自相关函数是周期为 T 的周期函数，将自相关函数展开成傅里叶级数形式，则有

$$R_x^{\alpha}(\tau)=R_q^{\alpha}(\tau)\cdot\sum_{k=0}^{N-1}\mathrm{e}^{\mathrm{j}\frac{2\pi k\tau}{T_u}} \tag{5-30}$$

式中：$R_q^{\alpha}(\tau)$是$R_q(t,\tau)$的傅里叶级数系数，则 OFDM 调制信号的循环功率谱可表示为

$$S_x^{\alpha}(f)=\begin{cases}\dfrac{\sigma_d^2}{T}\displaystyle\sum_{k=0}^{N-1}Q\left(f-\dfrac{k}{T_u}+\dfrac{\alpha}{2}\right)Q^*\left(f-\dfrac{k}{T_u}-\dfrac{\alpha}{2}\right), & \alpha=\dfrac{p}{T}\\ 0, & \text{其他}\end{cases} \tag{5-31}$$

式中：p 为整数；$Q(f)$为 $q(t)$的 FFT 变换；$\alpha=\dfrac{p}{T}$为循环频率。

由此可得，OFDM 调制信号的循环功率谱仅在 α 处具有非零值，而在其他循环频率处的数值为零。

从上面的分析可知，基于循环功率谱的调制识别是基于准确估计信号的循环功率谱。为了保证调制识别的准确性，一般利用大量的采样值来实现循环功率谱估计，这必然导致计算的复杂度和运算量，因此需要对该方法加以改进。

（2）基于离散循环功率谱的 OFDM 信号调制识别方法。

改进上面方法的核心思想之一是分段处理，即将接收的信号采样值以 FFT 的点数分段，先分别对每段数据进行循环功率谱相关运算，再对每段数据相关运算的结果进行平均处理实现循环功率谱估计；核心思想之二是直接采用离散谱估计算法，并在谱估计之前首先进行预处理，即针对输入的时间序列 $x[n]$，$n=0,1,2,\cdots,N-1$，基于采样时间 T_s，以 $\Delta t=NT_s$ 时间内的信号来实现循环功率谱估计。

具体步骤如下：首先对接收的信号采样值$x[n]$分为L段，$N=LP$，P 表示后续每段进行 FFT 变换的点数，然后零均值化 $x(n)=x(n)-\bar{x}$，式中：$\bar{x}=\dfrac{1}{L}\displaystyle\sum_{L-1}^{i=0}x(n)$；最后对零均值化后的 $x[n]$进行谱估计处理：

$$X_{T,l}[k]=\sum_{n=0}^{P-1}x[lP+n]\mathrm{e}^{-\mathrm{j}\frac{2\pi kn}{N}}\quad(l\in[0,L]) \tag{5-32}$$

先根据估计结果对每一段做 FFT 和谱相关运算得到 $T_{X_{T,l}}^{\alpha}[k]$：

$$T_{X_{T,l}}^{\alpha}[k]=\frac{1}{P}X_{T,l}\left[k+\frac{\alpha}{2}\right]X_{T,l}^*\left[k-\frac{\alpha}{2}\right]\quad(l\in[0,L]) \tag{5-33}$$

再对这 L 段的估计结果做平均：

$$T_{X_T}^{\alpha}[k]=\frac{1}{L}\sum_{l=0}^{L}T_{X_{T,l}}^{\alpha}[k] \tag{5-34}$$

最后对平均的结果做平滑，得到输入信号的循环功率谱估计 $S_{X_T}^{\alpha}[k]_{\Delta f}$：

$$S_{X_T}^{\alpha}[k]_{\Delta f}=\sum_{m=0}^{M-1}T_{X_T}^{\alpha}[kM+m] \tag{5-35}$$

该识别方法具有以下特性：一是可辨识性特征明显，OFDM 调制信号在特定的循环频率具有明显的循环功率谱谱线，而干扰信号或者噪声信号的循环功率谱为零；二是识别能力相对较强，在低信噪比条件下利用循环功率谱特征可实现对 OFDM 调制信号的识别。

2）基于高阶累积量的 OFDM 调制信号识别法

对 OFDM 调制信号进行识别和分类的研究文献较多，但高阶累积量由于保持了信

号的基本特征，在 OFDM 调制信号分类上具有独特的优势。该方法的目的就是利用高阶累积量对强噪声背景下的弱信号进行检测并完成调制样式识别，基于高阶累积量的信号识别方法对加性高斯噪声中的确定性信号及非高斯信号均有效。

考虑到可能的相对恶劣的实际应用环境，该识别方法采用 Rayleigh 多径衰落信道模型。首先对信号进行采样和量化处理，得到离散化采样序列：

$$r(n) = Is'(n) + \eta(n) \tag{5-36}$$

式中：I 为 1 或 0，表示 OFDM 调制信号的有无，另有

$$s'(n) = \sum_{l=1}^{L} h_l(n)s(n-n_l) \cdot \mathrm{e}^{\mathrm{j}2\pi f_d n t_s} \tag{5-37}$$

式中：f_d 为多普勒频移；$h_l(n)$ 为多径传输中每条传输路径的 Rayleigh 衰落因子，$h_l(n)$ 的复数形式为 $h_l(n) = h_{ls}(n) + jh_{lc}(n)$，$h_{ls}(n)$ 和 $h_{lc}(n)$ 均统计独立且服从均值为零、方差为 σ_l^2 的正态分布；$\eta(n)$ 为高斯白噪声，服从均值为零，方差为 σ_η^2 的正态分布。OFDM 调制信号和高斯白噪声彼此独立。

功率归一化后多个 OFDM 符号复数形式可表示为

$$s(t) = \frac{1}{\sqrt{N}} \sum_k \sum_{n=0}^{N-1} d_{n,k} \exp[\mathrm{j}2\pi(f_c + n\Delta f)(t - kT_s)] \cdot g(t - kT_s) \tag{5-38}$$

式中：$d_{n,k}$ 为相互独立的调制符号序列，服从均值为零的等概分布；Δf 为 OFDM 调制信号中相邻子载波的频率间隔；$g(t)$ 为脉冲函数；T_s 为 OFDM 符号的周期。通过对 OFDM 调制信号作统计分析可证明：OFDM 调制信号各子载波上的信息序列互不相关，且 OFDM 调制信号幅度包络分布与 OFDM 符号内子载波数目 N 密切相关；子载波数目越多其包络分布就越具有渐近高斯性，其与 OFDM 符号内各子载波的调制样式毫无关系，这是 OFDM 信号调制识别的理论依据。

识别方法模型设计如图 5-6 所示。

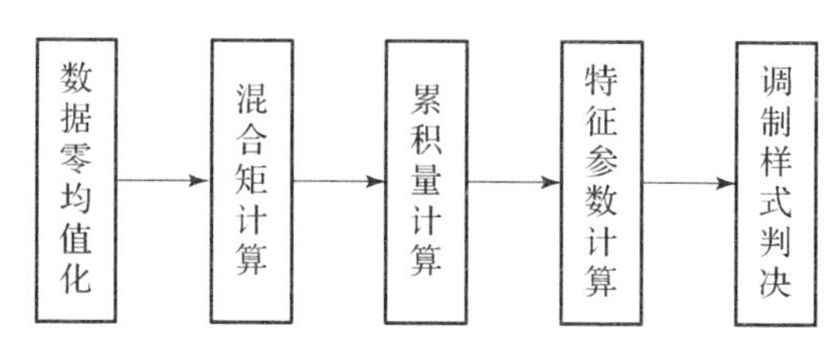

图 5-6　OFDM 调制信号识别方法模型

具体参数的计算过程如下：

（1）数据零均值化。

首先计算均值，每个采样值减去均值进行零均值化：

$$\bar{s} = \frac{1}{N} \sum_{i=0}^{N-1} s(i), \quad s(i) = S(i) - \bar{s} \tag{5-39}$$

将要分析的数据分为 K 段，每段含 M 个样点，记为 $s^k(0), s^k(1), \cdots, s^k(M-1)$。为了增加分段数目又不使各段样点数变少，每一个数据段重叠 P 点，总数据长度为 $N = KM$。若有必要，每段补零处理。

（2）混合矩计算。

根据得到的分段 $S(k)$ 数据计算第 k 段 p 阶混合矩：

$$M_{pq}=E[S(k)^{p-q}(S(k)^{*})^{q}] \tag{5-40}$$

式中：* 表示信号的复共轭；q 为信号复共轭的阶数。

（3）累积量计算。

根据得到的分段 $S(k)$ 数据计算与后续特征参数有关的累积量：

$$\begin{cases}C_{21}=\mathrm{cum}[S(k),S^{*}(k)]=M_{21}\\C_{42}=\mathrm{cum}[S(k),S(k),S^{*}(k),S^{*}(k)]=M_{42}-|M_{20}|^{2}-2M_{21}^{2}\\C_{63}=\mathrm{cum}[S(k),S(k),S(k),S^{*}(k),S^{*}(k),S^{*}(k)]=M_{63}-9C_{42}C_{21}-6C_{21}^{3}\end{cases} \tag{5-41}$$

（4）特征参数计算。

定义 OFDM 调制信号的归一化峰度 $m_{20}=\dfrac{M_{42}}{M_{21}^{2}}$。理论上可得 OFDM 调制信号相关混合矩的参考值如下：

$$m_{20}=\frac{M_{42}}{M_{21}^{2}}=2,\quad m_{30}=\frac{M_{63}}{M_{21}^{3}}=6,\quad \overline{C}_{42}=\frac{C_{42}}{C_{21}^{2}}=0,\quad \overline{C}_{63}=\frac{C_{63}}{C_{21}^{3}}=0 \tag{5-42}$$

根据混合矩及 Rayleigh 分布计算其统计特性：

$$E[|h_{l}(n)|^{k}]=(2\sigma_{l}^{2})^{\frac{k}{2}}\Gamma((2+k)/2),\quad k\geqslant 0 \tag{5-43}$$

得到 $s'(n)$ 与原发送信号 $s(n)$ 各阶矩之间的关系：

$$\begin{cases}M_{s',21}=\sum\limits_{l=0}^{L}E[(|h_{l}(n)|)^{2}]E[|s(n)|^{2}]=2\sum\limits_{l=0}^{L}\sigma_{l}^{2}\cdot M_{s,21}\\M_{s',42}=\sum\limits_{l=0}^{L}E[(|h_{l}(n)|)^{4}]E[|s(n)|^{4}]=8\left(\sum\limits_{l=0}^{L}\sigma_{l}^{2}\right)^{2}\cdot M_{s,42}\\M_{s',63}=\sum\limits_{l=0}^{L}E[(|h_{l}(n)|)^{6}]E[|s(n)|^{6}]=48\left(\sum\limits_{l=0}^{L}\sigma_{l}^{2}\right)^{3}\cdot M_{s,63}\end{cases} \tag{5-44}$$

鉴于随机变量在理论上具有两点推理：一是相互独立的随机变量的和其累积量与随机变量累积量的和相等；二是具有高斯分布特性的随机变量其二阶以上的累积量为零。因此，可基于上述推理计算得到累积量组合值 $[\lambda_1,\lambda_2]$，并以 $[\lambda_1,\lambda_2]$ 作为 OFDM 信号调制识别的特征参数。λ_1 和 λ_2 的计算表达式如下：

$$\lambda_{1}=\frac{C_{r,42}}{C_{r,21}^{2}}=\frac{C_{s',42}}{(C_{s',21}+C_{\omega,42})^{2}}=\frac{8\left(\sum\limits_{l=0}^{L}\sigma_{l}^{2}\right)^{2}(M_{s,42}-M_{s,42}^{2})}{\left[2\left(\sum\limits_{l=0}^{L}\sigma_{l}^{2}\right)\cdot M_{s,21}+M_{\omega,21}\right]^{2}} \tag{5-45}$$

$$\lambda_{2}=\frac{C_{r,63}^{2}}{C_{r,42}^{3}}=\frac{C_{s',63}^{2}}{C_{s',42}^{3}}=\frac{9}{2}\cdot\frac{(M_{s,63}-3M_{s,21}M_{s,42}+2M_{s,21}^{3})^{2}}{(M_{s,42}-M_{s,21}^{2})^{3}} \tag{5-46}$$

由式（5-46）可得，具体如下：

①特征参数 λ_1 和 λ_2 由累积量 C_{21}、C_{42} 和 C_{63} 组合而成，而累积量计算与多普勒频移和载波频率无关，即无需预先估计载波频率或多普勒频移即可利用 λ_1 和 λ_2 作为特征参数来识别 OFDM 调制信号，故基于这些特征参数的调制识别方法具有算法简单快速和无偏特点。

②在较高信噪比的情况下，噪声项 $M_{\omega,21}$ 相对 $M_{s,21}$ 而言数值较小，计算 λ_1 和 λ_2 时可忽略不计，即 λ_1 和 λ_2 式中没有噪声项，而分子分母中的信道衰落因子和阶次相同，故 λ_1 和 λ_2 这两个特征参数与信噪比和信道传输类型无关联，只与 OFDM 调制信号的调制样式相关。

③在较低信噪比的情况下，C_{21} 中的噪声项 $M_{\omega,21}$ 与 $M_{s,21}$ 相比数值较大，故不能被忽略，此时 λ_1 因与信噪比、信道传输类型及其衰落因子有关而不能作为特征参数来实现 OFDM 信号的调制识别。但此时从 λ_2 可以看出，λ_2 仍然与信道衰落参数和信噪比无关，而与信号的调制类型有关，适用于 OFDM 调制信号识别。

在理想情况下，以信噪比为 0dB 为参考，通过理论计算得到不同类型调制信号特征参数 λ_1 和 λ_2 的参考值如表 5 - 5 所列。

表 5 - 5　不同类型调制信号特征参数的理论参考值

信号类型		λ_1	λ_2
OFDM		0.50	18.00
MPSK		0	—
MFSK		0	—
DS - CDMA		0	0
MQAM	16QAM	0.17	0.76
	64QAM	0.19	0.98
MASK	4ASK	0.33	0
	16ASK	0.41	0.30

结合上述三点规律和表 5 - 5 可以推导得到如下结论：

①相对 MFSK 调制信号和 MPSK 调制信号，由于 $C_{42} = C_{63} = 0$，故其 λ_1 值与信噪比无关且恒为 0，但 λ_2 没有意义，而 OFDM 调制信号的 λ_1 不为 0 且 λ_2 特征值较大，因此能够将 MFSK/MPSK 信号与 OFDM 调制信号进行相互之间的调制识别。

②相对 MQAM 调制信号，虽然 MQAM 调制信号的 λ_1 值和 OFDM 调制信号的 λ_1 值均与信噪比有关且不为 0，但是 OFDM 调制信号与 MQAM 调制信号的 λ_2 的值与信噪比大小无关，两者特征值数值相差很大，因此可以依此进行两者之间的调制识别。

③相对 DS - CDMA 调制信号，尤其对于采用 PN 码直接序列扩频，再通过 MPSK 调制产生的 DS - CDMA 调制信号，其与 MPSK 调制信号的区别：经过 PN 码扩频，信号的码片时间变小，带宽扩大。但其 λ_1 和 λ_2 的值与码片的时间长度和信噪比无关，仅与调制样式有关，所以 DS - CDMA 调制信号的 λ_1 值和 λ_2 值恒为 0，与 OFDM 调制信号的特征值差别很大，因此可以依此进行两者之间的调制识别。

④相对 MASK 调制信号，其特征值 λ_1 的数值与 OFDM 调制信号的 λ_1 值都与信噪比和调制样式有关，且数值大小相似。但 MASK 调制信号的特征值 λ_2 虽然也与信噪比有关，但其数值与 OFDM 调制信号的特征值相差较大，易于与 OFDM 调制信号进行区别。

由此可见，λ_1 和 λ_2 这两个特征参数的联合使用可实现 OFDM 信号的调制识别。调制识别方法的基本流程，如下：

第一步，采用特征量 λ_1 来区分 OFDM/MASK/MQAM 调制信号和 MFSK/MPSK/DS－CDMA 调制信号。由于 MFSK/MPSK/DS－CDMA 调制信号 λ_1 的值恒为 0，OFDM 调制信号的 λ_1 值大于 0，因此通过选取合适的门限 $TH_{\lambda 1}$ 即可实现两大类调制信号的区分，实际信号处理时可设定 $TH_{\lambda 1}=0.3$。

第二步，采用特征量 λ_2 来区分 OFDM 调制信号与 MQAM/MASK 调制信号。由于 λ_2 与信噪比无关，且 OFDM 与 MQAM/MASK 的 λ_2 值相差很大。因此，通过选取合适的门限 $TH_{\lambda 2}$ 即可在低信噪比条件下正确实现 OFDM 信号的调制识别，在实际应用中可选取 $TH_{\lambda 2}=10$。

6. 基于深度学习的信号调制识别法

采用四层的神经网络，网络结构具有两层卷积层和两个全连接层，前三层使用线性整流函数 ReLU（rectified linear unit，ReLU）作为激活函数，在输出层采用柔性最大值函数 Softmax 作为激活函数。卷积神经网络的架构如图 5－7 所示。

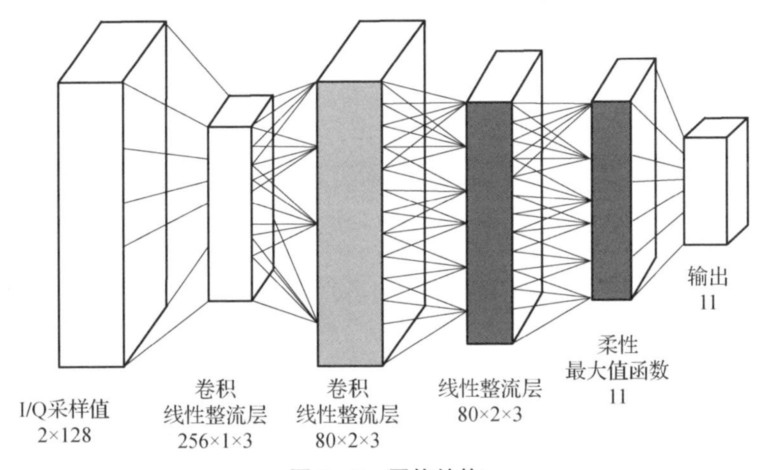

图 5－7　网络结构

由图 5－7 可见，卷积神经网络的输入层负责读取数据集中大小为［2，128］的样本矩阵，数据表现为字典形式，一般有两个标签分别是信噪比和调制类型。向量为 2 行，其中一行为信号的同相分量，另一行是正交分量，即以两路 I/Q 形式传播的长度为 128 的数字通信信号原始序列。输入层读取输入数据后将数据传递到下一层进行运算。

输入数据首先输入到第一层卷积层，第一层卷积层采用 256 个卷积核且卷积核大小为 1×3。第二层卷积层的设计参数与第一层卷积层相比完全不同，采用了 80 个卷积核，每个卷积核的大小为 2×3，两层卷积层的作用是特征提取，即通过卷积操作提取进入系统的数据的特征，第一层卷积层提取的是初级特征，第二层卷积层提取的是高级特征。输入数据经过两层卷积处理后，得到的中间参数到第一级全连接层来挖掘更加全局的特征参数。该全连层接共设计有 256 个神经元，其之前的所有步骤的作用都是为了提取特征，而全连接层的作用就是为了实现分类。激活函数是神经网络必不可少的组成部分，从下采样层出来的结果，必须要通过激励函数给神经网络加入一些非线性因素，从而提高神经网络的非线性表达能力。提取的全局特征参数作为输出层输入来实现对信号的调制识别，输出层采取全连接层的形式，运用 Softmax 激活函数可以将上一层提取的全局特征参数进行归一化，转化为一个［0，1］之间的数值。这些数值可以被当做概率分布，用来作为多分类的目标预测值，最大概率的输出即为数据的调制类型。

该方法可对较为典型的 BPSK、8PSK、CPFSK、GFSK、4PAM、16QAM、64QAM 和 QPSK 等 8 种数字调制信号，以及 AM - DSB、AM - SSB 和 WBFM 等 3 种模拟调制信号共计 11 种调制信号进行调制识别处理。处理时，设定卷积神经网络最后一层神经元个数为 11，每个神经元最后的输出就代表了这条输入在当前这个类别下的概率，再经过一层 Softmax 激活函数的计算，得到概率最大的输出即为当前数据的分类结果。该方法也可扩展到其他类型的调制信号。

7. 基于融合神经网络的信号调制识别法

卷积神经网络（convolutional neural network，CNN）和长短期记忆网络 LSTMN（long short term memory network，LSTMN）主要应用在图像问答和图像打标等问题中，但两者的融合处理可实现无线通信网台信号识别。

基于 CNN - LSTM 的调制识别网络结构如图 5 - 8 所示。

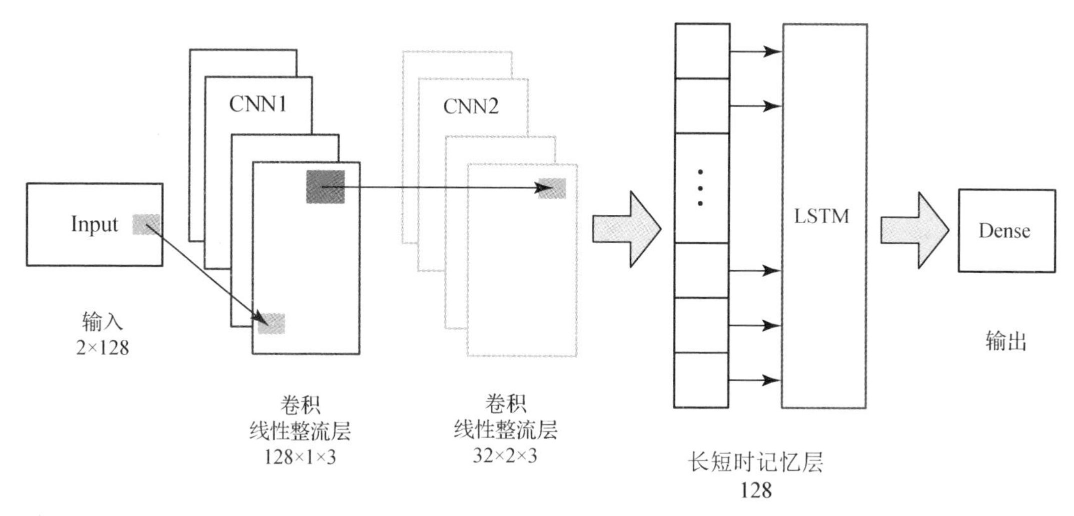

图 5 - 8　调制识别网络结构

该模型的理论基础：无线通信网台信号与图像处理具有空域相似性，即无线通信网台信号在调制过程中的位移和旋转等不变性与图像处理中的尺度不变性相似；无线通信网台信号与 LSTM 网络具有时域相似性，即共同具有时序连续和前后相关的特征。因此，该模型首先通过卷积神经网络实现对调制信号特征参数的挖掘和提取，然后利用长短期记忆网络实现调制识别。

调制识别网络结构包含两层卷积神经网络、一层长短期记忆网络和作为分类层的一层全连接层。在两层卷积神经网络中设计 ReLU 函数为激活函数，而在全连接层则使用 Softmax 为激活函数实现对调制样式进行分类，即实现调制识别。该结构的输入层负责读取数据集中大小为 2 × 128 的样本矩阵，数据表现为字典形式，一般有两个标签分别是信噪比和调制类型。向量为 2 行，其中一行为信号的同相分量，另一行是正交分量，即以两路 I/Q 形式传播的长度为 128 的数字通信信号原始序列。输入层读取输入数据后将数据传递到下一层进行运算。第一层卷积层采用 128 个卷积核，每个卷积核的大小为

1 ×3；第二层卷积层采用 32 个卷积核，每个卷积核的大小为 2 ×3。长短期记忆网络层采用最后一个时间步的输出结果作为下一层的输入，其数据大小为 128。在两层卷积神经网络中每个卷积层的数据输入之前都对数据边界采用两位补零的方法进行了处理。补零后第二层卷积层的输出数据形状为 1 ×132 ×32，此时需要对其进行变形处理以满足长短期记忆网络可接受的输入形式。经过变形后数据维度变换为 32 ×132，其中 32 和 132 分别作为长短期记忆网络中的输入序列的维度和长度，将 32 ×132 维度数据送入到长短期记忆网络层中，利用长短期记忆网络对时序的记忆与识别能力，即可实现调制信号的识别。第四层使用全连接层作为分类层，设计有 11 个单元，经过一层 Softmax 激活函数的计算将上层的输出数据归一化为［0，1］之间的数值，代表预测为某一输出单元对应位置下的调制类型的概率。

该模型同时利用了卷积神经网络与循环神经网络的特点，兼顾了调制信号数据的空间特征和时间特征。

8. 基于生成对抗网的信号调制识别法

生成对抗网络（generative adversarial networks，GAN）由于独特的对抗性思想使得它在众多生成器模型中脱颖而出，被广泛应用于计算机视觉（computer vision，CV）、机器学习（machine learning，ML）、语音处理等领域。而卷积神经网络（convolutional neural network，CNN）作为一种前馈神经网络，它的人工神经元可以响应一部分覆盖范围内的周围单元，对于大型图像处理有出色表现。因而将两者融合构建实现信号调制类型识别。

该模型的生成对抗网络结构主要包含生成器和判别器两个部分。基于该网络结构主要实现对图像的处理，因为在构建数据集阶段，将各种调制类型的信号转化为可以体现信号特征的 RGB 三通道时频图像，如图 5 –9 所示。

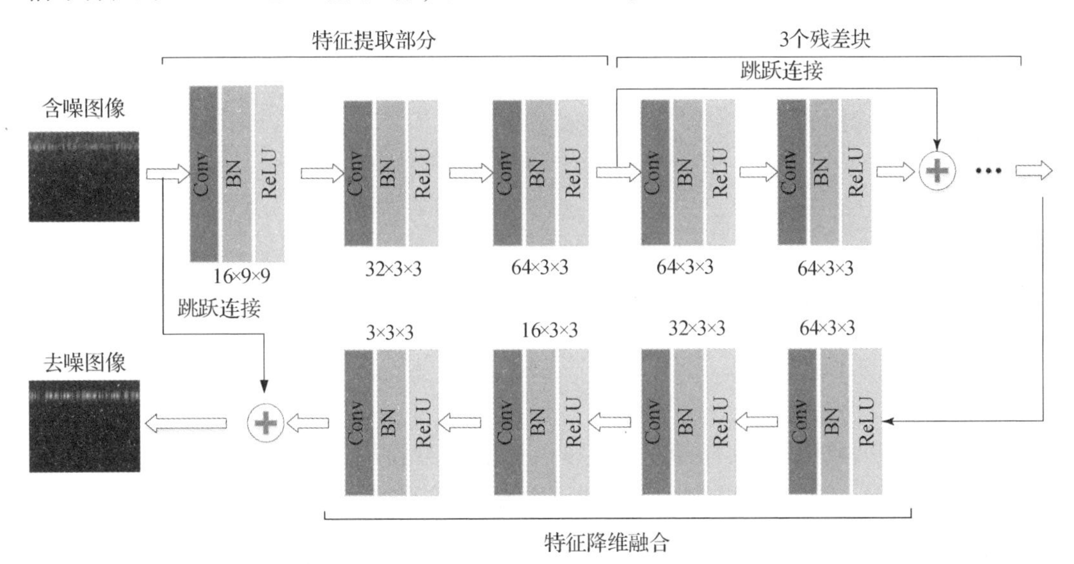

图 5 –9　生成器结构

生成器网络结构依次包含三层卷积神经网络、三层残差神经网络、四层卷积神经网络。生成结构的输入图片为 RGB 三通道图像，大小为 512 ×512 ×3，每个通道大小为

512×512，三通道分离便可以获得三个通道的灰度值，灰度值在图片处理阶段已经归一化为［0，1］。第一部分为三层卷积神经网络，进行多尺度特征提取，卷积层卷积核大小为9×9，移动步长为1，采用16个卷积核。第二层卷积层卷积核大小为3×3，移动步长为1，采用32个卷积核。第三层卷积层卷积核大小为3×3，移动步长为1，采用64个卷积核。为了有效提取信号图片特征，应采用较深的卷积网络，但是过深的网络在进行带步长卷积或者池化操作的时候会导致图像信息的丢失，残差模块的引入可以很好地解决这个问题。第二部分为特征域去噪部分，由三层相同的残差网络组成，均是常规残差模块，由2个3×3卷积层堆叠而成。引入残差神经网络既保证了网络的深度，使能够有效提取到信号特征，又避免训练过程中梯度消失，使训练更加稳定。第三部分为特征降维容和结构，由四层卷积网络组成，卷积核大小均为3×3，移动步长均为1，滤波器通道数依次为64、32、16和3。在所有的卷积层的数据输入之前都对数据边界采用补零的方法进行了处理，使得图像在处理过程中大小保持不变。以上步骤均是实现信号图像的特征提取，输出的降噪图像可以输入判别器网络结构中进行判别。

判别器网络结构如图5-10所示，包含四层卷积神经网络、一层全局池化层、和作为分类层的一层全连接层。输入数据为经过生成器输出的图像数据，图像大小为512×512×3。四层卷积神经网络进行特征提取，其滤波器卷积核均为3×3，移动步长均为2，滤波器通道数依次为16、32、64和128，基于全卷积神经网络来构建判别器，更好地实现精确判别功能。全局池化层代替全连接层，减少参数数量。全连接层先对提取到的特征参数进行加权处理，再经过一层Softmax激活函数的计算将上层的输出数据归一化为［0，1］的数值，代表判断降噪图像属于纯净图像的概率。在所有的卷积层的数据输入之前都对数据边界采用补零的方法进行了处理，使得图像在处理过程中大小保持不变。

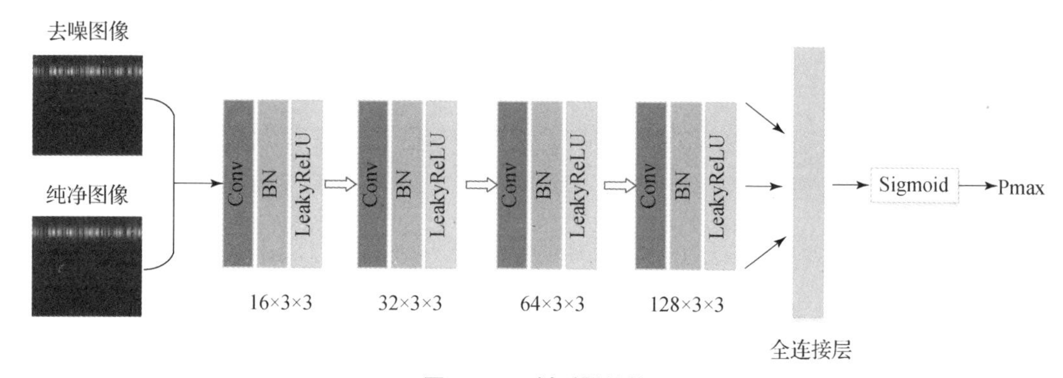

图5-10　判别器结构

训练好生成对抗网络之后，将训练好的生成器模型和基于判别网络构建的分类模型组合而成。此时生成器模型可以将含噪图像生成为降噪图像，输入到分类网络中。

分类网络最后一层全连接层设计为11个单元，实现对较为典型的2ASK、4ASK、8ASK、BPSK、QPSK、8PSK、2FSK、4FSK、8FSK、16QAM、64QAM等数字调制信号进行调制类型识别。该方法也可扩展到其他类型的调制信号。

9. 基于星座图的数字信号调制识别法

数字无线通信网台信号中幅相调制信号可以用星座图表示，利用幅相调制信号与星座图之间的对应关系，可以实现调制识别。

图 5-11 是典型无线通信网台信号的星座图。星座图表征了无线电信号正交平面的幅度相位关系，通过对信号进行正交分解，得到其正交分量信号 $I(t)$ 和 $Q(t)$。如果以 $I(t)$ 为横坐标，$Q(t)$ 为纵坐标，对 $I(t)$ 和 $Q(t)$ 的取值进行绘图即可得到星座图。常见通信网目标信号的星座图如图 5-11 所示。

星座图的获得相对比较容易，而如何从中识别相应的调制类型则相对比较困难。借助星座图实现识别调制类型，本质上是模式识别、模式匹配或者聚类分析。

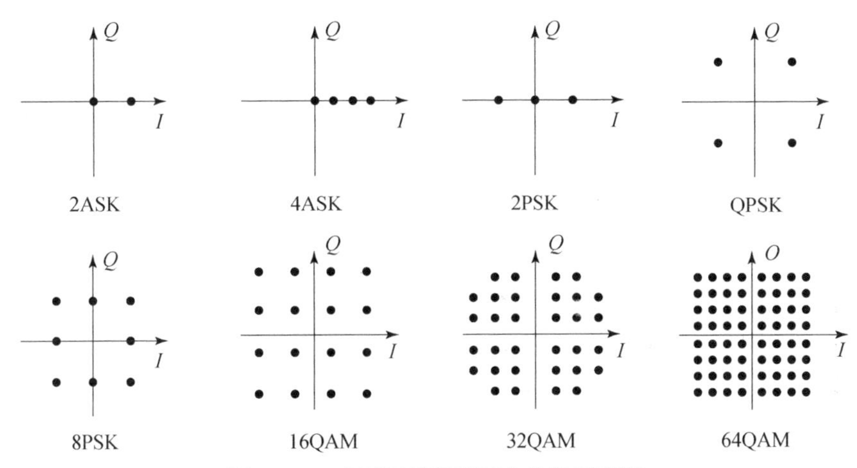

图 5-11　典型无线通信网台信号星座图

5.2.2　电磁信号调制解调方法

信号解调是通信中最基本的技术，目的是获取无线通信网台信号中所传输的比特信息，为后续目标信号编码识别、目标网络特征识别和目标测向与定位，以及获取敌方的军事情报和掌握其作战意图奠定基础。

通信网目标信号侦测与分析作为非协作方的第三方，与通信双方截然不同，即对通信双方无线通信网台信号的参数没有任何先验知识，也就是对无线通信网台信号的载波频率、调制样式、调制参数、码元速率和编码方式等都是未知的。因此，通信网目标信号侦测与分析采用被动式的解调，也称为盲解调。

通常在完成信号调制识别的基础上进行信号解调，也就是首先要实现对信号调制参数的估计，包括载波频率、码元速率和进制数等，才能够根据信号的调制样式进行解调。

1. 模拟调制信号解调法

1）AM 调制信号解调法

AM 调制信号在民用无线电广播中应用极为广泛。在早期的军用短波无线电通信中，AM 是一种主要的通信方式，目前的短波模拟化通信仍然以单边带为主。但 AM 调制信号的调制效率较低，主要原因在于 AM 调制信号中有一个载波消耗了大部分发射功率。

AM 调制信号的解调通常有两种方法，即相干解调法和非相干解调法。前者又称为同步解调法，后者又称为包络检波法。鉴于相干解调法需要本地提供精确载波同步，而包络检波法不仅方法简单而且又不需要同步载波，因此，AM 调制信号的解调基本采用包络检波法。

（1）相干解调法。

相干解调电路通常由带通滤波器、乘法器和低通滤波器等组成，采用相干解调法接收 AM 调制信号的原理如图 5－12 所示。

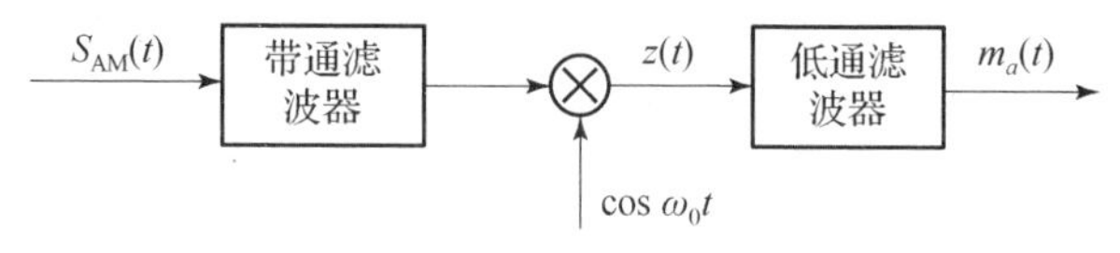

图 5－12　相干解调法

相干解调法的工作原理：AM 调制信号首先进入带通滤波器，由带通滤波器抑制带外噪声后使具有一定带宽的 AM 调制信号进入下一级电路。AM 调制信号 $S_{AM}(t)$ 通过带通滤波器后与本地同步载波 $\cos\omega_c t$ 在乘法器进行相乘处理得到低频信号，即进行下变频处理后再进入低通滤波器，低通滤波器滤除其中的倍频分量，最终解调还原出源信号。

图 5－12 中各点信号表达式分别如下：

$$S_{AM}(t)=[A_0+m(t)]\cos\omega_c t \tag{5-47}$$

$$\begin{aligned}Z(t)&=S_{AM}(t)\cdot\cos\omega_c t=[A_0+m(t)]\cos\omega_c t\cos\omega_c t\\&=\frac{1}{2}(1+\cos2\omega_c t)[A_0+m(t)]\end{aligned} \tag{5-48}$$

$$m_0(t)=\frac{1}{2}m(t) \tag{5-49}$$

式中：常数 $A_0/2$ 为混频乘法运算产生的直流分量，可采用隔直电容滤除；本地同步载波 $\cos\omega_c t$ 通过从所接收待解调的 AM 调制信号中采用平方变换等方法提取而得到。

相干解调法的优点是具有较好的接收解调性能，不足之处是要求接收端在本地产生一个与发送端频率和相位都同步的载波。

（2）非相干解调法。

AM 调制信号非相干解调法的原理如图 5－13 所示。其电路由带通滤波器、线性包络检波器和低通滤波器等组成。

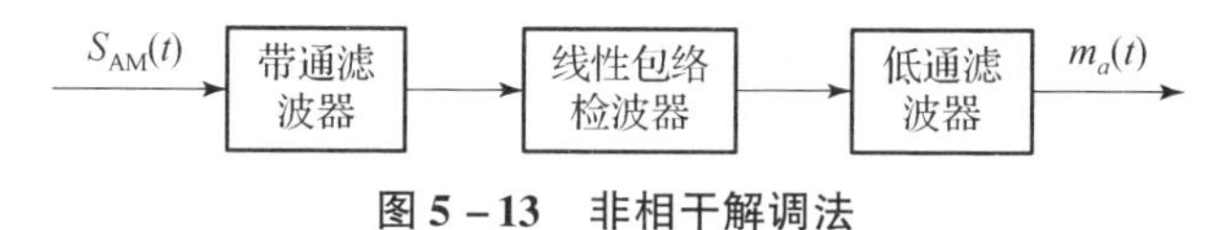

图 5－13　非相干解调法

非相干解调法的工作原理：调制信号首先进入带通滤波器，由带通滤波器抑制带外噪声后使具有一定带宽的 AM 调制信号进入下一级电路；然后线性包络检波器通过提取高频 AM 调制信号的包络将其转换成低频信号送到低通滤波器，由低通滤波器实现对低频包络信号完成滤波和平滑；最终解调还原出源信号。

包络检波法的优点是结构相对简单且不需要精确的同步载波，不足之处是存在门限效应导致抗噪声性能较差。其他 AM 类信号解调通常也采用上述方法。

2）FM 调制信号解调法

FM 调制信号的解调通常有两种方法，即相干解调法和非相干解调法。鉴于相干解调法需要本地提供精确的载波同步且能解调窄带 FM 调制信号，由于 FM 调制信号呈现宽带化的趋势，因此该方法的应用领域逐渐受限；而非相干解调法由于不需要同频同相的载波，且适用于窄带 FM 调制信号和宽带 FM 调制信号，因此已成为 FM 调制信号主要解调方法。

图 5 - 14 为 FM 调制信号非相干解调原理框图，由限幅器、带通滤波器、鉴频器和低通滤波器等组成。

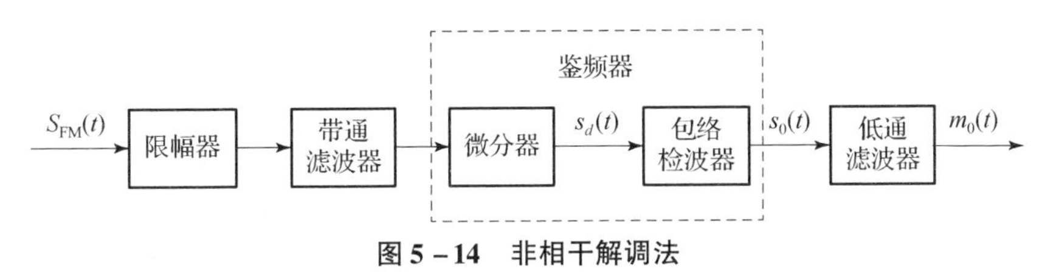

图 5 - 14　非相干解调法

非相干解调法的工作原理：首先限幅器对输入的 FM 调制信号和噪声进行限幅处理，以消除 FM 调制信号幅度过大导致信道阻塞或幅度畸变，然后由带通滤波器抑制带外噪声后使具有一定带宽的 FM 调制信号进入下一级电路。鉴频器中微分器首先把 FM 调制信号转换成调幅调频波，然后由包络检波器通过提取该信号的包络送到低通滤波器，由低通滤波器实现对包络信号的滤波和平滑处理，最终解调还原出源信号。

2. 数字调制信号解调法

典型的数字调制信号包括 MASK、MFSK、MPSK 和 MQAM 等调制信号。下面阐述这 4 种数字调制信号解调法。

1）MASK 调制信号解调法

MASK 调制信号是数字多进制幅度调制信号，可采用相干解调和非相干解调两种方法。高信噪比条件下，MASK 调制信号经常采用非相干解调法，即包络检波法；其他条件下，MASK 调制信号一般采用相干解调法。在实现对待解调信号的调制识别，即确定信号的调制类型以及载波频率、码元速率和进制数等调制参数后，即可进行解调处理。

（1）非相干解调法。

MASK 调制信号非相干解调原理如图 5 - 15 所示。

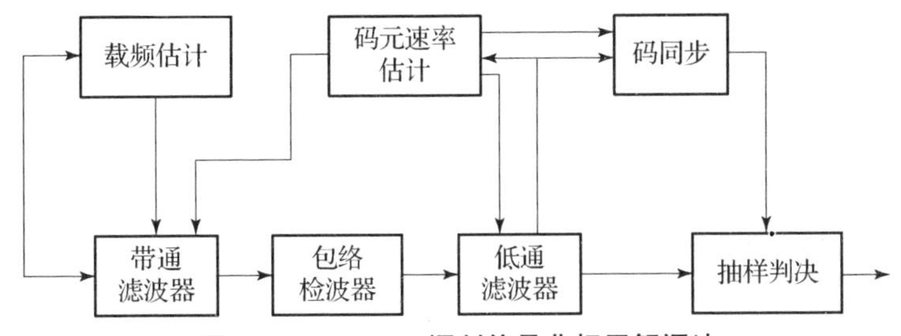

图 5 - 15　MASK 调制信号非相干解调法

非相干解调对载波频率估计的精度要求不高，只需要为带通滤波器中心频率设置一个初始值。低通滤波器码元速率估计也是为非相干解调提供初始值。下面以 2ASK 调制信号为例阐述解调过程。2ASK 调制信号包络检波解调过程如图 5 - 16 所示。

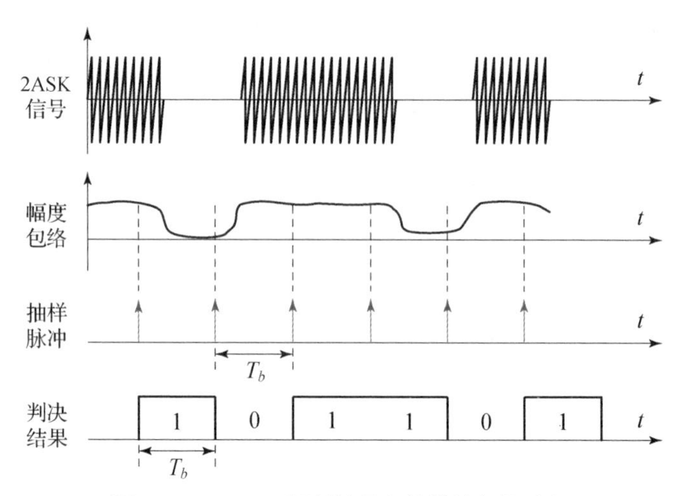

图 5-16　2ASK 调制信号包络检波解调过程

（2）相干解调法。

相干解调法需要接收解调产生一个相干载波来实现 MASK 调制信号的解调，其原理如图 5-17 所示。

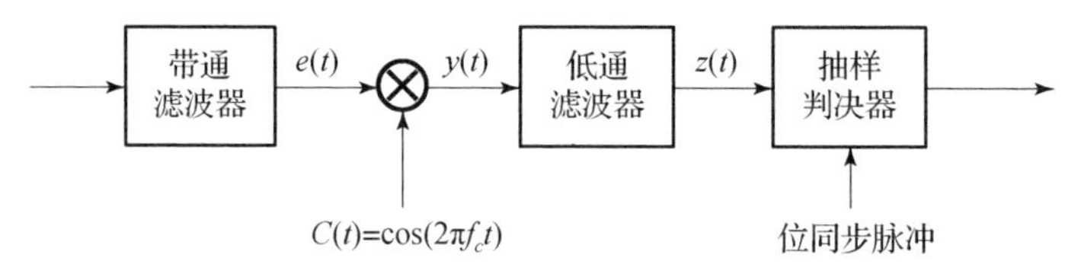

图 5-17　MASK 调制信号相干解调法

下面以 2ASK 调制信号为例，阐述解调过程。2ASK 调制信号相干解调法如图 5-17 所示。

$$\begin{aligned}y(t)&=e(t)\cdot\cos\omega_c t=S_{2\mathrm{ASK}}(t)\cdot\cos\omega_c t=b\cos\omega_c t\cdot\cos\omega_c t\\&=b\cos^2\omega_c t=b\cdot\frac{1}{2}(1+\cos2\omega_c t)=\frac{1}{2}b+\frac{1}{2}\cos2\omega_c t\end{aligned}\tag{5-50}$$

$$z(t)=\mathrm{LPF}[s(t)]=\frac{1}{2}b\tag{5-51}$$

式中：b 为 ASK 信号的幅度。

通过抽样判决可恢复信号所传输的比特流，即实现信号的解调。

2）MFSK 调制信号解调法

MFSK 调制信号是数字多进制频率调制信号，可采用相干解调法、鉴频法、过零检测法、差分检测法和时频分析法等方法进行解调。

（1）瞬时频率法。

在时频分析中，针对 MFSK 调制信号是单分量信号，即在任意时刻都只有一个频率的特点，因此可采用瞬时频率法来解调 MFSK 调制信号。

设 MFSK 调制信号采样得到的实信号序列 $x(i)$ 的频率是 f_{sep}，码元速率是 R_b，码元宽度是 $T_b=\dfrac{1}{R_b}$，采样频率为 f_s，计算其解析信号 $z(i)$，并求其模 2π 的瞬时相位 $\varphi(i)$ 为

$$\varphi(i)=\arctan\left[\frac{x'(i)}{x(i)}\right] \tag{5-52}$$

式中：$x'(i)$是实信号$x(i)$的希尔伯特变换。因为$\varphi(i)$是按模2π计算的，存在相位卷叠，所以将模2π瞬时相位序列$\{\varphi(i)\}$加上以下校正相位序列 $\{C_k(i)\}$ 为

$$C_k(i)=\begin{cases}C_k(i-1)-2\pi\\C_k(i-1)+2\pi\\C_k(i-1)\end{cases} \tag{5-53}$$

由于$C_k(0)=0$，因此去卷叠后的相位序列$\{\varphi_{uw}(i)\}$为

$$\varphi_{uw}(i)=\varphi(i)+C_k(i) \tag{5-54}$$

所以可得瞬时频率$f(i)$为

$$f(i)=\frac{f_s}{2\pi}[\phi_{uw}(i+1)-\phi_{uw}(i)] \tag{5-55}$$

利用窗宽为n的中值滤波器对瞬时频率序列$\{f(i)\}$进行中值滤波，中值滤波器输入/输出关系为

$$y=\begin{cases}x(k+1), & n=2k+1\\\frac{1}{2}(x(k)+x(k+1)), & n=2k\end{cases} \tag{5-56}$$

中值滤波器对分析窗里的数据进行从小到大排序，然后选取幅度为中间值作为输出值为

$$f_M(i)=\text{Median}[f(i)\mid n]=\text{Median}[f(i-k),\cdots,f(i),\cdots,f(i+k)] \tag{5-57}$$

式中：$\{f_M(i)\}$是滤波后的瞬时频率序列。进行归一化，再对输出序列按照下列条件对瞬时频率进行量化处理，如果$f_j(i)-\frac{f_{\text{sep}}}{2}\leqslant f_{\text{Med}}(i)\leqslant f_j(i)+\frac{f_{\text{sep}}}{2}$，则$v(i)=j$。

因此，得到量化输出序列$\{v(i)\}$。对量化输出序列进行码元宽度检测，即可得到解调输出。

（2）短时傅里叶变换法。

短时傅里叶变换（STFT）是一种非平稳信号分析工具。如前面所述，MFSK 调制信号采样得到的实信号序列$x(n)$的频间是f_{sep}，码元速率是R_b，码元宽度是$T_b=\frac{1}{R_b}$，采样频率为f_s。设窗函数为$w(n)$，窗宽为N_w。

对信号序列$x(n)$进行加窗的短时傅里叶变换，窗宽为N_w，可得

$$X(k,m)=\text{STFT}\{x(n)w(n-m)\} \tag{5-58}$$

计算谱图，谱图定义为短时傅里叶变换的模值的平方为

$$X_P(k,m)=|X(k,m)|^2 \tag{5-59}$$

计算出谱图的最大值对应的频率为

$$f(i)=\frac{k_if_s}{N_w} \tag{5-60}$$

式中：k_i是谱图中最大值对应的下标。将窗函数$w(n)$沿信号序列$x(n)$滑动，滑动步长为P，重复进行上述过程，即可得信号的瞬时频率序列$\{f(i)\}$。

得到瞬时频率序列后，按照与瞬时频率法相同的过程，对瞬时频率序列进行量化、

中值滤波和码元检测等，就实现了对 MFSK 调制信号的解调。

使用 STFT 解调 MFSK 调制信号时，窗函数类型、窗函数宽度、滑动步长和 FFT 点数的变化等都会影响信号的解调性能，因此若要得到好的解调性能，则必须合理选择这些参数。窗函数有矩形窗、三角窗、汉宁窗、海明窗和布莱克曼窗等，较为常用的窗函数为汉宁窗和哈明窗。窗函数的宽度通常取 1 ~ 2 倍的码元宽度；滑动步长一般取 $(0.1 \sim 0.5)T_s$；FFT 的频间分辨率 $\frac{f_{\text{sep}}}{\Delta f}$ 一般选择在 8 ~ 16，f_{sep} 是信号的频率间隔，Δf 是 FFT 的频率分辨率。

(3) 过零检测法。

除了上述的时频分析法外，MFSK 调制信号还可以采用相干解调法、鉴频法、过零检测法和差分检测法等。其中相干解调法与 MASK 调制信号所采用相干解调原理一致，鉴频法和差分检测法属较为常见的解调方法。下面以 2FSK 调制信号为例，阐述过零检测法。过零检测法原理如图 5 - 18 所示。

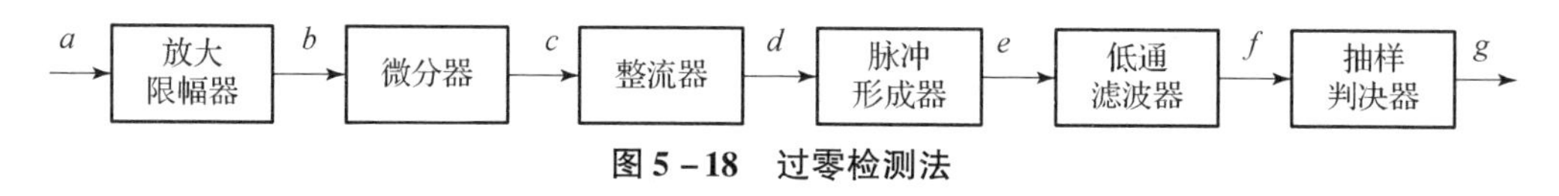

图 5 - 18　过零检测法

其解调处理流程如图 5 - 19 所示。

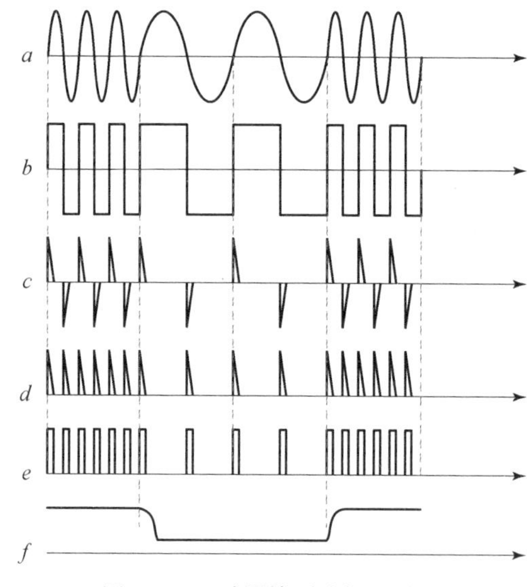

图 5 - 19　过零检测法解调过程

3) MPSK 调制信号解调法

MPSK 调制信号是多进制相位调制信号，可采用相干解调和非相干解调两种方法，其中非相干解调通常采用差分检测法。同样，在对 MPSK 调制信号进行解调之前，需对待解调的信号进行调制类型识别，确定信号的调制类型，尤其是进制 M 以及载波频率和码元速率等调制参数。

MPSK 调制信号解调通常采用相干解调。具体实现时，首先通过如高阶累积量方法实现对 MPSK 调制信号的识别得到进制数 M。然后利用第三章所述的相关内容实现 MPSK

调制信号的载波测量和码元速率估计。最后在此基础上进行 MPSK 调制信号解调。

基于载波测量和码元速率估计的 MPSK 调制信号解调原理如图 5-20 所示。

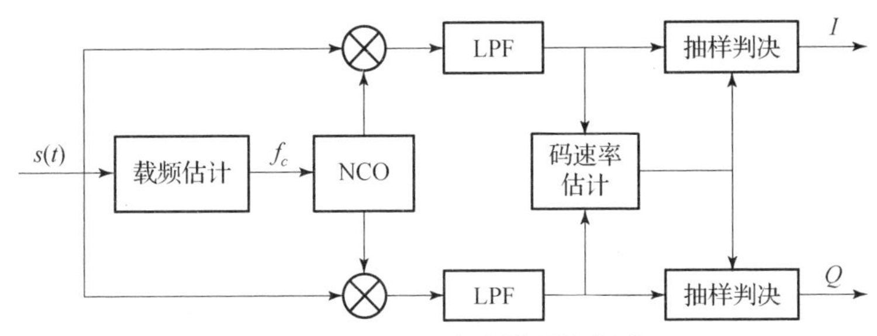

图 5-20　MPSK 调制信号解调法

图 5-20 中本地载波频率根据测量的载波由 NCO 产生，低通滤波器（LPF）的带宽以及抽样时钟的恢复和提取依赖于码元速率估计的结果。

下面以二进制和四进制移相键控调制信号的解调为例展开原理性阐述。

(1) 2PSK 调制信号解调法。

由图 5-20 简化得到 2PSK 调制信号解调的原理，如图 5-21 所示。

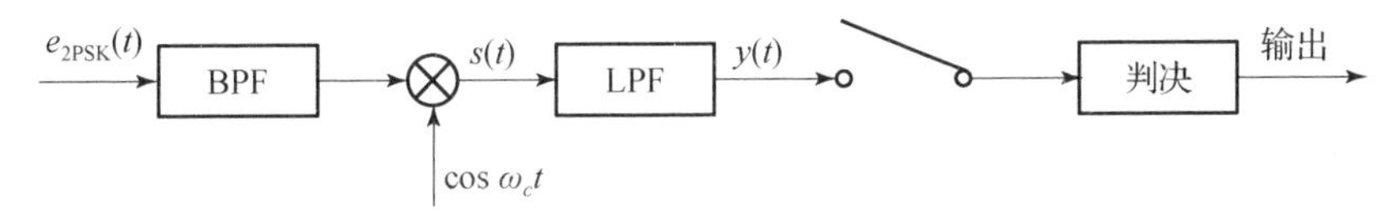

图 5-21　2PSK 调制信号解调法

由 $e_{2PSK}(t)=b(t)\cos(\omega_c t+\varphi)$ 可得

$$\begin{aligned} s(t) &= e_{2PSK}(t)\cdot\cos\omega_c t = b(t)\cos(\omega_c t+\varphi)\cos\omega_c t \\ &= \frac{1}{2}b(t)\left[\cos(2\omega_c t+\varphi)+\cos\varphi\right] \end{aligned} \tag{5-61}$$

$$y(t)=\text{LPF}[s(t)]=\frac{1}{2}b(t) \tag{5-62}$$

式中：$b(t)$ 为 2PSK 调制信号 $s(t)$ 的幅度，通过抽样判决可恢复信号所传输的比特流，即实现信号的解调。

对于 2PSK 调制信号的差分形式 2DPSK 调制信号，还可采用极性比较解调法和差分相干解调法。

2DPSK 调制信号的极性比较解调原理如图 5-22 所示。

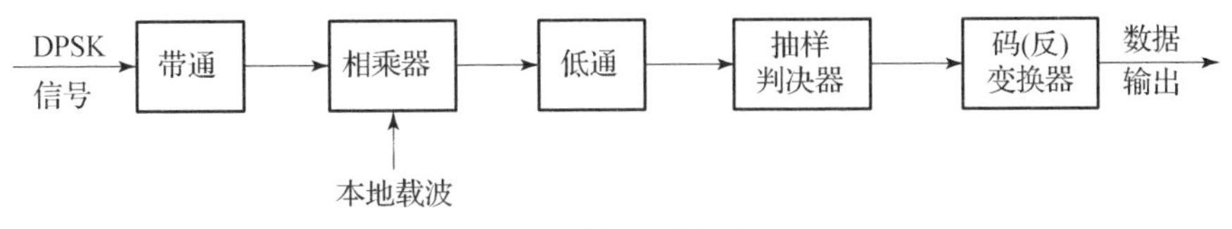

图 5-22　极性比较法解调法

采用极性比较解调法必须把输出序列变换成绝对码序列。

此外，2DPSK 调制信号还可采用差分相干解调的方法。该方法通过直接比较前后码元的相位差来实现解调，如图 5-23 所示。

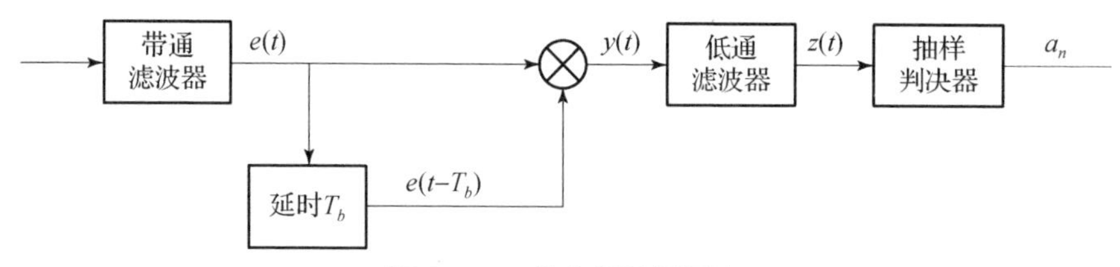

图 5-23 差分相干解调法

差分相干解调法在解调的同时实现了码元变换，所以不用设计极性比较法中码变换器，并且差分相干解调法采用延时处理，也无需利用专门电路来提取供相干用的同步载波。

差分相平具体解调过程如图 5-24 所示。

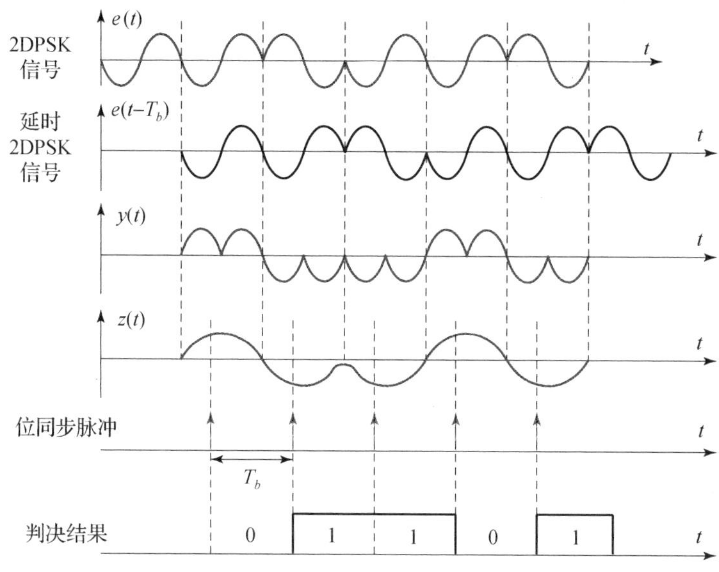

图 5-24 差分相干解调过程

（2）QPSK 调制信号解调法。

四进制移相键控（quadrature phase shift keying，QPSK）信号是一种性能优良的调制信号，其频带利用率和抗噪声性能相比同进制的 ASK 和 FSK 为最佳，因此在中高速数据传输中得到广泛应用。

QPSK 调制信号与 2PSK 调制信号一样，传输信号包含的信息都存在于相位中。图 5-25 为典型的 QPSK 信号调制原理框图。

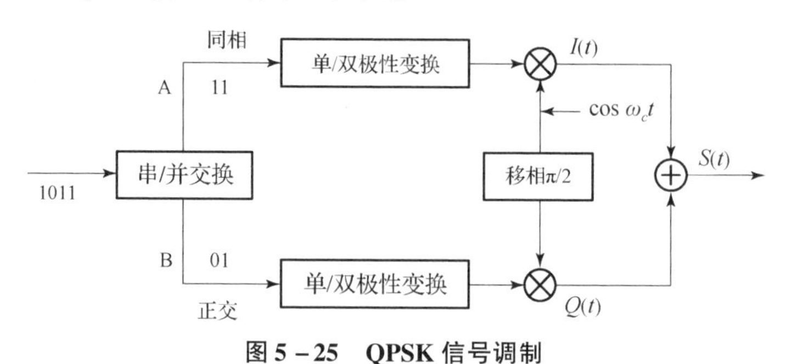

图 5-25 QPSK 信号调制

由经典的通信原理知识可知，QPSK 调制信号可以视为由两个正交 2PSK 调制信号构成，故可采用两路 2PSK 调制信号相干解调器实现 QPSK 调制信号的解调。其原理如图 5－26 所示。

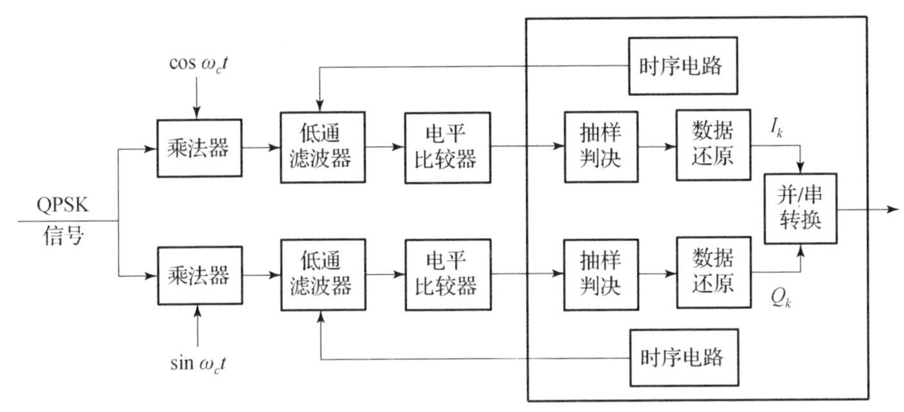

图 5－26　QPSK 调制信号解调

QPSK 调制信号经过相关处理后，由低通滤波器传输到电平比较器与门限值进行比较，随后进行抽样判决。如果同相信道判决结果大于 0，则同相信道符号输出为 1；如果同相判决信道结果小于 0，则同相信道符号输出为 0。同样，正交通道也采用该判决规则产生相应的输出。同相信道输出的符号序列和正交信道输出的符号序列最后通过并/串变换还原出原始的二进制序列，最终实现 QPSK 调制信号的解调。

4）MQAM 调制信号解调法

MQAM 调制信号的生成过程描述如下：

输入序列 $\{a_k\}$ 经过串/并变换形成两路无直流的双极性基带信号，记为 $S_1(t)$、$S_2(t)$，因而 $S_1(t)$、$S_2(t)$ 为相互独立的基带信号。$S_1(t)$、$S_2(t)$ 分别与载波 $\cos\omega_c t$、$\sin\omega_c t$ 相乘，形成两路抑制载频的双边带调幅信号 $e_1(t)=S_1(t)\cos\omega_c t$ 和 $e_2(t)=S_2(t)\sin\omega_c t$，于是得到 MQAM 调制信号为

$$e(t)=S_1(t)\cos\omega_c t-S_2(t)\sin\omega_c t \tag{5-63}$$

由于两路调制信号的载波相位差 90°，所以称为正交调幅调制。该调制方法中两路调制信号不仅每一路都是双边带调制而且两路调制信号调制在同一频段中，因此虽然双边带调制比单边带的增加一倍带宽，但可以传送两路信号。所以，频谱利用率与单边带传输的利用率相同。

MQAM 调制信号的解调只能采用相干解调法，其解调原理如图 5－27 所示。

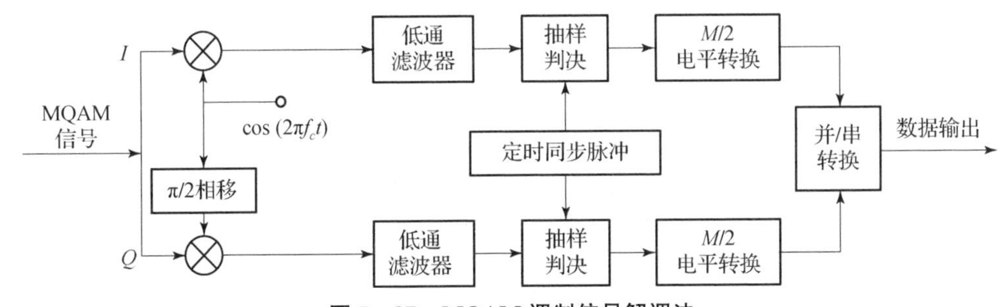

图 5－27　MQAM 调制信号解调法

假定接收信号无失真、MQAM 调制信号不受信道处理带宽限制，并且相干载波与信号载波同频同相，则 MQAM 调制信号经两个相干器混频处理后的输出分别为

$$\begin{aligned} y_1(t) &= y(t)\cos\omega_c t = [S_1(t)\cos\omega_c t - S_2(t)\sin\omega_c t]\cos\omega_c t \\ &= \frac{1}{2}S_1(t) + \frac{1}{2}S_1(t)\cos 2\omega_c t - \frac{1}{2}S_2(t)\sin 2\omega_c t \end{aligned} \tag{5-64}$$

$$\begin{aligned} y_2(t) &= -y(t)\sin\omega_c t = -[S_1(t)\cos\omega_c t - S_2(t)\sin\omega_c t]\sin\omega_c t \\ &= \frac{1}{2}S_2(t) - \frac{1}{2}S_1(t)\sin 2\omega_c t - \frac{1}{2}S_2(t)\cos 2\omega_c t \end{aligned} \tag{5-65}$$

经过低通滤波器后，两支路的输出信号分别为$\frac{1}{2}S_1(t)$、$\frac{1}{2}S_2(t)$，最后经并/串电路恢复发送序列 $\{a_k\}$。

5）MSK 调制信号解调法

按照 MSK 调制原理，MSK 调制信号的表达式为

$$y(t) = \cos\left(2\pi f_0 t + \frac{\pi x(t)}{2T_b}t + \theta_k\right) \quad (k-1)T_b \leqslant t \leqslant kT_b \tag{5-66}$$

式中：f_0 为 MSK 调制信号的载波频率；T_b 为输入符号的码元周期；θ_k 为第 k 个码元的相位常数，其在$(k-1)T_b \leqslant t \leqslant kT_b$ 内保持恒定，MSK 调制信号中两个频率分别为$f_1 = f_0 + \frac{1}{4T_b}$和$f_1 = f_0 - \frac{1}{4T_b}$。因此，MSK 信号具有的特点：已调信号幅度恒定；在一个码元周期内，信号包含 1/4 载波周期的整数倍；码元转换时，相位连续不跳变；以载波相位为基准，信号相位在一个码元周期内准确地变化 $\pm\pi/2$，其实质为相位连续的 FSK 调制信号。

针对 MSK 调制信号，采用基于频域块自适应滤波解调方法（后面简称：自适应解调）。该方法的基本处理流程如图 5－28 所示。

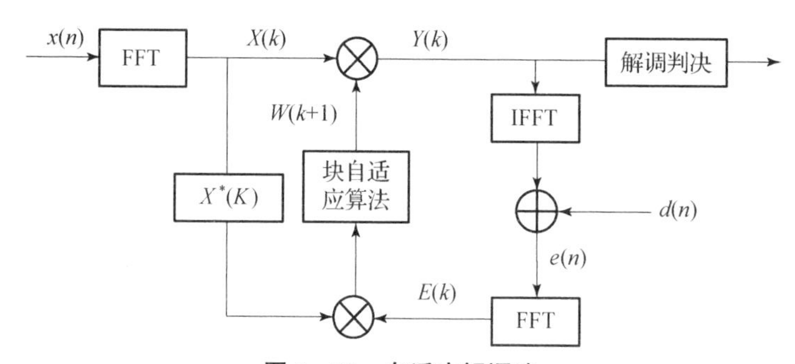

图 5－28　自适应解调法

图 5－28 中 $d(n)$ 为期望信号，块自适应滤波算法流程如图 5－29 所示。

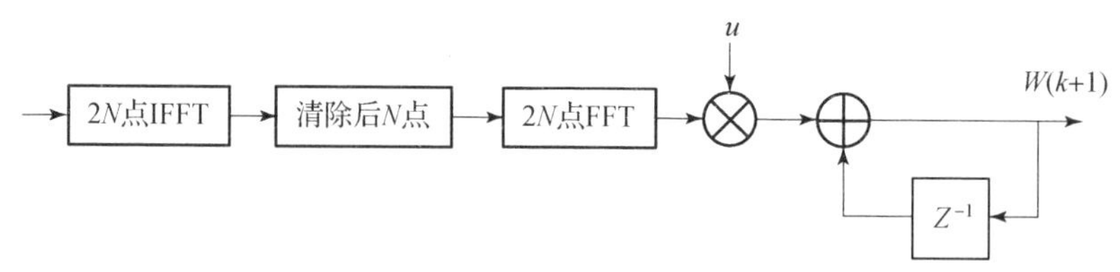

图 5－29　块自适应滤波算法

（1）频域块自适应滤波方法。

频域块自适应滤波方法将量化的数据分为 M 段，每段有 N 个采样点，数据块的大小即为滤波器抽头系数的个数。第 k 个数据块内时域自适应滤波方程为

$$\boldsymbol{w}(k+1)=\boldsymbol{w}(k)+u\sum_{i=0}^{N-1}e(kN+i)\boldsymbol{x}(kN+i)=\boldsymbol{w}(k)-\frac{1}{2}u\nabla(k) \tag{5-67}$$

$$y(kN+i)=\boldsymbol{w}^{\mathrm{T}}(k)\boldsymbol{x}(kN+i),i=0,1,\cdots,N-1 \tag{5-68}$$

式中：$\boldsymbol{w}(k)$ 是第 k 块内滤波器时域权系数的矢量，$\boldsymbol{w}(k)=[w_0(k)\quad w_1(k)\quad\cdots\quad w_{N-1}(k)]^{\mathrm{T}}$；$\boldsymbol{x}(n)$ 是在 n 时刻滤波器含有 N 个最新的输入信号样本，可看成是 N 个抽头延迟线的输出，$\boldsymbol{x}(n)=[x(n)\quad x(n-1)\quad\cdots\quad x(n-N+1)]^{\mathrm{T}}$；$d(n)$ 为期望信号，或者称为本地参考信号；$e(n)$ 是误差序列，它等于期望信号与滤波器输出之差，即 $e(n)=d(n)-y(n)$。

为减少计算量和计算复杂度，频域块自适应算法在频域上采用 50% 重叠保留法来实现。算法将每段 N 点数据进行离散傅里叶变换，权系数每 N 个样点更新一次，每次更新都是由 N 个误差信号样点累加结果来控制。其具体过程为先通过对时域权系数矢量 $\boldsymbol{w}(k)$ 增加 N 个零，再利用 $2N$ 点的 FFT 得到频域权系数矢量为

$$\boldsymbol{W}^{\mathrm{T}}(f)=\mathrm{FFT}[\boldsymbol{W}^{\mathrm{T}}(k)\quad 0\quad\cdots\quad 0] \tag{5-69}$$

式中：$\boldsymbol{W}(f)$ 为 $2N\times1$ 的向量，即频域抽头向量长度为时域抽头向量长度的两倍。将第 $(k-1)$ 块与第 k 块输入数据进行 $2N$ 点 FFT 变换，并令 $\boldsymbol{X}(k)$ 的元素组成对角矩阵为

$$\boldsymbol{X}(f)=\mathrm{diag}\{\mathrm{FFT}[x(kN-N)\quad\cdots\quad x(kN-1)\quad x(kN)\quad\cdots\quad x(kN+N-1)]\} \tag{5-70}$$

由上述推导，可以得到：

$$y(k)=\mathrm{FFT}^{-1}[\boldsymbol{X}(k)\boldsymbol{W}(k)] \tag{5-71}$$

$$\boldsymbol{Y}(f)=\boldsymbol{X}(f)\boldsymbol{W}(f) \tag{5-72}$$

滤波器对应的时域和频域输出为式（5-72）的最后 N 项，解调判决算法利用块自适应滤波的结果 $\boldsymbol{Y}(k)$ 来展开。

（2）解调判决方法。

针对 MSK 调制信号的特点，在完成信号量化的基础上，首先完成每个码元内的 K_{1i} 和 K_{2i} 的计算：

$$K_{1i}=\mathrm{INT}\left(\frac{f_c+f_d/4}{f_s}i\right)\quad(1\leqslant i\leqslant N) \tag{5-73}$$

$$K_{2i}=\mathrm{INT}\left(\frac{f_c-f_d/4}{f_s}i\right)\quad(1\leqslant i\leqslant N) \tag{5-74}$$

式中：f_c 为载波频率；f_d 为码元速率；f_s 为采样速率；$\mathrm{INT}(x)$ 表示离 x 最近的整数；N 为一个码元内采样点数的序号；K_{1i} 为每个码元内与 i 有关的实部所对应的数值；K_{2i} 为每个码元内与 i 有关的虚部所对应的数值，这两个数值用以实现一个码元内 N 点采样值经过 FFT 变换后模值的计算。

对应 K_{1i} 和 K_{2i} 的 FFT 变换数值如下：

$$y_{1i}(f)=\sum_{n=0}^{N-1}\cos\left[2\pi\left(f_0+\frac{\pi x(t)}{4T_b}\right)t+\theta_k\right]\mathrm{e}^{-\mathrm{j}\frac{2n\pi}{N}K_{1i}}\quad(1\leqslant i\leqslant N)$$

$$y_{2i}(f)=\sum_{n=0}^{N-1}\cos\left[2\pi\left(f_0+\frac{\pi x(t)}{4T_b}\right)t+\theta_k\right]\mathrm{e}^{-\mathrm{j}\frac{2n\pi}{N}K_{2i}}\quad(1\leqslant i\leqslant N)\tag{5-75}$$

从 MSK 信号表达式可以看出，在一个码元内为正弦信号，即 $y_{1i}(f)$ 和 $y_{2i}(f)$ 为对称特性，即这两个参数大小变化一致。通过比较可以得到 $y_{1i}(f)$ 和 $y_{2i}(f)$ 的最大值，即

$$\begin{cases}y_{1\max}(f)=\max(|y_{1i}(f)|)\quad(1\leqslant i\leqslant N)\\y_{2\max}(f)=\max(|y_{2i}(f)|)\quad(1\leqslant i\leqslant N)\end{cases}\tag{5-76}$$

如果 $y_{1\max}(f)\geqslant y_{2\max}(f)$，则判决码元为 1，否则判为 0，从而实现 MSK 信号解调处理。

（3）权系数更新方法。

权系数更新是重中之重，滤波时权系数更新方法如下：

误差序列的 FFT 变换为

$$\boldsymbol{E}(k)=\mathrm{FFT}[0\quad\cdots\quad 0\quad d(kN)-y(kN)\quad\cdots\quad d(kN+N-1)-d(kN+N-1)]\tag{5-77}$$

取式（5-77）的前 N 项，即梯度为

$$\nabla(k)=-2\mathrm{FFT}^{-1}[\boldsymbol{X}^*(k)\boldsymbol{E}(k)]\tag{5-78}$$

最后得到频域滤波权系数更新公式为

$$\boldsymbol{W}(k+1)=\boldsymbol{W}(k)+\frac{1}{2}u\mathrm{FFT}\begin{bmatrix}\nabla(k)\\0\\\vdots\\0\end{bmatrix}\tag{5-79}$$

由此实现 MSK 调制信号的解调。

5.3 电磁信号信道编码识别方法

通信网目标信号编码识别主要针对无线通信网台信号为提高传输可靠性所采用的信道编码。本节从第三方角度阐述信道编码分析与识别方法、编码参数分析与识别方法和信道译码方法等内容。

5.3.1 信道编码识别概述

信道编码分析与识别是网电对抗领域亟需解决的问题之一。网电对抗主要包括侦测、攻击和防御三大类。其中，通信网目标信号侦测是指在未被授权或非常规条件下，获取无线通信网台通信双方信息的一种技术，是实施攻击和防御的前提条件。在非合作的网电对抗领域实现对接收信息码流的信道编码类型及其相关参数的正确识别和译码，是实现无线通信网台个体识别的关键，是实现网电对抗从信号战迈进比特战的前提，也是网电对抗从信号层跨入信息层的基础。

通常信道编码分析识别建立在信号调制识别和解调、数据预处理、去交织的基础上，主要包括编码码型识别和编码参数识别。其分析识别框架如图 5-30 所示。

数据预处理是指对解调数据中附加的帧同步、标志比特、首尾比特和保护比特等进行分析和删除，得到信道编码原始数据。在信道编码分析识别中，首先需要去交织处理，包括有无交织的判断、交织种类及交织关系；在此基础上，进行码型识别、码率判断、信道编码输出码组起始点判断及生成多项式（或校验矩阵）识别。此外，如果存在信息加扰情况，则还需要进行信息解扰。信道编码分析与识别具体流程如图 5－31 所示。

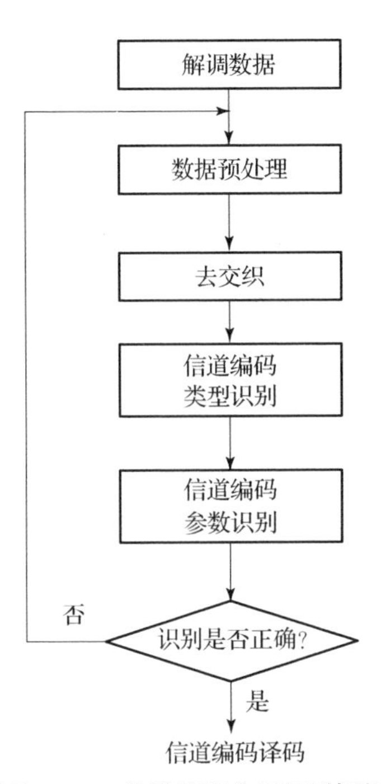

图 5－30　信道编码分析识别框架

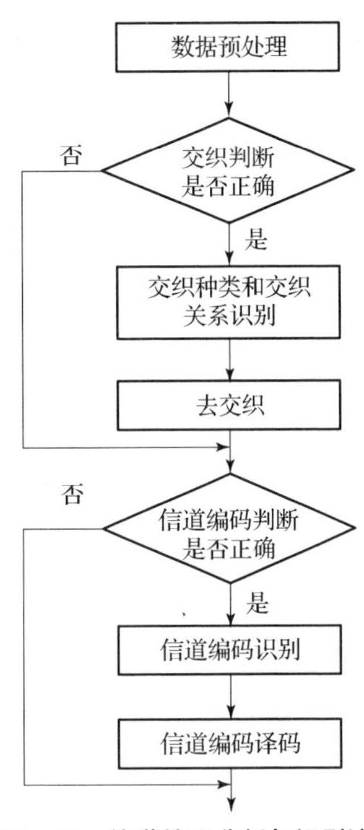

图 5－31　信道编码分析与识别流程

在非协作分析识别的情况下，认定识别结果的正确，即判断信道编码识别是否成功，通常采用二次编码的方法来进行验证。二次编码是指在接收端完成信道译码后，对译出的比特数据流再按该参数重新进行编码，将送入译码器的数据序列与重新编码后得到的另一编码数据序列进行比对，根据误码率的大小即可判断译码是否正确，从而确定信道编码识别的正确性。

下面依据图 5－31 所示的流程按信道编码类型来阐述信道编码分析与识别方法。

5.3.2　线性分组码识别方法

线性分组码的编码模型可表述为 $\boldsymbol{C}=\boldsymbol{MG}$，式中：输入的信息序列 $\boldsymbol{M}=\{\boldsymbol{M}_0,\boldsymbol{M}_1,\boldsymbol{M}_2,\cdots,\boldsymbol{M}_i,\cdots\}$ 以 k 比特作为一组，第 i 时刻输入的 k 比特信息为 $\boldsymbol{M}_i=\{m_{i,0},m_{i,1},\cdots,m_{i,k-1}\}$；编码输出序列 $\boldsymbol{C}=\{\boldsymbol{C}_0,\boldsymbol{C}_1,\boldsymbol{C}_2,\cdots,\boldsymbol{C}_i,\cdots\}$ 以 n 比特作为一组，第 i 时刻输出的 n 比特信息为 $\boldsymbol{C}_i=\{c_{i,0},c_{i,1},\cdots,c_{i,k-1}\}$；$\boldsymbol{G}$ 是生成矩阵。

分组码的分析识别是指在仅知道码字 $\boldsymbol{C}$，而其他信息所知很少或完全未知的情况下估计出生成矩阵 $\boldsymbol{G}$，进而成功获得信息序列 $\boldsymbol{M}$ 的过程。

由于 $\boldsymbol{CH}^{\mathrm{T}}=\boldsymbol{0}$ 成立，因此可以在求出 $\boldsymbol{H}^{\mathrm{T}}$ 的基础上，由 $\boldsymbol{GH}^{\mathrm{T}}=\boldsymbol{0}$ 得到生成矩阵 $\boldsymbol{G}$。

由于系统码的校验矩阵 $\boldsymbol{H}$ 与生成矩阵 $\boldsymbol{G}$ 一一对应，所以理论上系统码是可以被分析识别的。

分组码的分析识别包括了对码长 n、码字起点 i、码率 k/n、校验矩阵 $\boldsymbol{H}$、生成矩阵 $\boldsymbol{G}$ 和生成多项式 $g(x)$ 等参数的分析识别。其中，码率 $r=k/n$ 表示编码或传输效率；利用接收的待识别数据 $\boldsymbol{C}$，结合公式 $\boldsymbol{C}\boldsymbol{H}^{\mathrm{T}}=\boldsymbol{0}$ 和 $\boldsymbol{G}\boldsymbol{H}^{\mathrm{T}}=\boldsymbol{0}$，通过各类分析识别法可求得校验矩阵 $\boldsymbol{H}$。

1. 高斯解方程分析识别法

对分组码进行分析识别的最常见方法是直接求解校验矩阵的线性方程组。该方法需预先估计约束长度，若可以保证采集到足够长度的无误码分组码片段，则存在通过直接求解线性方程组得到校验多项式的可能，并实现分组码的分析识别。

线性方程组可用 $\boldsymbol{AX}=\boldsymbol{B}$ 表示，其中：$\boldsymbol{A}=\begin{bmatrix} a_{11} & \cdots & a_{1n} \\ \vdots & \ddots & \vdots \\ a_{m1} & \cdots & a_{mn} \end{bmatrix}$，$\boldsymbol{X}=\begin{bmatrix} x_1 \\ \vdots \\ x_n \end{bmatrix}$，$\boldsymbol{B}=\begin{bmatrix} b_1 \\ \vdots \\ b_n \end{bmatrix}$。$\boldsymbol{A}$ 是系数矩阵，$\boldsymbol{X}$ 是未知矩阵，$\boldsymbol{B}$ 是常数矩阵。$\boldsymbol{A}$、$\boldsymbol{B}$ 放在一起构成的矩阵是增广矩阵 $[\boldsymbol{A}\quad \boldsymbol{B}]$，对增广矩阵进行消元处理，得到的阶梯矩阵就是线性方程组的解。

若码率为 k/n 的（n，k）线性分组码的生成矩阵是 $\boldsymbol{G}(D)$，校验矩阵是 $\boldsymbol{H}(D)$，则

$$\boldsymbol{G}(D)\boldsymbol{H}(D)=\boldsymbol{0} \tag{5-80}$$

假定已获取分组码 $\boldsymbol{C}$ 中长度 $N>nk$ 的码字序列，如果该码字序列中无误码，则存在校验关系 $\boldsymbol{C}(D)\boldsymbol{H}^{\mathrm{T}}(D)=\boldsymbol{0}$。设 $\boldsymbol{H}^{\mathrm{T}}(D)=(h_1(D),h_2(D)\cdots h_{n-k}(D))$，则有如下线性方程组：

$$\begin{pmatrix} c_{1,1} & c_{1,2} & \cdots & c_{1,n} \\ c_{2,1} & c_{2,2} & \cdots & c_{2,n} \\ \vdots & \vdots & \vdots & \vdots \\ c_{k,1} & c_{k,2} & \cdots & c_{k,n} \end{pmatrix}\begin{pmatrix} h_{1,1} & h_{2,1} & \cdots & h_{n-k,1} \\ h_{1,2} & h_{2,2} & \cdots & h_{n-k,1} \\ \vdots & \vdots & \cdots & \vdots \\ 0 & 0 & \cdots & 0 \end{pmatrix}=\boldsymbol{0} \tag{5-81}$$

采用高斯消元法，对式（5-81）的结果再加上一列 k 行的全 $\boldsymbol{0}$ 向量进行数学变换后得到增广矩阵形式 $\begin{pmatrix} 1 & 0 & \cdots & 0 & q_{0,0} & q_{1,0} & \cdots & q_{d-1,0} \\ 0 & 1 & \cdots & 0 & q_{0,1} & q_{1,1} & \cdots & q_{d-1,1} \\ \vdots & \vdots & \vdots & \vdots & \vdots & \vdots & \vdots & \vdots \\ 0 & 0 & \cdots & 1 & q_{0,k} & q_{1,k} & \cdots & q_{d-1,k} \end{pmatrix}$，其中：$q_{i,j}$ 是对上述矩阵进行消元后得到的元素，d 为解空间的维数，$d=n-2k-1$。对矩阵进行变换得到 $\begin{pmatrix} q_{0,0} & q_{0,1} & \cdots & q_{0,k} & 1 & 0 & \cdots & 0 \\ q_{1,0} & q_{1,1} & \cdots & q_{1,k} & 0 & 1 & \cdots & 0 \\ \vdots & \vdots & \vdots & \vdots & \vdots & \vdots & \vdots & \vdots \\ q_{d-1,0} & q_{d-1,1} & \cdots & q_{d-1,k} & 0 & 0 & \cdots & 1 \end{pmatrix}$，$\begin{pmatrix} q_{0,0} & q_{0,1} & \cdots & q_{0,k} & 1 & 0 & \cdots & 0 \\ q_{1,0} & q_{1,1} & \cdots & q_{1,k} & 0 & 1 & \cdots & 0 \\ \vdots & \vdots & \vdots & \vdots & \vdots & \vdots & \vdots & \vdots \\ q_{d-1,0} & q_{d-1,1} & \cdots & q_{d-1,k} & 0 & 0 & \cdots & 1 \end{pmatrix}$ 表示的是方程组中 $\boldsymbol{H}(D)$ 解空间的标准基。上述解中，只要 $d=n-k$，则 $\boldsymbol{H}(D)$ 即可能为所求。

在 n、k 均未知的条件下，高斯直解法可能存在多解。对于虚解的剔除，可以通过前面介绍的二次编码等方法来进行分析识别。

下面以一段 BCH 码数据为例，阐述以高斯直解法求（15，11）编码的校验矩阵。对该段数据经过上述推导和计算后，可得到多个 $h_i(D)$ 如下：

$$\begin{aligned}&n:13\quad k:11\\&\boldsymbol{H}=[1111001100010;\quad 0001010111011]\end{aligned}\tag{5-82}$$

$$\begin{aligned}&n:15\quad k:11\\&\boldsymbol{H}=\begin{bmatrix}111101011001000; & 001111010111010;\\ 011110101101100; & 111010110010101\end{bmatrix}\end{aligned}\tag{5-83}$$

$$\begin{aligned}&n:20\quad k:11\\&\boldsymbol{H}=\begin{bmatrix}01001111000100000000; & 10010101111110000000;\\ 10011110000111000000; & 11001000000111100000;\\ 01000101000111110000; & 11010110100011111000;\\ 11000000000001111100; & 00011000110000111010;\\ 11001111111000010101 & \end{bmatrix}\end{aligned}\tag{5-84}$$

可见，方程存在多解，而只有 $n=15$、$k=11$ 时的解符合所设前提，由此可实现线性分组码的分析识别。

2. 码重分析识别法

任意码字或向量中，非零元素的个数被定义为该码字或向量的汉明重量，又称为码重。定义（n，k）线性分组码码字 $\boldsymbol{C}$ 的码重分布 $\boldsymbol{W}(C)$ 是 $n+1$ 个整数的集合 $\boldsymbol{W}(C)=\{N_i=d,0\leqslant d\leqslant n\}$，其中 $\boldsymbol{W}(C)$ 表示码字 $\boldsymbol{C}$ 中汉明重量。定义汉明重量是 d 的码组在分组码 $\boldsymbol{C}$ 中的出现概率 p_i 为该码组的码重分布概率。

定理 5.1：如果 BSC 信道（二进制对称信道）的转移概率 p（0→1 或 1→0 的概率）是一个很小的数，当接收到的码字 r 与 v 中的码字 v_j 的距离最小时，即对于 $i=1$，2，…，q^k，$\forall i\neq j$，均有 $d(r,v_j)<d(r,v_i)$，则发送 v_j 收到 r 的条件概率最大，即有 $P(r\mid v_j)>P(r\mid v_i)$。其中 v 是码字长度为 n、信息位长度为 k 的所有码字的集合；q 为进制数。

定理 5.2：若某数字通信系统中，同时在一个码组中发生 t 个错误的概率为 $P(t)$，则 $P(t)\gg P(t+1),t=0,1,\cdots,q^k$。如误码率为$10^{-3}$，则有 $P(1)=C_n^1\,10^{-3}(1-10^{-3})^{n-1}\approx C_n^1\times10^{-3}$、$P(2)=C_n^1\,10^{-6}(1-10^{-3})^{n-2}\approx C_n^2\times10^{-6}$。

可见 $P(1)\geqslant P(2)$，且误码对码重的影响较小，结合定理 5.1 和定理 5.2 的分析可知码重变化并不明显，因此误码对码组的码重分布影响较小，可利用码重分布进行码长估计。

定理 5.3：（n，k）线性分组码的 k 位信息生成的 n 位码字集 $\boldsymbol{v}$ 是 n 维空间 $\boldsymbol{V}$ 的子集，且 $\boldsymbol{v}$ 在 $\boldsymbol{V}$ 中的分布是非等概率的。

上述结论对码率 $k/n\leqslant1/2$ 的分组码尤其明显。实际中（n，k）线性分组码的码率 k/n 总是小于 1。码率越小，表明校验位越多，分组码的检纠错能力就越强，但分组码的传信率就会越低。

若码长估计错误，码字内不存在约束关系，则此时 0 和 1 等概出现。因此，可假设数据的码重分布也是等概出现，各码组的出现概率如下：

$$p=1/(n+1)\tag{5-85}$$

设 P_i 是重量为 i 码组的实际出现概率，则码重分布距离的定义公式为

$$D = \frac{n+1}{n}\sum_{i=0}^{n}\left|P_i - \frac{1}{n+1}\right|^2 \tag{5-86}$$

式中：真实码长用 n 表示，均匀分布和实际分布的方差距离由 D 表示。码重分布距离 D 取最大值时所对应的 n 即为码长的估计值 $\hat{n}$。

由于此时码长 n 已知，仅 $k(k<n)$ 未知，再结合高斯直解法可求解生成矩阵 $\boldsymbol{G}$。利用伴随式计算可以检验生成矩阵 $\boldsymbol{G}$ 正确与否。在无误码条件下，校验关系 $\boldsymbol{CH}^{\mathrm{T}}=\boldsymbol{0}$ 对任意（n，k）分组码码字 $\boldsymbol{C}$ 都成立；反之，不成立。因此，可依据传输信道的误码率设置相应判决门限 T，当校验关系成立概率大于 T 时，表明所分析识别的生成矩阵正确。

以下对某段采用 BCH 分组编码的数据分析该码的码重分布，图 5－32 是该码的码重分布图样。

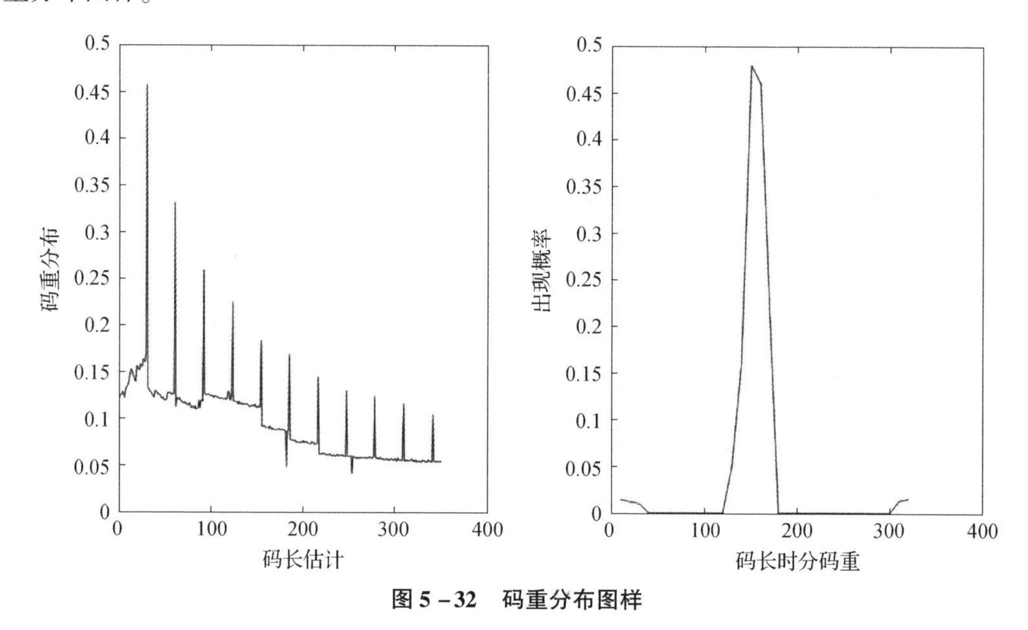

图 5－32　码重分布图样

图 5－32 分别给出了码长估计的码重分布和码长估值 31 时对应的各分码重（0～31）码字的出现概率。

表 5－6 所列为码重分布情况。

表 5－6　码重分布表

n	D	$n=31$
31	0.4525932	0.0152 0 0 0 0 0 0 0 0 0 0 0 0 0 0 0.4850 0.4838 0 0 0 0 0 0 0 0 0 0 0 0 0 0 0.0161
62	0.3215282	
93	0.2523541	
124	0.2070248	
155	0.1786738	

表 5－6 给出了 D 值取值前五所对应的估计码长 n。观察该码重分布表可知，在 $n=31$ 时，分组码的距离 D 最大为 0.4525932，对应的码重分布最不均匀，此时估计码长是

$\hat{n}=31$。表中 $n=31$ 下的单元格内所显示的数字代表码重分别为 $0\sim n$ 时所对应的码字的出现概率，可以看出码重为 15 和 16 的码组所占比例高达 96.9%。因此，构成待化简矩阵的码组应从码重为 15 和 16 的码组中选取。

由 $n=31$，用接收到的编码数据构成式（5－88）的系数矩阵，校验矩阵就是未知矩阵，常数矩阵为 $\mathbf{0}$。先利用高斯消元法可以求得校验矩阵，再利用校验矩阵和生成矩阵之间的关系可以求得生成矩阵。通过伴随式校验或二次编码的方法验证多解后，可以确定该码为（31，6）BCH 码，其生成矩阵 $\boldsymbol{G}$ 为

$$\boldsymbol{G}=\begin{bmatrix}1000001100101101111010100010011\\0100001010111011000111110011010\\0010000101011101100011111001101\\0001001110000011001011011110101\\0000101011101100011111001101001\\0000011001011011110101000100111\end{bmatrix}\tag{5-87}$$

校验矩阵 $\boldsymbol{H}$ 为

$$\boldsymbol{H}=\begin{bmatrix}1101111000000000000000000000000\\1011000100000000000000000000000\\0101100010000000000000000000000\\0010110001000000000000000000000\\1100100000100000000000000000000\\0110010000010000000000000000000\\1110110000001000000000000000000\\1010100000000100000000000000000\\0101010000000010000000000000000\\1111010000000001000000000000000\\1010010000000000100000000000000\\1000110000000000010000000000000\\1001100000000000001000000000000\\0100110000000000000100000000000\\1111100000000000000010000000000\\0111110000000000000001000000000\\1110000000000000000000100000000\\0111000000000000000000010000000\\0011100000000000000000001000000\\0001110000000000000000000100000\\1101000000000000000000000010000\\0110100000000000000000000001000\\0011010000000000000000000000100\\1100010000000000000000000000010\\1011110000000000000000000000001\end{bmatrix}\tag{5-88}$$

码重分析法适合在高误码率条件下实现对低码率二进制线性分组码编码的分析识别。

3. Walsh – Hadamard 分析识别法

Walsh 函数的二值特点、严格的正交性与完备性可以很好地关联与通信应用中的 0、1 二进制序列。由于 Walsh 函数各行（或列）均是正交码组，可以方便构成双正交码和超正交码，因此 Walsh 函数的 Hadamard 矩阵在正交编码理论中具有重要的作用。

设二元域上整数 a、b 的 n 维向量是 $\boldsymbol{a}_n$、$\boldsymbol{b}_n$，则 $2^n \times 2^n$ 方阵$\boldsymbol{C}^n$ 中的第 a 行 b 列的任一元素C_{ab}^n可表示为

$$C_{ab}^n = \boldsymbol{a}_n \cdot \boldsymbol{b}_n^{\mathrm{T}} \tag{5-89}$$

式中：T 代表转置，· 代表二元域上的乘法；C_{ab}^n是二元域上的值。如 $n=4$，则

$$\boldsymbol{C}^4 = \begin{bmatrix} 0000 \\ 0001 \\ 0010 \\ 0011 \\ 0100 \\ 0101 \\ 0110 \\ 0111 \\ 1000 \\ 1001 \\ 1010 \\ 1011 \\ 1100 \\ 1101 \\ 1110 \\ 1111 \end{bmatrix} \times \begin{bmatrix} 0000000011111111 \\ 0000111100001111 \\ 0011001100110011 \\ 0101010101010101 \end{bmatrix} = \begin{bmatrix} 0000000000000000 \\ 0101010101010101 \\ 0011001100110011 \\ 0110011001100110 \\ 0000111100001111 \\ 0101101001011010 \\ 0011110000111100 \\ 0110100101101001 \\ 0000000011111111 \\ 0101010110101010 \\ 0011001111001100 \\ 0110011010011001 \\ 0000111111110000 \\ 0101101010100101 \\ 0011110011000011 \\ 0110100110010110 \end{bmatrix} \tag{5-90}$$

方阵中的各元素反映了与其对应的 $\boldsymbol{a}_n$ 和 $\boldsymbol{b}_n$ 的相乘结果，二元域中全部 n 维向量的相乘结果由矩阵$\boldsymbol{C}^n$ 表示，方程组在二元域上的解与其有紧密联系。若将矩阵$\boldsymbol{C}^n$ 中的元素 0、1 分别映射为 1、−1，则矩阵$\boldsymbol{C}^n$ 就变成了 Hadamard 矩阵$\boldsymbol{H}_h(n)$。

分析矩阵$\boldsymbol{C}^n$ 可知，向量 $\boldsymbol{a}_n$ 与向量 $\boldsymbol{b}_n$ 相乘结果可由 Hadamard 矩阵中各元素H_{ab}^h表示。当$H_{ab}^h=1$ 时，$\boldsymbol{a}_n \cdot \boldsymbol{b}_n = \boldsymbol{0}$；当$H_{ab}^h=-1$ 时，$\boldsymbol{a}_n \cdot \boldsymbol{b}_n = \boldsymbol{1}$。$\boldsymbol{a}_n$ 和 $\boldsymbol{b}_n$ 实际上为整数 a、b 的二进制表示。Hadamard 矩阵中的行向量$\boldsymbol{H}_a^h$ 代表了与向量 $\boldsymbol{a}_n$ 相乘为 $\boldsymbol{0}$ 的所有解，此时讨论的是单方程情况，即 $\boldsymbol{a}_n$ 是行向量。在 $\boldsymbol{a}_n$ 为一行向量组的情况下，即讨论方程组时，可在实数域中将相应 Hadamard 矩阵的行向量进行相加变换，由此得到的方程组的解就是变换后的行向量中值为方程出现与否的元素对应位置的二进制向量。

以$\begin{bmatrix} 1 & 0 & 1 & 1 \\ 0 & 1 & 0 & 1 \\ 1 & 0 & 1 & 0 \\ 0 & 1 & 0 & 0 \end{bmatrix}\boldsymbol{X} = \boldsymbol{0}$ 为例，阐述求解过程如下：

（1）将各方程的系数向量 1011，0101，1010，0100 转换成十进制形式 11、5、10、4。方程组中的 4 个方程，一共可以得到 4 个十进制数。

（2）将同十进制数对应向量中的位置设置成 1，其余设置成 0，这样得到的 4 个十进制数就可以构造成 $2^4=16$ 向量，所得向量为 0000110000110000。

（3）将向量 0000110000110000 与 16×16 的 Hadamard 矩阵相乘，有

$$
\begin{bmatrix}0&0&0&0&1&1&0&0&0&0&1&1&0&0&0&0\end{bmatrix}\times
$$

$$
\begin{bmatrix}
1&1&1&1&1&1&1&1&1&1&1&1&1&1&1&1\\
1&-1&1&-1&1&-1&1&-1&1&-1&1&-1&1&-1&1&-1\\
1&1&-1&-1&1&1&-1&-1&1&1&-1&-1&1&1&-1&-1\\
1&-1&-1&1&1&-1&-1&1&1&-1&-1&1&1&-1&-1&1\\
1&1&1&1&-1&-1&-1&-1&1&1&1&1&-1&-1&-1&-1\\
1&-1&1&-1&-1&1&-1&1&1&-1&1&-1&-1&1&-1&1\\
1&1&-1&-1&-1&-1&1&1&1&1&-1&-1&-1&-1&1&1\\
1&-1&-1&1&-1&1&1&-1&1&-1&-1&1&-1&1&1&-1\\
1&1&1&1&1&1&1&1&-1&-1&-1&-1&-1&-1&-1&-1\\
1&-1&1&-1&1&-1&1&-1&-1&1&-1&1&-1&1&-1&1\\
1&1&-1&-1&1&1&-1&-1&-1&-1&1&1&-1&-1&1&1\\
1&-1&-1&1&1&-1&-1&1&-1&1&1&-1&-1&1&1&-1\\
1&1&1&1&-1&-1&-1&-1&-1&-1&-1&-1&1&1&1&1\\
1&-1&1&-1&-1&1&-1&1&-1&1&-1&1&1&-1&1&-1\\
1&1&-1&-1&-1&-1&1&1&-1&-1&1&1&1&1&-1&-1\\
1&-1&-1&1&-1&1&1&-1&-1&1&1&-1&1&-1&-1&1
\end{bmatrix}
$$

$$
=\begin{bmatrix}4&0&0&0&0&0&-4&0&0&0&4&0&-4&0&0&0\end{bmatrix}。
$$

（4）检查生成向量中是否存在等于 4 的元素，如果有，则表示该元素位置的二进制向量是方程组的可能解（存在多解可能）。若除了第 0 列以外的所有元素都小于 n，则该方程组无解。向量 $[4\ 0\ 0\ 0\ 0\ 0\ -4\ 0\ 0\ 0\ 4\ 0\ -4\ 0\ 0\ 0]$ 第 0 列与第 10 列的最大值均为 4，因此解是 $[0000]^{\mathrm{T}}$ 和 $[1010]^{\mathrm{T}}$。由于所有方程都存在一个共同解 $\mathbf{0}$ 向量，故该方程组的正解是 $[1010]^{\mathrm{T}}$。

所得新向量的物理意义就是该向量中的每个元素的值表示该元素位置的二进制所表示的向量，是方程组成立的方程个数与不成立方程个数之差，即在统计各码字向量出现次数的基础上，通过构造相关行向量并进行 Walsh 变换，找出分析向量中数值最大列，其所对应的向量即为方程组的解。

(n,k) 分组码的接收码字 $\boldsymbol{C}$ 满足校验关系 $\boldsymbol{CH}^{\mathrm{T}}=\mathbf{0}$，$k$ 个 n 维行向量构成矩阵 $\boldsymbol{C}$，$\boldsymbol{H}^{\mathrm{T}}$ 是 n 维列向量，(n,k) 分组码的分析识别过程，即求解满足方程的可能 $\boldsymbol{H}^{\mathrm{T}}$ 的过程。

下面给出 Walsh－Hadamard 变换法求解含错分组码序列 $\boldsymbol{H}^{\mathrm{T}}$ 的步骤：

（1）将分组码的各码字作为一组方程，当不存在误码时与 $\boldsymbol{H}^{\mathrm{T}}$ 对应列相乘，应该满足结果为 0，将各码字转换为十进制形式，$N(N>n)$ 个码字就可以得到 N 个十进制数（可能存在重复码字）。

（2）将同十进制数对应向量中的位置改为十进制数的出现次数，其余设置成 0，因此 N 个十进制数可以构造得到一个 2^n 向量。

（3）采用 Walsh – Hadamard 变换法得到结果向量。

（4）检查结果向量并设置置信度值 t，如果某元素 k 的值大于置信度 t，则方程组的解最有可能是二进制向量表示的 k 的位置。

二项分布在统计量 N 足够大时趋向正态分布，其出现概率 P 如下：

$$P = \int_{d}^{\infty} \frac{1}{\sqrt{2\pi}\delta} e^{-\frac{(k/2)^2}{2\delta^2}} df \tag{5-91}$$

式中：$\delta = \sqrt{n}/2$，此时可以设置 $t = k/\sqrt{N}$作为检验置信度，$|t| \geqslant 3$ 时对应的出现概率是 0.00135，此概率较小，应看作不可能事件。

（5）分析校验矩阵和生成矩阵。

分组码的校验矩阵 $\boldsymbol{H}_m$ 可以通过步骤（4）求解方程组解 $\boldsymbol{H}_m^{\mathrm{T}}$ 得到，将 $\boldsymbol{H}_m$ 化简成图 5 – 33 所示的“系统化”形式，即可得到相应的校验矩阵 $\boldsymbol{H}$ 和生成矩阵 $\boldsymbol{G}$。

图 5 – 33　$\boldsymbol{H}$ 形式

以（n，k）分组码为例，通过分析可知其码长 $n = 7$，且码序列的含错率是 10%，利用 Walsh – Hadamard 法分析过程如下：

取 100 组码字，各码字构成一组方程，将各码字转换成对应的十进制形式，以其出现次数，利用上述得到的十进制数构造长为 128 的向量：

［30110010010200001110022200000120000000031112300004001101014000001101051000000040000300112111021330302000051001000000700100000004］。

对该向量作 Walsh – Hadamard 变换可得结果：［100　–4 2　–2　–4 0 6　–10 10 6 16 16　–10 6　–8 4　–4 8 10　–6 20　–4　–2 18　–2 6　–12 0 2 46 4 12 0　–8　–18　–14　–8 4 10 58 6　–14　–4　–12 18 10　–4 8　–8 4 6　–2　–8　–8　–6　–2 18　–6 40　–4　–2　–14　–8 0　–12 0　–6　–6 16 0 2　–2 2　–22　–8　–12　–6 14 44　–4　–4　–4　–14 54　–8　–4　–6　–6　–18 18　–12　–4　–2　–18 0　–4　–4 16 10 10 0 0 2　–10 18 50 0 12 2 6　–12　–4 4　–4 2　–10 48 4 2　–6　–10 18　–12 12 6　–10 8 12］。

取检验置信度 $t = k/\sqrt{N} = 3$，则 $k = t\sqrt{N} = 3 \times \sqrt{100} = 30$，检查上述结果向量，除去第 0 列，可知符合检验置信度的位置为 29、39、58、78、83、105、116，则得方程组的解为

$$\boldsymbol{H}_m^{\mathrm{T}} = \begin{bmatrix} 0001111 \\ 0110011 \\ 1010101 \\ 1011010 \\ 1101001 \\ 0111100 \\ 1100110 \end{bmatrix},\ \boldsymbol{H}_m = (\boldsymbol{H}_m^{\mathrm{T}})^{\mathrm{T}} = \begin{bmatrix} 0011101 \\ 0100111 \\ 0111010 \\ 1001110 \\ 1010011 \\ 1101001 \\ 1110100 \end{bmatrix} \tag{5-92}$$

将 $\boldsymbol{H}_m$ 进行“系统化”化简可得 $\begin{bmatrix}1110100\\0111010\\1101001\\0000000\\0000000\\0000000\\0000000\end{bmatrix}$。故 $\boldsymbol{H}=\begin{bmatrix}1110100\\0111010\\1101001\end{bmatrix}$，从而可知 $\boldsymbol{G}=$
$\begin{bmatrix}1000101\\0100111\\0010110\\0001011\end{bmatrix}$。

利用 Walsh – Hadamard 分析法进行 $(n,\ k)$ 分组码的分析识别，其优点是可求解含错方程组，前提是 $(n,\ k)$ 分组码码长 n 和码字起点已知。当码长 n 较大时，算法计算量会急剧增加。

4. 综合分析识别法

在已知码长 n 和码字起点的基础上，求解 $(n,\ k)$ 分组码的生成矩阵较容易。由于 $(n,\ k)$ 分组码的后 $n-k$ 位是由前 k 位经线性变换得到的。若将分组码的一组码字排列成 m 行 n 列 $(m>n)$ 矩阵，则各码字都可表示成生成矩阵 $\boldsymbol{G}$ 中 k 行的线性组合。所以单位化后矩阵的前 k 行可表示成 $[\boldsymbol{I}_k\quad \boldsymbol{P}]$ 的形式，剩下的 $m-k$ 行码字都可由这 k 行线性组合生成，因此全部化为 0。结合定理 5.1 和推论 5.1，可得如下结论：

推论 5.2：任意 $(n,\ k)$ 线性分组码都可由其生成矩阵 $\boldsymbol{G}$ 来表示。同理，若将接收的一组分组码码字按 m 行 n 列 $(m>n)$ 的矩阵进行排列并对其进行初等变换，则变换后矩阵的前 k 行可转换成 $[\boldsymbol{I}_k\quad \boldsymbol{P}]$ 的形式，其余 $m-k$ 行均为 $\boldsymbol{0}$。

在已知码长 n 而码字起点未知的条件下，利用推论 5.2 介绍的矩阵初等变换可以求解分组码的生成矩阵 $\boldsymbol{G}$，关键在于如何构建矩阵分析识别模型进行分析。

矩阵的每行都能有相同的线性分组码码字起点，并且行内数据能够按照码字内的相应位置对齐，这是建立矩阵模型的重要原则。按照上述原则，当分组码的码长 n 已知时，矩阵模型的建立方法如下：

将分组码字数字按 x 行 y 列进行排列，其中 $x>y$，$y>n$，且 y 为 n 的倍数，不妨设为 n_d。为了确保各行的码字起点相同，相邻两行的起点就必须是 n 的整数倍。对第 j 行 $(1\leqslant j\leqslant x)$，以 $i+(j-1)n_d$ 为起点，矩阵排列如图 5 – 34 所示。

$$\begin{bmatrix} i & i+1 & \cdots & i+y-1 \\ i+n_d & i+n_d+1 & \cdots & i+n_d+y-1 \\ \vdots & \vdots & \vdots & \vdots \\ i+(x-1)n_d & i+(x-1)n_d+1 & \cdots & i+(x-1)n_d+y-1 \end{bmatrix}$$

图 5 – 34　分析矩阵排列

将各行按照完整码组的码长 n 间隔划分。划分后的矩阵含有若干子矩阵，且从左到右依次为 x 行 $n-1$ 列、x 行 n 列和 x 行 $(y-n+i)/n$ 的子矩阵。

利用推论 5.1、推论 5.2 和定理 5.1 对上述分析矩阵初等变换并进行单位化。由于初等变换后矩阵的第一个和最后一个子矩阵的列数均小于码长 n，因此不是完整码字不存在线性约束关系，对其进行单位化后一定会得到一个与列数相同的单位矩阵。而中间每个子矩阵的各行都是由完整码字构成，因此存在线性约束关系，利用推论5.2对其单位化后，得到如图5－35所示的分析矩阵模型。

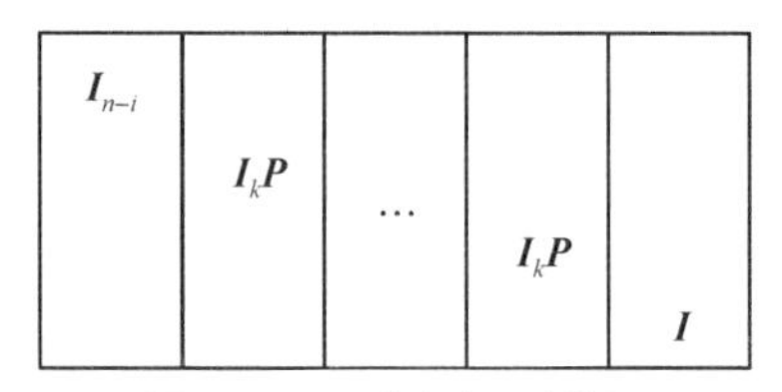

图5－35 分析识别结果

在码长 n 和码字起点都未知的条件下，必须首先确定码长 n 才能进行后续的（n，k）分组码分析识别。假设 n_m 是取值范围内分组码长 n 的最大可能取值，并且满足 $n_m \geqslant n$，为了确保分析码长 n_d 是真实码长 n 的整数倍，取所有从2到 n_m 的最小公倍数为分析码长 n_d。

设分组码的码字起点 $i(1 \leqslant i \leqslant n)$ 为任意值，构建相应的矩阵分析模型，按 x 行 y 列的形式将待识别数据排列成相应矩阵，为了确保 y 至少为真实码长的2倍并且满足推论5.2的应用条件，要求 $y > 2n_m$ 并且 $x > y$。对分析矩阵各行作如下确定：从起点 i 开始，截取长度为 y 比特的码字序列构成第一行；从起点 $i + n_d$ 开始，截取长度为 y 比特的码字序列构成第二行；同理，以 $i+(j-1)n_d$ 为起点，选取连续长度为 y 比特的数据作为第 j 行（$1 \leqslant j \leqslant x$）。

按照上述方法得到的分析矩阵必定满足各行的码字起点相同，并且各行同一位置的数据在码字内也是一一严格对齐，所以在识别序列中的间距一定是真实码长 n 的整数倍。分析矩阵的排列与图5－34所示一致，不同之处是图5－34中的 n_d 此时代表2，3，…，n_m 的最小公倍数。

在实现码长估值得到 n_d 后，下一步的分析与已知码长 n 而未知分组起始点的情形一致，经过初等变换后的分析矩阵会以秩为（$n-i$）的单位阵开头，单位阵下方和右侧全为**0**，其排列如图5－34所示。待识别分组码的校验矩阵，信息位长度 k，码长 n 和相对起始点 i，可通过分析识别结果矩阵的子矩阵分布得到。

仍以Walsh－Hadamard变换法中示例的分组码数据进行分析，取 $n_m=8$，求得2，3，…，8的最小公倍数 $n_d=840$，分析矩阵参数取为 $x=35$，$y=26$；对该分析矩阵进行初等变换单位化处理后，最终的分析结果矩阵如图5－36所示。

分析结果矩阵的左上角为 2×2 阶单位阵，则码字起点是 $n-i=2$。结合子矩阵的分布规律，可以求得码字的码率 $r=4/7$。而生成矩阵 $\boldsymbol{G}$ 由第3列到9列构成，其中第7列至9列为校验矩阵的转置。

码长 n 的估值 n_m 是综合分析法中分析矩阵模型的关键参数，若估值 n_m 不满足要求，则单位化后的分析矩阵是一个大单位阵，不存在具有完整线性约束关系的子矩阵，该问题理论上只需扩大 n_m 直到它符合大于 n 的要求。但是 n_m 的增大也会导致 n_d 的急剧增大，最终会使分析所需的数据量也相应急剧增加，导致实用价值较小。但是如果有帧结构和真实码长 n 等先验知识或分析结果，该方法就具有实际应用价值。

0　　10　　20　26

1	1	0	0	0	0	0	0	0	0	0	0	0	0	0	0	0	0	0	0	0	0	0	0	1	0	0
2	0	1	0	0	0	0	0	0	0	0	0	0	0	0	0	0	0	0	0	0	0	0	0	1	0	0
3	0	0	1	0	0	0	1	0	1	0	0	0	0	0	0	0	0	0	0	0	0	0	0	0	0	0
4	0	0	0	1	0	0	1	1	1	0	0	0	0	0	0	0	0	0	0	0	0	0	0	0	0	0
5	0	0	0	0	1	0	1	1	0	0	0	0	0	0	0	0	0	0	0	0	0	0	0	0	0	0
6	0	0	0	0	0	1	0	1	1	0	0	0	0	0	0	0	0	0	0	0	0	0	0	1	0	0
7	0	0	0	0	0	0	0	0	0	0	0	0	0	0	0	0	0	0	0	0	0	0	0	0	0	0
8	0	0	0	0	0	0	0	0	0	0	0	0	0	0	0	0	0	0	0	0	0	0	0	1	0	0
9	0	0	0	0	0	0	0	0	0	0	0	0	0	0	0	0	0	0	0	0	0	0	0	0	0	0
10	0	0	0	0	0	0	0	0	0	1	0	0	0	1	0	1	0	0	0	0	0	0	0	0	0	0
11	0	0	0	0	0	0	0	0	0	0	1	0	0	1	1	1	0	0	0	0	0	0	0	0	0	0
12	0	0	0	0	0	0	0	0	0	0	0	1	0	1	1	0	0	0	0	0	0	0	0	0	0	0
13	0	0	0	0	0	0	0	0	0	0	0	0	1	0	1	1	0	0	0	0	0	0	0	0	0	0
14	0	0	0	0	0	0	0	0	0	0	0	0	0	0	0	0	0	0	0	0	0	0	0	0	0	0
15	0	0	0	0	0	0	0	0	0	0	0	0	0	0	0	0	0	0	0	0	0	0	0	0	0	0
16	0	0	0	0	0	0	0	0	0	0	0	0	0	0	0	0	0	0	0	0	0	0	0	1	0	0
17	0	0	0	0	0	0	0	0	0	0	0	0	0	0	0	0	1	0	0	0	1	0	1	0	0	0
18	0	0	0	0	0	0	0	0	0	0	0	0	0	0	0	0	0	1	0	0	1	1	1	1	0	0
19	0	0	0	0	0	0	0	0	0	0	0	0	0	0	0	0	0	0	1	0	1	1	0	0	0	0
20	0	0	0	0	0	0	0	0	0	0	0	0	0	0	0	0	0	0	0	1	0	1	1	0	0	0
21	0	0	0	0	0	0	0	0	0	0	0	0	0	0	0	0	0	0	0	0	0	0	0	1	0	0
22	0	0	0	0	0	0	0	0	0	0	0	0	0	0	0	0	0	0	0	0	0	0	0	1	0	0
23	0	0	0	0	0	0	0	0	0	0	0	0	0	0	0	0	0	0	0	0	0	0	0	0	0	0
24	0	0	0	0	0	0	0	0	0	0	0	0	0	0	0	0	0	0	0	0	0	0	0	0	0	0
25	0	0	0	0	0	0	0	0	0	0	0	0	0	0	0	0	0	0	0	0	0	0	0	0	1	0
26	0	0	0	0	0	0	0	0	0	0	0	0	0	0	0	0	0	0	0	0	0	0	0	0	0	1
27	0	0	0	0	0	0	0	0	0	0	0	0	0	0	0	0	0	0	0	0	0	0	0	0	0	0

图 5－36　分析结果矩阵

5. 线性矩阵分析识别法

虽然利用推论 5.2 可以在线性分组码的码长和码字起点已知的条件下求出生成矩阵与校验矩阵，但是该推论成立的前提条件是线性分组码的码长和码字起点已知，也就是说，依据该推论仍然不能实现线性分组码的分析识别。因此，必须首先解决分组码码长与码字起点的确定问题。在此基础上，依据推论的步骤和算法实现线性分组码的分析识别。

为解决上述问题，首先建立了分组码分析识别矩阵模型：选取一段合适长度的待识别分组码数据作为识别序列，固定矩阵的排列行数 p，并且 p 要大于分组长度的两倍。固定列数的最大、最小值，根据列数的变化把数据序列构造成 p 行 q 列的短阵，其中 $3 \leqslant q \leqslant p$。

然后，为了保证确定的分组长度的可靠和有效，矩阵行数 p 要大于等于两倍的未知分组长度，且用以分析数据的长度要大于 p^2。由于（n，k）线性系统分组码在实际应用中的分组长度 n 小于等于 255，因此通常取 $p > 510$ 即可。

在进行上述约定后，将分析数据排列成 $p \times q$ 阶矩阵，其中 $3 \leqslant q \leqslant p$，对各矩阵进行初等行变换后记录下变换后的矩阵的秩，确定分组码码长 n 的方法如下。

定理 5.5：对（n，k）线性分组码所构成的 $p \times q$ 矩阵（$p > 2n$，$q < p$），若 q 为 n 或 n 的整数倍，则经过单位化处理后矩阵左上角是维数相同的单位阵，并且此时矩阵的秩与列数 q 不相同。

证明：根据线性分组码的定义 $\boldsymbol{C} = \boldsymbol{MG}$ 可知，编码码字 $\boldsymbol{C}$ 是信息位 $\boldsymbol{M}$ 的线性变换，并且线性约束关系在同一线性分组码内完全相同，等效于“系统形式”：$[\boldsymbol{I}_k \quad \boldsymbol{P}]$。在

(n,k) 线性分组码中，本码组的校验位只与该码组内的信息位相互约束，其编码约束长度即为分组码的码长 n。对于由分组码构成的 $p \times q$ 阶矩阵（$p > 2n$，$q < p$），当矩阵各行的起点是分组码起点且 $q = n$ 时，对上述矩阵进行初等变换单位化，得到的该矩阵的秩等于分组码的信息位长度 k。若 $q = an$（$a > 1$），此时 $p \times q$ 矩阵的各行中最少包含 $a-1$ 个线性相关而且位置完全对齐的完整码组，且矩阵的秩小于 q，左上角单位阵在经过初等变换后维数相同。同理，当 q 和 n 不存在倍数关系时，各行的码组要么不完整（$q < n$），要么完整但位置没有对齐（$q > n$），对矩阵来说就是每列之间线性无关，即矩阵内没有最小线性无关组，单位化后的单位阵的秩等于列数 q。因此分组长度 n 等于留存列值的最大公约数。

图 5－37 给出了分组码分组长度的确定流程。

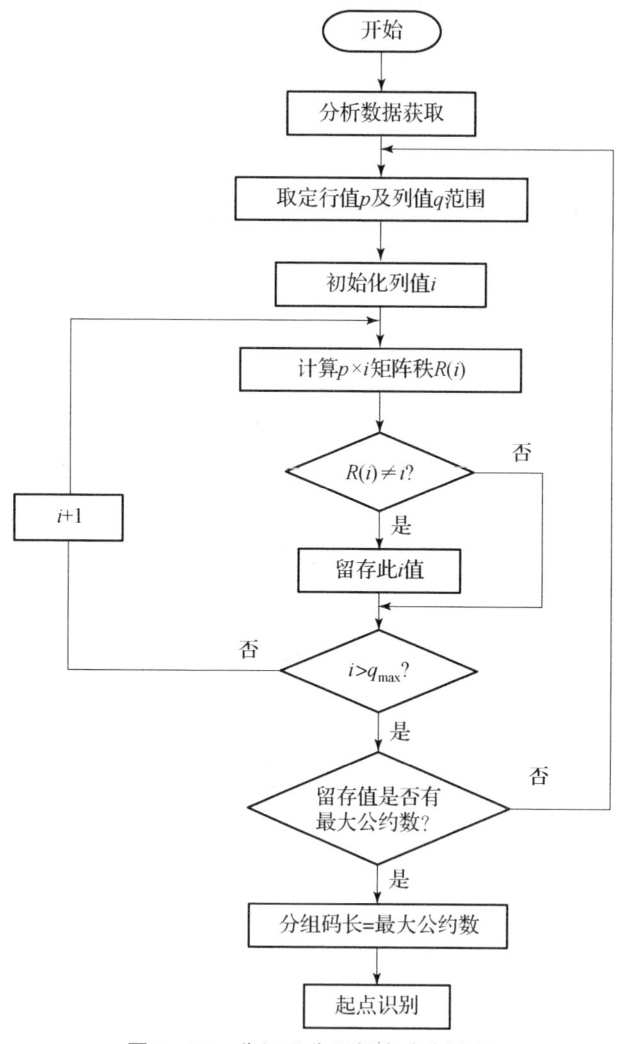

图 5－37　分组码分组长度确定流程

与综合分析法相比，使用基于定理 5.5 的码长识别方法具有所需数据量小和分析过程简洁的优点。

在确定分组码码长后，还需要对码字起点进行识别。矩阵列数的选取以编码约束度

n为基，行数要大于列数。对码序列进行移位操作，移位分组码序列，分别求取各矩阵的秩，并记录不同维数条件下无移位和$n-1$种不同移位时矩阵的秩。其中以n为基的矩阵列数可依次取为n，$2n$，$3n$，…具体确定分组码起始点的方法如下：

定理5.6：对于由（n，k）线性分组码构成的$p\times q$阶矩阵（$p>2n$，p为n倍数），矩阵的秩在分组码起点与矩阵每行起点重合时取最小值（相应解空间维数最大）。

证明：对$p\times q$矩阵（$p>2n$，p为n倍数）而言，当q为n的$a(a>1)$倍时，各行码组内的位置一一对齐，如果分组码的起始位与矩阵的各行起点相同，则各行一定存在a个完整码字；反之，存在$a-1$个完整码字。矩阵的秩在各行存在a个完整码字时最小，此时矩阵内的线性相关性最强，相应解空间的维数最大。

因此对于矩阵移位的n种情况（$n-1$种不同移位和无移位），各矩阵秩最小时对应的移位即是分组码的码字起点。

图5-38所示为分组码起始点确定流程图。

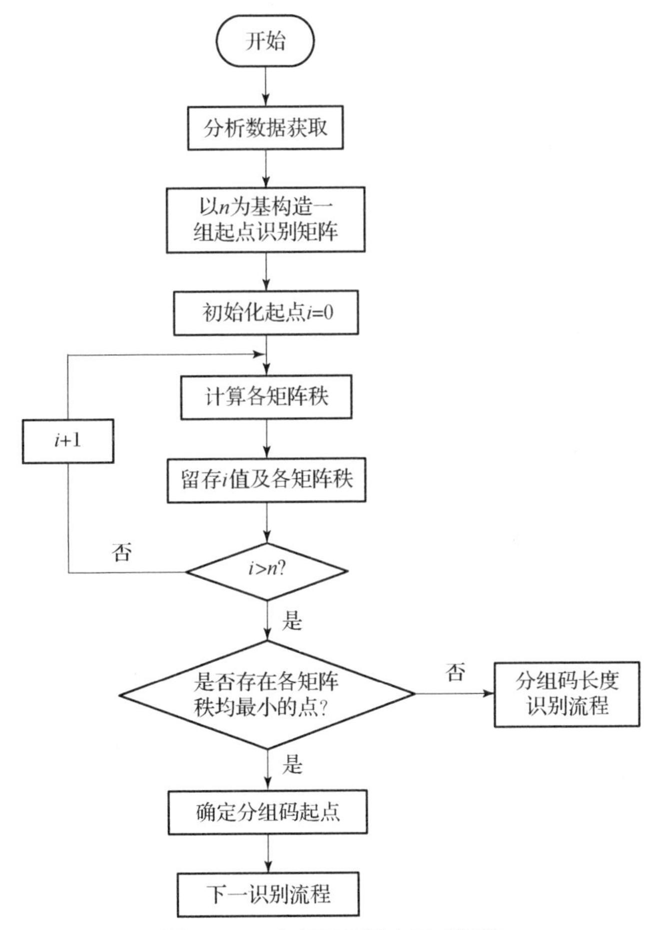

图5-38　分组码起始点确定流程

至此完成了分组码的码长和起始位的分析识别，接下来就可以进行分组码的信息位长度k、码率$r=k/n$、校验矩阵$\boldsymbol{H}$和生成矩阵$\boldsymbol{G}$的分析识别。以已得到的分组码的起始位为起点，将待识别的分组码序列排列成m行n列（$m>n$）的矩阵，矩阵各行均由分组码的完整码字构成，再对该矩阵进行初等变换。由推论 5.2 可知，矩阵前 k 行经初等变换后变成 $[\boldsymbol{I}_k \quad \boldsymbol{P}]$ 形式，通过处理结果矩阵的单位阵维数便可以得到分组码的信息位长度 k，在已知分组码长的基础上可得知码率 $r=k/n$，进而求得校验矩阵 $\boldsymbol{H}$ 和生成矩阵 $\boldsymbol{G}$。

在完成了上述参数的识别后，还需要识别分组码的另一主要参数，即生成多项式 $g(x)$。

定理 5.7：$(n,\ k)$ 线性分组码的生成多项式向量是其生成矩阵 $\boldsymbol{G}$ 第 k 行的第 k 列到第 n 列。

证明：$(n,\ k)$ 线性分组码的各生成矩阵均可变换成 $\boldsymbol{G}=[\boldsymbol{I}_k \quad \boldsymbol{P}]$形式，其校验矩阵可变换成 $\boldsymbol{H}=[\boldsymbol{P}^{\mathrm{T}} \quad \boldsymbol{I}_{n-k}]$形式。根据线性分组码生成多项式可知，生成多项式是分组码中次数最低的多项式，生成矩阵 $\boldsymbol{G}$ 中第 k 行的第 k 列到第 n 列次数最低，即是生成多项式向量。

在已知生成多项式向量的基础上，生成多项式 $g(x)$ 就可以推导得到。

整个线性分组码编码参数分析识别的基本流程如图 5-39 所示。

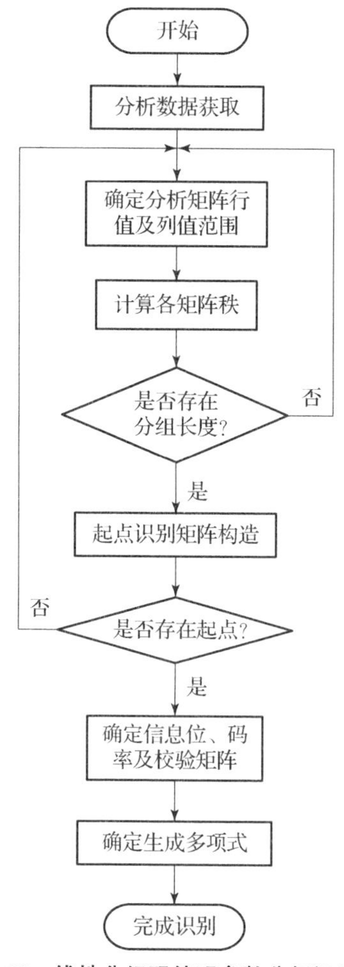

图 5-39　线性分组码编码参数分析识别流程

同样，进行示例分析时，采用依据相关文献中最为常用的线性分组码分析识别示例，并根据前例，选取分组编码序列的某一段，设定矩阵的行数 $p=300$、列值范围为（15，295）。先根据列数变化把待识别的序列排列成矩阵后，再进行初等变换单位化处理，分别计算每个矩阵的秩并记录下矩阵秩与矩阵列数不等的值，对矩阵的左上角单位阵维数大小和列值列举如下。

列数：　　　62　93　124　155　186　217…

单位阵大小：37　37　37　37　37　37…

由上述结果可知，在列数是 31 的倍数时且矩阵的秩与列数不相等时，经过初等变换单位化处理，矩阵的左上角单位阵维数相同，因此可知分组长度是 31。

矩阵列数依次取为 31，62，93，124，155，186；行数依次取为列数 +10。对码序列分别进行移位处理，并依次计算各起点识别矩阵的秩，记录 30 种不同移位和无移位时不同维数下矩阵的秩，其值如表 5 -7 所示。

表 5 -7　列数与相应矩阵秩

移位	列数					
	31	62	93	124	155	186
SH0	30	56	82	108	134	160
SH1	29	55	81	107	133	159
SH2	28	54	80	106	132	158
SH3	27	53	79	105	131	157
SH4	26	52	78	104	130	156
SH5	27	53	79	105	131	157
SH6	28	54	80	106	132	158
SH7	29	55	81	107	133	159
SH8	30	56	82	108	134	160
SH9	31	57	83	109	135	161
SH10	31	57	83	109	135	161
⋮	⋮	⋮	⋮	⋮	⋮	⋮

分析上述移位情况可知，当移动 4 位时，矩阵各维数下对应的秩都是最小，所以此处就是分组码的起始位。

从识别的分组码起始位开始，以分组码的码长为每行的列数值，建立分析矩阵并对其进行初等变换，其结果如图 5 -40 所示。

由图 5 -40 可确定分组码的信息位数 $k=26$，码率 $r=k/n=26/31$。该分组码为（31，26）码，其生成多项式以二进制系数的八进制表示为 $g(x)=45$。显然，（31，26）分组码的生成矩阵为虚线框内矩阵。

```
    0                   10                  20                  30
 1  1 0 0 0 0 0 0 0 0 0 0 0 0 0 0 0 0 0 0 0 0 0 0 0 0 0 1 0 0 1 0
 2  0 1 0 0 0 0 0 0 0 0 0 0 0 0 0 0 0 0 0 0 0 0 0 0 0 0 0 1 0 0 1
 3  0 0 1 0 0 0 0 0 0 0 0 0 0 0 0 0 0 0 0 0 0 0 0 0 0 0 1 0 1 1 0
 4  0 0 0 1 0 0 0 0 0 0 0 0 0 0 0 0 0 0 0 0 0 0 0 0 0 0 0 1 0 1 1
 5  0 0 0 0 1 0 0 0 0 0 0 0 0 0 0 0 0 0 0 0 0 0 0 0 0 0 1 0 1 1 1
 6  0 0 0 0 0 1 0 0 0 0 0 0 0 0 0 0 0 0 0 0 0 0 0 0 0 0 1 1 0 0 1
 7  0 0 0 0 0 0 1 0 0 0 0 0 0 0 0 0 0 0 0 0 0 0 0 0 0 0 1 1 1 1 0
 8  0 0 0 0 0 0 0 1 0 0 0 0 0 0 0 0 0 0 0 0 0 0 0 0 0 0 0 1 1 1 1
 9  0 0 0 0 0 0 0 0 1 0 0 0 0 0 0 0 0 0 0 0 0 0 0 0 0 0 1 0 1 0 1
10  0 0 0 0 0 0 0 0 0 1 0 0 0 0 0 0 0 0 0 0 0 0 0 0 0 0 1 1 0 0 0
11  0 0 0 0 0 0 0 0 0 0 1 0 0 0 0 0 0 0 0 0 0 0 0 0 0 0 0 1 1 0 0
12  0 0 0 0 0 0 0 0 0 0 0 1 0 0 0 0 0 0 0 0 0 0 0 0 0 0 0 0 1 1 0
13  0 0 0 0 0 0 0 0 0 0 0 0 1 0 0 0 0 0 0 0 0 0 0 0 0 0 0 0 0 1 1
14  0 0 0 0 0 0 0 0 0 0 0 0 0 1 0 0 0 0 0 0 0 0 0 0 0 0 1 0 0 1 1
15  0 0 0 0 0 0 0 0 0 0 0 0 0 0 1 0 0 0 0 0 0 0 0 0 0 0 1 1 0 1 1
16  0 0 0 0 0 0 0 0 0 0 0 0 0 0 0 1 0 0 0 0 0 0 0 0 0 0 1 1 1 1 1
17  0 0 0 0 0 0 0 0 0 0 0 0 0 0 0 0 1 0 0 0 0 0 0 0 0 0 1 1 1 0 1
18  0 0 0 0 0 0 0 0 0 0 0 0 0 0 0 0 0 1 0 0 0 0 0 0 0 0 1 1 1 0 0
19  0 0 0 0 0 0 0 0 0 0 0 0 0 0 0 0 0 0 1 0 0 0 0 0 0 0 0 1 1 1 0
20  0 0 0 0 0 0 0 0 0 0 0 0 0 0 0 0 0 0 0 1 0 0 0 0 0 0 0 0 1 1 1
21  0 0 0 0 0 0 0 0 0 0 0 0 0 0 0 0 0 0 0 0 1 0 0 0 0 0 1 0 0 0 1
22  0 0 0 0 0 0 0 0 0 0 0 0 0 0 0 0 0 0 0 0 0 1 0 0 0 0 1 1 0 1 0
23  0 0 0 0 0 0 0 0 0 0 0 0 0 0 0 0 0 0 0 0 0 0 1 0 0 0 0 1 1 0 1
24  0 0 0 0 0 0 0 0 0 0 0 0 0 0 0 0 0 0 0 0 0 0 0 1 0 0 1 0 1 0 0
25  0 0 0 0 0 0 0 0 0 0 0 0 0 0 0 0 0 0 0 0 0 0 0 0 1 0 0 1 0 1 0
26  0 0 0 0 0 0 0 0 0 0 0 0 0 0 0 0 0 0 0 0 0 0 0 0 0 1 0 0 1 0 1
27  0 0 0 0 0 0 0 0 0 0 0 0 0 0 0 0 0 0 0 0 0 0 0 0 0 0 0 0 0 0 0
28  0 0 0 0 0 0 0 0 0 0 0 0 0 0 0 0 0 0 0 0 0 0 0 0 0 0 0 0 0 0 0
```

图 5-40　分组码分析结果

线性矩阵分析法在对矩阵进行线性变换的基础上完成分组码起始位和码长的识别，在完成分析矩阵的初等变换单位化后即可获得分组码的生成多项式。该方法较好地确定了线性分组码的分组长度、码字起点和生成多项式，实现了线性分组码编码参数的分析识别。

5.3.3　RS 编码分析识别方法

1. 基于码重和码根的 RS 编码分析识别法

RS 编码分析识别方法主要包括 RS 编码码长、生成多项式和码型等识别方法。

1）基于码重的 RS 编码码长识别法

实际通信中，RS 编码以二进制的形式进行传输，$\boldsymbol{GF}(2^m)$为接收序列。码元映射在 $\boldsymbol{GF}(2)$域上的二进制准循环码长是$(2^m-1)m$，本原多项式决定了码元间的映射关系。以 $\boldsymbol{GF}(8)$为例，表 5-8 给出了 $p_1(X)=1+X+X^3$ 和 $p_2(X)=1+X+X^3$ 两种情况下 $\boldsymbol{GF}(8)$到 $\boldsymbol{GF}(2)$映射情况的示例。

表 5-8　$\boldsymbol{GF}(8)$到 $\boldsymbol{GF}(2)$映射关系

$p_1(X)=1+X+X^3$	$p_2(X)=1+X^2+X^3$	$p_1(X)=1+X+X^3$	$p_2(X)=1+X^2+X^3$
$0=000$	$0=000$	$\alpha^4=011$	$\gamma^4=011$
$1=100$	$1=100$	$\alpha^5=111$	$\gamma^5=111$
$\alpha=010$	$\gamma=010$	$\alpha^6=101$	$\gamma^6=101$
$\alpha^2=001$	$\gamma^2=001$	$\alpha^7=1$	$\lambda^7=1$
$\alpha^3=110$	$\gamma^3=110$	—	—

可以看出，$\boldsymbol{GF}(2)$和$\boldsymbol{GF}(2^m)$中的 0 始终对应，因此码重的统计无需考虑本原多项式与映射状况，只要按照$(2^m-1)m$对码字进行划分，按照 m 位比特遍历各个码字，在不连续出现全零的条件下码重加 1。

定义极大最小距离可分码（maximin distance separable，MDS）为距离大于奇偶校验符号数 1 位的编码。MDS 码的码重量分布有如下定理：$\boldsymbol{GF}(q)$上$[n,k,d=n-k+1]$的 MDS 码中重量为 i 的码字个数为

$$A=\binom{n}{i}\sum_{j=0}^{i-d}(-1)^j\binom{i}{j}(q^{i-d+1-j}-1)=\binom{n}{i}(q-1)\sum_{j=0}^{i-d}(-1)^j\binom{i-1}{j}(q^{i-d-j}-1)\tag{5-93}$$

RS 编码是一类重要的 MDS 码，其码重分布满足上述关系。因此根据候选码长进行反向映射，统计得到的 RS 编码码重分布并估计可能的纠错数 t，由此估计码重分布，通过对比两者中符合度最高的即为正确码长。

设 N 为划分后的码字个数，重量为 i 的码字数用 D_i 表示，因此码字的码重分布可表示成如下形式：

$$\boldsymbol{U}=\left[\frac{D_1}{N},\frac{D_2}{N},\cdots,\frac{D_n}{N}\right]\tag{5-94}$$

$\boldsymbol{U}$ 前的零值位数由纠错个数 t 决定，因此可粗略估计 d 的取值，再通过式（5-93）得到各 A_i 值。令 $B=\sum\limits_{i=d}^{n}A_i$，则理论上码重的分布为 $U'=\left[\overbrace{0,\ \cdots,\ 0,}^{2t}\frac{A_d}{B},\ \cdots,\ \frac{A_n}{B}\right]$，为了度量两个向量的相似程度，引入相关系数：

$$\lambda=\frac{\mathrm{Cov}(U,U')}{\sqrt{D(U)}\cdot\sqrt{D(U')}}\tag{5-95}$$

式中：$\mathrm{Cov}(\cdot)$表示协方差；$D(\cdot)$表示方差。定义相似度系数：

$$\gamma=\sqrt{1-\lambda}\tag{5-96}$$

当 γ 最小时，即对应正确码长。

2）基于连续码根判定的生成多项式识别法

在完成码长识别的条件下，逆映射得到不同本原多项式下的候选 RS 编码序列，按照一个码字一行构建得到 M 行 n 列码字矩阵 $\boldsymbol{V}$。由校验关系可得

$$\boldsymbol{V}\cdot\boldsymbol{H}^{\mathrm{T}}=\boldsymbol{0}\tag{5-97}$$

令 $\boldsymbol{v}_j=(v_{j,0},v_{j,1},\cdots,v_{j,n-1})$是矩阵 $\boldsymbol{V}$ 第 j 行，$\boldsymbol{h}_i=(1,\alpha^i,\alpha^{2i},\cdots,\alpha^{(n-1)i})$是矩阵 $\boldsymbol{H}$ 第 i 行，由 $\boldsymbol{v}_j\cdot(\boldsymbol{h}_i)^{\mathrm{T}}=\boldsymbol{0}$ 得

$$v_j(\alpha^i)=v_{j,0}+v_{j,1}\alpha^i+v_{j,2}\alpha^{2i}+\cdots+v_{j,n-1}\alpha^{(n-1)i}=0\tag{5-98}$$

可知 α^i 是码多项式 $v_j(X)=v_{j,0}+v_{j,1}X+v_{j,2}X^2+\cdots+v_{j,n-1}X^{n-1}$的根。由此定义二元假设 H_0：α^i 是矩阵 $\boldsymbol{V}$ 中码字的公共码根，H_1：α^i 不是矩阵 $\boldsymbol{V}$ 中码字的公共码根，构建 α^i 统计量，确定两种假设条件下 α^i 统计量的概率分布，并设置判决门限。若统计量大于判决门限，则 α^i 是矩阵 $\boldsymbol{V}$ 中码字的公共根，即生成多项式 $g(X)$的根。

利用公式 $c=\phi(2^m-1)/m$ 可求出 $\boldsymbol{GF}(2^m)$域上首系数是 1、次数为 m 的本原多项式个数，$c=\phi(2^m-1)/m$ 中 $\phi(\cdot)$为欧拉函数。在所有码字中提取连续偶数个公共码

根最多的情形，即可得到对应正确的本原多项式。

令 M_z 为矩阵 $\boldsymbol{V}$ 中满足 $v(\alpha^i)=0$ 的码字个数，若 α^i 不是本原多项式 $p(X)$ 条件下生成多项式 $g(X)$ 的根，则有 $1/2^m$ 的概率使得式 $v(\alpha^i)=0$ 成立，此时的 M_z 服从伯努利分布 $B(M,p_{i,1})$。令 $h=M_z/M$，在 M 足够大的条件下其近似服从高斯分布，概率密度函数表达式如下：

$$P_{i,1}(h)=\frac{1}{\sqrt{2\pi}\sigma_{i,1}}\mathrm{e}^{-\frac{(h-p_{i,1})^2}{2\sigma_{i,1}}} \tag{5-99}$$

式中：$\sigma_{i,1}=\sqrt{p_{i,1}(1-p_{i,1})/M}$。反之，若生成多项式 $g(X)$ 的根是 α^i，则 h 的概率密度函数为

$$p_{i,2}(h)=\frac{1}{\sqrt{2\pi}\sigma_{i,2}}\mathrm{e}^{-\frac{(h-p_{i,2})^2}{2\sigma_{i,2}}} \tag{5-100}$$

式中：$p_{i,2}=(1-p_e)^n+[1-(1-p_e)^n]p_{i,1}$，$p_e$ 为误码率；$\sigma_{i,2}=\sqrt{p_{i,2}(1-p_{i,2})/M}$。

由最小错误概率准则可知，最优判决门限为

$$\eta_{\mathrm{opt}}=\arg\min_{\eta}(P_{fa}+P_{nd}) \tag{5-101}$$

则当计算出的 h 满足 $h>\eta_{\mathrm{opt}}$ 时，可以判定 α^i 是所有码字多项式的公共根。经计算可得到 η_{opt} 的解析值为

$$\eta_{\mathrm{opt}}=\frac{-b-\sqrt{b^2-4ac}}{2a} \tag{5-102}$$

式中：$a=(1-p_{i,1})(1-p_e)^n\cdot[2p_{i,1}+(1-p_{i,1})(1-p_e)^n-1]/M$；$b=-2p_{i,1}(1-p_{i,1})(1-p_e)^n\cdot[(1-p_{i,1})(1-p_e)^n+p_{i,1}]/M$；$c=p_{i,2}^2\sigma_{i,1}^2-p_{i,1}^2\sigma_{i,2}^2-2\sigma_{i,1}^2\sigma_{i,2}^2(\ln\sigma_{i,1}-\ln\sigma_{i,2})$。

若本原多项式 $p(X)$ 的本原元 α 不满足判决门限，则重新选取本原多项式重复验证步骤；反之，若 α 是生成多项式 $g(X)$ 的根，则对 $\alpha^i(i=2,3,\cdots)$ 依次进行验证。当从 α 开始，存在连续最多的偶数个根，则本原多项式对应正确的编码域。完成本原多项式和生成多项式连续码根分布的确定后，便可求得 $g(X)$。

3）RS 编码分析识别法

RS 编码为 $\boldsymbol{GF}(q)(q\neq2)$ 上生成多项式 $g(X)$ 包含 α^{l_0}、α^{l_0+1}、…、α^{l_0+2t-1} 等 $2t$ 个连续根的本原 BCH 码。RS 编码用数学符号表示为（n，k）RS 编码，其中 n 表示码长，k 表示信息分组长度。

在实际应用中，RS 编码作为纠错编码，通常取 $q=2^m$，且 $3\leqslant m\leqslant8$。对 $\boldsymbol{GF}(2^m)$ 上纠 t 个错误的 RS 编码，其存在以下特点：码长 n 和信息分组长度 k 满足 $n=2^m-1$ 和 $k=2^m-2t-1$；码元和生成多项式的根均取自 $\boldsymbol{GF}(2^m)$。

对于 $g(X)$ 的根 $\alpha^{l_0+i}(0\leqslant i\leqslant 2t-1)$，其最小多项式 $\phi_i(x)=x+\alpha^{l_0+i}$，从而生成多项式可表示为

$$g(x)=\prod_{i=0}^{2t-1}\phi_i(x)=\prod_{i=0}^{2t-1}(x+\alpha^{l_0+i}) \tag{5-103}$$

通常情况下取 $l_0=1$，且 α 为 $\boldsymbol{GF}(2^m)$ 上的本原元。此时，$g(x)=x^{2t}+g_{2t-1}x^{2t-1}+\cdots+g_1x+g_0$，式中：$g_i\in\boldsymbol{GF}(2^m)(0\leqslant i\leqslant 2t-1)$。由生成多项式即可实现

RS 编码识别。

2. 基于二元域等效的 RS 编码分析识别法

1）RS 编码的二元域等效

$\boldsymbol{GF}(2^m)$是$\boldsymbol{GF}(2)$的扩域，可通过$F_2[x]/p(x)$构造得到，其中m为阶数，$p(X)$为对应阶的本原多项式，其对应的本原元为α。由于$\boldsymbol{GF}(2^m)$的所有元素均可以用$\boldsymbol{GF}(2)$上的m维二元向量表示，因此$\boldsymbol{GF}(2^m)$上的（n，k）RS 编码可以等价为$\boldsymbol{GF}(2)$上的一个（mn，mk）线性分组码。RS 编码的校验矩阵一般表示为

$$\boldsymbol{H}=\begin{bmatrix}\alpha^{n-1} & \alpha^{n-2} & \cdots & \alpha & 1\\ \alpha^{2(n-1)} & \alpha^{2(n-2)} & \cdots & \alpha^2 & 1\\ \vdots & \vdots & \ddots & \vdots & \vdots\\ \alpha^{2t(n-1)} & \alpha^{2t(n-2)} & \cdots & \alpha^{2t} & 1\end{bmatrix} \tag{5-104}$$

式中：$\boldsymbol{H}$的各行分别对应生成多项式$g(X)$的不同根。

令向量$\boldsymbol{a}=(\alpha^{m-1},\alpha^{m-2},\cdots,\alpha,1)^{\mathrm{T}}$，其中：T 表示转置，将矩阵$\boldsymbol{H}$中的各元素与向量$\boldsymbol{a}$相乘后的结果转换成$m$维二元行向量。若上述过程用（·）^{2}表示，则与 RS 编码等价的$\boldsymbol{GF}(2)$上的（mn，mk）线性分组码校验矩阵为

$$\boldsymbol{H}'=\begin{bmatrix}\boldsymbol{H}'_1\\ \boldsymbol{H}'_2\\ \vdots\\ \boldsymbol{H}'_r\\ \vdots\\ \boldsymbol{H}'_{2t}\end{bmatrix}=\begin{bmatrix}(\alpha^{n-1}a)_2 & (\alpha^{2(n-1)}a)_2 & \cdots & (\alpha^{2r(n-1)}a)_2 & \cdots & (\alpha^{2t(n-1)}a)_2\\ (\alpha^{n-2}a)_2 & (\alpha^{2(n-2)}a)_2 & \cdots & (\alpha^{2r(n-2)}a)_2 & \cdots & (\alpha^{2t(n-2)}a)_2\\ \vdots & \vdots & \ddots & \vdots & \ddots & \vdots\\ (\alpha a)_2 & (\alpha^2 a)_2 & \cdots & (\alpha^{2r}a)_2 & \cdots & (\alpha^{2t}a)_2\\ (a)_2 & (a)_2 & \cdots & (a)_2 & \cdots & (a)_2\end{bmatrix} \tag{5-105}$$

其中：$\boldsymbol{H}'=(((\alpha^{2r(n-1)}a)_2)^{\mathrm{T}},((\alpha^{2r(n-2)}a)_2)^{\mathrm{T}},\cdots,((\alpha^{2r}a)_2)^{\mathrm{T}},((a)_2)^{\mathrm{T}}),1\leqslant r\leqslant 2t$。

因此，RS 编码的识别问题可以转化成等价的（mn，mk）二元线性分组码的识别问题，则二元线性分组码校验矩阵的转置矩阵$\boldsymbol{H}$即为 RS 编码的校验矩阵。

2）RS 编码分析识别法

本原多项式的阶数m与纠错个数t决定了码长n和信息位长度k，生成多项式$g(X)$的计算需要知道$g(X)$的连续根与本原元α，即本原多项式$p(X)$和纠错个数t。因此，识别的关键在于确定纠错个数t与本原多项式$p(X)$。表 5-9 给出了本原多项式在不同阶数下的分布情况。

表 5-9　各阶数下的本原多项式

m值	n值	本原多项式$p(x)$
3	7	11，13
4	15	19，25
5	31	37，41，47，55，59，61
6	63	67，91，97，103，109，115

续表

m 值	n 值	本原多项式 $p(x)$
7	127	131, 137, 143, 145, 157, 167, 171, 185, 191, 193, 203, 211, 213, 229, 23, 9, 241, 247, 253
8	225	285, 299, 301, 333, 351, 355, 357, 361, 369, 391, 397, 425, 451, 463, 487, 501

注：本原多项式取值为十进制数，如 $11=2^3+2+1$ 表示 $p(x)=x^3+x+1$。

分析识别思路：遍历 $p(X)$ 并按相关参数划分编码序列，检验 $g(X)$ 的根 H'_r，若通过判决的连续根个数为偶数，则证明所选取的 $p(X)$ 正确，进而可得到 t；将 m 与 t 分别带入式（5-105）中计算码长 n、信息分组长度 k，并将 $g(X)$ 的连续根带入，利用 $p(X)$ 化简得到生成多项式 $g(X)$。

识别流程如图 5-41 所示。

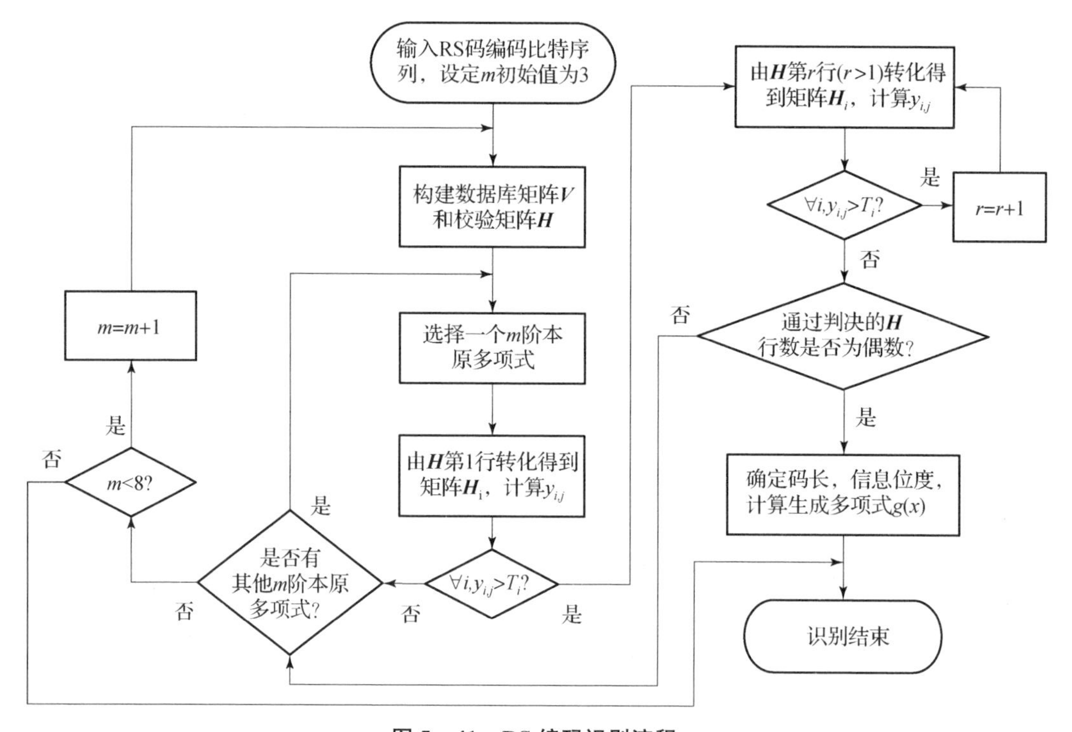

图 5-41　RS 编码识别流程

3. 基于有限域欧几里得算法的 RS 编码分析识别法

1）RS 编码识别基础

定义：$\boldsymbol{GF}(q)$ 上（$q\neq2$，$q=2^m$），码长 $n=q-1$ 的本原 BCH 码称为 RS 编码。

$g(x)=\mathrm{LCM}[m_1(x),m_2(x),\cdots,m_{2t}(x)]$ 为 BCH 码的生成多项式，因此 RS 编码的生成多项式均是多项式的根，其中初始根可以是 α 的任意次幂，而 α 是 $GF(q)$ 中的 n 级元素，LCM 表示最小公约数。由于 RS 编码根所在域和码元符号取值域相同，均为 $\alpha^i\in\boldsymbol{GF}(q)$，因此该域中的最小多项式 $m_i(x)$ 必为一次多项式，所以 $m_i(x)=(x+\alpha^i)$。

于是 RS 编码的生成多项式为

$$g(x) = \prod_{i=s}^{s+2t-1}(x+\alpha^i) \quad s = 0,1,2,\cdots \tag{5-106}$$

因此，RS 编码的分析识别工作主要是完成码长、本原多项式 $p(x)$ 和生成多项式 $g(x)$ 的识别。

根据 RS 编码的定义，可得 RS 编码具有性质：RS 编码是循环码且码字多项式 $C(x)$ 满足式为

$$C(x) = M(x)g(x) \tag{5-107}$$

式中：$M(x)$ 是信息多项式。

所采用的欧几里得算法是一种递归算法，主要用于求解多项式 $C_1(x)$ 与 $C_2(x)$ 的最大公约式 $r(x)$，并寻找一个 $C_1(x)$ 和 $C_2(x)$ 的线性组合，使之等于 $r(x)$，即找到如下式所示的等式：

$$u(x)C_1(x) + v(x)C_2(x) = r(x) \tag{5-108}$$

2）有限域欧几里得算法原理

由于 RS 编码字取自 $GF(2^m)$，因此系数在 $GF(2)$ 上的传统欧几里得算法不再适用。因此，针对 RS 编码的有限域欧几里得算法具体过程如下：将 $GF(2)$ 上的 $C_1(x)$ 和 $C_2(x)$ 在 $GF(2^m)$ 上化为首一多项式，将其在 $GF(2)$ 上进行辗转相除，得到 $C_1(x)$ 和 $C_2(x)$ 的最大公约式记作 $r_n(x)$。

通过如下实例来阐述该过程的基本原理。在本原多项式 x^3+x+1 的 $GF(2^3)$ 上的两个 RS 编码字分别为 $C_1=(10000001001010011)$ 和 $C_2=(1111110001110)$，由本原多项式 $p(X)$ 决定 $GF(2^3)$ 上存在：$\alpha^3=\alpha+1$。先将 C_1 映射到 $GF(2^3)$ 上得 $C_1=(\alpha,0,1,1,\alpha,\alpha^3)$，再对 C_1 的各码元乘以 α^6，得到首一的码字 $C_1=(1,0,\alpha^6,\alpha^6,1,\alpha^2)$，将其映射回 $GF(2)$ 后得到码字 $C_1=(001000101101001100)$，完成首一化处理。继续使用辗转相除即可实现有限域欧几里得算法。

图 5－42 为有限域欧几里得算法实例。

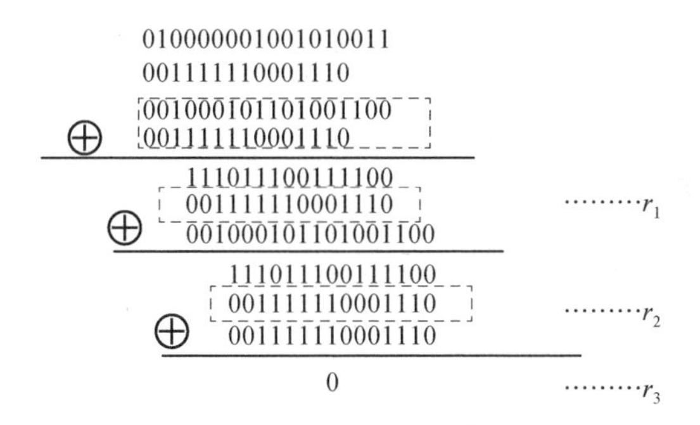

图 5－42　有限域欧几里得算法实例

$GF(2^3)$ 上首一化后的码字如图虚线中的数据所示，若最终余数 $r_n=0$，则前一次迭代的余数 r_{n-1} 即为 C_1 和 C_2 的最大公约式。当最终的余数 $r_n=1$ 时，说明 C_1 和 C_2 为互素。可见，求得的最大公约式为 $r_2=(001111110001110)$。

3）基于有限域欧几里得算法的 RS 编码识别法

$m\times n = m\times(2^m-1)$ 为 RS 编码的等效二进制分组码长。若码长正确，则一个 RS 编

码字与其 m 次循环移位码字间必存在一个是生成多项式 $g(x)$ 倍式的最大公因式 $r(x)$；反之，RS 编码的码字与其 m 次循环移位码字之间的公约式不存在约束关系而呈现随机分布。RS 编码这一特征是实现 RS 编码分析识别的理论基础。

选取 $m=2\sim8$，依次遍历 RS 编码所有可能的码长，各种码长下取 N 个码字并提取各种码长所对应的本原多项式，采用有限域欧几里得算法求得第 j 个本原多项式第 i 码字与其 m 次循环移位码字的最大公因式为 $r_{i,j}(x)$，将 $r_{i,j}(x)$ 的指数表示为 $\deg(r_{i,j}(x))$，则所有码字的最大公因式的平均指数为 $\frac{1}{N}\sum_{i=1}^{N}\deg(r_{i,j}(x))$。

在此基础上，计算所有 M 个本原多项式对应的平均指数的最大值和去除最大值后的平均指数的均值，得到两者之间的差值：

$$D=\max_{j\in M}\left(\frac{1}{N}\sum_{i=1}^{N}\deg(r_{i,j}(x))\right)-\frac{1}{M-1}\sum_{\substack{i=1\\ j\notin \max}}^{M}\left(\frac{1}{N}\sum_{i=1}^{N}\deg(r_{i,j}(x))\right)\tag{5-109}$$

通过分析可知，若码长不正确，则最大公约式的平均指数分布变化较小；反之，若码长正确，通过遍历获得编码采用的本原多项式，则得到的最大公约式的平均指数将远大于其他指数，即表现为 D_m 较大。显而易见，D_m 最大时的码长即为正确码长。

在码长识别过程中，由于各码长下最大公约式的平均指数的最大值所对应的为本原多项式，因此最终识别码长所对应的本原多项式即为待识别和提取的本原多项式。由于通过有限域欧几里得运算得到的最大公约式是 RS 编码生成多项式的倍式，因此在完成本原多项式识别的基础上，选取指数最大的公约式进行因式分解，其中具有连续根的因式即为 RS 编码的生成多项式。综上所述，RS 编码的识别流程图，如图 5－43 所示。

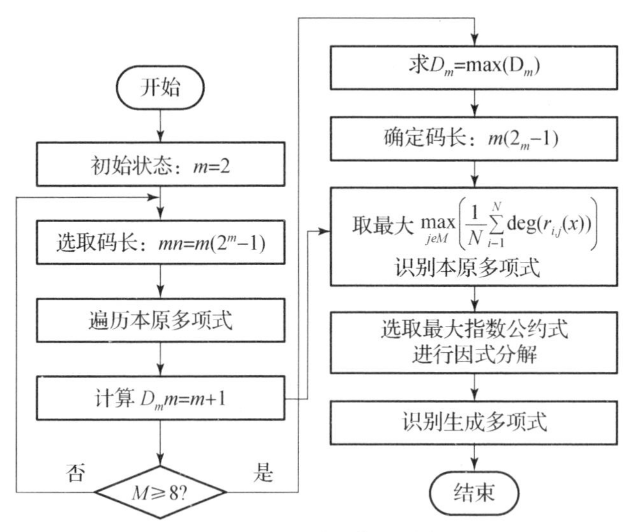

图 5－43　RS 编码的识别流程

5.3.4　卷积码分析识别方法

对于卷积编码数据 $\boldsymbol{C}$，式 $\boldsymbol{CH}^{\mathrm{T}}=\boldsymbol{0}$ 同样成立。若利用分析识别法求得校验矩阵 $\boldsymbol{H}$，则生成矩阵 $\boldsymbol{G}$ 可由 $\boldsymbol{CH}^{\mathrm{T}}=\boldsymbol{0}$ 求出。卷积码需要识别的参数包括码长 n、码字起点 i、码率 k/n、生成多项式、基本生成矩阵和基本校验矩阵等。具体含义如下：

（1）码长 n：输出的分组长度；

（2）码字起点 i：数据序列的起点在卷积码码字中的位置用 i 表示，$1 \leqslant i \leqslant n$；

（3）码率：$r = k/n$，表征编码效率或传输效率；

（4）生成多项式 $g(x)$：能够表示卷积码编码器的多项式集合；

（5）基本生成矩阵：求得 $\boldsymbol{g} = (g_0, g_1, g_2, \cdots, g_m)$；

（6）校验矩阵：由已知识别序列 $\boldsymbol{C}$，通过 $\boldsymbol{CH}^{\mathrm{T}} = \boldsymbol{0}$ 和各类分析识别法可求得 $\boldsymbol{H}$。

至此基本完成卷积码的分析识别。根据实际应用，卷积码分为一般卷积码和删除卷积码，两者的识别方法存在一定的差异。

1. 高斯解方程分析识别法

由于卷积码的编码器具有记忆性，因此采用求解线性方程组的方法对其进行识别时，分析过程与分组码相比有所区别。

利用高斯解方程的识别方法，需要首先进行约束长度的估计，在保证接收序列足够长且无误码的条件下，存在直接求解线性方程组完成卷积码识别的可能。

考虑码率是 $(n-1)/n$ 型的卷积码，若该码的生成矩阵是 $\boldsymbol{G}(D)$、校验矩阵是 $\boldsymbol{H}(D)$，则 $\boldsymbol{C}(D)\boldsymbol{H}^{\mathrm{T}}(D) = \boldsymbol{0}$，其中 $\boldsymbol{H}(D)$ 是 $n \times 1$ 阶多项式矩阵，设 $\boldsymbol{H}^{\mathrm{T}}(D) = (h_0(D), h_1(D), h_2(D) \cdots h_{n_0-1}(D))$，$\boldsymbol{v}_0$，$\boldsymbol{v}_1$，$\boldsymbol{v}_2$，…，$\boldsymbol{v}_N$ 是接收码流 $\boldsymbol{C}$ 的码字序列，其中 $\boldsymbol{v}_t = (r_{0,t}, r_{1,t}, r_{2,t}, \cdots, r_{n_0-1,t})$。

首先估计 $k = \max\limits_{0 \leqslant i \leqslant n-1} (\deg h_i(D))$，设 $h_i(D) = h_{i,0} + h_{i,1}D + h_{i,1}D^2 + \cdots + h_{i,k}D^k$。

若已知卷积码 C 的一个长度是 $N > (n+1)(k+1) - 1$ 的码字序列，则利用以下线性方程组可求解得到 $h_{i,j}$：

$$\sum_{j=0}^{k} \sum_{i=0}^{n} r_{i,k-j+s} h_{i,j} = 0 \quad (s = 0, 1, \cdots, N-k) \tag{5-110}$$

对式（5-110）进行数学变换，得到以下增广矩阵形式：

$$\begin{pmatrix} 1 & 0 & \cdots & 0 & q_{0,0} & q_{1,0} & \cdots & q_{d-1,0} \\ 0 & 1 & \cdots & 0 & q_{0,1} & q_{1,1} & \cdots & q_{d-1,1} \\ \vdots & \vdots & \ddots & 0 & \vdots & \vdots & \vdots & \vdots \\ 0 & 0 & \cdots & 1 & q_{0,n(k+1)-1-d} & q_{1,n(k+1)-1-d} & \cdots & q_{d-1,n(k+1)-1-d} \end{pmatrix} \tag{5-111}$$

其中：d 为解空间的维数。

方程组的 $n(k+1)$ 个未知元 $(h_{0,0}h_{1,0}\cdots h_{n-1,0} \quad h_{0,1}h_{1,1}\cdots h_{n-1,1}\cdots h_{0,k}h_{1,k}\cdots h_{n-1,k})$ 解空间的标准基形式可表示如下：

$$\begin{pmatrix} q_{0,0} & q_{0,1} & \cdots & q_{0,n(k+1)-1-d} & 1 & 0 & \cdots & 0 \\ q_{1,0} & q_{1,1} & \cdots & q_{1,n(k+1)-1-d} & 0 & 1 & \cdots & 0 \\ \vdots & \vdots & \vdots & \vdots & \vdots & \vdots & \ddots & \vdots \\ q_{d-1,0} & q_{d-1,1} & \cdots & q_{d-1,n(k+1)-1-d} & 0 & 0 & \cdots & 1 \end{pmatrix} \tag{5-112}$$

选择上述解中存在极小校验矩阵且非零的解。

设式中第 i 行第一个非零元素所处列为 j_i，令 $j_i = \left\lfloor \dfrac{j_i}{n} \right\rfloor$，$i = 0$，1，…，$d-1$，求最小的 i_0，$0 \leqslant i_0 \leqslant d-1$，使得

$$j_{i_0}+\left\lfloor\frac{d-i_0}{n}\right\rfloor=\max_{0\leqslant i\leqslant d-1}\left\{j_{i_0}+\left\lfloor\frac{d-i_0}{n}\right\rfloor\right\} \tag{5-113}$$

则最优解为

$$h_{i,j}=q_{i_0,(j+j_{i_0})n+i},i=0,1,\cdots,n-1,j=0,1,\cdots,k-\left(j_{i_0}+\left\lfloor\frac{d-i_0}{n}\right\rfloor\right) \tag{5-114}$$

按照上述方法进行选取，$h_i(D),i=0,1,\cdots,n-1$ 的最大次数 $\max\limits_{0\leqslant i\leqslant n-1}(\deg h_i(D))$ 可达到极小。

信息序列的复杂性与方程解空间的维数呈相反关系，前者较低会导致后者变大，进而导致最优解可能不仅是卷积码的校验关系，还可能是某个短周期填空信息或是信息序列的扰码多项式。通常取 $N\approx(n+1)(k+1)$，未知变元的个数是 $n(k+1)$。在确保方程可解的前提下，需要把 k 设置为较大整数。但是若 k 值过大，会导致识别所需数据量 N 和计算复杂性急剧增加，而且此时数据存在误码的可能性增加，导致假设条件成立的可能性降低。高斯消元法的计算复杂度为 $O(N^3)$。

实际应用中一般 $k\leqslant12$ 且 $n\leqslant8$，因此采用高斯消元法解方程组的速度较快。

高斯直解法虽然可以直接求得校验矩阵，但是此时 n 和 k 未知且存在多种组合的可能，因此校验矩阵的解不唯一。对于虚解的剔除，可以通过遍历识别法进行甄别。

由于高斯消元法的抗误码性能较差，因此要求方程组的系数矩阵不能存在错误，在卷积码约束长度较大时，上述方法比较耗时。

以常用的（2，1，6）卷积码编码为例阐述该编码识别方法。（2，1，6）卷积码编码生成多项式为

$$g_1(x)=1+x+x^2+x^3+x^6 \tag{5-115}$$

$$g_2(x)=1+x^2+x^3+x^5+x^6 \tag{5-116}$$

该卷积码的编码器生成，如图 5-44 所示。

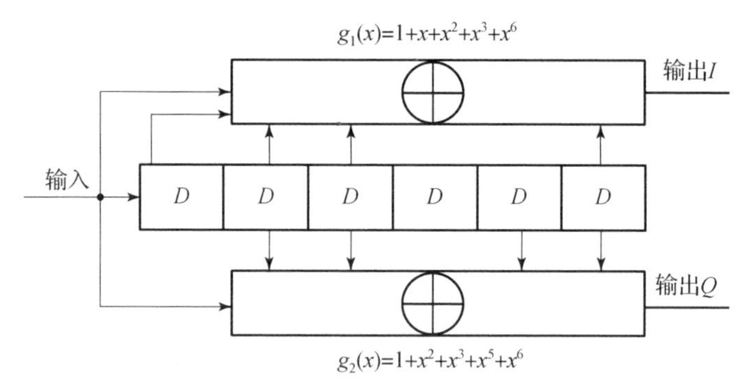

图 5-44 （2，1，6）卷积码编码器

根据参考文献中的示例，在该卷积码的编码数据流中截取一段数据如下：111111000000100100110001000010100000000000010111111101010011110001111001101100 00000111001001110011010010100011101010011000011100011111111110001000011010111 10010111110001100010000101011100001100000000100010101111110110100110101000101 00010100011010111001101110010011101111111111111100011110110010000100110111001 0101101010101011101011001001001111111000100001。经高斯直解法识别，可得（n，k，

m）卷积码的校验矩阵如下：

$n_0:4 \quad k_0:3 \quad m:3$

$$\boldsymbol{H}=[1101;\quad 1101;\quad 0011;\quad 0110] \tag{5-117}$$

$n_0:2 \quad k_0:1 \quad m:6$

$$\boldsymbol{H}=[1011011;\quad 1111001] \tag{5-118}$$

$n_0:5 \quad k_0:4 \quad m:7$

$$\boldsymbol{H}=[11101101;\quad 11010100;\quad 00000111;\quad 11011010;10111001] \tag{5-119}$$

可见，方程虽然存在多解，但只有 $n=2$，$k=1$，$m=6$ 的解符合本例所设的前提。

2. Walsh - Hadamard 分析识别法

Walsh - Hadamard 分析识别法可对接收的含错卷积码序列进行分析和识别。

设码率为 1/2 的（2，1，m）卷积码的校验多项式矩阵如下：

$$\boldsymbol{H}(D)=[h_1(D) \quad h_2(D)] \tag{5-120}$$

其中

$$h_1(D)=h_{1,m}D^m+h_{1,m-1}D^{m-1}+\cdots+h_{1,0} \tag{5-121}$$

$$h_2(D)=h_{2,m}D^m+h_{2,m-1}D^{m-1}+\cdots+h_{2,0} \tag{5-122}$$

于是码的基本校验矩阵和校验矩阵分别为

$$\boldsymbol{h}=[h_{1,m}h_{2,m} \quad h_{1,m-1}h_{2,m-1} \quad \cdots \quad h_{1,0}h_{2,0}] \tag{5-123}$$

$$\boldsymbol{H}=\begin{bmatrix} h_{1,0}h_{2,0} & \cdots & \cdots & \cdots \\ h_{1,1}h_{2,1} & h_{1,0}h_{2,0} & \cdots & \cdots \\ \vdots & \vdots & \ddots & \vdots \\ h_{1,m}h_{2,m} & h_{1,m-1}h_{2,m-1} & \cdots & h_{1,0}h_{2,0} \end{bmatrix} \tag{5-124}$$

设接收码序列为$\cdots c_{i,1}c_{i,2}\cdots c_{i+1,1}c_{i+1,2}\cdots c_{i+m,1}c_{i+m,2}\cdots$，则有

$$[c_{i,1}c_{i,2}\cdots c_{i+1,1}c_{i+1,2}\cdots c_{i+m,1}c_{i+m,2}]\begin{bmatrix} h_{1,m} \\ h_{2,m} \\ \vdots \\ h_{1,0} \\ h_{2,0} \end{bmatrix}=\boldsymbol{0} \tag{5-125}$$

取 $2(m+1)$个码段构成的方程组如下：

$$\begin{bmatrix} c_{i,1}c_{i,2} & c_{i+1,1}c_{i+1,2} & \cdots & c_{i+m,1}c_{i+m,2} \\ c_{i+1,1}c_{i+1,2} & c_{i+2,1}c_{i+2,2} & \cdots & c_{i+m+1,1}c_{i+m+1,2} \\ \vdots & \vdots & \vdots & \vdots \\ c_{i+2m+1,1}c_{i+2m+1,2} & c_{i+2m+2,1}c_{i+2m+2,2} & \cdots & c_{i+3m+1,1}c_{i+3m+1,2} \end{bmatrix}\begin{bmatrix} h_{1,m} \\ h_{2,m} \\ \vdots \\ h_{1,0} \\ h_{2,0} \end{bmatrix}=\begin{bmatrix} 0 \\ 0 \\ \vdots \\ 0 \\ 0 \end{bmatrix} \tag{5-126}$$

方程组的基础解系就是校验矩阵。在 $h_1(D)$和 $h_2(D)$次数未知的条件下，适当将其次数设大，约去求解结果的公因式，次数最低多项式即为子校验多项式。

设生成矩阵 $\boldsymbol{G}(D)$为

$$\boldsymbol{G}(D)=[g_1(D) \quad g_2(D)] \tag{5-127}$$

通过卷积码生成矩阵与校验矩阵的关系 $\boldsymbol{G}(D)\boldsymbol{H}^{\mathrm{T}}(D)=\boldsymbol{0}$，可得

$$g_1(D)h_1(D)+g_2(D)h_2(D)=0 \tag{5-128}$$

故

$$g_1(D)=\frac{g_2(D)h_2(D)}{h_1(D)}$$

若卷积码有前反馈，可设 $\boldsymbol{G}(D)=\boldsymbol{GCD}[g_1(D)\quad g_2(D)]=D^t,t\geqslant 0$，$\boldsymbol{GCD}$ 表示最大公约矩阵。由 $\partial(g_1(D))\leqslant m$，$\partial(g_2(D))\leqslant m$，且 $\max(\deg h_1(D)\quad \deg h_2(D))\leqslant m$，则延迟最小为 $t=0$。故有

$$g_1(D)=h_2(D),\quad g_2(D)=h_1(D) \tag{5-129}$$

若编码数据在有噪信道传输，考虑到实际接收数据是含错序列，噪声 $e_i(D)=(e_{i,0}+e_{i,1}D+\cdots+e_{i,N}D^N)$ 叠加到传输序列 $\boldsymbol{C}(D)$ 上传送，则接收到的码字多项式如下：

$$r_i(D)=c_i(D)+e_i(D)=(c_{i,0}+c_{i,1}D+\cdots+c_{i,N}D^N)+(e_{i,0}+e_{i,1}D+\cdots+e_{i,N}D^N),\quad i=1,2 \tag{5-130}$$

则无误码的方程组变成如下形式：

$$\begin{bmatrix} r_{i,1}r_{i,2} & r_{i+1,1}r_{i+1,2} & \cdots & r_{i+m,1}r_{i+m,2} \\ r_{i+1,1}r_{i+1,2} & r_{i+2,1}r_{i+2,2} & \cdots & r_{i+m+1,1}r_{i+m+1,2} \\ \vdots & \vdots & \vdots & \vdots \\ r_{i+2m+1,1}r_{i+2m+1,2} & r_{i+2m+2,1}r_{i+2m+2,2} & \cdots & r_{i+3m+1,1}r_{i+3m+1,2} \end{bmatrix} \begin{bmatrix} h_{1,m} \\ h_{2,m} \\ \vdots \\ h_{1,0} \\ h_{2,0} \end{bmatrix} = \begin{bmatrix} 0 \\ 0 \\ \vdots \\ 0 \\ 0 \end{bmatrix} \tag{5-131}$$

扩展方程组中的方程数，采用 Walsh－Hadamard 分析识别法求解上述方程组，解向量中大于置信度 t 的最大值所对应的地址，即所求解。按照奇偶位置将解向量分成两组，将两者化简到相互间只有 1 是公因式的最简形式，最后的结果为 $h_1(D)$ 和 $h_2(D)$，由此可得 $g_1(D)$ 和 $g_2(D)$。

以图 5－45 所示的 1/3 卷积码编码为例，说明该识别方法。

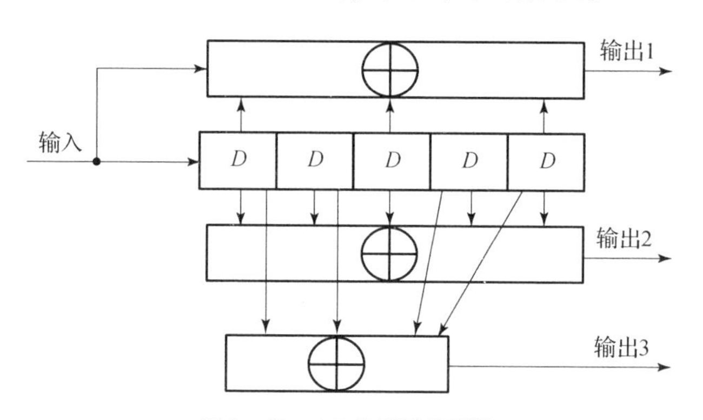

图 5－45　1/3 卷积码编码器

其生成矩阵为

$$\boldsymbol{G}(D)=[D^5+D^3+D+1\quad D^5+D^4+D^3+D^2+D\quad D^5+D^4+D^2+D] \tag{5-132}$$

假设在前面内容的基础上已识别出码字的起点和码率（码率为 1/3）。将数据分为 3 路后，依次选择其中的两路数据并用（2，1，m）卷积码的识别方法对其进行分析识别。

当选取第 1 路与第 2 路时，解向量为 $[111011101101]^{\mathrm{T}}$，此时，对应的子卷积码生成多项式为

$$\begin{cases} g_1(D) = D^5 + D^3 + D + 1 \\ g_2(D) = D^5 + D^4 + D^3 + D^2 + D \end{cases} \tag{5-133}$$

当选取第 1 路与第 3 路时，解向量为 $[111001101101]^{\mathrm{T}}$，对应的子卷积码生成多项式为

$$\begin{cases} g_1(D) = D^5 + D^3 + D + 1 \\ g_3(D) = D^5 + D^4 + D^2 + D \end{cases} \tag{5-134}$$

当选取第 2 路与第 3 路时，解向量为 $[111101111100]^{\mathrm{T}}$，对应的子卷积码生成多项式为

$$\begin{cases} g_2(D) = D^5 + D^4 + D^3 + D^2 + D \\ g_3(D) = D^5 + D^4 + D^2 + D \end{cases} \tag{5-135}$$

因此可得其生成矩阵如下：

$$\boldsymbol{G}(D) = [D^5 + D^3 + D + 1 \quad D^5 + D^4 + D^3 + D^2 + D \quad D^5 + D^4 + D^2 + D] \tag{5-136}$$

上述结果与假设 1/3 卷积码的预设前提一致，因此完成了该码的准确识别。

对 1/2 码率卷积码的识别采用 Walsh - Hadamard 算法完成（n，k，m）系统卷积码识别的基础，但是 Walsh - Hadamard 算法必须预先估计待识别序列的码字起点和码率 k/n，否则会导致计算量增大、识别时间变长。由于实际应用中的卷积码约束长度有限，因此采用 Walsh - Hadamard 算法进行卷积码分析识别更有实用意义和价值。

3. 欧几里得分析识别法

欧几里得算法可以实现卷积码编码的分析识别，对 1/2 码率卷积码编码尤其有效。该方法是一种经典算法，具有计算量小的优点。算法需要首先定义多阶关键方程。

设 $c_i(x) = c_{i,0} + c_{i,1}x + \cdots + a_{i,N}x^N, i = 1,2,\cdots,k/n$ 码率卷积码的序列多项式。求集合：

$$\Phi^{(n)} = \left\{ (h_1(x),\cdots,h_n(x),\cdots) \in F[x]^n \times N \;\middle|\; \begin{array}{r} \exists d(x) \in F[x] \Rightarrow \\ h_1(x)c_1(x) + \cdots + h_n(x)c_n(x) \equiv d(x) \operatorname{mod} x^{N+1} \\ \deg d(x) < L, \max(\deg h_1(x),\cdots,\deg h_n(x)) \leq L \end{array} \right\} \tag{5-137}$$

式中：要求集合中的元素对 $(h_1(x),h_2(x),\cdots,h_n(x))$，使得 L 达到极小且 $(h_1(0),\cdots,h_n(0)) \neq (0,\cdots,0)$；在对卷积码编码进行分析识别的过程中，$L$ 未知，可以设 $L' > L$。

定理 5.9：对于任意两整数 a 和 $b(b \neq 0)$，必定存在特定整数 q 和 $r(0 \leq r \leq |b|)$，使得式 $a = bq + r$ 成立。

该定理实质是除法运算，其中整数 q 是除法中的商，r 是 a 除 b 所剩的余数。对任意两个整数 a 和 $b(b \neq 0)$，定义 (a,b) 为 a 和 b 的最大公因子。通过不断利用定理 5.9 作除法可得下列等式：

$$\begin{cases} a = bq_1 + r_1 & (0 < r_1 < b) \\ b = r_1 q_2 + r_2 & (0 < r_2 < r_1) \\ r_1 = r_2 q_3 + r_3 & (0 < r_3 < r_2) \\ \vdots & \vdots \\ r_{i-2} = r_{i-1} q_i + r_i & (0 < r_i < r_{i-1}) \\ r_{i-1} = r_i q_{i+1} & (r_{i+1} = 0) \end{cases} \tag{5-138}$$

其中$(a,b) = (b,r_1) = (r_1,r_2) = (r_2,r_3) = \cdots = (r_{i-1},r_i) = r_i$。

该算法说明了搜寻(a,b)的方法，即先搜寻 a 除 b 的余数 r_1，再搜寻 b 除 r_1 的余数 r_2，依次类推搜寻 r_{j-1}与 r_j 的余数 r_{j+1}，直到余数为 0 结束。

欧几里得算法也可用于查找有限域上多项式 $a(x)$和 $b(x)$的最大公约数 $d(x)$，多项式除法和整数辗转除法基本原理一致，只要把除法中的符号视为多项式即可。在找到 $d(x)$后，继续寻找表示 $a(x)$与 $b(x)$间线性联系且使它等于 $d(x)$，即寻找方程：

$$u(x)a(x) + v(x)b(x) = d(x) \tag{5-139}$$

考虑 1/2 码率卷积码的识别，即在接收多项式 $c_1(x)$和 $c_2(x)$已知的条件下，搜寻 $g_1(x)$和 $g_2(x)$，使得

$$g_2(x)c_1(x) + g_1(x)c_2(x) = 0 \tag{5-140}$$

由于接收数据只是卷积码序列的一部分，因此 $c_1(x)$和 $c_2(x)$不一定满足条件，必须对欧几里得算法进行修正。

修正后的欧几里得分析识别法流程包括如下四步：

1）初始化

$$g_{1,-1}(x) = 0, g_{2,-1}(x) = 1, r_{-1}(x) = c_1(x) \tag{5-141}$$

$$g_{1,0}(x) = 1, g_{2,0}(x) = 0, r_0(x) = c_2(x) \tag{5-142}$$

2）定义多项式

对 $i \geqslant 1$，定义 $q_i(x)$和 $r_i(x)$，满足

$$r_{i-2}(x) = q_i(x)r_{i-1}(x) + r_i(x) \tag{5-143}$$

其中：$q_i(x)$和 $r_i(x)$分别是 $r_{i-2}(x)$除以 $r_{i-1}(x)$所得的商多项式和余数多项式。

3）递归计算

$$g_{2,i}(x) = g_{2,i-2}(x) - q_i(x)g_{2,i-1}(x) \tag{5-144}$$

$$g_{1,i}(x) = g_{1,i-2}(x) - q_i(x)g_{1,i-1}(x) \tag{5-145}$$

4）停止条件

$\deg(r_i(x)) \leqslant L'$，设此时 $i = n$，可得

$$g_1(x) = g_{1,n}(x), g_2(x) = g_{2,n}(x) \tag{5-146}$$

在接收序列足够长的基础上，只要满足 $L' > L$，则计算复杂度不会受到 L'大小的影响。

以（2，1，8）卷积码为例说明修正的欧几里得分析识别法。（2，1，8）卷积码编码的生成多项式如下：

$$\begin{cases} g_1(x) = 1 + x + x^2 + x^3 + x^5 + x^7 + x^8 \\ g_2(x) = 1 + x^2 + x^3 + x^4 + x^8 \end{cases} \tag{5-147}$$

先设 110000101110111110111001000101110001110100010000010111000000 11 为接收的一段编码序列。该序列为一起始码字丢失但比特同步（数据段首位为编码输出分组起始位）的无误码数据段，且 $\max(\deg(g_1(x)),\deg(g_2(x)))$ 不超过 10，设 $L'=12$，识别步骤如表 5-10 所列。

表 5-10　识别步骤

i	$g_{1,i}$	$g_{2,i}$	r_i	q_i
-1	0	1	$c_1(x)$	…
0	1	0	$c_2(x)$	…
1	1	1	$x^{27}+x^{25}+x^{22}+x^{20}+x^{19}+x^{17}+x^{16}+x^{13}+x^{11}+x^9+x^6+x^5$	1
2	x^3+x^2+1	x^2+1	$x^{25}+x^{24}+x^{23}+x^{22}+x^{18}+x^{15}+x^{13}+x^{12}+x^{11}+x^{10}+x^8+x^7+x^5+x^4+1$	x^3+x
3	$x+1$	$x^5+x^4+x^3+x+1$	$x^{24}+x^{18}+x^{12}+x^{11}+x^9+x^6+x^5+x^4+x^2+x+1$	x^2+x+1
4	$x^6+x^5+x^3+x^2+1$	$x^6+x^5+x^2+1$	$x^{23}+x^{22}+x^{19}+x^{15}+x^{12}+x^9+x^8+x^5+x^3$	$x+1$
5	$x^7+x^5+x^4+x^3+x+1$	x^6+x+1	$x^{22}+x^{20}+x^{19}+x^{18}+x^{16}+x^{15}+x^{13}+x^{11}+x^{10}+x^9+x^8+x^3+x^2+x+1$	$x+1$
6	$x^6+x^5+x^4+x^3+1$	$x^8+x^6+x^4+1$	$x^{21}+x^{19}+x^{18}+x^{17}+x^{14}+x^{13}+x^9+x^5+x^4+x^3+1$	$x+1$
7	$x^9+x^7+x^4+x^2+1$	$x^6+x^4+x^3+x^2+1$	$x^{16}+x^{14}+x^{13}+x^{11}+x^9+x^8+x^6+x^5+x^4+x^3+x^2+1$	x
8	$x^{14}+x^{13}+x^{10}+x^9+x^8+x^5+x^2+1$	$x^{14}+x^{12}+x^{11}+x^9+x^6+x^5+x^3+x^2+1$	$x^{15}+x^{13}+x^{12}+x^4+x^3+x^2+x$	x^5+x+1
9	$x^{15}+x^{14}+x^9+x^6+x^5+x^2+1$	$x^{14}+x^{11}+x^{10}+x^8+x^5+x^3+x^2+1$	$x^{11}+x^9+x^8+x^6+1$	x

可得识别结果：

$$\begin{cases} g_1(x)=x^{15}+x^{14}+x^9+x^6+x^5+x^2+1 \\ g_2(x)=x^{14}+x^{11}+x^{10}+x^8+x^5+x^3+x^2+1 \end{cases} \tag{5-148}$$

可见识别结果并不正确。

再取数据段 1101100100101000111100010000011111000111001011010 1，该序列的码字同步且无误码，编码识别步骤如表 5-11 所列。

表 5-11　识别结果

i	$g_{1,i}$	$g_{2,i}$	r_i	q_i
-1	0	1	$c_1(x)$	…
0	1	0	$c_2(x)$	…
1	1	1	$x^{23}+x^{22}+x^{21}+x^{19}+x^{18}+x^{13}+x^{10}+x^6+x^3+x+1$	1
2	$x+1$	1	$x^{22}+x^{21}+x^{20}+x^{19}+x^{16}+x^{15}+x^{14}+x^{13}+x^{11}+x^{10}+x^9+x^8+x^7+x^6+x^5+x^4+1$	x
3	x^2+x+1	x^2+1	$x^{20}+x^{19}+x^{18}+x^{17}+x^{16}+x^{15}+x^{14}+x^{13}+x^{12}+x^{11}+x^9+x^8+x^7+x^5+x^3+1$	x^2+x+1
4	$x^4+x^3+x^2+x+1$	x^3+x^2+1	$x^{18}+x^{17}+x^8+x^6+x^4+x^2+1$	x^2
5	x^4+x+1	$x^6+x^5+x^3+1$	$x^{16}+x^{15}+x^{14}+x^{13}+x^{12}+x^{11}+x^{10}+x^9+x^8+x^7+x^5+x^3$	x^2+1
6	$x^8+x^7+x^5+x^3+x^2+x+1$	$x^8+x^4+x^3+x^2+1$	$x^6+x^4+x^3+x^2+1$	x^2+1

可得识别结果：

$$\begin{cases}g_1(x)=x^8+x^7+x^5+x^3+x^2+x+1\\g_2(x)=x^8+x^4+x^3+x^2+1\end{cases}\tag{5-149}$$

可见识别结果正确。

由比较可知，在分组内比特不同步时不能完成正确的识别。

当误码位于数据前段时 110[0]100100101000111100010000011111000111001011010 1，如方框所示，识别的错误结果如下：

$$\begin{cases}g_1(x)=x^{11}+x^{10}+x^5+x^3+1\\g_2(x)=x^{11}+x^8+x^7+x^6+x^4+x^2+1\end{cases}\tag{5-150}$$

当误码位于中间部分时 110110010010100011110 0[1]10000011111000111001011010 1，如方框所示，识别的错误结果如下：

$$\begin{cases}g_1(x)=x^{11}+x^8+x^5+x^3+1\\g_2(x)=x^{10}+x^7+x^5+x^3+x^2+x+1\end{cases}\tag{5-151}$$

当误码位于末尾部分时 1101100100101000111100010000011111000111001011 0[0]01，由方框所示，识别的错误结果如下：

$$\begin{cases} g_1(x)=x^8+x^7+x^5+x^3+x^2+x+1 \\ g_2(x)=x^8+x^4+x^3+x^2+1 \end{cases} \tag{5-152}$$

通过进一步的分析，可得出如下结论：

（1）当待识别比特流长度满足 $2N \geqslant 6(L+1)$（其中：L 为所用卷积码生成多项式的最大阶次）时，算法可实现无误码 1/2 码率卷积码的识别；

（2）码字同步和码字起始位的准确性是能否正确识别的关键因素，若码字起始位错误，算法就无法完成正确识别；

（3）容错性，算法无法纠正前段与中段误码，只能抵抗末段误码。

由于欧几里得算法的应用需要以准确获取码字起点为前提，但实际应用中往往无法满足上述要求，因此需要对算法进行改进来提高它的实用性。

如果把解调后待识别的码序列看作一个码元多项式，并设 $M+1$ 为码序列长度，L 是生成多项式的最高阶数，码序列从左至右进行降序排列，可得

$$R(x) = \sum_{i=1}^{2}(c_{i,0}+c_{i,1}x+\cdots+c_{i,M}x^M)(g_{3-i,0}+g_{3-i,1}x+\cdots+g_{3-i,L}x^L) = 0 \tag{5-153}$$

如果截取每路码元输出的第 $A+1$ 位到第 B 位，设其长度是 N，则有

$$R'(x) = \sum_{i=1}^{2}(c_{i,A}x^A+c_{i,A+1}x^{A+1}+\cdots+c_{i,B}x^B)(g_{3-i,0}+g_{3-i,1}x+\cdots+g_{3-i,L}x^L) \tag{5-154}$$

对比式（5-153）和式（5-154）可知，当 $A+L \leqslant k \leqslant B$ 时，$R'(x)$ 和 $R(x)$ 中的次数与 k 的项系数相同；当 $k<A+L$ 或 $k>B$ 时，$R'(x)$ 和 $R(x)$ 中对应的项系数不相同，此时 $R'(x)$ 中次数是 k 的项的系数，且和前面所截去的码序列相关。

码字序列之间的相对位置用 $R'(x)$ 和 $R(x)$ 中 x 的幂次表示，如果用 x^A 除 $R'(x)$，其物理意义不会改变，可得

$$R''(x) = \sum_{i=1}^{2}(c_{i,A}+c_{i,A+1}+\cdots+c_{i,B}x^{B-A})(g_{3-i,0}+g_{3-i,1}x+\cdots+g_{3-i,L}x^L) \tag{5-155}$$

设多项式 $d(x)$ 由 $R''(x)$ 中次数低于 L 的项组成，$g_0(x)x^N$ 是次数高于 N 的项，由于 $R''(x)$ 中其他项是零，因此有

$$R''(x) = x^N g_0(x) + d(x) = g_2(x)c_1(x) + g_1(x)c_2(x) \tag{5-156}$$

因此在比特同步但起始码字丢失的条件下，1/2 码率卷积码的分析识别模型为

$$g_2(x)c_1(x) + g_1(x)c_2(x) + x^N g_0(x) = d(x) \tag{5-157}$$

其中：$\deg d(x) < L$，$\deg g_0(x) \leqslant L$，N 为每路接收序列的长度，deg 表示码字阶数。进一步可得 $\deg d(x) < \min(\deg g_i(x))$，设 $d(x)$ 是误差多项式，基于改进欧几里得算法的分析识别流程如下：

（1）初始化 $r_{i,0}(x)=c_i(x), i=1,2,3$，其中 $c_3(x)=x^N$；

（2）对 $j \geqslant 0$，搜寻次数最低项 $R_j(x)$，将其记成 T_j，即 $T_j=\{i \mid \min\limits_{1\leqslant i\leqslant 3}(\deg(r_{i,j}))\}$、$R_j(x)=r_{T_j,j}$，定义 $q_{i,j}(x)$ 和 $r_{i,j+1}(x)$ 分别是 $r_{i,j}(x)$ 除以 $R_j(x)$ 所得的商和余数，即

$r_{i,j}(x)=q_{i,j}(x)R_j(x)+r_{i,j+1}(x), i\neq T_j$；

（3）令 $j=j+1$，重复步骤（2）直到 $\deg R_j(x)\leqslant L$，记下 j 的最大值 K 与误差多项式 $d(x)=R_j(x)$；

（4）初始化 $g_n(x)$，$g_{3-T_K}(x)=1$，$g_n(x)=0$，$n=0,1,2\quad n\neq 3-T_K$；

（5）递归计算 $\begin{cases} g_{3-T_j(x)} = \sum\limits_{i=1,i\neq T_j}^{3} r_{i,j}(x)g_{3-i}(x) \\ g_{3-T_j(x)} = Q(g_{3-T_j(x)}/r_{T_j,j}(x)) \end{cases}$，其中 j 从 $K-1$ 逐步递减到 0，$Q(g_{3-T_j(x)}/r_{T_j,j}(x))$ 表示 $g_{3-T_j(x)}/r_{T_j,j}(x)$ 的商；

（6）递减到 $j=0$ 时输出结果 $g_n(x)$，$n=0$，1，2。

用以上算法对示例中的接收序列进行识别，设接收码序列为 $C=110000101110111110111001000101110001110100010000010111000000\text{11}$，则有 $c_1=1001111111100001001000000010001$、$c_2=1000101101010111011101001110001$ 和 $c_3=1000000000000000000000000000000$。

表 5－12 和 5－13 给出了采用欧几里得算法进行正向与反向的估计步骤。

表 5－12　正向迭代估计过程

递推次数	$r_1(x)$次数	$r_2(x)$次数	$r_3(x)$次数	除数
0	30	30	30	1
1	30	27	27	2
2	25	27	26	1
3	25	24	24	2
4	23	24	23	1
5	23	22	21	3
6	20	19	21	2
7	18	19	17	3
8	14	16	17	1
9	14	13	13	2
10	7	13	12	—

表 5－13　反向迭代估计过程

反向递推次数	$g_2(x)$	$g_1(x)$	$g_0(x)$
10	1	0	0
9	0	0	0
8	x^3+x^2+1	0	0

续表

反向递推次数	$g_2(x)$	$g_1(x)$	$g_0(x)$
7	x^3+x^2+1	0	x^4+1
6	x^3+x^2+1	x^5+x^3+1	x^4+1
5	x^3+x^2+1	x^5+x^3+1	$x^5+x^3+x^2+1$
4	x^6+x+1	x^5+x^3+1	$x^5+x^3+x^2+1$
3	x^6+x+1	$x^6+x^4+x^3+x^2+1$	$x^5+x^3+x^2+1$
2	$x^4+x^3+x^2+1$	$x^6+x^4+x^3+x^2+1$	$x^5+x^3+x^2+1$
1	$x^4+x^3+x^2+1$	$x^8+x^7+x^5+x^3+x^2+1$	$x^5+x^3+x^2+1$
0	$x^8+x^4+x^3+x^2+1$	$x^8+x^7+x^5+x^3+x^2+1$	$x^5+x^3+x^2+1$

采用反向迭代得到的识别结果如下：

$$\begin{cases} g_1(x)=x^8+x^7+x^5+x^3+x^2+x+1 \\ g_2(x)=x^8+x^4+x^3+x^2+1 \end{cases} \tag{5-158}$$

则误差多项式：

$$d(x)=g_2(x)c_1(x)+g_1(x)c_2(x)+x^N g_0(x)=x^7+x^4+x^3+x \tag{5-159}$$

由此准确地对上述卷积码的生成多项式进行了识别。该方法与其他方法相比，计算量大大减小，因此分析识别的实时性增加，不过该方法仍然只适用于识别 1/2 码率的卷积码。

4. 综合分析识别法

同分组码一样，卷积码码字也是由信息位对生成矩阵进行移位加权得到的，对于 (n,k,m) 卷积码，卷积码的基本生成矩阵每次移位 n 位后就得到了它的生成矩阵。

推论 5.3：将卷积码的编码序列排列成秩为 k 的 n 阶方阵形式，对其进行初等单位化变换后得到 $[\boldsymbol{I}_{k_0}\quad \boldsymbol{P}]$ 形式。

推论 5.3 与推论 5.2 不同，由于卷积码具有记忆性，卷积码的校验关系并不能由 n 阶方阵数据完整给出，$[\boldsymbol{I}_{k_0}\quad \boldsymbol{P}]$ 中的 $\boldsymbol{P}$ 仅仅是校验序列的一部分。

由于前面的系统卷积码具有线性分组码的特点，在码字起点和码长 n 未知的条件下，参考 4.2.2 小节的综合分析法建立卷积码的分析识别矩阵模型。为了确保矩阵各行起点的位置差是卷积码实际码长 n 的整数倍，需要对码长 n 进行估值。由于 n 的实际长度一般不大于 10，2 到 10 的最小公倍数是 2520，所以矩阵各行起点的位置差小于等于 $d=2520$。

具体分析识别矩阵模型如下：将待识别序列排列成 x 行 y 列的矩阵形式，且满足 y 大于编码约束长度 $N=n(m+1)$，$x>y$。鉴于卷积码编码和译码的复杂度，实际应用中 m 与 n 通常不会取值太大，因此 y 取 64 以上即可。矩阵各行具体确定如下：第一行，以 i 为起点，连续取 y 比特的数据；第二行，以 $i+d$ 为起点，同样连续取 y 比特的数据；以此类推，以 $i+(j-1)d$ 为起点，对第 j 行（$2\leqslant j\leqslant x$）取 y 比特的数据。

对分析识别矩阵进行初等单位化处理，最终得到分析识别结果矩阵。若 n 的估计值比真实值大，会得到与分组码中$[\boldsymbol{I}_{k_0}\quad \boldsymbol{P}]$相似的间隔规律，由此分析得到校验序列和码率，进一步得到系统卷积码的生成矩阵与校验矩阵。若码字起点是 i，矩阵单位化后会以秩是（$n-i$）的单位阵开头，单位阵右侧及下方均是全 $\mathbf{0}$ 区域。矩阵的前 $N=n(m+1)$行列内属于校验（$n-k$）列的位置，由于所收信息数不全会造成数据约束长度不够，因此不会产生校验序列，如图 5－46 所示。

$$
\begin{bmatrix}
I_kP_0 & 0_kP_1 & 0_kP_2 & \cdots & 0_kP_m & \cdots & & \\
0 & I_kP_0 & 0_kP_1 & \cdots & 0_kP_{m-1} & 0_kP_m & \cdots & \\
0 & 0 & I_kP_0 & \cdots & 0_kP_{m-2} & 0_kP_{m-1} & 0_kP_m & \cdots \\
\cdots & \cdots & & & & & &
\end{bmatrix}
$$

图 5－46　校验分布图

以（3，2，2）系统卷积码为例，说明该识别方法。下式为该卷积码的生成多项式矩阵：

$$
\boldsymbol{G}(D)=\begin{bmatrix} 1 & 0 & D^2+1 \\ 0 & 1 & D+1 \end{bmatrix} \tag{5-160}
$$

其校验矩阵为

$$
\boldsymbol{H}(D)=[D^2+1\quad D+1\quad 1] \tag{5-161}
$$

初等单位化由接收数据构成的分析识别矩阵，其结果如图 5－47 所示。

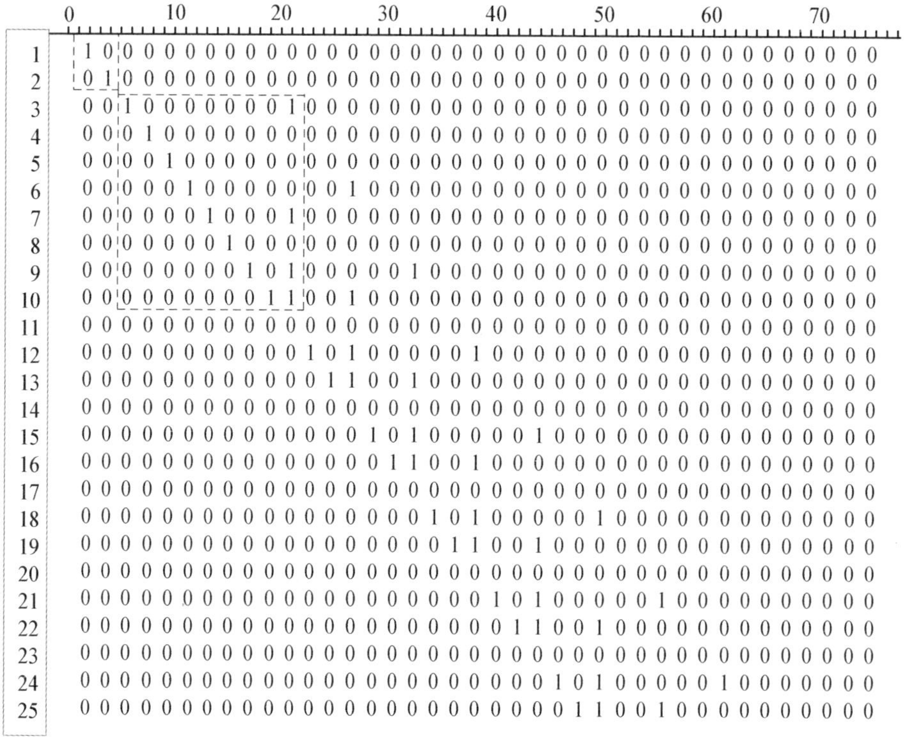

行	0　　　　　10　　　　　20　　　　　30　　　　　40　　　　　50　　　　　60　　　　　70
1	1 0 0 0 0 0 0 0 0 0 0 0 0 0 0 0 0 0 0 0 0 0 0 0 0 0 0 0 0 0 0 0 0 0 0 0 0 0 0 0
2	0 1 0 0 0 0 0 0 0 0 0 0 0 0 0 0 0 0 0 0 0 0 0 0 0 0 0 0 0 0 0 0 0 0 0 0 0 0 0 0
3	0 0 1 0 0 0 0 0 0 0 1 0 0 0 0 0 0 0 0 0 0 0 0 0 0 0 0 0 0 0 0 0 0 0 0 0 0 0 0 0
4	0 0 0 1 0 0 0 0 0 0 0 0 0 0 0 0 0 0 0 0 0 0 0 0 0 0 0 0 0 0 0 0 0 0 0 0 0 0 0 0
5	0 0 0 0 1 0 0 0 0 0 0 0 0 0 0 0 0 0 0 0 0 0 0 0 0 0 0 0 0 0 0 0 0 0 0 0 0 0 0 0
6	0 0 0 0 0 1 0 0 0 0 0 0 0 1 0 0 0 0 0 0 0 0 0 0 0 0 0 0 0 0 0 0 0 0 0 0 0 0 0 0
7	0 0 0 0 0 0 1 0 0 0 1 0 0 0 0 0 0 0 0 0 0 0 0 0 0 0 0 0 0 0 0 0 0 0 0 0 0 0 0 0
8	0 0 0 0 0 0 0 1 0 0 0 0 0 0 0 0 0 0 0 0 0 0 0 0 0 0 0 0 0 0 0 0 0 0 0 0 0 0 0 0
9	0 0 0 0 0 0 0 0 1 0 1 0 0 0 0 0 1 0 0 0 0 0 0 0 0 0 0 0 0 0 0 0 0 0 0 0 0 0 0 0
10	0 0 0 0 0 0 0 0 0 1 1 0 0 1 0 0 0 0 0 0 0 0 0 0 0 0 0 0 0 0 0 0 0 0 0 0 0 0 0 0
11	0 0 0 0 0 0 0 0 0 0 0 0 0 0 0 0 0 0 0 0 0 0 0 0 0 0 0 0 0 0 0 0 0 0 0 0 0 0 0 0
12	0 0 0 0 0 0 0 0 0 0 0 1 0 1 0 0 0 0 0 1 0 0 0 0 0 0 0 0 0 0 0 0 0 0 0 0 0 0 0 0
13	0 0 0 0 0 0 0 0 0 0 0 0 1 1 0 0 1 0 0 0 0 0 0 0 0 0 0 0 0 0 0 0 0 0 0 0 0 0 0 0
14	0 0 0 0 0 0 0 0 0 0 0 0 0 0 0 0 0 0 0 0 0 0 0 0 0 0 0 0 0 0 0 0 0 0 0 0 0 0 0 0
15	0 0 0 0 0 0 0 0 0 0 0 0 0 0 1 0 1 0 0 0 0 0 1 0 0 0 0 0 0 0 0 0 0 0 0 0 0 0 0 0
16	0 0 0 0 0 0 0 0 0 0 0 0 0 0 0 1 1 0 0 1 0 0 0 0 0 0 0 0 0 0 0 0 0 0 0 0 0 0 0 0
17	0 0 0 0 0 0 0 0 0 0 0 0 0 0 0 0 0 0 0 0 0 0 0 0 0 0 0 0 0 0 0 0 0 0 0 0 0 0 0 0
18	0 0 0 0 0 0 0 0 0 0 0 0 0 0 0 0 0 1 0 1 0 0 0 0 0 1 0 0 0 0 0 0 0 0 0 0 0 0 0 0
19	0 0 0 0 0 0 0 0 0 0 0 0 0 0 0 0 0 0 1 1 0 0 1 0 0 0 0 0 0 0 0 0 0 0 0 0 0 0 0 0
20	0 0 0 0 0 0 0 0 0 0 0 0 0 0 0 0 0 0 0 0 0 0 0 0 0 0 0 0 0 0 0 0 0 0 0 0 0 0 0 0
21	0 0 0 0 0 0 0 0 0 0 0 0 0 0 0 0 0 0 0 0 1 0 1 0 0 0 0 0 1 0 0 0 0 0 0 0 0 0 0 0
22	0 0 0 0 0 0 0 0 0 0 0 0 0 0 0 0 0 0 0 0 0 1 1 0 0 1 0 0 0 0 0 0 0 0 0 0 0 0 0 0
23	0 0 0 0 0 0 0 0 0 0 0 0 0 0 0 0 0 0 0 0 0 0 0 0 0 0 0 0 0 0 0 0 0 0 0 0 0 0 0 0
24	0 0 0 0 0 0 0 0 0 0 0 0 0 0 0 0 0 0 0 0 0 0 0 1 0 1 0 0 0 0 0 1 0 0 0 0 0 0 0 0
25	0 0 0 0 0 0 0 0 0 0 0 0 0 0 0 0 0 0 0 0 0 0 0 0 1 1 0 0 1 0 0 0 0 0 0 0 0 0 0 0

图 5－47　2/3 系统卷积码识别结果图

由子矩阵的分布规律可知码率是 2/3。矩阵的左上角是一个 $n-i=2$ 的单位阵，因此码字起始位是 $i=1$。由于存储器是 2 阶，因此编码约束长度是 $N=9$。除去前 2 列，由于不满足线性约束关系，第 5 列和第 8 列的校验序列没有出现。第 11 列刚好满足完整线性约束长度，存在 1 列数据满足要求。其复用校验序列为 100010111，按照码长 $n=3$ 抽取后得到 101、011、001。用多项式表达为 $[D^2+1 \quad D+1 \quad 1]$。

由该校验矩阵得到其生成矩阵如下：

$$\begin{bmatrix} 1 & 0 & D^2+1 \\ 0 & 1 & D+1 \end{bmatrix} \tag{5-162}$$

分析结果和所预设前提完全一致。

当码率 r 和编码存储长度 m 相同时，非系统卷积码的自由距离大于系统卷积码，导致非系统卷积码的纠错性能更好，因此非系统卷积码在实际应用中更为广泛。由于系统卷积码生成矩阵经过初等变换后可得到非系统卷积码的生成矩阵，所以非系统卷积码可转化为 $[\boldsymbol{I}_{k_0} \quad \boldsymbol{P}]$ 的形式，故它们有相同的校验矩阵形式 $\boldsymbol{H}$。

推论 5.4：系统码与非系统码的线性约束关系和编码约束度一样，且两者的生成矩阵可以互相转化；不同之处就是系统码的生成矩阵与校验矩阵一一对应，而非系统码不是。

利用推论 5.4，可以采用与系统卷积码相同的分析识别法对非系统码数据构建对应的分析识别矩阵模型。对其进行初等单位化处理后，可求得码长 n、码字起点 i、码率 k/n、编码约束长 m 与校验矩阵 $\boldsymbol{H}$ 等相关参数，但还需进一步分析才能求得生成矩阵 $\boldsymbol{G}$。

以如图 5-48 所示的 2/3 非系统卷积码为例，说明该识别方法。

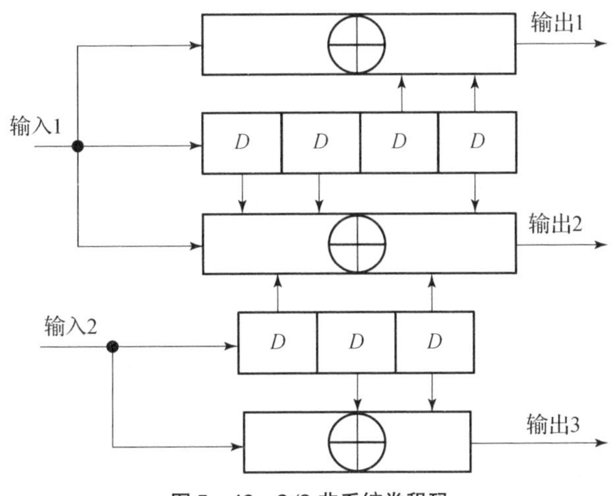

图 5-48　2/3 非系统卷积码

其生成矩阵为

$$\boldsymbol{G}(D)=\begin{bmatrix} D^4+D^3+1 & D^4+D^2+D+1 & 0 \\ 0 & D^3+D & D^3+D^2+1 \end{bmatrix} \tag{5-163}$$

初等单位化 $\boldsymbol{G}(D)$，结果如下：

$$\boldsymbol{G}(D)=\begin{bmatrix} 1 & 0 & ((D^3+D^2+1)(D^4+D^2+1))/((D^3+D)(D^4+D^3+1)) \\ 0 & 1 & (D^3+D^2+1)/(D^3+D) \end{bmatrix} \tag{5-164}$$

理论上可以得到校验多项式矩阵为

$$\boldsymbol{H}(D)=[(D^4+D^2+D+1)(D^3+D^2+1) \quad (D^4+D^3+1)(D^3+D^2+1) \quad (D^4+D^3+1)(D^3+D)] \tag{5-165}$$

初等单位化由上述非系统码接收数据构成的分析识别矩阵，其结果如图 5－49 所示。

```
    0         10        20        30        40        50        60
 1  1000000000000000000000000000000000000000000000000000000000000000
 2  0100000000000000000000010000010000000010010010010010010010000000
 3  0010000000000000000000010000010000000010010010010010010010000000
 4  0001000000000000000000010000010000000010010010010010010010000000
 5  0000100000000000000000010010010010000010000000000000000000010000
 6  0000010000000000000000000010000010000000010010010010010010010000
 7  0000001000000000000000010010010010000010000000000000000000010000
 8  0000000100000000000000010010000010010010000010010010010010000010
 9  0000000010000000000000010000000000010010010000000000000000010010
10  0000000001000000000000010010000010010010000010010010010010000010
11  0000000000100000000000010010000000010000000010000000000000010000
12  0000000000010000000000010010010000000000000000010010010000000010
13  0000000000001000000000010010000000010000000010000000000000010000
14  0000000000000100000000000010010000000010000000010000000000000010
15  0000000000000010000000000010010010000000000000000010010010010000
16  0000000000000001000000010010000000000000010010000010010010000010
17  0000000000000000100000000000010010000000010000000010000000000000
18  0000000000000000010000010000000010010010010010010000000000010010
19  0000000000000000001000000010010000000000000010010000010010010000
20  0000000000000000000100010000010010010010010000010010000010000000
21  0000000000000000000010000010000000010010010010010010010000000010
22  0000000000000000000001010000000010000010010010000000010000010010
23  0000000000000000000000110010010010010000000000010000000010010000
24  0000000000000000000000000000000000000000000000000000000000000000
25  0000000000000000000000001010000000010000010010010000000010000010
26  0000000000000000000000000110010010010010000000000010000000010010
27  0000000000000000000000000000000000000000000000000000000000000000
28  0000000000000000000000000001010000000010000010010010000000010000
29  0000000000000000000000000000110010010010010000000000010000000010
30  0000000000000000000000000000000000000000000000000000000000000000
31  0000000000000000000000000000001010000000010000010010010000000010
32  0000000000000000000000000000000110010010010010000000000010000000
33  0000000000000000000000000000000000000000000000000000000000000000
```

图 5－49　非系统卷积码识别结果图

由子矩阵的分布规律可知码率是 2/3。矩阵的左上角有一个 $n-i=1$ 的单位阵，因此码字起始位是 $i=2$。除去前 1 列，由于不满足线性约束关系，第 3 列、第 6 列、第 9 列、第 12 列、第 15 列、第 18 列和第 21 列的校验序列没有出现。第 24 列刚好满足完整线性约束长度，存在 1 列数据满足要求的校验。复用校验序列为 111101111111001010101110，按照码长 $n=3$ 抽取后得到 11110011、10110101、11111010。用多项式表达，即

$$\begin{aligned}&[D^7+D^6+D^5+D^4+D+1 \quad D^7+D^5+D^4+D^2+1 \quad D^7+D^6+D^5+D^4+D^3+D]\\&=[(D^4+D^2+D+1)(D^3+D^2+1) \quad (D^4+D^3+1)(D^3+D^2+1) \quad (D^4+D^3+1)(D^3+D)]\end{aligned} \tag{5-166}$$

这与理论上的校验多项式矩阵是一致的。所以对于非系统码，不能由校验矩阵确定生成矩阵，但是当校验矩阵、码字起点和码率已知时，可以为生成矩阵的分析创造更有利的条件。

对于 k/n 码率的非系统卷积码，直接从其校验矩阵得到生成矩阵是比较困难的，但是当 $k=1$、码率为 $1/n$ 的时候，相对比较简单。特别是对于码率为 1/2 的非系统码，生成矩阵可直接利用校验矩阵求得。

$1/n$ 非系统码的基本生成矩阵如下：

$$G(D)=[g_1(D)\quad g_2(D)\quad \cdots \quad g_{n_0}(D)] \tag{5-167}$$

其中：$(n,1,m)$卷积码编码器中的 m 是 $g_n(D)$的最高次数。

因此，通过系统卷积码分析识别模型对 $1/n$ 非系统码进行初等变换和单位化处理后得到以上结果；在实现码长 n 识别后，将编码序列排列成 n 列矩阵，各列对应上式中的一个 $g_i(D)$,$1\leqslant i\leqslant n$，任意抽取 2 列便可得到 1/2 非系统卷积码；参考 1/2 码率非系统卷积码的识别方法，先求出抽取 2 列数据的生成多项式，同理求得所有列生成多项式，并最终得到整个码字的生成矩阵。

如前面所述，准确估计码长 n，并实现校验矩阵与码长联合估计是采用综合分析法完成系统卷积码识别的关键。系统卷积码与非系统卷积码的线性约束关系相同，不同的是两者的生成矩阵与校验矩阵的对应关系不同。研究表明：当 $k=1$ 时，采用综合分析法可以很好地完成识别任务；当 $k\geqslant 2$ 时，采用综合分析法只能识别出部分参数。

此外，还可以采用基于快速双合冲算法和基于线性矩阵的分析识别方法，这两种分析识别方法简述如下。

5. 其他方法概述

1）基于快速双合冲算法的分析识别方法

基于快速双合冲算法的分析识别方法通过设计卷积码的结构化分析识别模型，从分析递归序列与代数的全局性质入手，建立描述该结构化模型的齐次方程，并用有限域 $\boldsymbol{F}$ 上的两个变元的多项式环 $\boldsymbol{F}[x,y]$的齐次理想描述该齐次方程的解空间。1/2 码率卷积码的识别，即求 $\boldsymbol{F}[x,y]$模：

$$\Gamma^{(2)}=\{(h_1,h_2)\in F[x,y]^2 \mid h_1c_1(x,y)+h_2c_2(x,y)\equiv 0\bmod \boldsymbol{I}\} \tag{5-168}$$

该算法较适用于 1/2 码率卷积码识别。

2）基于线性矩阵的分析识别方法

基于线性矩阵的分析识别方法根据线性分组码和系统卷积码的数学对应关系，从分析系统线性分组码的线性特征出发，建立卷积码识别的数据矩阵模型，并借鉴系统线性分组码识别的数据矩阵模型对系统卷积码进行识别。该方法的容错性能较差，且只适用于系统卷积码。

5.3.5　删除卷积码分析识别方法

删除卷积码的识别方法相对一般卷积码的识别方法研究相对较少，有文献提出基于生成多项式矩阵等价变换的识别方法。该方法先通过构造以校验多项式矩阵元素为变量的线性方程组来求解最简校验矩阵，再根据 1/2 码率源卷积码在删除处理时由等价生成多项式对应的生成矩阵及其变换形式、生成多项式与校验多项式之间的约束规则，实现生成多项式和删除模式 $\boldsymbol{P}$ 的分析估计。

删除卷积码分析识别方法较好地解决了$(n-1)/n$ 码率删除卷积码的识别，但是存在如下不足：一是没有考虑方程组分析识别模型与编码序列间的对应关系，以及这种对应关系对方程组求解的影响；二是没有考虑误码率对识别性能的影响；三是没有考虑码字同步；四是计算量很大，主要在于对源卷积码生成多项式矩阵估计需要进行高次多项式的循环降次；五是要求校验矩阵的多项式元素没有公约式，严重限制了删除卷积码识别的实际应用。

删除卷积码分析识别方法的主要步骤如下：

(1) 采用改进的快速 Walsh - Hadamard 变换法或者高斯消元法识别最简校验矩阵；

(2) 在遍历源卷积码的生成多项式和删除模式的情况下，根据删除卷积码生成多项式与最简校验矩阵的约束关系来识别卷积码。

该方法的基本流程如图 5 - 50 所示。

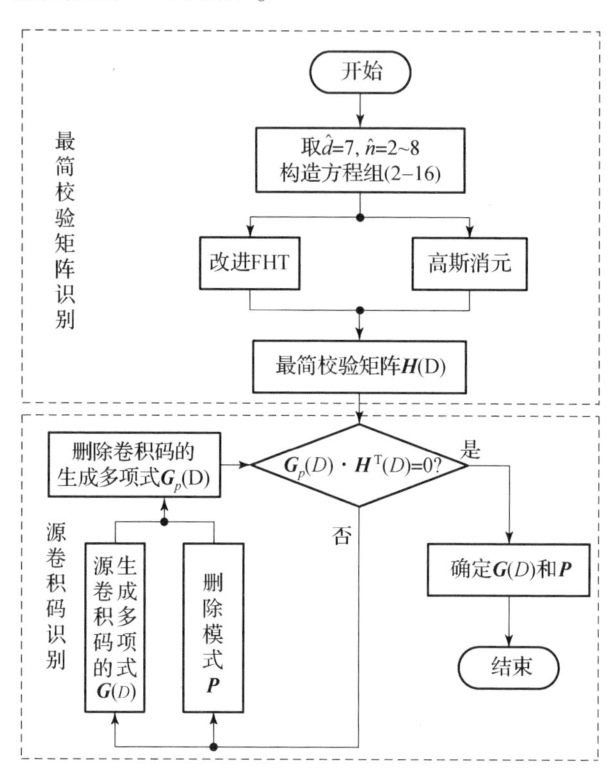

图 5 - 50 删除卷积码分析识别的基本流程图

5.3.6 分组码与卷积码分析识别方法

1. 游程的基本概念

设 a 是 $GF(2)$ 上周期为 v 的周期序列，将 a 的一个周期 $\boldsymbol{a}=(a_0,a_1,a_2,\cdots,a_{v-1})$ 依次按循环排列，使 a_{v-1} 与 a_0 相邻，a 的一个周期内的 0 游程和 1 游程（其形如 100…001 和 011…110 的两两相邻的项）。游程长度是指各游程中对应 0 或 1 的个数。

2. 随机序列的基本概念

随机序列 X_n 特指取值为 0 或 1、长度为 n 的比特序列。用符号表示为

$$X_n=\{0,1\}^n, n\geqslant 1 \tag{5-169}$$

随机数 R 是取自广义随机数序列 $\boldsymbol{R}_n$ 的数字。广义随机数序列 $\boldsymbol{R}_n$ 的元素取值是实际应用中要求的定义域内任意值。用符号表示为

$$R\in\boldsymbol{R}_n, \boldsymbol{R}_n=\{r\}^n, r\in \mathrm{Def}, n\geqslant 1 \tag{5-170}$$

3. 游程特征

1) 随机序列的游程特征

随机比特序列 X_n 与 0、1 个数和游程相关的性质，如下：

（1）在周期为 2^n-1 的序列的一个周期中，1 的个数为 2^{n-1} 个，0 的个数比 1 的个数少 1 个，为 $2^{n-1}-1$ 个；

（2）在周期是 2^n-1 序列的一个周期内，共有 2^{n-1} 个游程，其中 0 游程和 1 游程的个数各占一半，长度为 $k(0<k\leqslant n-2)$ 的游程有 2^{n-k-1} 个，长度为 $n-1$ 的 0 游程和长度为 n 的 1 游程各有一个，而长度为 $n-1$ 的 1 游程和长度为 n 的 0 游程均不出现。

由此可知，在序列的一个周期内，不会出现长为 n 的 0 游程和长为 $n-1$ 的 1 游程，也就是说，游程数量按照 1/2 递减的规律在长为 $n-1$ 的 1 游程及长为 n 的 0 游程处发生变化。

2）分组码的游程特征

二元 (n,k) 分组码中 k 位信息码元共有 2^k 个不同组合，输出的码字矢量对应也有 2^k 种，如图 5-51（a）所示。同理，长度为 n 的二元随机码序列也对应有 2^n 个码字矢量，如图 5-51（b）所示。由此可知，(n,k) 分组编码的禁用码字有 2^n-2^k 个，势必会导致分组码的随机性下降。由于 k 位信息比特可随机产生，故可在码字中得到长度小于 k 的游程，而长度不小于 k 的游程只能通过两个码字的拼接来实现。

因此，与分组码的码重分布比较均匀不同，分组码的游程在游程长度等于信息位长度附近会发生较大畸变，利用这一特征可以达到准确识别分组码的目的。

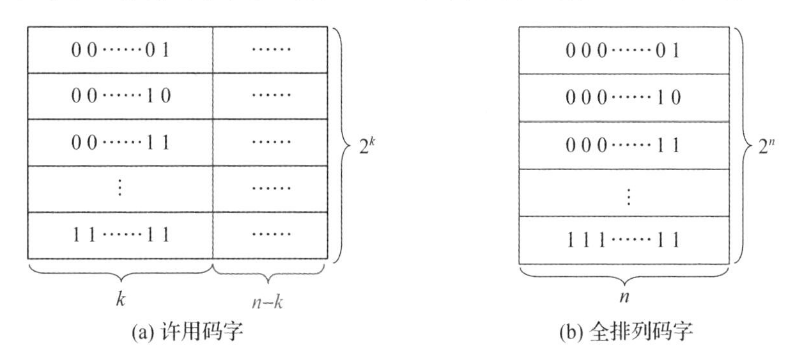

(a) 许用码字　　(b) 全排列码字

图 5-51　码字分布图

3）卷积码的游程特征

与分组码不同，卷积码属于记忆性编码。当待编码的信息序列被划分成多个长度为 k_0 的分组后，在进行卷积码编码时，本组 $n-k$ 个校验位与本组 k 个信息元、本组之前信息元都相关。因此，各码字内的校验位与信息位不再一一对应，此外，卷积码序列均由移位寄存器产生，而要得到随机序列，常用的数学算法包括移位寄存器发生器。这就导致了卷积码序列存在着与随机序列相似的特性，表现在游程特征上就是随着游程长度的增加，0、1 游程的数量呈现 1/2 的递减规律。

4）分组码与卷积码识别

根据以上分析，可以利用游程特征，通过如下流程区分分组码与卷积码：

（1）对接收到的长度为 L 的序列，统计它在不同游程长度下 0、1 的游程数量分布情况；

（2）得到待识别序列的游程分布图；

（3）判断游程分布图的走势。如果游程数量呈现近似1/2的规律性递减，则可判断此编码序列采用的是卷积编码；

（4）若待识别序列的游程数量增减毫无规律，则可判断此编码序列采用的是分组编码。

将全随机序列分别经过编码，形成序列长度均为33600的（6，3）分组码、（7，4）分组码、（8，4）分组码和（15，5）分组码与序列长度同样为33600且每组长度为6、7、8和15的全随机序列在无误码条件下进行游程的随机特性对比实验，其结果如图5－52所示。

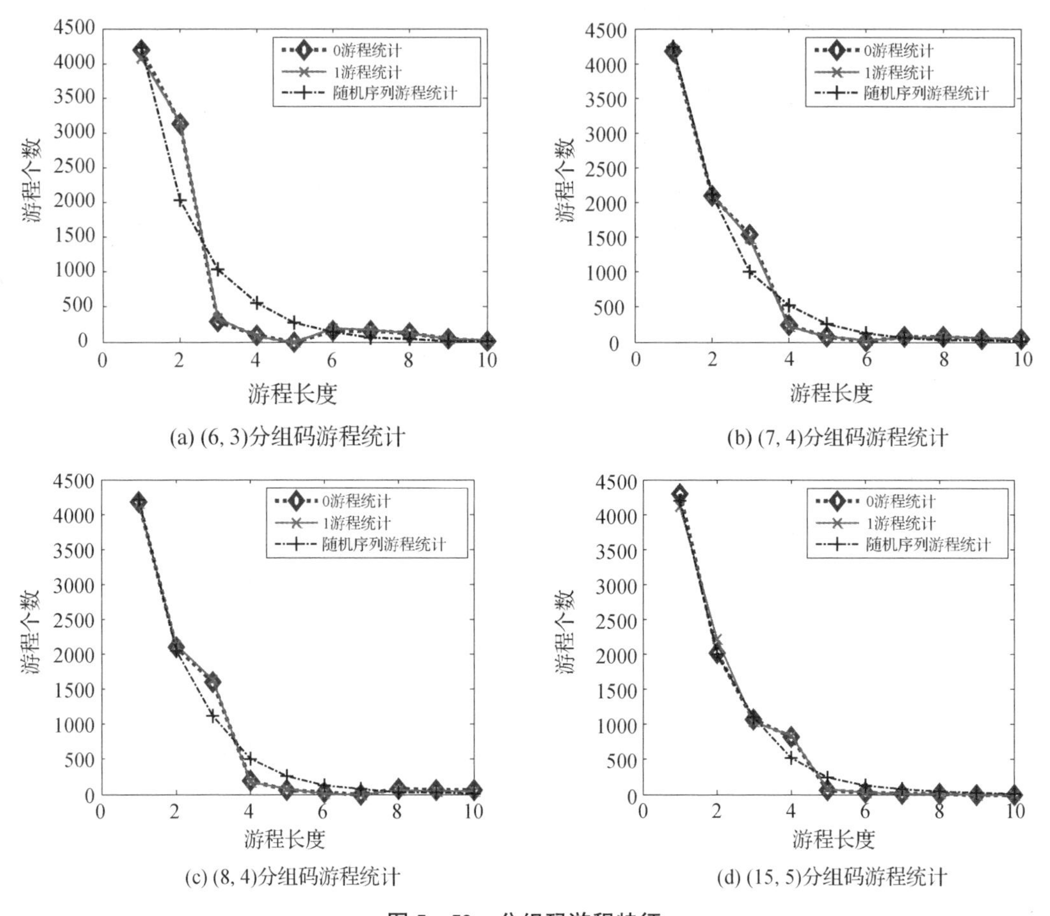

(a) (6, 3)分组码游程统计 (b) (7, 4)分组码游程统计 (c) (8, 4)分组码游程统计 (d) (15, 5)分组码游程统计

图5－52 分组码游程特征

由图5－52可见，随机序列游程走势较平滑且呈现规律性递减。（6，3）分组码在游程长度为2时，游程数量的走势与随机序列出现了偏离，此后呈现出无规律的递减趋势；与之类似，（7，4）、（8，4）和（15，5）等分组码分别在游程长度是3、3、4的位置出现了上述特征，并且不同码字随着游程长度的增加，游程数量的走势也互不相同，说明流程特性可以体现编码特征。

将编码序列长度是33600的（2，1，6）卷积码、（3，2，2）卷积码、（3，2，[4，3]）卷积码和（3，2，[3，2]）卷积码与序列长度同样为33600且每组长度为2、3、3和3的全随机序列在无误码的条件下进行游程方面的随机特性对比实验，其结果如图5－53所示。

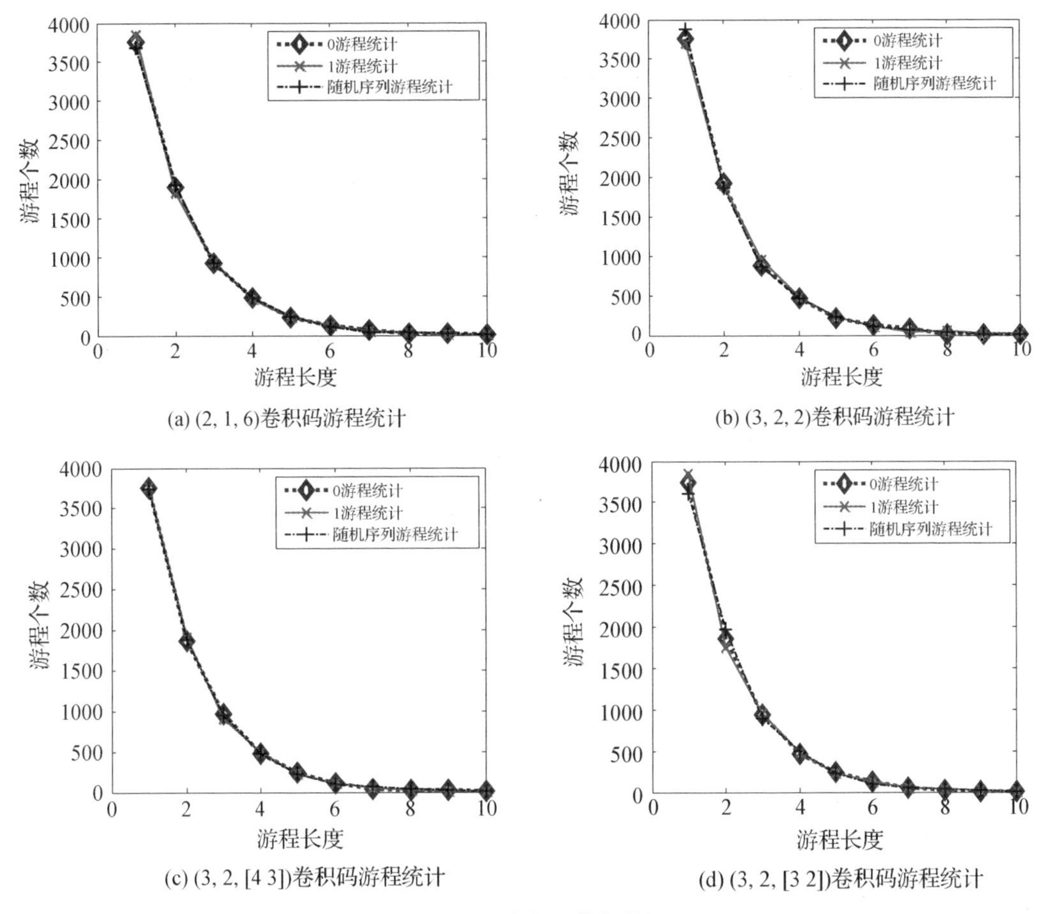

(a) (2, 1, 6)卷积码游程统计　(b) (3, 2, 2)卷积码游程统计

(c) (3, 2, [4 3])卷积码游程统计　(d) (3, 2, [3 2])卷积码游程统计

图5-53　卷积码游程特征

由图5-53可知，四种卷积码与随机序列的游程数量随着游程长度的递增呈现递减规律，且走势基本重合，证明卷积码编码序列具有很好的随机性特征。

因此，可以通过游程特征区分和识别分组码和卷积码。

5.3.7　扰码分析识别方法

目前，伪随机扰码的识别方法主要有自同步式伪随机扰码的识别和同步式伪随机扰码的识别。伪随机扰码识别方法的主要步骤如下：

（1）根据伪随机扰码的自相关特性识别出周期后，采用BM算法预估计生成多项式、移位寄存器状态和各状态在序列中的位置；

（2）采用基于卷积码的快速相关攻击算法恢复伪随机序列，根据预估计的生成多项式和移位寄存器状态生成伪随机序列，根据该序列与恢复的伪随机序列确定编码参数。

伪随机扰码识别方法的基本流程，如图5-54所示。

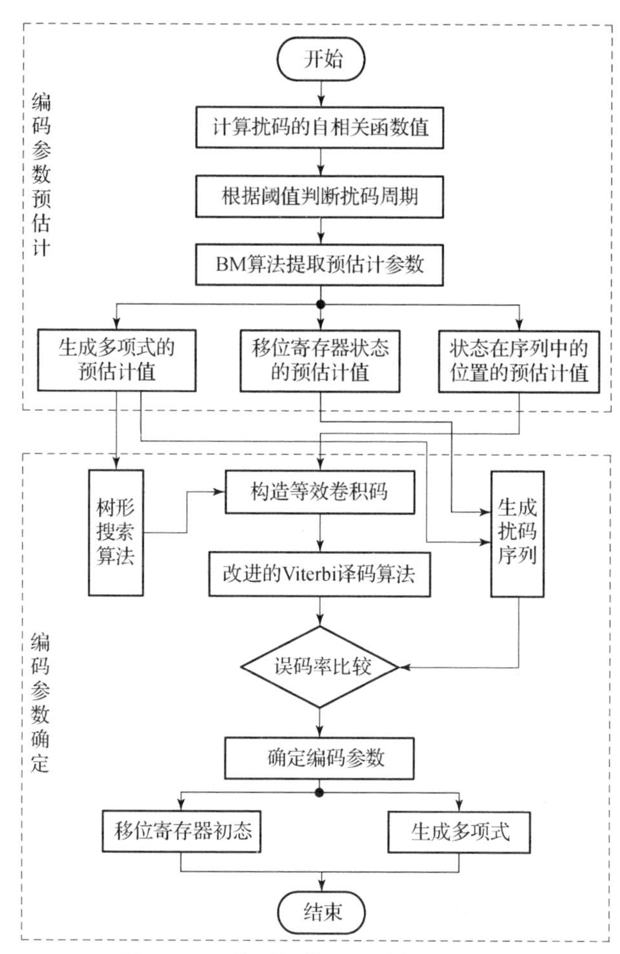

图 5-54　伪随机扰码识别方法流程图

5.3.8　交织分析识别方法

在接收端完成码型识别的基础上，首先进行交织长度识别。可采用基于矩阵秩统计的交织分析识别方法。

假设交织长度为 $L = m \times n$，码型识别后的序列数据为

$$
\begin{aligned}
C = (&a_{pn+i}a_{pn+i+1}\cdots a_{pn+n}b_{pn+1}b_{pn+2}\cdots b_{pn+n}c_{pn+1}c_{pn+2}\cdots \\
&c_{pn+n}d_{pn+1}d_{pn+2}\cdots d_{pn+n}e_{pn+1}e_{pn+2}\cdots e_{pn+n}\cdots w_{pn+1}w_{pn+2}\cdots \\
&w_{pn+n}x_{pn+1}x_{pn+2}\cdots x_{pn+n}y_{pn+1}y_{pn+2}\cdots y_{pn}\cdots)
\end{aligned} \tag{5-171}
$$

其中：a、$b\cdots$，x、$y\cdots$表示不同的交织块；p_n 表示交织块中的第 P 行；a_{pn+i}表示采样数据的起始点。

将序列 C 排列成矩阵形式，当矩阵宽度为 $2n$ 时，会形成如矩阵 $\boldsymbol{D}$：

$$
\boldsymbol{D} = \begin{bmatrix}
a_{pn+i}\cdots a_{pn+n} & b_{pn+i}\cdots b_{pn+n} & c_{pn+i}\cdots c_{pn+(i-1)} \\
c_{pn+i}\cdots c_{pn+n} & d_{pn+i}\cdots d_{pn+n} & e_{pn+i}\cdots e_{pn+(i-1)} \\
\vdots & \vdots & \vdots \\
w_{pn+i}\cdots w_{pn+n} & x_{pn+i}\cdots x_{pn+n} & y_{pn+i}\cdots y_{pn+(i-1)}
\end{bmatrix} \tag{5-172}
$$

由于矩阵宽度为 $2n$ 时，$\boldsymbol{D}$ 可表示为 $\boldsymbol{D}=[\boldsymbol{T}_1,\boldsymbol{T}_2,\boldsymbol{T}_3]$，其中：

$$\boldsymbol{T}_1=\begin{bmatrix} a_{pn+i}\cdots a_{pn+n} \\ c_{pn+i}\cdots c_{pn+n} \\ \vdots \\ w_{pn+i}\cdots w_{pn+n} \end{bmatrix},\boldsymbol{T}_2=\begin{bmatrix} b_{pn+i}\cdots b_{pn+n} \\ d_{pn+i}\cdots d_{pn+n} \\ \vdots \\ x_{pn+i}\cdots x_{pn+n} \end{bmatrix},\boldsymbol{T}_3=\begin{bmatrix} c_{pn+i}\cdots c_{pn+n} \\ e_{pn+i}\cdots e_{pn+n} \\ \vdots \\ y_{pn+i}\cdots y_{pn+n} \end{bmatrix}$$

式中：$\boldsymbol{T}_2$ 矩阵是由完整的不同交织块中相同行组成的数据，为非满秩矩阵；$\boldsymbol{T}_2$ 矩阵可以化简成 $[\boldsymbol{I}_k\quad \boldsymbol{P}]$ 的形式。因此在交织矩阵行列识别出来的基础上，可以利用该特性，对矩阵 $\boldsymbol{D}$ 进行高斯消元法化简，求解出校验矩阵 $\boldsymbol{H}_{N\times 1}$，即得到交织块的行数 m 和列数 n。

将序列数据送入 $L=m\times n$ 解交织器进行解交织处理，即按列写入接收的 C'，按行读出，最终恢复原比特序列。

5.3.9　Turbo 码分析识别方法

Turbo 码的子编码器在每组编码后都对寄存器进行归零，故其生成矩阵有限长且固定。因此，Turbo 码看作一种特殊的线性分组码。

首先，根据线性分组码码长和码起点识别方法得到 Turbo 码的码长和码起点。在此基础上，再利用卷积码的两路数据来构造矩阵，并采用卷积码编码识别方法，求取每路卷积码的校验矩阵 $\boldsymbol{H}_1(x)$ 和 $\boldsymbol{H}_2(x)$，进而就可以求出生成矩阵 $\boldsymbol{G}_1(x)$ 和 $\boldsymbol{G}_2(x)$，由此得到 Turbo 码的生成矩阵 $\boldsymbol{G}(x)=(1,g_2(x)/g_1(x))$，最后实现对 Turbo 码分析识别。

5.3.10　LDPC 码分析识别方法

LDPC 码的分析识别可采用 LSTM 网络来实现。LSTM 的基本结构如图 5－55 所示。从该图可以看出，LSTM 有三个门，包括遗忘门、输入门和输出门。LSTM 可以通过基于当前输入 x、先前状态 c_{t-1} 和先前输出 h_{t-1} 的参数 f_t 有效地确定保留和遗忘哪些信息，其中 t 表示当前时间，$t-1$ 是先前时间。

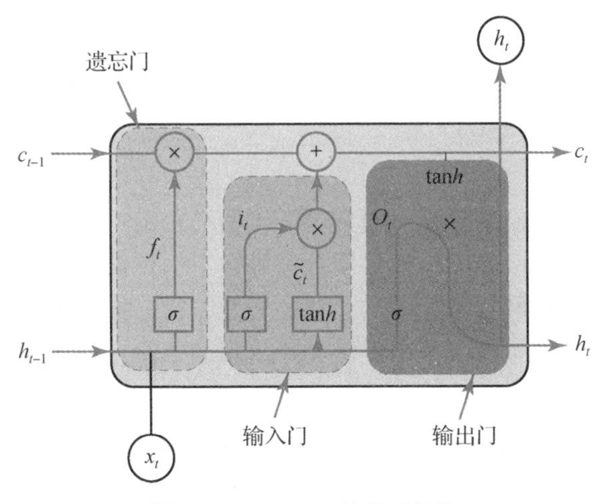

图 5－55　LSTM 的单元结构

f_t 的计算公式如下：

$$f_t = \sigma(\boldsymbol{W}_f[x_t h_{t-1}] + \boldsymbol{b}_f) \tag{5-173}$$

式中：$\boldsymbol{W}_f$ 和 $\boldsymbol{b}_f$ 分别是权矩阵和偏置向量；$\sigma(\cdot)$是 sigmoid 函数。

在 LSTM 遗忘之前的一些状态之后，还需要从当前输入中添加新的内存，这个过程由输入门完成。在输入门中决定哪些存储器需要更新，如式（5－174）所示。创建新的向量 $\boldsymbol{c}_t$ 的计算公式：

$$f_t = \sigma\left(\boldsymbol{W}_i\begin{bmatrix} x_t \\ h_{t-1} \end{bmatrix} + \boldsymbol{b}_i\right) \tag{5-174}$$

$$\tilde{\boldsymbol{c}}_t = \tanh\left(\boldsymbol{W}_c\begin{bmatrix} x_t \\ h_{t-1} \end{bmatrix} + \boldsymbol{b}_c\right) \tag{5-175}$$

式中：$\tanh(\cdot)$为双曲正切函数；$\boldsymbol{W}_i$ 和 $\boldsymbol{W}_c$ 分别为输入门和开关门的权矩阵；$\boldsymbol{b}_i$ 和 $\boldsymbol{b}_c$ 分别为输入门和开关门的偏置向量。基于来自输入门的信息，获得时刻 t 的更新状态的公式

$$\boldsymbol{c}_t = f_t \circ c_{t-1} + i_t \circ \tilde{\boldsymbol{c}}_t \tag{5-176}$$

式中：$\circ$表示 Hadamard 乘积。输出状态 h_t 的计算公式：

$$\boldsymbol{o}_t = \sigma\left(\boldsymbol{W}_o\begin{bmatrix} x_t \\ h_{t-1} \end{bmatrix} + \boldsymbol{b}_o\right) \tag{5-177}$$

$$h_t = \boldsymbol{o}_t \tanh(c_t) \tag{5-178}$$

式中：$\boldsymbol{W}_o$ 为输出门的权矩阵；$\boldsymbol{b}_o$ 为输出门的偏置向量。

多个 LSTM 单元串联形成多层 LSTM 神经网络。

信息比特送入 LSTM 神经网络进行训练，让网络能够识别出 LDPC 码的编码方式，即约束长度和代码生成器编号，由此实现 LDPC 码的分析识别。

5.4 电磁信号信道编码译码方法

5.4.1 基本概念

无线通信网台信号在空中传输时通常会产生两类差错：随机差错和突发差错。其中随机差错又称为独立差错，指无线通信网台信号在空中传输时受到随机噪声干扰产生的独立的、稀疏的、分散的和互不相关的差错；突发差错，指无线通信网台信号在空中传输时受到脉冲噪声干扰产生的一串串甚至成片出现的差错，差错之间有相关性，差错出现是密集的。

这两类差错通常需要采用信道编码和译码来检纠错。检错是指通过译码发现传输错误，验证所收到的码字是否是无错码字；纠错是通过译码判断出错误发生的位置，将其纠正。

译码过程一般涉及如下定义：

（1）码长：码字的码元数目，如（n，k）分组码的码长为 n。

（2）码重：码字中“1”的数目，记作 $W(A)$。

（3）码距：又称为汉明距，两个等长码对应位不同的数目，记作 $d(A,B)$。

（4）码距与码重的关系：$d(A,B)=W(A+B)$

（5）最小码距：又称为最小汉明距，即所有码字两两之间码距的最小值。

5.4.2　分组码译码方法

分组码是指线性分组码，通常用（n，k）表示。线性分组码是将待编码的信息序列划分为长度为 k 位的等长信息段，根据编码规则确定的监督码元与信息码元间的线性关系，在每个信息段后尾缀 $r=n-k$ 位监督码元，构成具备一定抗干扰能力的编码。

在线性分组码中，码字的前半部分是未作任何改变的原始码元，后半部分是监督码元，监督码元与信息码元之间的关系可由线性方程来表达，如图 5－56 所示。

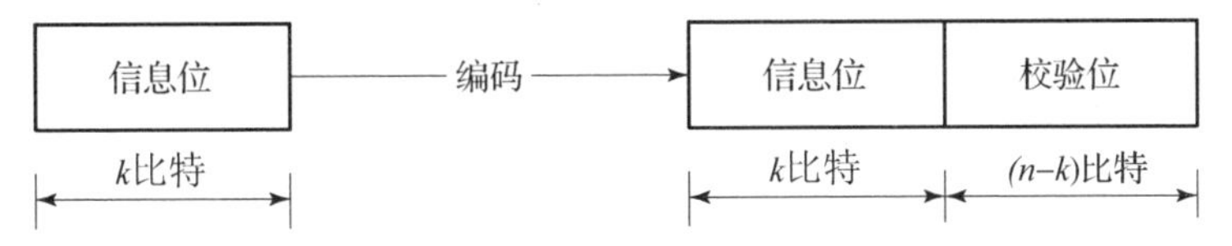

图 5－56　线性分组码编码

1. 分组码监督矩阵

根据监督码元和信息码元的关系可写出监督矩阵。以（7，4）线性分组码为例阐述监督矩阵产生过程，（7，4）线性分组码监督码元和信息码元的关系为

$$\begin{cases} a_2 = a_6 \oplus a_5 \oplus a_4 \\ a_1 = a_6 \oplus a_5 \oplus a_3 \\ a_0 = a_6 \oplus a_4 \oplus a_3 \end{cases} \tag{5-179}$$

改写式（5－179）的监督关系：

$$\begin{cases} 1 \cdot a_6 + 1 \cdot a_5 + 1 \cdot a_4 + 0 \cdot a_3 + 1 \cdot a_2 + 0 \cdot a_1 + 0 \cdot a_0 = 0 \\ 1 \cdot a_6 + 1 \cdot a_5 + 0 \cdot a_4 + 1 \cdot a_3 + 0 \cdot a_2 + 1 \cdot a_1 + 0 \cdot a_0 = 0 \\ 1 \cdot a_6 + 0 \cdot a_5 + 1 \cdot a_4 + 1 \cdot a_3 + 0 \cdot a_2 + 0 \cdot a_1 + 1 \cdot a_0 = 0 \end{cases} \tag{5-180}$$

根据式（5－180）可得矩阵形式 $\boldsymbol{H}$ 为

$$\begin{bmatrix} 1 & 1 & 1 & 0 & 1 & 0 & 0 \\ 1 & 1 & 0 & 1 & 0 & 1 & 0 \\ 1 & 0 & 1 & 1 & 0 & 0 & 1 \end{bmatrix} = \begin{bmatrix} a_6 \\ a_5 \\ a_4 \\ a_3 \\ a_2 \\ a_1 \\ a_0 \end{bmatrix} = \begin{bmatrix} 0 \\ 0 \\ 0 \end{bmatrix} \tag{5-181}$$

即有 $\boldsymbol{HA}^{\mathrm{T}}=\boldsymbol{0}^{\mathrm{T}}$。$\boldsymbol{H}$ 矩阵可分为两部分：

$$H=\begin{bmatrix}1&1&1&0&\vdots&1&0&0\\1&1&0&1&\vdots&0&1&0\\1&0&1&1&\vdots&0&0&1\end{bmatrix}=[P\quad I_r] \tag{5-182}$$

式中：P 为 $r\times k$ 阶矩阵，I_r 为 $r\times r$ 阶单位方阵，具有 $[P\quad I_r]$ 形式的 H 矩阵被称为典型矩阵。

2. 分组码生成矩阵

改写监督关系可得到生成矩阵 G。首先将 P 转置得到矩阵 Q，即 $Q=P^{\mathrm{T}}$，其中 Q 是 P 的转置，为 $k\times r$ 阶矩阵。可见，已知 Q 矩阵，同样可以有信息算出监督码元。如果在 Q 的左边加上一个 $k\times k$ 阶单位方阵，就构成了生成矩阵：

$$G=[I_K,Q] \tag{5-183}$$

称 G 为生成矩阵，是因为利用它可以产生码组 A。

典型监督矩阵和典型生成矩阵之间存在关系：

$$\begin{cases}H=[P\quad I_R]=[Q^{\mathrm{T}}\quad I_r]\\G=[I_k\quad Q]=[I_k\quad P^{\mathrm{T}}]\end{cases} \tag{5-184}$$

3. 分组码校正子

发送码组 $A=[a_{n-1}\quad a_{n-2}\quad\cdots\quad a_0]$在传输过程中可能会发生误码。设收到的码组为 $B=[b_{n-1}\quad b_{n-2}\quad\cdots\quad b_0]$，则收、发码组之差为 $B-A=E$，或写成 $B=A+E$，其中 $E=[e_{n-1}\quad e_{n-2}\quad\cdots\quad e_0]$为错误图样。

错误图样表征了传输错误所在位置的比特图样。

令 $S=BH^{\mathrm{T}}$，其中 S 为分组码的伴随式（也称为校正子或校验子）。

4. 分组码译码方法

由 $S=BH^{\mathrm{T}}$ 可得 $S=(A+E)H^{\mathrm{T}}=AH^{\mathrm{T}}+EH^{\mathrm{T}}=EH^{\mathrm{T}}$。因为如果是正确接收（$E=\mathbf{0}$），则 $B=A+E=A$，$S=BH^{\mathrm{T}}=AH^{\mathrm{T}}=0$。

如果接收码组不等于发送码组（$B\neq A$），则 $S=EH^{\mathrm{T}}\neq\mathbf{0}$，$E\neq\mathbf{0}$。

根据 H 可得

$$S=EH^{\mathrm{T}} \tag{5-185}$$

对 S 进行转置得到：S^{T}，即得到错误所在的位置。

也就是说，在接收码组只发生一位码元错误的情况下，计算出来的校正子 S 总是和典型监督矩阵 H^{T} 中某行一致。

综上所述，只要在线性分组码的纠错能力范围内，通过计算校正子 S 就可以判断码组中错误码元的位置并予以纠正。这里仅讨论了编码序列在传输过程中只发生一位错误码元的情况。

以（7，4）线性分组码为例，说明译码方法。假定（7，4）线性分组码某码组在传输过程中发生一位错码，接收的码组 $B=[0000101]$。

依据前面内容，首先确定码组的纠错、检错能力，此编码可以纠正一位错码或检测两位错误码元。

然后计算 S^{T}。因为（7，4）线性分组码的典型监督矩阵为

$$H=\begin{bmatrix}1&1&1&0&1&0&0\\1&1&0&1&0&1&0\\1&0&1&1&0&0&1\end{bmatrix} \tag{5-186}$$

利用矩阵性质计算校正子：

$$S = BH^{\mathrm{T}} = [0 \quad 0 \quad 0 \quad 0 \quad 1 \quad 0 \quad 1]\begin{bmatrix} 1 & 1 & 1 \\ 1 & 1 & 0 \\ 1 & 0 & 1 \\ 0 & 1 & 1 \\ 1 & 0 & 0 \\ 0 & 1 & 0 \\ 0 & 0 & 1 \end{bmatrix} = [1 \quad 0 \quad 1] \tag{5-187}$$

将之转置可得

$$S^{\mathrm{T}} = \begin{bmatrix} 1 \\ 0 \\ 1 \end{bmatrix} \tag{5-188}$$

因为此码组具有纠正一位错误的能力，且计算结果 S^{T} 与矩阵中的第三列相同，相当于得到错误图样 $E = [0 \quad 0 \quad 1 \quad 0 \quad 0 \quad 0 \quad 0]$，所以由 $A = B + E$ 得到正确码组为 $[0 \quad 0 \quad 0 \quad 0 \quad 1 \quad 0 \quad 1] + [0 \quad 0 \quad 1 \quad 0 \quad 0 \quad 0 \quad 0] = [0 \quad 0 \quad 1 \quad 0 \quad 1 \quad 0 \quad 1]$。

5.4.3 卷积码译码方法

卷积码充分利用了各码组之间的相关性，使得 n 和 k 可以选得很小，因此，在与分组码同样的传信率和设备复杂性相同的条件下，卷积码的性能比分组码好。

如前面所述，卷积码中一个码组的监督码元不仅与当前码组中的信息码元相关，而且与之前 m 组码组中的信息码元相关，所以各码组的监督码元对本码组的信息码元，以及对前 m 组码组内的信息码元都有监督作用。因此，卷积码由（n，k，m）三个参数来表示，其中 n 表示子码长度；k 表示子码中信息元的个数；m 称为编码的记忆，即表示编码存储器的个数。称 $N = m + 1$ 为编码约束度，用以表示编码过程中相互约束的子码个数。卷积码的纠错能力随着 N 的增加而增大，差错率随着 N 的增加而呈指数下降。

卷积码译码通常采用维特比译码方法，即根据接收序列按最大似然译码准则来寻找编码器在格栅结构图上走过的路径。这个过程就是计算和寻找最大似然函数 $\max[\lg P(r/V_j)]$ 或计算和寻找最大量度 $\max[M(r/V_j)]$ 的路径，其中 $j = 1,2,\cdots,2^{KL}$，即寻找与接收序列有最小码序列距离 $\min[a(r,V_j)]$ 的路径。也就是说，哪条序列路径与 r 的距离最小，译码器就输出该条序列路径，作为发送序列的译码还原序列。

具体实现时，维特比译码采用“接收一段，计算一段，比较一段，选择最可能的一段（码段或分支），最后达到整个码序列是一个具有最大似然估计的序列”的译码方法。维特比译码确定状态的留选路径时，采用“去大留小”的原则；维特比译码在判决时，采用“软”判决，使维特比译码器的输出具有较高的可靠性。

下面分别以应用较为典型的（2，1，4）和（2，1，3）两种卷积码来阐述译码方法。

1.（2，1，4）卷积码译码

首先，对于（2，1，4）信道卷积码编码，共有 $2^4 = 16$ 种状态，其编码器如图 5-57

所示。设输入信息序列为1011100，则该编码器的输出为10000101010000。

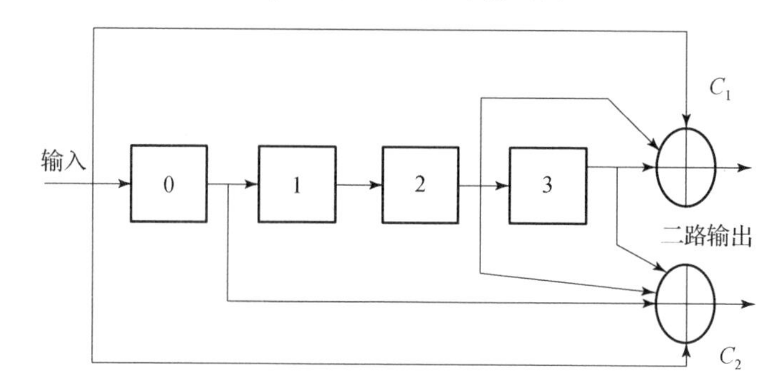

图5-57 (2，1，4）卷积码编码器

假定解调后送入译码器的接收序列为 $r=(\underline{11},\ 00,\ 01,\ 01,\ \underline{10},\ 00,\ 00)$，有2个码发生错误（带下划线的码），其译码纠错流程如表5-14所列。

表5-14 译码纠错流程

序号	时间单元	接收序列	距离	估值	保留路径
1	0→1	$r_0=11$	2	0	
			1	1	可能
2	1→2	$r_1=00$	0	10	可能
			1	11	
3	2→3	$r_2=01$	1	100	
			0	101	可能
4	3→4	$r_3=01$	1	1010	
			0	1011	可能
5	4→5	$r_4=10$	1	10110	
			2	10111	可能
6	5→6	$r_5=00$	0	101110	可能
			1	101111	
7	6→7	$r_6=00$	0	1011100	可能
			1	1011101	

从表5-14可见，最终保留路径为1011100，即译码结果为1011100，在接收有2组错码的情况下，译码得到的数据与编码器的输入数据一致，达到卷积码编码与译码的目的。

将上述的描述转化为程序需要经过计算、比较和选择，即计算码序列的距离，实际中采用了如下数学推导公式：

$$T=\sum_{n=0}^{C-1}[SD_n-G_n(j)]^2 \tag{5-189}$$

式中：T 为接收符号的距离；$C=1/R$（R 为编码速率）；SD_n 为接收序列；$G_n(j)$ 为期望输入值。

将公式展开得 $T=\sum_{n=0}^{C-1}[SD_n^2-2G_n(j)SD_n+G_n^2(j)]$，其中 $\sum_{n=0}^{C-1}SD_n^2$ 和 $\sum_{n=0}^{c-1}G_n^2$ 对任何分支来说均为常数 2，在进行比较时可不考虑，故 T 就简化为

$$T=-\sum_{n=0}^{C-1}G_n(j)SD_n \tag{5-190}$$

省略前面的负号，比较时由原来比较最小值变为比较最大值，对于编码速率为 1/2 的卷积码，它的分支度量值为

$$T=SD_0G_0(j)+SD_1G_1(j) \tag{5-191}$$

其中：$G_n(j)$ 用双极性表示，即 0 用 +1、1 用 −1 表示，则分支度量值的计算就进一步简化为接收数据的加减。

根据求得的分支度量值，经过比较在转移表中保留每段具有最大分支度量值的幸存路径和输出比特。当所有的接收数据译码完毕，再对保留的译码数据回溯，找出具有最大似然概率的路径，得出译码序列。信道卷积码译码程序流程如图 5-58 所示。

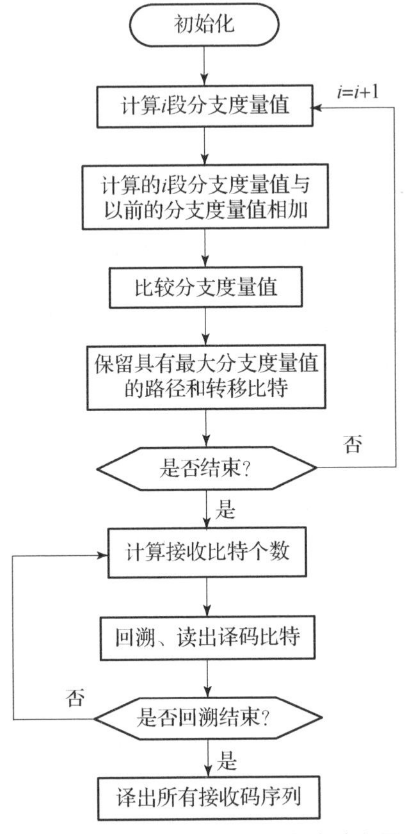

图 5-58　信道卷积码译码程序流程图

2. (2, 1, 3) 卷积码译码

下面以（2, 1, 3）卷积码译码为例，通过网格图表示法来阐述卷积码译码基本原理。

（2，1，3）卷积码编码器如图 5－59 所示。

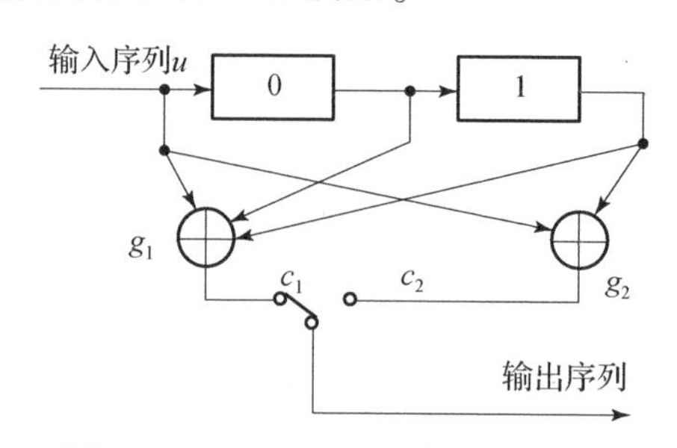

图 5－59 （2，1，3）卷积码编码器

输入为 11011000…时，利用网格图表示法可得输出为 1101010001011100…，如图 5－60 所示。

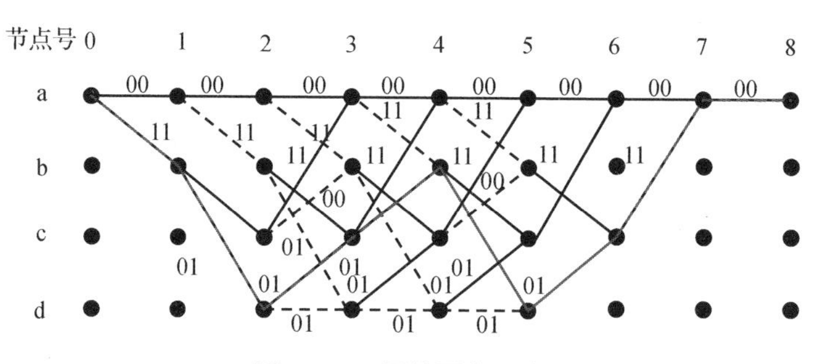

图 5－60 网格图表示法

维特比译码过程也可以描述如下：如前面所述，假定输入序列为 11011000，输出序列为 1101010001011100，接收序列为 0101011001011100。

第一，选择接收序列的前 6 位序列 R_1 =（010101），与到达第 3 时刻的可能的 8 个码序列（8 条路径）进行比较，计算码距：

（1）到达第 3 时刻 a 点路径序列是（000000）和（111011），这两个序列与 R_1 的码距分别为 3 和 4。

（2）到达第 3 时刻 b 点路径序列是（000011）和（111000），这两个序列与 R_1 的码距分别为 3 和 4。

（3）到达第 3 时刻 c 点路径序列是（001110）和（110101），这两个序列与 R_1 的码距分别为 4 和 1。

（4）到达第 3 时刻 d 点路径序列是（001101）和（110110），这两个序列与 R_1 的码距分别为 2 和 3。

比较上述路径之间的码距，保留上述码距较小的路径为幸存路径，所以幸存路径码序列为（000000）、（000011）、（110101）和（001101），如图 5－61 所示。

依次类推，可得到第 4～7 时刻的幸存路径。

需要指出的是，如果在比较距值时出现两条路径与接收序列的累计码距相等的情况，则可任意选取一条路径保存为幸存路径，不会影响译码结果。

第二，在码序列的终了时刻 a 状态，可得到一条幸存路径，如图 5－62 所示。

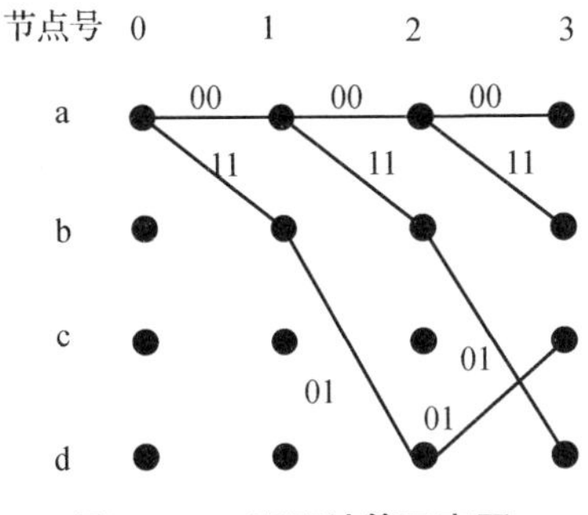

图 5－61　码距计算示意图

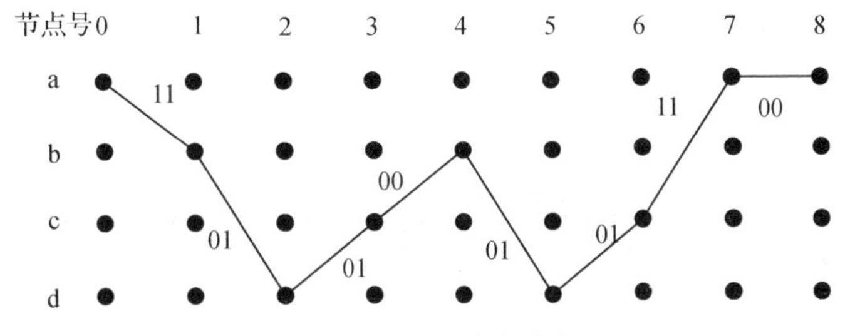

图 5－62　译码幸存路径

可见，卷积码编码器输入信息序列为 11011000，编码后输出序列为 1101010001011100。译码器译码后的输出序列为 11011000，通过维特比译码还原了信息。

比较 1101010001011100 与 0101011001011100，可以看到在译码过程中已纠正了在码序列第 1 和第 7 位上的错误。

第6章

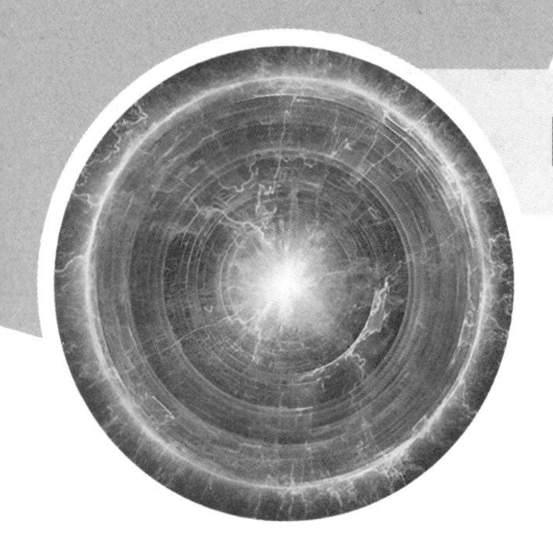

电磁信号分选与识别方法

6.1 概　　述

从广义上来说，雷达目标信号的处理是指对敌方雷达目标信号进行参数测量、信号分选和雷达识别的处理过程。前面已经对雷达目标信号的参数测量相关内容进行了分析，本章在此基础上，分析雷达信号的分选和识别。

6.1.1 雷达目标信号分选和识别的意义

1. 雷达目标信号分选的意义

雷达对抗侦察接收系统面临复杂的电磁环境，在此背景下，雷达信号分选是雷达对抗侦察的核心技术。在雷达对抗侦察系统中，信号分选的任务是从截获的密集雷达脉冲流中分离出属于不同雷达目标的脉冲序列，如图 6-1 所示。由于只有从随机交错的信号流中分选出各个雷达脉冲序列之后，才能进行目标参数的测量、分析、识别，以及对威胁目标施加压制性干扰或构造虚假目标回波信号进行各种欺骗干扰，因此信号分选是雷达对抗侦察信息处理的核心组成部分。信号分选的技术水平是衡量电子对抗情报侦察、电子对抗支援侦察和威胁告警系统技术先进程度的重要指标之一。

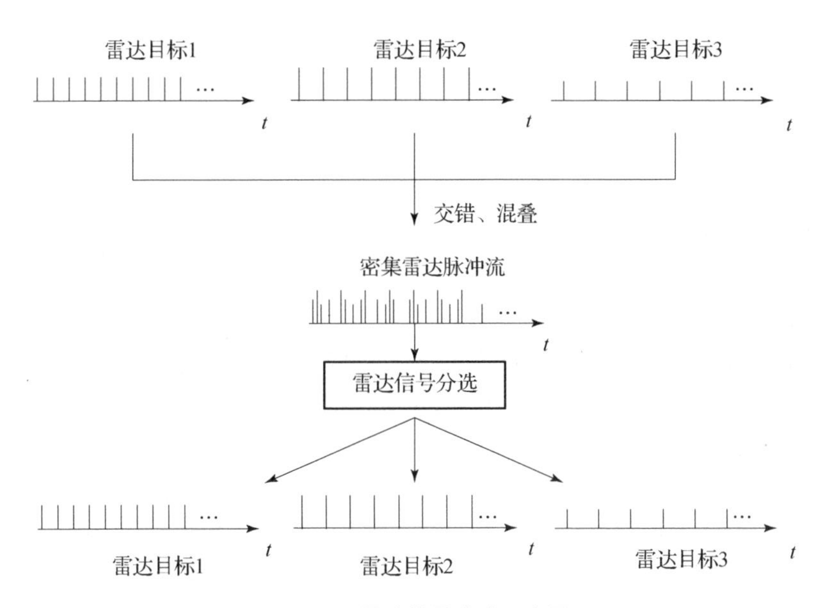

图 6-1　雷达信号分选示意图

2. 雷达目标信号识别的意义

雷达信号识别简称为雷达识别，指将测量和分选后的雷达目标信号参数与预先积累的雷达信号参数进行比较，通过分析、推理来确认该雷达目标属性的过程，通常还包括判定雷达威胁等级、估计雷达识别可信度等内容。

雷达对抗侦察的目的是通过雷达对抗侦察系统对雷达目标发射的电磁信号进行侦收、存储和积累，分析其信号特征，从而实现对雷达目标类型、型号乃至雷达目标所属平台属性的判别。只有准确地发现雷达目标、识别出雷达目标的类型或型号，才能够有效地分析敌方雷达目标的信号参数特征，制定合适的干扰措施。同时，只有准确地识别出其所在的平台类型，才能为己方的作战指挥员提供准确的雷达目标部署情况和战场电磁态势，实现对雷达目标的对抗和攻击，保证战场中我方信息获取的主动权。

雷达信号的识别不仅是电子对抗侦察系统的重要组成部分，也是电子对抗侦察的重要环节和最终目的。其水平高低直接决定电子对抗侦察的性能，从而决定电子对抗的有效性并且影响整个电子战的成败。因此，雷达信号的识别是电子对抗信息处理的关键过程，是电子对抗侦察和威胁告警系统的重要组成部分，也是电子对抗侦察和威胁告警系统要解决的关键问题。

6.1.2　雷达目标信号分选参数和性能指标

1. 雷达目标信号分选参数

在通常情况下，可用于雷达信号分选的参数包括雷达信号到达方向（DOA）、脉冲幅度（PA）、载波频率（RF）、脉冲宽度（PW）、脉冲到达时间（TOA）、脉冲重复周期（PRI）、脉内调制参数等。

1）信号到达方向

雷达目标的方向角在短时间内几乎不会发生变化，在较长的时间内通常只会缓慢、连续地变化。因此，在短时间内，方位差值大于最大测向离散偏差的两个雷达信号脉冲不可能属于同一部雷达，这是将两个脉冲区分为不同雷达信号的重要依据。信号到达方向虽然不属于雷达目标的参数，但却是重要的信号分选参数。

2）脉冲幅度

脉冲幅度是指信号到达接收机的电压电平值，通常为相对值。对于固定模式天线扫描雷达，其天线扫描在较长时间内是不变化的。在较长时间内，两个脉冲序列幅度包络是分开的。因此，脉冲幅度是有效的信号分选参数。

3）载波频率

雷达的载波频率变化类型可分为载频固定类型和载频变化类型。

对于载频固定类型雷达，其载频值在短时间内是不发生变化的。因此，频率差值大于最大测频离散偏差的两个雷达信号脉冲不可能属于同一部雷达信号脉冲序列。

对于载频变化类型雷达，其频率的变化范围是恒定的，中心频率在短时间内通常是不变的。因此，在短时间内，中心频率的差值大于单部雷达载频变化范围的两个雷达信号脉冲不可能属于同一部雷达信号脉冲序列。载波频率对于载频固定类型雷达是最重要的信号分选参数之一，对于载频变化类型雷达是较重要的信号分选参数之一。

4）脉冲宽度

雷达辐射信号的脉冲宽度在短时间内是不变的。在短时间内，脉冲宽度差值大于脉冲宽度测量的最大误差的两个雷达信号不可能属于同一部雷达脉冲信号序列。因此，脉冲宽度可能是最好的信号分选参数。当接收的信号脉冲密度较大或存在多路径信号时，由于脉冲时间的相互重叠，测量脉宽的出错概率较大，此时脉冲宽度只是较好的信号分选参数之一。

5）脉冲到达时间

由脉冲到达时间可以推导出信号的脉冲间隔，进而推导出雷达信号的脉冲重复周期值。具有周期性特点的 TOA 参数，是单参数分选中最具有特征的参数，是最早采用的信号分选参数，是最重要的分选参数之一。

6）脉冲重复周期

雷达信号的脉冲重复周期变化类型可分为重复周期固定类型和重复周期变化类型两大类。

对于重复周期固定类型雷达，信号的脉冲重复周期在短时间内是不发生变化的。在短时间内，脉冲重复周期差值大于脉冲重复周期测量的最大误差的两个雷达信号脉冲不可能属于同一部雷达信号脉冲序列。因此，对于脉冲重复周期固定类型的雷达，脉冲重复周期是最好或较好的信号分选参数之一。

对于重复周期变化类型雷达，信号的脉冲重复周期变化范围是恒定的，平均脉冲重复周期在短时间内是不变化的。在短时间内，平均脉冲重复周期的差值大于单部雷达脉冲重复周期变化范围的两个雷达脉冲重复周期不可能属于同一部雷达脉冲信号序列。因此，对于脉冲重复周期变化类型的雷达，脉冲重复周期是较好的分选参数，但是有时却在分选中无法起到较好的作用。

现代雷达对抗侦察系统通常利用信号到达方向、脉冲幅度、载波频率、脉冲宽度、脉冲到达时间作为信号稀释（预分选）参数，利用脉冲重复周期作为信号的主分选参数，脉内调制参数通常应用于雷达信号识别。

2. 雷达目标信号分选性能指标

雷达信号分选的性能指标通常包括分选时间、分选参数容差、分选可信度等。

1）雷达信号分选时间

雷达信号分选时间是指从预分选开始到完成最终分选所需要的时间。

2）雷达信号分选参数容差

雷达信号分选参数容差也称为雷达分选参数分辨率，指使用参数将两个雷达信号脉冲分开的参数最小差值。雷达分选参数容差通常用参数的最小分辨单元描述。

一维参数容差是指使用一维参数就可将两个雷达信号脉冲区分的一维参数最小差值。其中，方位容差约等于最大测向离散偏差；频率容差约等于最大测频离散偏差；脉冲宽度容差约等于脉冲宽度测量的最大误差；脉冲重复周期容差约等于脉冲到达时间测量的最大误差。

多维参数容差是指使用多维参数可将两个雷达信号脉冲区分开的多维参数最小差值。

3）雷达信号分选可信度

雷达信号分选可信度是指分选结果的正确率。由于雷达信号分选客观存在的信号增批和信号漏批，就需要对分选的结果进行可信度估计。信号增批是指信号分选处理后给出的某雷达信号参数，而在信号环境中并不存在该雷达信号，即给出的该雷达信号为虚假的雷达信号。信号漏批是指在信号环境中存在某雷达信号，而在信号分选处理后没有给出该雷达信号参数，即遗漏了该雷达信号。

6.1.3 雷达目标信号分选识别方法分类

1. 雷达目标信号分选方法分类

随着新体制雷达的不断涌现、电磁环境的日益复杂，雷达信号分选在雷达对抗信号处理流程中变得更加重要，分选的技术也在不断更新。

根据不同的分类方式，可以将雷达信号分选方法分为不同的类别，如下：

1）根据信号分选实现的过程分类

根据信号分选实现的过程可以将雷达信号分选区分为预分选和主分选两部分。

预分选也称为雷达信号的稀释处理，通常情况下通过系统前端的结构和系统终端的硬件逻辑电路等实现。稀释处理的特点是速度快、实时性较好，但是应变性较差，通常应用在要求快速分选和体积小的场合。随着集成电路等硬件技术的发展，预分选的功能和实用性日益增强，为主分选大大减轻了脉冲的数据量。当信号环境复杂程度较低时，甚至不需要进行主分选即可将大部分雷达目标信号分选出来。

主分选通常情况下通过软件算法进行处理，是雷达信号的最终分选，适用于预分选未分选出来的交错脉冲序列，对 PRI 变化复杂的信号效果较好、应变性强，但是实时性比预分选差。

2）根据分选的参数域分类

根据分选的参数域可以将雷达信号分选分为频域分选、空域分选、时域分选和混合域分选等。

空域分选主要有天线波束分选、方向参数分选、距离分选或极化分选等。天线波束分选是指利用天线方向图的角度选择特性分选信号。例如：各种测向设备、角跟踪设备中的定向天线波束，用于天线波束分选。方向参数分选是指在硬件逻辑电路中用方向参数进行分选。距离分选也称为能量域分选，本质属于空域分选，主要指灵敏度分选、脉冲幅度参数分选或脉冲包络分选等。极化域分选主要指天线极化分选或信号极化特性参数分选等。由于极化特性最终体现在接收信号能量的大小上，因此极化域分选本质上是能量域分选或空域分选。

时域分选主要是脉冲时间参数的分选。脉冲时间参数分选是指利用信号脉冲时间参数对信号进行分选，如脉冲分析器的脉冲宽度选择电路、脉冲重复频率选择电路等。

混合域分选也称为多维空间分选或多维参数分选，如前端多维参数分选、脉冲描述字多维参数分选等。

大多数雷达对抗侦察系统都是采用前端多维空间分选、PDW 多维参数分选和脉冲重复周期分选来进行雷达信号分选。

3）根据分选参数的多少分类

根据分选参数的多少可以将雷达信号分选分为单参数分选和多参数分选。

单参数分选是指仅利用雷达信号的某一个单一参数进行雷达信号分选。例如：在系统前端仅利用 RF 参数对信号密度进行分选，或只利用方位角参数对信号密度进行稀释。利用精确的到达方向作为密度较大的脉冲流信号的预分选，是在面对各类频域参数捷变和时域参数无规律变化等复杂信号样式的交错信号环境下信号分选的可靠途径。随着瞬时测频技术和瞬时测向技术的发展，使得方位角和 RF 参数成为除 TOA 参数以外最重要的分选参数。由于 PRI 是 TOA 的规律特征，也是通过分选后要求得到的结果，利用脉冲到达时间 TOA 的相关规律性，因此可以比较容易地从交错信号流中分离出各雷达目标的脉冲列，通常用于雷达信号的最终分选。

多参数分选是指利用信号多个参数进行雷达信号分选。由于单参数分选只利用了雷达信号中的单一参数，舍弃了其他参数，信号的丢失概率和被扰乱概率增大。当信号环境复杂时仅靠单参数难以完成信号分选，这时无论是预分选还是主分选都要采用多参数分选。多参数分选可以任意组合，如两参数分选、多参数分选和四参数分选等。

下面的组合并不代表所有组合方案。

（1）τ 和 PRI 两参数分选。分选步骤：首先，进行 PW 分选。将缓存器中的 PDW 按其 PW 值的不同分别存入存储器中的 PW 定址存储区中。然后，对每个存储区的脉冲序列进行 PRI 分选。由于先利用 PW 进行了稀释处理，降低了信号密度，因此在进行 PRI 分选时的速度会加快，甚至某一 PW 值的脉冲流，即某一雷达目标的脉冲序列。

（2）θ、τ 和 PRI 三参数分选。分选步骤：首先，利用方位角参数 θ 和 PW 值 τ 进行脉冲流稀释处理，确定在 θ、τ 张成的子空间上的存储位置，使具有相同 θ 和 τ 的各个脉冲的 TOA 数据均存放到一个 $\Delta\theta$ 和 $\Delta\tau$ 单元。然后，待稀释处理完毕后，对存储单元的数据进行 PRI 分选。量化单元 $\Delta\theta$ 和 $\Delta\tau$ 的选择要根据侦察系统的性能来决定，其中 $\Delta\theta$ 可根据测向分辨力确定，$\Delta\tau$ 可根据脉冲宽度量化单元确定。对于比幅测向系统，$\Delta\theta$ 一般为 $3^\circ \sim 5^\circ$，$\Delta\tau$ 一般为 0.1 ~ 0.2μs。这种分选方案适用于具有瞬时准确测向能力的侦察系统，它具有对 PRI 变化类型信号的分选能力。

（3）f、τ 和 PRI 三参数分选。f 是指信号 RF 值。分选步骤：首先利用 RF 值 f 和 PW 值 τ 进行脉冲流稀释处理，将相同 RF 值和 PW 值的数据放到相应的 Δf 和 $\Delta\tau$ 单元中，Δf 为 RF 量化单元，一般为 5 ~ 10MHz。然后，进行 PRI 分选。这种分选方案适用于具有瞬时准确测频的侦察系统，它具有对频率捷变信号分选的能力。

（4）f、θ、τ 和 PRI 四参数分选。分选步骤：首先，根据 f、θ、τ 进行稀释处理，将 f、θ、τ 相同的脉冲存储于同一缓冲单元。然后进行 PRI 分选。这种四参数分选方案能对变化类型较为复杂的信号进行分选，是信号分选使用较多、性能较好的一种分选方案。实现该分选方案，要求侦察系统具有瞬时测频、测向能力，对计算机容量、处理速度等性能都提出了较高的要求。

综上所述，对雷达信号的多参数分选，是在单个脉冲参数基础上进行，通常是对每个脉冲进行全部的参数测量，把形成的单个脉冲描述字存入缓冲器中，由预处理器对缓存器中的数据进行稀释处理，降低脉冲密度。由计算机处理软件完成对时域变化、频域变化，以及其他复杂信号的分选任务。

4）根据分选算法的差异分类

根据分选算法的差异可以将雷达信号分选分为模板匹配分选法、基于 PRI 的分选方法、聚类分选方法、基于人工智能和神经网络的信号分选、多站联合时差直方图分选方法和基于脉内特征参数的分选方法等。

2. 雷达目标信号识别方法的分类

雷达目标信号识别，简称为雷达识别。根据识别的方式不同，可以将雷达识别分为人工识别、自动识别和半自动识别。

人工识别是指对测量获得的信号参数和历史库中的信号参数进行人工比较，分析、判别雷达目标的属性等情报信息的方法。

自动识别是指对测量和分选获得的信号参数和历史库中的信号参数进行自动比较，分析、判别雷达目标属性等情报信息的方法。根据自动识别实现手段的不同，它包括硬件识别和软件识别两类。硬件识别是指利用逻辑硬件电路实现自动识别，主要应用于雷达告警。软件识别是指利用计算机软件运算实现自动识别，通常包括参数匹配识别法、专家系统识别法、模糊数学识别法和神经网络识别法等。

半自动识别是人工识别与自动识别的结合。

人工识别、自动识别和半自动识别仅是识别方式的差异，只反映识别过程中人工参与的程度，其在识别原理上是一致的，识别的过程都包含雷达信号识别和雷达属性识别。雷达信号识别主要是识别信号的类型，是雷达识别的基础。雷达属性识别也称为雷达对抗侦察初级情报分析，指在雷达信号识别的基础上，根据雷达的性能，将雷达和其他雷达联系起来，结合雷达的空间位置情况，通过综合分析或推理分析进行雷达属性识别，从而判别雷达的体制、用途、载体、型号和敌我等属性。根据雷达属性、它所服务的武器系统、当前的工作状态和距离的远近来判定威胁等级，定性或定量估计出识别的可信度。可见，雷达识别的方法既可以人工实现，也可以通过系统编辑电路或计算机软件来自动实现。

早期主要采用人工识别和简单的逻辑电路硬件识别的方法进行雷达识别。随着系统自动化程度的提高，现在越来越多地采用改进的逻辑电路硬件自动识别和各种软件自动识别的方法进行雷达识别。

本章按照识别的对象差异，将雷达识别分为雷达体制识别、雷达型号与个体识别、雷达所属平台识别和雷达威胁等级判定。

6.2 雷达目标信号的稀释处理方法

6.2.1 雷达目标信号稀释的目的

雷达目标信号的稀释与分选既有联系又有区别。信号的稀释可理解为“分类”。稀释雷达目标信号的基本原理是雷达特性可用其特征参数表征。信号的稀释是以某种规则采用一定的方法使脉冲列的脉冲数减少或分成多个脉冲列。面临现代电磁环境的雷达对抗侦察设备，在做进一步分析前对信号进行稀释是很重要的。对信号进行稀释，可以降低信号密度，有利于对信号的分选，特别是加速信号分选的进程。

具体来说，雷达目标信号稀释的目的有三个：一是删除脉冲流中的无用数据，从而迅速且有效地减轻后续信号分选的负担。二是区分已知雷达辐射源数据。通过知识库中已知雷达辐射源的先验数据，将已知雷达辐射源数据区分，从而提高信号处理速度和信号分选质量。三是检测和识别可能存在的未知雷达目标。依靠有关雷达目标的先验知识，对实际接收到的脉冲信号流进行某种雷达辐射源的数据分划，便于后续的分选进行辐射源存在的假设检验和推理（一般在稀释处理的最后进行）。

雷达目标信号的稀释也称为预处理，预处理的主要过程分为三个步骤：一是构建删除无用数据的特征集合 $\{E_p\}_{p=1}^{n}$，从脉冲流中快速删除无用的脉冲数据。二是构建已知雷达目标数据的特征集合 $\{C_j\}_{j=1}^{m}$，初步分选出已知雷达目标的脉冲描述字序列。三是构建未知雷达目标的分划集合 $\{D_k\}_{k=1}^{l}$，筛选出可能存在雷达目标数据的若干脉冲序列 $\{\mathrm{PDW}_{i,k}\}_{k=1}^{l}$。

6.2.2　雷达目标信号稀释方法

根据 6.2.1 节对稀释过程的简述，本节对无用数据删除、已知雷达目标筛选和未知雷达目标筛选三个步骤的方法进行分析。

1. 无用数据删除

无用数据是指对分选和识别无意义的数据，主要包括已经确知的某些干扰目标数据、不需要处理的己方雷达目标数据、已经熟知和确知的某些雷达目标数据等。将这些目标数据归类为无用数据的特征集合 $\{\boldsymbol{E}_p\}_{p=1}^{n}$，其中 $\boldsymbol{E}_p$ 为第 p 类无用数据的特征，n 为无用数据的种类。在通常情况下，常采用特定的来波方向、载频、脉宽和脉内调制特征来逐一定义某一种具体的无用数据，如下：

$$\begin{cases}\boldsymbol{E}_p=(\theta_{\mathrm{DOA}_p}\cap f_{\mathrm{RF}_p}\cap\tau_{\mathrm{PW}_p}\cap F_p)\\E=\bigcup\limits_{p=1}^{n}\boldsymbol{E}_p\end{cases}\tag{6-1}$$

式中：$\boldsymbol{E}_p$ 为四维空间中的特征向量，典型的删除处理过程为快速数据匹配，即

$$\mathrm{PDW}_i\begin{cases}\mathrm{PDW}_i' M(\mathrm{PDW}_i,E)\notin E\\\overline{\mathrm{PDW}_i'} M(\mathrm{PDW}_i,E)\in E\end{cases}\tag{6-2}$$

式中：$\{\mathrm{PDW}_i'\}$ 为删除无用数据之后的脉冲数据流，此脉冲序列将进一步参与后续的已知和未知目标筛选处理；$M(\mathrm{PDW}_i,E)$ 为脉冲序列在删除数据特征子空间 E 上的投影，即从 PDW_i 中选取与 E 对应的特征参数。

2. 已知雷达目标筛选法

假定 $\{\boldsymbol{C}_j\}_{j=1}^{m}$ 为已知雷达目标特征参数集合，其中 $\boldsymbol{C}_j$ 为第 j 部已知雷达的信号参数特征。为了提高处理速度，构成 $\{\boldsymbol{C}_j\}_{j=1}^{m}$ 的各维参数特征及其描述都应与 PDW 的参数特征及其描述保持一致，同时还需综合考虑 PDW 中信号参数特征的稳定性、雷达对抗侦察系统前端的参数测量能力、测量过程中的噪声影响、误差影响等因素。在雷达对抗侦察信号预处理过程中，通常选择 θ_{DOA}、f_{RF}、τ_{PW}、F 作为特征参数基，并用各已知雷达目标在上面参数基上的投影生成 $\boldsymbol{C}_j$，即

$$\begin{cases}\boldsymbol{C}_j=(\theta_{\mathrm{DOA}_j}\cap f_{\mathrm{RF}_j}\cap\tau_{\mathrm{PW}_j}\cap F_j)\\\boldsymbol{C}=\bigcup\limits_{j=1}^{m}\boldsymbol{C}_j\end{cases}\tag{6-3}$$

对于已知雷达目标信号的 PDW_i' 的基本预处理算法为

$$\mathrm{PDW}_i\begin{cases}\mathrm{PDW}_{i,j} M(\mathrm{PDW}_i',\boldsymbol{C})\in\boldsymbol{C}_j,\ \forall j\in\boldsymbol{N}_{m+1}^{*},\ \forall i\\\mathrm{PDW}_i'' M(\mathrm{PDW}_i,\boldsymbol{C})\notin\boldsymbol{C}\end{cases}\tag{6-4}$$

属于 $\boldsymbol{C}_j$ 子空间的 PDW'_i 数据被筛选到相应的已知雷达目标数据缓存区 $\{\mathrm{PDW}_{i,j}\}_{j=1}^{m}$，不属于任何一部已知雷达目标的 PDW'_i 数据将留给 $\{\mathrm{PDW}''_i\}_i$，以便参与下一步未知雷达目标的筛选处理。

如果 m 个已知雷达目标信号的子空间 $\{\boldsymbol{C}_j\}_{j=1}^{m}$ 彼此都不相交，即

$$\boldsymbol{C}_j \cap \boldsymbol{C}_i \equiv \phi, \quad i \neq j; \quad i, j \in \boldsymbol{N}_{m+1}^{*} \tag{6-5}$$

从 PDW'_i 到 $\{\mathrm{PDW}_{i,j}\}_{j=1}^{m}$ 的筛选将是唯一的，即任意到达的 PDW'_i 最多只能符合一部已知雷达目标的参数特征。这种没有模糊的预分选效果是理想的，在实际情况下，由于在一个作战区域内会存在敌我双方大量的雷达目标，同频段、同方向、同脉宽，甚至同一型号的雷达同时工作的情况是大量存在的。因此，在通常情况下 $\{\boldsymbol{C}_j\}_{j=1}^{m}$ 表现为交叠的，式（6－4）的筛选可以是多值的，即一个 PDW'_i 能够分配到多个 $\{\mathrm{PDW}_{i,j}\}_j$ 中，只要符合多个 $\boldsymbol{C}_j$ 即可。

3. 未知雷达目标筛选法

对 $\{\mathrm{PDW}''_i\}_i$ 数据的稀释处理主要是根据一般雷达信号特征的先验知识，对 θ_{DOA}、f_{RF}、τ_{PW}、F 四个参数张成的子空间 Ω 制定出一种合理的分划 $\{D_k\}_{k=1}^{l}$。该分划的一般原则：首先尽可能将来自同一部雷达目标的 PDW 分划在一起，然后尽可能将来自不同雷达目标的 PDW 分划。此外，各子空间的分划还应满足下式的完备性和正交性，即

$$\begin{cases} \bigcup_{k=1}^{l} D_k = D = \Omega \\ D_i \cap D_k = \phi, \forall i \neq k \end{cases} \tag{6-6}$$

对未知雷达目标 PDW''_i 的预处理算法为

$$\mathrm{PDW}''_i \in \mathrm{PDW}_{i,k}, \; M(\mathrm{PDW}'_i, D) \in D_k, \; k \in \boldsymbol{N}_{l+1}^{*}, \; \forall i \tag{6-7}$$

在满足式（6－6）的前提条件下，剩余的任意 PDW''_i 都将被唯一地划分在某一个未知雷达目标筛选数据的序列 $\{\mathrm{PDW}_{i,k}\}_k$ 中。

根据 D_k 的生成原则，在雷达对抗侦察系统中，对到达角一般采用以测角误差为单位的均匀分划，对载频采用以波段为单位的非均匀分划，对脉宽采用以近似对数为单位的非均匀量化，脉内调制特征则专门作为一种分划。典型的量化单位和空间分划方式，如表 6－1 所列。

表 6－1　典型的位置雷达目标信号特征分划

参数名称	θ_{DOA}	f_{RF}	τ_{PW}	F
量化单位与分划方式	3° ～ 5°，全方位均匀分划	按 P/L/S/C/X/$\mathrm{K_u}$/$\mathrm{K_A}$ 等波段分划	μs 级，按 ≤0.5/1/3/10/100≥100 等非均匀区间分划	按脉内单载频/Chirp/相位编码/频率分集等调制分划

在 PDW 的各项参数中，由于 t_{TOA} 数据不便直接使用，而正确地转换成脉冲重复周期（PRI）数据需要较为复杂的处理过程，一般不能满足实时预处理的要求；影响脉冲幅度数据的因素很多，即使是同一部雷达目标的信号，脉幅数据的起伏也很大。因此，这两项参数一般不参与脉冲流的稀释处理。

6.3　雷达目标信号的分选方法

6.3.1　基于模板匹配的信号分选方法

早期的电磁环境相对简单，雷达数量少，信号形式单一且参数相对固定，针对装订辐射源的分选方法便可取得好的效果，这种方法称为模板匹配法。该方法事先装订好一些已知的雷达平台的主要参数和特性，然后通过逐一匹配比较，实现辐射源信号的分选识别。但随着雷达技术的迅猛发展，战场上的雷达种类和数量不断增加，加之对敌方雷达先验信息的匮乏，如何装订辐射源库便成了限制该方法进一步应用的首要问题。同时，在高密集的复杂信号环境中，基于软件方式、串行比较的模板匹配法计算量巨大，根本无法实现实时处理。因此，促使人们开发一种具有参数并行关联比较功能的硬件专用器件来实现模板匹配比较，即关联比较和存储技术。不过，纯软件的模板匹配法也有自身的优点，在一些专门针对个体或少数辐射源的分选识别情形，能够做到简单快速。因此，在特定的场合，如在复杂的信号环境中对指定雷达进行识别时，该方法可以用于对重点目标的筛选。其缺点也较为明显：过多依赖于数据库中的先验知识，不能进行自学习，容错性能较差，特别是对数据库中没有的雷达不能进行正确处理，等等。

6.3.2　基于 PRI 的信号分选方法

本小节分析几种常用的基于 PRI 的分选方法。

1. PRI 搜索分选方法

PRI 搜索分选方法，也称为动态扩展关联方法，是最经典和最简单的减法分选法之一。动态扩展关联方法通过确定的 PRI 值和由多次成功搜索确定的 PRI 值的脉冲作为参考脉冲向后检索所有脉冲序列。影响此方法的主要因素是窗口宽度选择、参差鉴别以及脉冲丢失概率等。

PRI 搜索算法步骤如下：

（1）首先选择参考脉冲，并使参考脉冲与脉冲序列中的 TOA 不同，获得两个脉冲之间的时间间隔，然后外推该间隔，以选择其 PRI 等于时间间隔的脉冲序列。

（2）如果间隔外推没有成功地对脉冲序列进行分选，则选择另一个时间间隔并重复上述步骤直到脉冲序列被成功分选。

（3）如果脉冲序列被成功分选，则从脉冲流中去除脉冲序列，即实现对雷达信号的相应脉冲序列的分类。

（4）重新选择参考脉冲并对剩余脉冲重复上述步骤，直到剩余脉冲数小于手动设置的最小脉冲数阈值。

（5）分别存储分类后的脉冲序列，最终完成信号分选。

从上述步骤中可以很容易发现，该算法简单易行，但仅适用于 PRI 固定的雷达信号，在 PRI 变化类型复杂、有脉冲干扰的情况下，对雷达信号分选无能为力，并且增批、漏分选现象严重，分选效果不佳。图 6-2 所示为 PRI 搜索分选方法的流程示意图，PRI_{max} 和 PRI_{min} 分别为人工设定的 PRI 最大值阈值和最小值阈值。

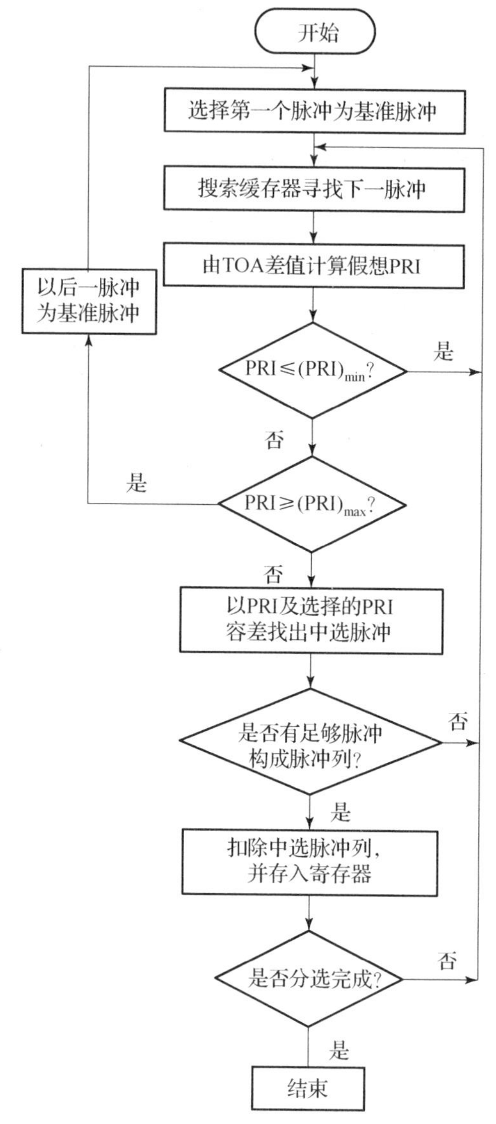

图 6-2　PRI 搜索分选方法流程示意图

2. 统计直方图分选方法

统计直方图分选方法概念简单、实现简单，是雷达信号分选中使用最早的技术。设 **T** 为某一信号特征参数观测数据的集合，则定义于 **T** 上的直方图 **H** 为一个三元组的集：

$$\{h_i=(as_i,at_i,val_i),i=1,2,\cdots,m\}$$

式中：as_i 和 at_i 分别是该区间的起点和终点；val_i 表示落入该区间的数据总个数。其中，$[as_i,at_i]$是某一区间 A 的子区间，**H** 必须满足下面三个条件：

（1）对任意 i 和 $j(i\neq j;i=1,2,\cdots,m;j=1,2,\cdots,m)$，$[as_i,at_i]$和$[as_j,at_j]$的交集为空；

（2）$[as_1,at_1]\cup[as_2,at_2]\cup\cdots\cup[as_m,at_m]=A$；

(3) $\sum_{i=1}^{m} val_i = \mathrm{Sum}$,其中 Sum 代表该批数据的总个数。

as_i 和 at_i 分别为 h_i 的左、右边界点，或为 h_t 的边界点。直方图 **H** 中所有的边界点构成直方图的边界点集。A 中各子区间的长度可以相等，也可以不相等，视具体情况而定。

雷达信号的统计直方图可用来对接收的有关 PDW 参数进行统计分析，求出各参数出现的相应频次，设定检测门限，当相关参数的频次超过检测门限时，则认为对应的脉冲序列可能构成雷达信号。

例如：TOA 的直方图提取算法的实现过程通常是截取一段侦收到的雷达脉冲序列（已按照到达时间先后进行排序），在一定时间容差范围内逐个测量脉冲与脉冲之间的时间间隔差，以脉冲间隔数值中每一间隔出项的频数作为纵坐标，绘制脉冲间隔统计分布直方图。对于 N 个采样的连续脉冲，可计算脉冲间隔值的数量：

$$S_N = \frac{N(N-1)}{2} \tag{6-8}$$

PRI 统计直方图分析处理的主要步骤如下：

(1) 以直方图中出现次数最多的间隔脉冲作为基本骨架重复周期。如果直方图中出现多个峰值，且峰值所在脉冲间隔值呈倍数关系，则取其中倍数最小的作为真实雷达的 PRI。

(2) 从侦察序列中提取已确定的 PRI 序列。

(3) 估算已确定 PRI 序列的 PRI 变化规律统计特征。

(4) 对剩余脉冲序列再作直方图分析，直到分选不出新的有规律的脉冲序列为止。

(5) 先扩大脉冲间隔容差，再做 PRI 直方图分析，直到大于可能 PRI 抖动范围为止。

(6) 对同方位不同载频的剩余脉冲序列先按照到达时间排序，再做 PRI 直方图分析。

3. 累计差直方图分选算法

累计差直方图分选（cumulative difference，CDIF）算法基于周期性脉冲时间有关原理，对传统的直方图统计算法有较大改进。传统的直方图统计算法首先对任意两个脉冲到达时间差都进行统计，然后利用检测门限对统计结果进行检测，这是一种简单而又直观的重频分选算法。但是其运算量大并且无法消除谐波影响。CDIF 算法是一种基于直方图统计和序列搜索的混合算法。其基本原理是通过累计各级差值直方图来估计原始序列脉冲中可能存在的 PRI，并根据该 PRI 来进行序列搜索。该算法集中了两者的优点，极大降低了运算量且在一定程度上避免了高次谐波的产生。待分选脉冲序列的数学模型为

$$\alpha_i = \sum_{r=0}^{N} f_i(rk) \tag{6-9}$$

式中　N——总采样时间；

k——采样间隔；

r——待分选的自然数；

$f_i(rk)=\begin{cases}1, & r=am_i+q_i,0<a<\text{int}[(N-q_i)/m_i]=n_i\\0, & 其他\end{cases}$，其中 m_i 是雷达脉冲序列α_i的脉冲重复周期，q_i 是雷达脉冲序列 α_i 的起始时间，n_i 是雷达脉冲序列 α_i 的总的脉冲个数。

当 s 个雷达的脉冲序列同时存在，各雷达的脉冲序列的合成遵循逻辑“或”的关系，因此可以用 max 函数来表示。

待分选的脉冲序列为

$$p=\sum_{i=1}^{s}\alpha_i=\sum_{r=0}^{N}\max[f_1(rk),f_2(rk),Kf_s(rk)] \tag{6-10}$$

式（6-10）所建模型将传统的直方图统计算法与 CDIF 算法做比较。传统的到达时间差直方图算法首先计算 t_j-t_i（其中 $j>i$），然后对其进行统计，因此仅计算到达时间差所进行的运算量为

$$\sum_{i=1}^{E}(i-1)=\frac{E(E-1)}{2} \tag{6-11}$$

式中：E 为序列中所包含的脉冲数。

利用到达时间差进行直方图统计的算法不仅在正确的 PRI 处进行统计，也在其整数倍处进行统计。当实际测量的雷达脉冲信号序列有脉冲丢失时，利用该算法进行分选得到的结果有可能是 PRI 的整数倍，而不是正确的 PRI 值。因此，这种算法有比较严重的谐波干扰问题。此外，由于该算法要对任意两个脉冲的到达时间差都进行计算，运算量非常大，在高密度信号环境下不适合实时处理。

CDIF 算法在一定程度上克服了传统直方图统计算法的缺点，其流程如图 6-3 所示。

CDIF 算法主要步骤如下：

（1）计算相邻 TOA 差值，形成第一级差值直方图，然后确定检测门限，根据检测门限对统计结果进行检测。设直方图的自变量为 τ，假定总的采样时间为 ST，则 CDIF 直方图的检测门限为

$$T_{\text{threshold}}(\tau)=x\cdot(ST/\tau) \tag{6-12}$$

式中：x 是可调系数，一般取 $x<1$。

（2）从最小的脉冲间隔起，将第一级差值直方图中的每个间隔的直方图值，以及二倍间隔的直方图值与检测门限相比较。如果两个值都超过检测门限，则以该间隔作为 PRI 进行序列搜索。

（3）假如序列搜索成功，则此 PRI 序列将会从采样序列脉冲中扣除，并对剩余脉冲序列从第一级差值直方图起重新形成新的 CDIF 直方图。该过程会一直重复，直到缓冲器中没有足够的脉冲形成脉冲序列。如果搜索不成功，则以本级直方图中下一个符合条件的脉冲间隔值作为 PRI 进行序列搜索。假如本级直方图中没有符合条件的脉冲间隔值，则计算下一级的差值直方图，并与前一级差值直方图进行累加，然后与检测门限相比较。重复上面步骤，直到缓冲器中没有足够的脉冲形成脉冲序列或时间差值的阶数达到某一固定值为止。CDIF 算法与常规分选算法相比较，CDIF 分选算法具有对干扰脉冲或脉冲丢失不敏感的特点。

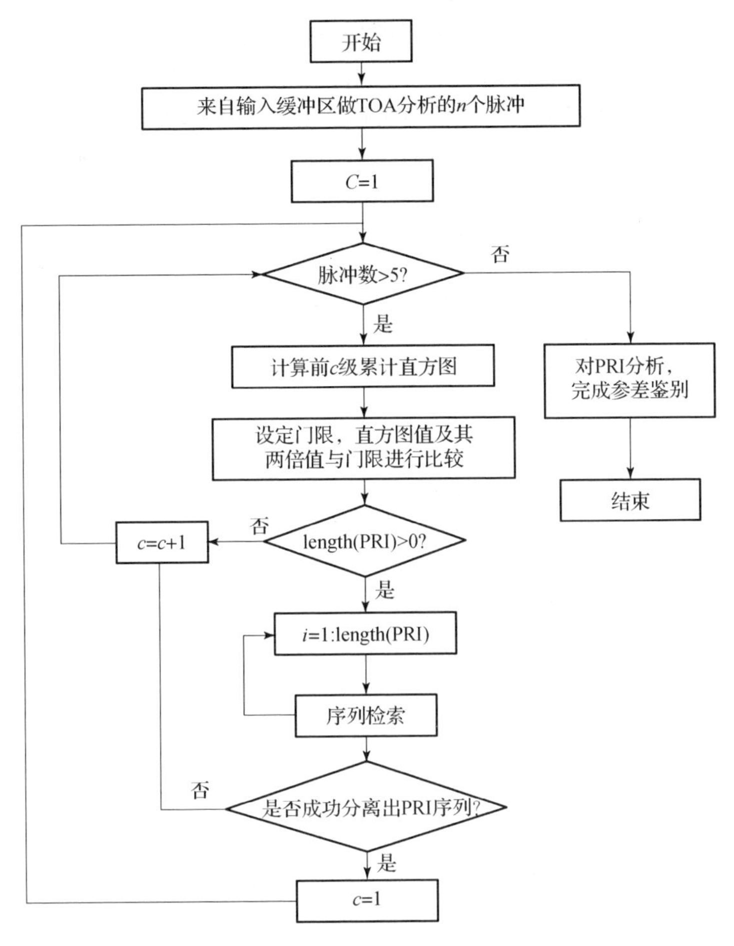

图 6－3　CDIF 算法流程示意图

CDIF 算法需要将直方图中每个 PRI 间隔的直方图，以及 2 倍 PRI 间隔的直方图的值与门限相比较。若两个值都超过门限，则进行搜索。这是针对二次谐波存在的情形，即存在足够数目的间隔为 PRI 的三个脉冲序列，而不是只是存在足够数目的间隔为 PRI 的两个脉冲序列的情形而设计的。

累积差直方图是基于周期性脉冲时间相关原理的一种去交错算法，通过累积各级差值直方图来估计原始序列中可能存在的 PRI，并以此 PRI 来进行序列搜索。累积差直方图的最大缺陷是需要数量很多的差值级数，即使是很简单的情况也是如此；另一个缺陷是在有大量脉冲丢失的情况下，在累积差直方图中检测到的是子谐波，会造成误选。

4. 序列差直方图分选

序列差直方图分选（sequential difference histogram，SDIF）算法是一种在 CDIF 算法基础上的改进算法，包括 PRI 的建立和序列检测两部分。

SDIF 算法步骤如下：

首先，计算相邻两脉冲的 TOA 之差构成第一级差值直方图，并且计算检测门限。然后进行子谐波检测，若只有一个值超过检测门限，则把该值当作可能的 PRI 进行序列搜索。当多个辐射源同时出现时，第一级差值直方图可能会有几个超过门限的 PRI 值，并且都不同于实际的 PRI 值。此时不进行序列搜索，而是计算下一级的差值直方图，对可能的 PRI 进行序列搜索。若能成功地分离出相应的序列，则从采样序列中扣除，并对剩余脉冲列从第一级开始形成新的差值直方图。在经过子谐波检验后，如果不止一个峰值超过门限，则从超过门限的峰值所对应的最小脉冲间隔起进行序列搜索。最后进行参差鉴别。其算法流程如图 6 -4 所示。

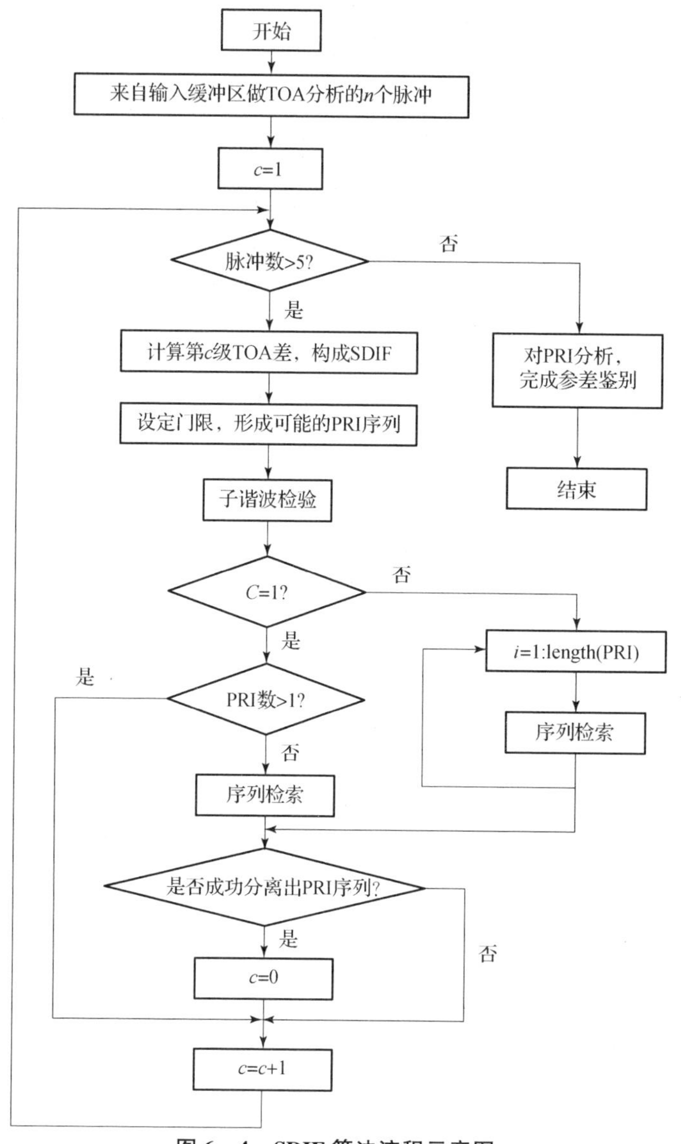

图 6 -4　SDIF 算法流程示意图

下面介绍 SDIF 算法的检测门限。

由于直方图的峰值与两脉冲之间的间隔成反比，在观察时间一定时，脉冲间隔越大，观察到的脉冲数量越小，因而门限值与输入脉冲总数 E 成正比，与脉冲间隔 τ 成反比，即

$$p(\tau) = \frac{xE}{\tau} \tag{6-13}$$

式中：x 是小于 1 的常数。

如果输入脉冲数很多，并且有多部雷达同时存在，相邻脉冲的间隔就可以认为是随机事件，即脉冲前沿可以认为是随机泊松（Poisson）点。将有限的观察时间 T 分为 n 个脉冲子间隔，则在时间间隔 $\tau = t_2 - t_1$ 内有 k 个随机泊松点出现的概率为

$$p_k(\tau) = \frac{(\lambda\tau)^k}{k!}\mathrm{e}^{-\lambda\tau} \tag{6-14}$$

式中：$\lambda = n/T$，它表示在单位时间内的脉冲子间隔数。相邻两脉冲间隔为 τ 的概率近似为

$$p_0(\tau) = \mathrm{e}^{-\lambda\tau} \tag{6-15}$$

此为第一级差值直方图的大致形式。

由于直方图实际上是一个随机时间概率分布函数的近似值，所以较高级差值直方图呈指数分布形式。构成第 C 级差值直方图的脉冲组数量为 $E-C$，即观察时间内一共有 $E-C$ 个事件发生。泊松流的参数 $\lambda = 1/gN$，可以概括出最佳检测门限函数为

$$T_{\text{threshold}}(\tau) = x(E-C)\mathrm{e}^{-\tau/gN} \tag{6-16}$$

式中：E 是脉冲总数；C 是差值直方图的级数；g 为小于 1 的正常数；N 是直方图上脉冲间隔的总刻度值；常数 x 由实验来确定。

5. PRI 变换法

PRI 变换的想法最初源于 Nelson，他提出了一种复值自相关积分算法，将脉冲序列的 TOA 差值转换为频谱，从相应的谱峰位置估计脉冲序列的 PRI 值。该算法可以更好地抵制直方图中谐波的出现。

在 PRI 变换中，雷达接收到的脉冲序列只与脉冲到达时间有关，故脉冲序列为

$$g(t) = \sum_{n=0}^{N-1}\delta(t-t_n) \tag{6-17}$$

式中：N 是接收脉冲流的总数；第 n 个脉冲的到达时间为 t_n，$n=0,1,2,\cdots,N-1$。

$g(t)$ 的自相关函数表达式为

$$C(\tau) = \int_{-\infty}^{+\infty} g(t)g(t+\tau)\mathrm{d}t \tag{6-18}$$

对 $g(t)$ 进行积分变换：

$$D(\tau) = \int_{-\infty}^{+\infty} g(t)g(t+\tau)\exp\left(\frac{2\pi jt}{\tau}\right)\mathrm{d}t \tag{6-19}$$

式中：$\tau>0$；$|D(\tau)|$ 表示 PRI 谱图，谱图中尖峰表示真正 PRI 值出现的地方。

将式（6-17）代入式（6-18）和式（6-19）可得

$$C(\tau) = \sum_{n=1}^{N-1}\sum_{m=0}^{n-1}\delta(\tau-t_n+t_m) \tag{6-20}$$

$$D(\tau) = \sum_{n=1}^{N-1}\sum_{m=0}^{n-1}\delta(\tau-t_n+t_m)\exp(2\pi jt/\tau)\mathrm{d}t \tag{6-21}$$

由式（6-17）~式（6-21）可知，PRI 变换与自相关函数相比较，PRI 变换增加了 $\exp(2\pi jt/\tau)$ 或 $\exp[2\pi jt_n/(t_n-t_m)]$，即相位因子，可以起到抵制谐波的作用。

也可将利用直方图估计 PRI 应用在 PRI 变换法中。当 PRI 的研究范围为 $[\tau_{\min}$，

τ_{max}]，将该区段等分为 K 个小区段，每个小区段称为 PRI 箱，如图 6 - 5 所示。

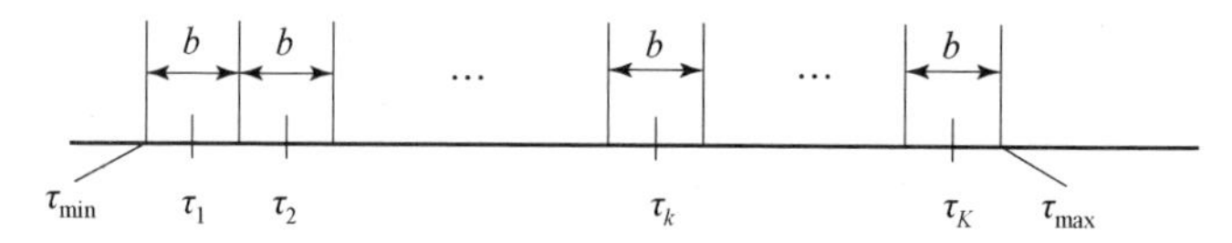

图 6 - 5　PRI 箱示意图

第 k 个 PRI 箱的中心表示为

$$\tau_k = \frac{k-1/2}{k}(\tau_{max} - \tau_{min}) + \tau_{min} \quad (k=1,2,\cdots,K) \tag{6-22}$$

当 PRI 的范围与 PRI 箱的中心值为确定值时，PRI 离散谱图 D_k 为

$$D_k = \int_{\tau_k - b/2}^{\tau_k + b/2} D(\tau)\mathrm{d}\tau = \sum_{\tau_k - \frac{b}{2} < t_n - t_m < \tau_k + \frac{b}{2}} \exp[2\pi j t_n/(t_n - t_m)] \tag{6-23}$$

当 b 值接近 0 时，D_k/b 值接近 D_τ，其对应于谱图 $|D_k|$ 反映为当其峰值超过检测阈值时，对应 PRI 值为真实 PRI 值。利用此估算出的较小 PRI 在交迭脉冲流中提取匹配脉冲。

其算法流程如图 6 - 6 所示。

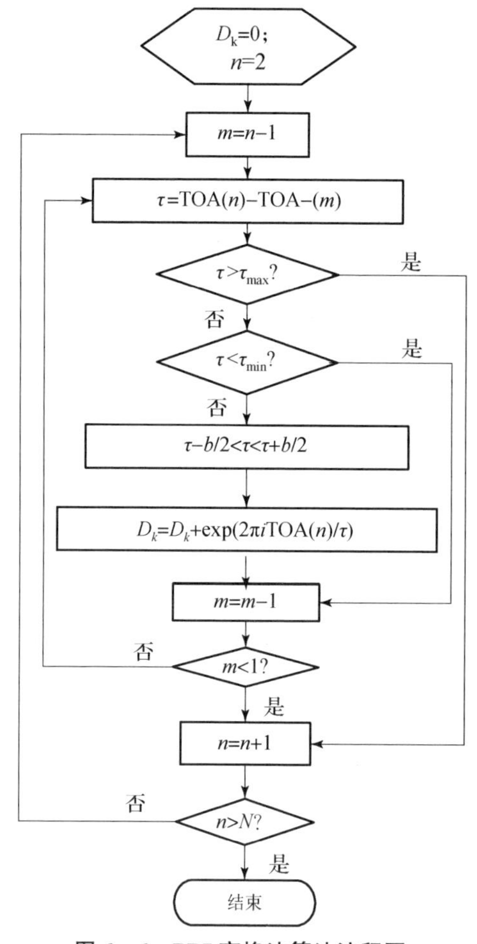

图 6 - 6　PRI 变换法算法流程图

6. TOA 折叠分选方法

TOA 折叠分选方法是根据信号的 TOA 信息，通过时域折叠变换的方法，将全脉冲在平面上用图形显示出来，从而分选信号，这是一种辅助分选方法。

假设第 k 个脉冲的到达时间为 t_k，平面图形的宽度为 T，每个脉冲在平面图形上以一个亮点表示，第 k 个脉冲的坐标(x_k, y_k)由下式决定：

$$\begin{cases} x_k = \Delta x * \mathrm{mod}(t_k/T) \\ y_k = \Delta y * [\mathrm{int}(t_k/T) + 1] \end{cases} \tag{6-24}$$

式中：Δx 为单位时间所对应的 x 方向上的像素点；Δy 为单位时间在 y 方向所对应的像素点；x_k，y_k 分别只与 t_k 除以 T 后的余数和商有关。

若通过改变平面宽度 T 值，则不同 PRI 长度和不同 PRI 形式的雷达信号以不同的特征曲线显示出来，这就是信号分选的依据。

假设只有一部脉冲重复周期为 PRI 的常规雷达信号，则第 k 个脉冲的到达时间为 $t_k - t_0 + (k-1) \times \mathrm{PRI}(k = 1,2,3,\cdots)$，式中：$t_0$ 为第一个脉冲信号的到达时间，假设 $t_0 < \mathrm{PRI}$。当选取 T 等于 PRI 时，$y_k = k\Delta y$，而 $x_k = t_0\Delta x$ 为常数，则第 k 个脉冲出现在图形的第 k 行 $t_0\Delta x$ 处，显示区内的亮点构成一条垂直的直线；若 T 略大于 PRI 时，则构成一条斜率为正的直线；若 T 略小于 PRI 时，则构成一条斜率为负的直线。图 6－7 所示为对于 PRI 固定类型的脉冲序列，TOA 折叠分选算法分选效果示意图。

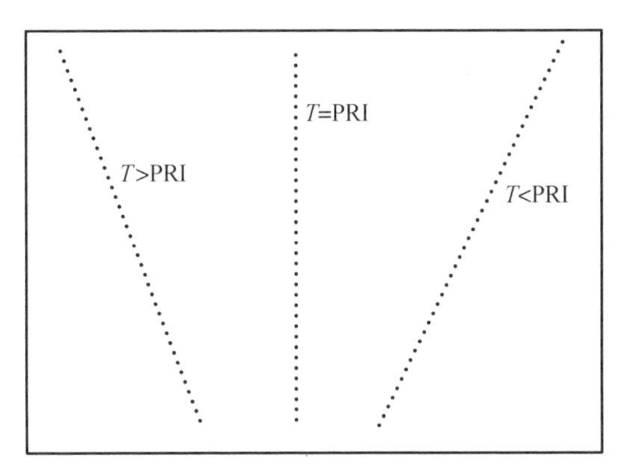

图 6－7　TOA 折叠算法分选效果示意图

6.3.3　基于聚类的信号分选方法

雷达信号无论调制样式多么复杂，对于同一辐射源的信号，必定具有很高的自身相似性，而不同辐射源之间的信号相似性较低。聚类分析技术可以根据数据的自身相似性把同类信号聚类在一起。根据聚类分析技术的特点，把聚类分析技术引入雷达信号分选。本小节以 K－means 算法为例介绍。

1. 聚类算法简介

K－means 算法以 k 为参数，把 n 个对象分为 k 个簇，以使簇内具有较高相似度，而簇间的相似度较低。相似度的计算根据同一簇中对象的平均值（簇的中心）来进行。具体步骤如下：

1）初始化

首先设置聚类的类别数 K，然后为每个类别的聚类中心赋初值为

$$(z_1(m), z_2(m), \cdots, z_k(m)) \tag{6-25}$$

式中：$z_j(m)(j \leqslant k)$代表第 m 次迭代的第 j 个聚类中心值。初始值可以是任意的，但通常都设置成样本矢量的前 k 个值。

2）样本矢量划分

若样本矢量 x_i 满足 $\| x_i - z_i(m) \| < \| x_i - z_j(m) \|$，则 $x_i \in S_j(m), i = 1,2,\cdots,N$, $j \leqslant K, i \neq j$。其中：$s_j(m)$代表第 m 次迭代时类别 j 的全体。通过样本矢量划分，使每个样本矢量 x_i 与其距离最近的类别中心相联系。

3）计算新的聚类中心

重新计算每一个新的聚类中心位置，以使每个矢量到新的聚类中心的距离之和最小，即使 D_j 具有最小值：

$$D_j = \sum_{x_i \in x_j(l)} \| x_i - z_j(m+1) \|^2, \quad i = 1,2,\cdots,K \tag{6-26}$$

式中：$z_j(m+1)$是使式（6-26）最小化的所有样本 $S_j(m)$的平均值，即新的聚类中心，为

$$z_j(m+1) = \frac{1}{N_j} \sum_{x_i \in S_j(m)} x_i \tag{6-27}$$

4）判断收敛

当聚类中心不再有位置变化时，即满足

$$z_j(m+1) = z_j(m), \quad j = 1,2,\cdots,K \tag{6-28}$$

说明上述迭代已经收敛。但在迭代运算过程中，一般不可能做到聚类中心不再有位置变化，实际中总要设定一个误差值，当下一次迭代的聚类中心值与前一次的聚类中心值相差达到某一允许值时，就可以终止迭代。

2. 聚类方法在信号分选中应用

将聚类算法应用于雷达信号分选，就是将所接收到的雷达信号数据集作为待分选数据，利用描述脉冲信号的各维参数（如脉冲宽度（PW）、脉冲重复间隔（PRI）、信号载频（RF）等），将信号聚为多个类别，尽可能地把某个辐射源所发出的信号聚成一类，从而达到分选的目的。

针对雷达信号的特点，首先要对雷达信号进行预处理，再利用其分选信号。具体步骤如下：

1）雷达信号预处理

对雷达信号数据集中所有参数维进行归一化处理，按比例变换到同一处理区间，以便于用同一尺度进行分析。为保证聚类的合理性，在多维聚类中信号的各维参数数值必须在同一数量级。将雷达信号数据集内的各维数据映射到[0,1]区间内，最大值对应 1，最小值对应 0。

2）初始化聚类中心

对于雷达信号而言，来自同一部雷达的信号参数具有一定的相似性，各维参数可能相似甚至相同。这样，如果初始选择了同一部雷达的信号作为不同类的初始中心，就有可能造成聚类出错的情况。因此，需要选择雷达信号中各维度参数均不同的信号作为初

始聚类中心的候选对象，这样就充分保证了初始值选取的可靠性。

3）利用 K - means 算法进行信号分选

假设将接收到的雷达数据集的 RF 特征、PW 特征和 PA 特征作为分选参数。设某一信号 p 经过归一化处理后，取出 RF、PW 和 PA 这三维，成为新的形式 $p'(rf,pw,pa)$，利用平方误差准则，定义误差为

$$E = \sum_{i=1}^{k} \sum_{p \in C_i} [(rf - m_{rf}^i)^2 + (pw - m_{pw}^i)^2 + (pa - m_{pa}^i)^2] \tag{6-29}$$

式中：E 是数据中所有对象的平方误差的总和；p'是空间中的点，表示给定的经过归一化处理后的数据对象；$m_i(m_{rf}^i,m_{pw}^i,m_{pa}^i)$是簇 C_i 的平均值；而 p'和 m_i 都是多维的。

用上述步骤首先确定一个簇的平均值和中心值，把剩余的每个对象，根据其与各个簇中心的距离，把它赋给最近的簇；然后重新计算每个簇的平均值。这个过程不断重复，直到上述误差函数收敛，此时聚类的簇便是分选结果。

6.3.4　基于人工智能和神经网络的信号分选方法

人工神经网络是一种由大量处理单元（神经元）广泛连接而成的网络，它是一种高度的非线性动力学系统。用它进行雷达信号分选时，具有其独特优势：①由于知识与信息的存储表现为网络元件间的分布物理联系，所以具有较好的容错和抗噪声能力；②一个模式不是存放在某一个固定地方，而是分布在整个网络并由大量神经元构成一个激活的模式来表示，因而当部分信息丢失时，不致对全局造成大的影响；③在人工神经网络中，存储区和操作区是合二为一的，其学习过程和识别过程由各神经元之间的相互作用来实现，不同信息之间的沟通是自然的、大规模的。因此，人工神经网络独特的学习能力在很多学科中得到广泛应用。人工神经网络可以借助训练数据的优势，学习到不同雷达信号特征的特有模式特点，从而进行有效地分选。在雷达信号分选与识别中，常用的分选网络模型主要有 BP 神经网络、Kohonen 神经网络、RBF 神经网络等。本小节以 BP 神经网络为例进行分析。

BP 神经网络是将问题求解表示成输入输出关系，输入 $\boldsymbol{x}$ 表示特征向量，输出 $\boldsymbol{y}$ 表示其预测结果，它是一个非线性映射系统。BP 神经网络结构如图 6－8 所示，包含输入层、隐藏层和输出层。对于输入信号，要先向前传播到隐节点，再经过隐藏层处理后，最后传播到输出节点。BP 算法的学习过程包括正向传播和反向传播两个步骤。在正向传播过程中，输入信息从输入层经隐藏层到达输出层，每一层神经元的状态只影响下一层神经元状态。如果在输出层不能得到期望输出，则转入反向传播将误差信号沿原来的连接通路返回。通过修改各层神经元的权值，使得误差信号最小。

在图 6－8 中，BP 神经网络结构正向传播时，输入值加在 $\{n_i\}$ 各节点上，其对应的下一层节点输入为

$$I_j = \sum_i \omega_{ji}\theta_i \tag{6-30}$$

式中：θ_i 为加在 $\{n_i\}$ 各节点上的值；ω_{ji} 为输入节点与隐含节点间的网络权值。节点函数一般选用 Sigmoid 函数 $f(x) = \dfrac{1}{1 + \mathrm{e}^{-x}}$，隐含节点输出为

$$\theta_i = \frac{1}{1 + \exp(-I_j)} \tag{6-31}$$

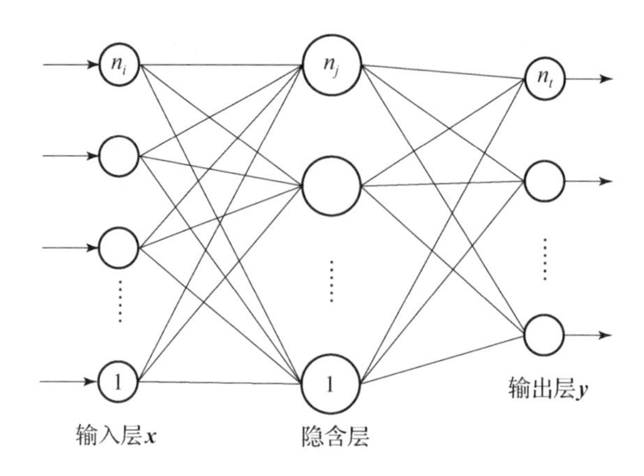

图 6－8　BP 神经网络结构示意图

输出层节点输入为

$$I_t = \sum_j \omega_{tj}\theta_j \tag{6-32}$$

式中：ω_{tj}为隐含节点与输出节点间的网络权值。

输出层节点输出为

$$\theta_t = \frac{1}{1+\exp(-I_t)} \tag{6-33}$$

当输出节点的期望值为 $\hat{\theta}_t$ 时，理想的输出与实际输出偏差为

$$E = \frac{1}{2}\sum_{K-1}^{K}(\hat{\theta}_t - \theta_t)^2 \tag{6-34}$$

在反向传播中，输出层误差梯度为

$$\delta_t = (\hat{\theta}_t - \theta_t)\theta_t(1-\theta_t) \tag{6-35}$$

隐含层误差梯度为

$$\delta_j = \theta_j(1-\theta_j)\sum_t \omega_{tj}\delta_t \tag{6-36}$$

权值调整为

$$\omega_{ji}^{\text{new}} = \omega_{ji}^{\text{old}} + \eta\delta_j\theta_i + \alpha[\Delta\omega_{ji}^{\text{old}}] \tag{6-37}$$

$$\omega_{tj}^{\text{new}} = \omega_{tj}^{\text{old}} + \eta\delta_t\theta_j + \alpha[\Delta\omega_{tj}^{\text{old}}] \tag{6-38}$$

图 6－9 所示为 BP 算法训练学习的流程图。BP 神经网络为了缩短学习时间，可采用“批”的处理方式，即把要处理的 K 个学习样本一起进行训练，并将由其带来的误差梯度在各个节点进行累加后，再统一调整数值。如此反复，直至收敛。

BP 神经网络是一种采用最小均方误差学习的多层映射网络，是使用最广泛的网络。在用于雷达信号分选时，需要有关辐射源数据进行训练。训练好的网络可以识别输入信号的类别。

6.3.5　基于多观测站协同侦察的信号分选方法

本小节分析一种基于多观测站测向/时差和多参数信息的联合分选方法，用于解决交错脉冲流中雷达信号的分选问题。该方法的主要思想是利用多个观测站接收到的同一

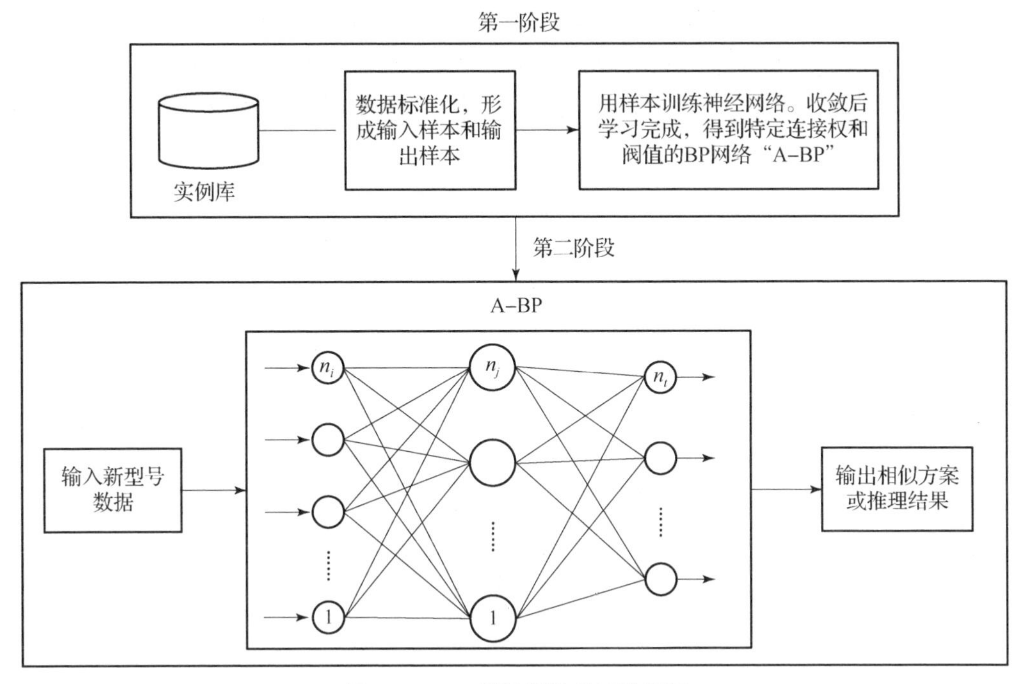

图 6 – 9　BP 算法训练学习流程图

部雷达脉冲方位信息或到达时间差信息，多站协同工作，通过主站和副站的匹配，利用位置/时差信息提取匹配脉冲，从而实现雷达脉冲的提取。

1. 基于位置信息的多站测向联合分选法

1）多站接收脉冲序列的观测模型建立

为便于问题的描述，多站接收脉冲序列的观测模型选取空中三个观测站及地面三个雷达目标信号，以此为例进行雷达信号分选论述。观测站配置和目标辐射源分布如图 6 – 10 所示。

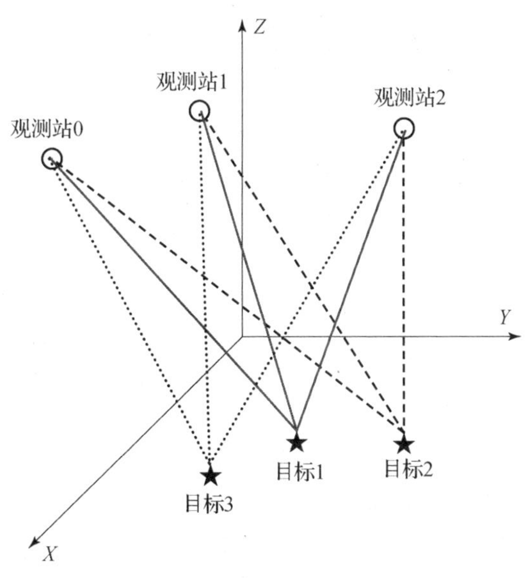

图 6 – 10　观测站和目标分布示意图

假设各观测站都能正常接收3个目标雷达信号的脉冲序列，由于复杂电磁环境的影响，观测站接收到的是3个目标雷达的混合脉冲序列，同时存在干扰脉冲和丢失脉冲。将观测站0视为主站，其侦察处理得到的3个目标信号的脉冲序列及其混合脉冲序列，如图6－11所示。

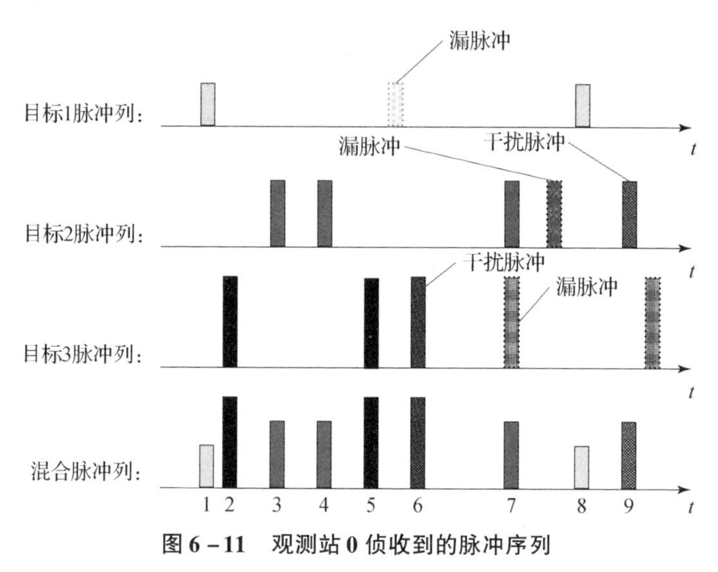

图6－11　观测站0侦收到的脉冲序列

类似地，除了主站之外的两个其他观测站通过处理侦收到的也是在时间上重叠的脉冲序列。对于同一个目标雷达，各观测站接收到的其脉冲序列可由基准站（主站）接收的其脉冲序列在时间上提前或推迟得到。然而，由于每个观测站的丢失脉冲和干扰脉冲是不同的，因此每个空中观测站最终接收的脉冲序列不能通过参考脉冲序列在时间上简单平移得到，并且在复杂电磁环境下，雷达目标数量繁多，情况更加复杂。图6－12所示为各观测站最终接收的交错脉冲列示意图。

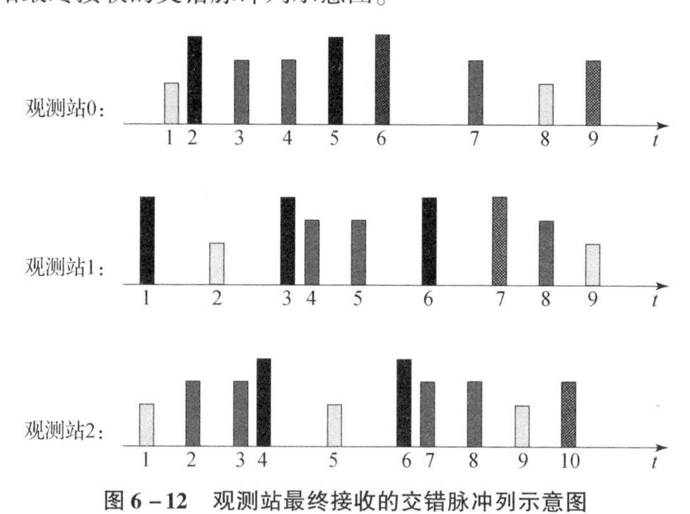

图6－12　观测站最终接收的交错脉冲列示意图

2）多参数联合分选的脉冲序列模型建立

在多站测向与多参数联合分选的脉冲序列模型中，首先确定主站和主站中的基准脉冲；然后利用位置信息搜索主站中可能来自同一目标辐射源的脉冲信号，并在剩余观测站（副站）接收脉冲序列中；最后利用脉冲信号的多参数信息联合搜索信号，搜索基准脉冲的匹配脉冲。本小节中的多参数信息包括由载波频率、脉冲宽度、脉冲幅度和脉内调制类型组成的四维矢量。

主站接收到的脉冲数用 N_0 表示，脉冲序列用 Y_0 表示，则有

$$Y_0 = [\{\Theta_{0,1}, P_{0,1}\}, \{\Theta_{0,2}, P_{0,2}\}, \cdots, \{\Theta_{0,N_0}, P_{0,N_0}\}] \tag{6-39}$$

第 i 个副站接收到的脉冲数用 N_i 表示，脉冲序列用 Y_i 表示，则有

$$Y_i = [\{\Theta_{i,1}, P_{i,1}\}, \{\Theta_{i,2}, P_{i,2}\}, \cdots, \{\Theta_{i,N_i}, P_{i,N_i}\}] \tag{6-40}$$

3）联合分选法的基本原理及实现

联合分选法的基本思想：首先选取主站，将主站接收的第一个脉冲作为基准脉冲；然后通过脉冲信号的位置信息在主站中搜索可能与基准脉冲来自同一辐射源的所有脉冲信号；最后利用主站搜索出的所有脉冲信号与第一副站的脉冲序列进行联合分选。以此类推，直到完成与所有副站的匹配，并提取匹配脉冲以完成信号分选。具体实施步骤如下：

（1）初始化参数，确定主站基准脉冲。在分选开始前，所有脉冲信号的分选标识字被重置为0，并且主站接收的第一脉冲被用作参考脉冲，且其位置信息和多参数信息可以表示为 $Y_{0,\mathrm{beg}} = [\Theta_{0,1}, P_{0,1}]$。

（2）使用载波频率、脉冲宽度和脉冲幅度的多参数信息在第一个副站中搜索匹配脉冲。由于主站和副站在相同条件下接收信号，因此如果通过脉冲多参数信息，搜索到副站的脉冲序列中也存在参考脉冲，则副站中必定存在其他匹配脉冲。若第一副站第 m 个脉冲的位置和多参数信息可表示为 $Y_{1,m} = [\Theta_{1,m}, P_{1,m}]$，则定义一个相似度函数 $f(P_{0,n}, P_{i,m})$ 可表示主站的第 n 个脉冲与第 i 个副站的第 m 个脉冲在多参数信息方面的相似度，其数学表达示为

$$f(P_{0,n}, P_{1,j}) = \begin{cases} 1 - r_1/r_0, & r_1 < r_0 \\ 0, & r_1 \geqslant r_0 \end{cases} \tag{6-41}$$

式中：r_0 是人为设置的参考距离；r_1 是两脉冲多参数信息的欧式距离，计算方法为

$$r_1 = \| (P_{0,n} - P_{i,m})^{\mathrm{T}} \boldsymbol{W} (P_{0,n} - P_{i,m}) \|^{\frac{1}{2}} \tag{6-42}$$

式中：$\boldsymbol{W}$ 是加权矩阵，通常是对称矩阵。其判定条件为

$$\begin{cases} f(P_{0,n}, P_{i,m}) > \delta, & \text{匹配成功} \\ f(P_{0,n}, P_{i,m}) \leqslant \delta, & \text{匹配失败} \end{cases} \tag{6-43}$$

式中：δ 为人工设置的匹配门限值。匹配成功时，系统记录该脉冲的位置信息与多参数信息为 $Y_{1,m} = [\Theta_{1,m}, P_{1,m}]$；如果匹配不成功，则继续搜索第一副站中的剩余脉冲进行匹配。若第一副站中没有参考脉冲的匹配脉冲，则返回上面步骤（1），重新选择参考脉冲，并重复上述步骤。

（3）提取匹配脉冲。在完成上述步骤后，若第一副站中的某一脉冲与基准脉冲匹配成功后，则说明第一副站的全脉冲序列中能够接收到该雷达信号，且确定该信号相对于主站和第一副站的位置分别为 $\Theta_{1,m}$、$\Theta_{1,m}$。在主站中利用该信号的位置信息继续搜索剩余脉冲，得到位置信息为 $[\Theta_{0,1} - \omega, \Theta_{0,1} + \omega]$ 的脉冲，即匹配脉冲（ω 为测向误差），记录每个匹配脉冲 $Y_{0,r}$，并提取第一副站中的对应脉冲。当第一个副站中的第 j 个脉冲

满足以下条件：

$$\Theta_{1,j} \in [\Theta_{0,1} - \omega, \Theta_{0,1} + \omega] \cap f(P_{0,r}, P_{1,j}) > \delta \tag{6-44}$$

则将此脉冲的分选标识字设置为1，否则设置为0。在完成上述步骤之后，提取其分选标识符为1的所有脉冲，并形成新的脉冲序列$\tilde{Y}_0(0,1)$表示主站与第一副站分选后的脉冲序列。

（4）主站与第二副站匹配。重复上面步骤，则主站与第二副站的分选脉冲序列表示为$\tilde{Y}_0(0,2)$。

（5）综合比较两分选脉冲列，最终分选脉冲序列为$\tilde{Y}_0(0,1,2)$。

2. 基于时差信息的多站联合分选法

针对协同侦察时某些重点目标的脉冲列提取问题，通过多站时差分选的思想，利用多个观测站接收到的脉冲流数据；通过已知库中重点目标的真实位置信息得到不同观测站与主站之间的时差信息，并结合脉冲的其他多参数信息实现该重点目标的多站联合分选。

1）观测模型建立

为了便于描述算法模型，假设有观测站1、2、3和目标辐射源1、2、3，假设观测站1为主站，其余为副站，其位置如图6－13所示。

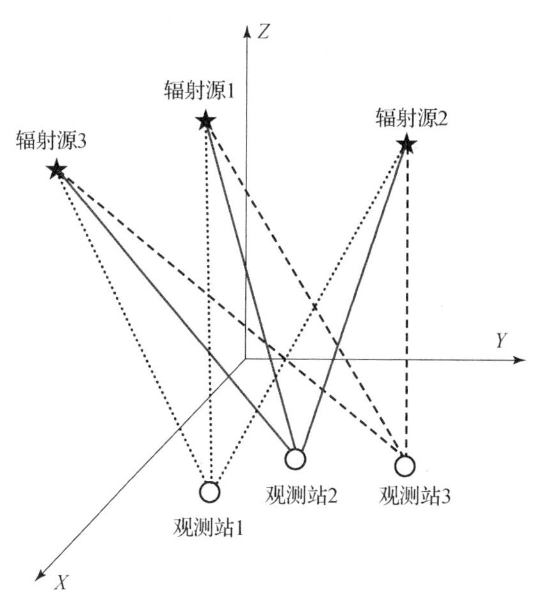

图6－13　辐射源与观测站位置示意图

由于复杂电磁环境的影响，3个目标辐射源发射的脉冲序列在时域上重叠，并且还存在干扰脉冲和漏脉冲。考虑到干扰脉冲和漏脉冲，图6－14所示为接收的3个辐射源的脉冲序列和交错脉冲序列。

与基于位置信息的多站协同侦察的联合分选算法类似，基于时差信息的多站联合分选法由于副站接收的脉冲序列都可由主站接收到的脉冲列在时间上提前或延迟一定时差得到，图6－15所示为3个观测站接收的脉冲序列示意图。

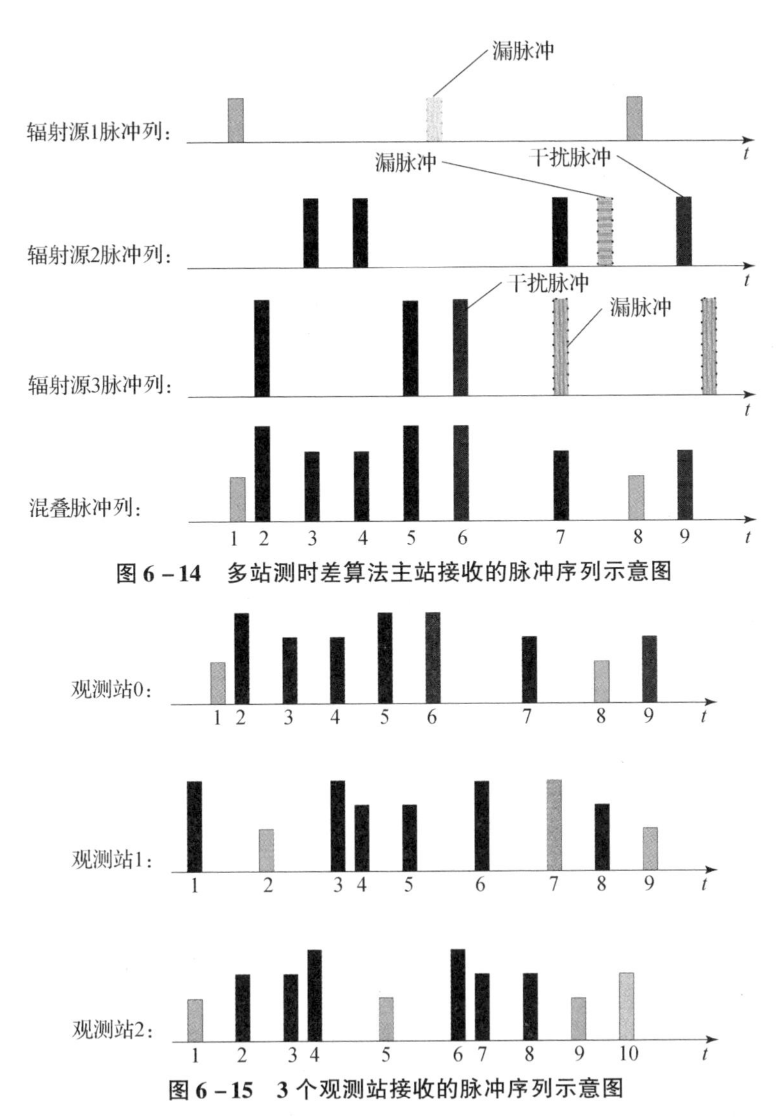

图 6-14　多站测时差算法主站接收的脉冲序列示意图

图 6-15　3 个观测站接收的脉冲序列示意图

以目标辐射源 1 为例，其被观测站 1、观测站 2 和观测站 3 分别接收的时间为 t_0、t_1、t_2，如图 6-16 所示。

假设两副站相对于主站的时差分别为 Δt_1、Δt_2，则有

$$\Delta t_1 = t_1 - t_0 \tag{6-45}$$

$$\Delta t_2 = t_2 - t_0 \tag{6-46}$$

若 $\Delta t_1 > 0$，则说明观测站 1 的脉冲序列与主站在时间上向后推移 Δt_1 接收的脉冲序列对应；若 $\Delta t_1 < 0$，则说明观测站 1 在时间上向后推移 Δt_1 得到的脉冲序列与主站接收的脉冲序列相对应。

主站接收到的脉冲序列 Y_0 表示为

$$Y_0 = [\{t_{0,1}, P_{0,1}\}, \{t_{0,2}, P_{0,2}\}, \cdots, \{t_{0,N_0}, P_{0,N_0}\}] \tag{6-47}$$

第 i 个副站接收的脉冲序列 Y_i 可表示为

$$Y_i = [\{t_{i,1}, P_{i,1}\}, \{t_{i,2}, P_{i,2}\}, \cdots, \{t_{i,N_i}, P_{i,N_i}\}] \tag{6-48}$$

式中：N_0 表示主站接收的脉冲数；N_i 表示第 i 个副站接收到的脉冲数，$t_{i,n}(i = 1, 2, \cdots,$

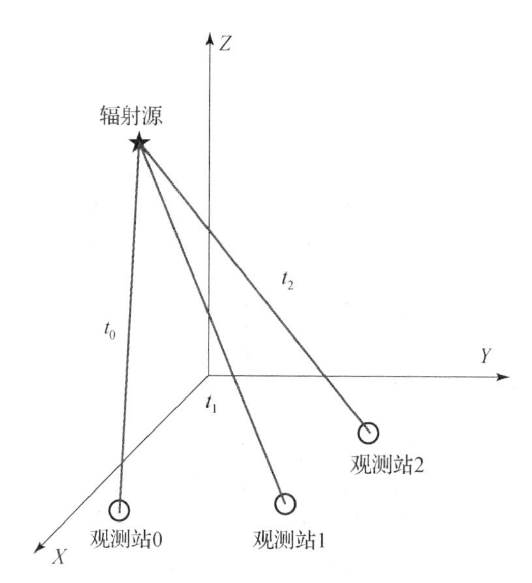

图 6 - 16　目标辐射源到达观测站的时差示意图

$I; n = 1, 2, \cdots, N_i$）表示第 i 个副站接收的第 n 个脉冲的 TOA 值；$P_{i,n}$ 表示由 RF、PW、PA、MOP 构成的除脉冲到达时间之外的脉冲多参数信息矢量。

2）方法步骤

多站测时差分选算法的基本思路：已知某目标辐射源的真实位置信息，利用主站与副站间的时差信息，联合脉冲序列的其他多参数信息，对该目标辐射源的脉冲序列实现正确分选。

其基本流程如下：

（1）参数初始化；

（2）确定参考脉冲并选择副站脉冲序列中的匹配脉冲。

由于关键辐射源的位置信息是已知的，因此可以通过其位置坐标获得主站和各个副站间的时差信息。假设主站与第 i 个副站间的时差为 τ_i，其流程如图 6 - 17 所示。

在图 6 - 17 中基准脉冲的选择与匹配主要包括 5 个步骤，具体如下：

（1）从主站脉冲列中选基准脉冲。按脉冲的到达时间顺序，取主站脉冲列的第 n_0 个脉冲，首次执行步骤（1）时，$n_0 = 1$。若第 n_0 个脉冲的分选标志为 0，则说明该脉冲未经过分选，转步骤（2），首次执行步骤（1）时第 n_0 个脉冲的分选标志必为 0。若第 n_0 个脉冲分选标志不为 0，令 $n_0 = n_0 + 1$ 后，则重复步骤（1）。

（2）从副站 i 脉冲列中选基准脉冲。当从主站中确定基准脉冲后，从副站 i 的脉冲列中选取与主站基准脉冲相匹配的脉冲。该脉冲称为副站的基准脉冲。取副站 i 的第 n_i 个脉冲，若该脉冲标志为 0，转步骤（3）；若该脉冲标志不为 0，令 $n_i = n_i + 1$，重复步骤（2）。

（3）到达时间匹配。计算主站的基准脉冲与副站 i 的第 n_i 个脉冲的到达时间差值：$\Delta\tau_{0,i} = t_{0,n_0} - t_{i,n_i}$，若 $\tau_L^i \leqslant \Delta\tau_{0,i} \leqslant \tau_U^i$，则到达时间匹配成功，转步骤（4）；否则，取下一个脉冲，令 $n_i = n_i + 1$，转步骤（2）。判断 $\tau_i > \tau_U^i$，若成立，由于各站脉冲均按到达时间顺序排列，则副站 i 第 n_i 个之后的所有脉冲也不能满足到达时间匹配条件，到达时间匹配失败，转步骤（5），否则，令 $n_i = n_i + 1$，转步骤（2）。

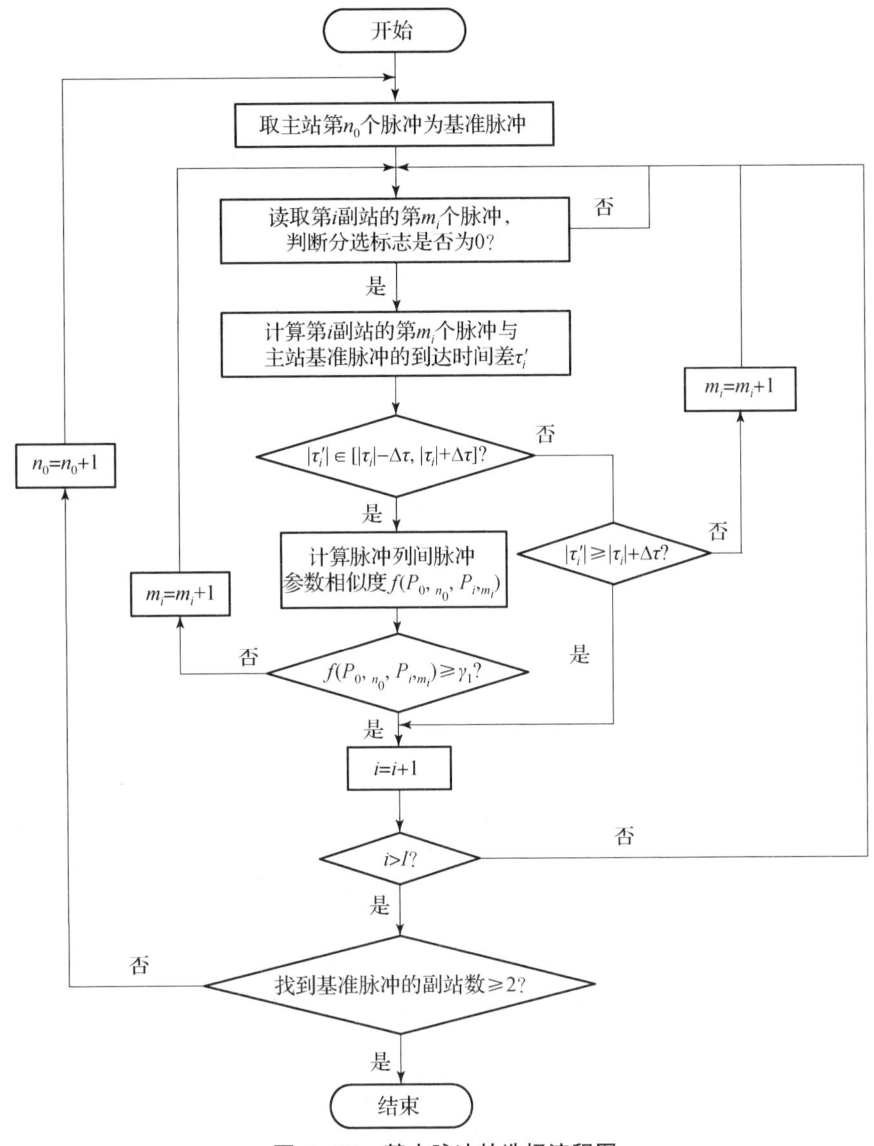

图 6－17　基本脉冲的选择流程图

（4）脉冲参数匹配。计算脉冲列间脉冲参数匹配因子 β_1，若 $\beta_1 \geqslant \gamma_1$，参数匹配成功，则完成了从副站 i 的基准脉冲选取，转步骤（5）；否则，参数匹配不成功，令 $n_i = n_i + 1$，转步骤（2）。

（5）令 $i = i + 1$，若 $i \leqslant I$，则对所有副站重复步骤（2）~ 步骤（4）；若能找到基准脉冲的副站数少于两个，则记为匹配失败，转步骤（1），重新找基准脉冲，直到主站所有脉冲的分选标志均不为 0 为止。

提取匹配脉冲主要分为两个步骤，具体如下：

（1）利用主站接收的脉冲序列中的位置信息搜索参考脉冲的匹配脉冲。

（2）在剩余的副站中，TOA 和多参数信息用于搜索对应于上述步骤的脉冲。

多站测时差分选算法提取匹配脉冲的基本流程如图 6－18 所示。具体实现步骤如下：

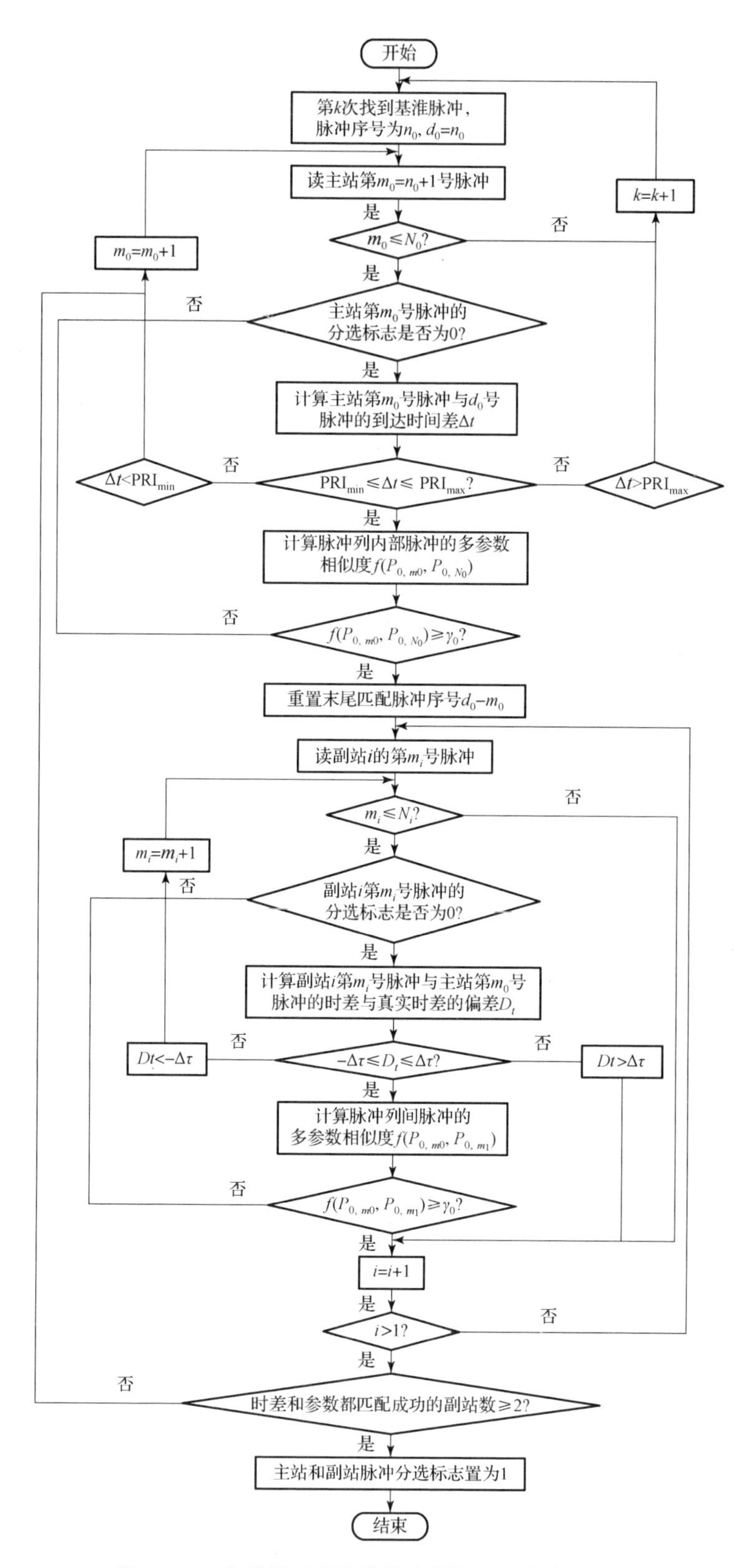

图 6-18　多站测时差分选算法提取匹配脉冲流程图

（1）令 $m_0 = n_0 + 1$，顺序读取主站基准脉冲后的脉冲，并记在主站脉冲中找到的最后与主站基准脉冲相匹配的脉冲序号为 d_0。该脉冲称为末尾匹配脉冲，初始末尾匹配脉冲序号 $d_0 = n_0$。

（2）若 $m_0 \leqslant N_0$，则转到步骤（3）；若 $m_0 > N_0$，超过主站最大脉冲数，则完成从主站脉冲列中与主站基准脉冲匹配脉冲的步骤，令 $k = k + 1$，重新找基准脉冲。

（3）若主站第 m_0 号脉冲的脉冲分选标志为0，计算主站第 m_0 号脉冲与末尾匹配脉冲的到达时间差 $\Delta t = t_{0,m_0} - t_{0,d_0}$；否则，令 $m_0 = m_0 + 1$，转步骤（2）。

（4）若 $\mathrm{PRI}_{\min} \leqslant \Delta t \leqslant \mathrm{PRI}_{\max}$，转步骤（5），其中 $\mathrm{PRI}_{\min}$、$\mathrm{PRI}_{\max}$ 分别为辐射源信号的脉冲重复间隔（PRI）可能取值的最小值和最大值；若 $\Delta t < \mathrm{PRI}_{\min}$，令 $m_0 = m_0 + 1$，转步骤（2）；若 $\Delta t > \mathrm{PRI}_{\max}$，令 $k = k + 1$，则重新找基准脉冲。

（5）计算脉冲列内部脉冲 P_{0,n_0}，P_{0,m_0} 的参数匹配因子 β_0，若 $\beta_0 \geqslant \gamma_0$，参数匹配成功，令末尾匹配脉冲序号 $d_0 = m_0$，则转步骤（6）；若 $\beta_0 < \gamma_0$，参数匹配不成功，令 $m_0 = m_0 + 1$，则转步骤（2）。

（6）在副站 i 的脉冲列中找时差和参数均与主站第 m_0 号脉冲相匹配的脉冲，令 $n_i = n_i + 1$。

（7）若 $n_i \leqslant N_i$，则转步骤（8）；若 $n_i > N_i$，则说明副站 i 已经没有可比较的脉冲，转步骤（11）。

（8）若副站 i 第 n_i 号脉冲的分选标志为0，则计算副站 i 第 n_i 号脉冲与主站第 m_0 号脉冲的时差与参考时差的偏差 $D_t = t_{i,n_i} - t_{0,m_0} - \tau_i$；否则，令 $n_i = n_i + 1$，转步骤（7）。

（9）若 D_t 在时差容差范围内，即 $-\Delta\tau \leqslant D_t \leqslant \Delta\tau$，则说明时差匹配成功，转步骤（10）；否则，若 $D_t < -\Delta\tau$，令 $n_i = n_i + 1$，则转步骤（7）；若 $D_t > \Delta\tau$，时差匹配失败，则转步骤（11）。

（10）计算脉冲列间脉冲 P_{0,m_0}，P_{i,n_i} 的参数匹配因子 β_1，若 $\beta_1 \geqslant \gamma_1$，参数匹配成功，则转步骤（11）；若 $\beta_1 < \gamma_1$，参数匹配失败，令 $n_i = n_i + 1$，则转步骤（7）。

（11）若 $i = I - 1$，且时差匹配成功和参数匹配成功的副站数不少于两个，将满足上述条件的主站和副站脉冲分选标志置为 k；若 $i = I - 1$，时差匹配成功和参数匹配成功的副站数少于两个，且 $m_0 < N_0$，令 $m_0 = m_0 + 1$，转步骤（2）；否则，分选完成，退出分选；若 $i < I - 1$，$i = i + 1$，则转步骤（6）。

从主站脉冲中找到的基准脉冲都进行上述处理，直到主站所有脉冲的分选标志均不为0时，不能找到基准脉冲为止。

6.3.6　基于脉内特征参数的分选方法

将脉内特征作为雷达信号提取和分选的参数是众多该领域研究人员的一致共识，也是极有希望提高新体制雷达辐射源提取和分选能力的一种途径。新体制雷达的出现，常规参数在各参数域的随机变化和相互交叠，使得常规参数分选方法处理起来极其困难。因此，该领域研究人员致力于提取新的特征参数来解决信号的分选问题。

脉内特征主要是指雷达信号的调制特征，基于脉内特征参数的分选方法，通过对雷达信号调制特征的提取，达到识别该雷达个体的目的，从而在脉冲序列中将该雷达个体所发射的脉冲提取出来。因此，从本质上来说，基于脉内特征参数的分选方法是通过个体特征的提取，达到识别该雷达目标的目的。

6.4 雷达目标信号的识别方法

6.4.1 雷达目标体制识别概述

雷达体制，即雷达技术体制，指为实现雷达所要求的功能而采用的技术。不同技术体制的雷达，其工作方式、信息处理的方法及信号形式都有很大差别，这是进行技术体制分析的依据。同种用途的雷达系统可用不同的技术体制来实现，而某一种体制也可以有很多用途。雷达体制识别是指对雷达的技术特点和技术性能进行综合分析获得雷达体制的过程。它识别雷达的用途等属性，是最终确定雷达型号以及相关武器系统的基础。

1. 雷达目标体制的分类

1）常见的分类方式

雷达目标的种类繁多，分类的方法也非常复杂。一般分为军用雷达和民用雷达。其他分类方式如下：

（1）按用途分类，雷达分为预警雷达、搜索警戒雷达、引导指挥雷达、炮瞄雷达、测高雷达、战场监视雷达、机载雷达、无线电测高雷达、雷达引信、气象雷达、航行管制雷达、导航雷达以及防撞和敌我识别雷达等。

（2）按信号形式分类，雷达分为常规脉冲雷达、连续波雷达、脉冲压缩雷达和频率捷变雷达等。

（3）按角跟踪方式分类，雷达分为单脉冲雷达、圆锥扫描雷达和隐蔽圆锥扫描雷达等。

（4）按目标测量的参数分类，雷达分为测高雷达、二坐标雷达、三坐标雷达和敌我识别雷达、多基地雷达等。

（5）按采用的技术和信号处理的方式分类，雷达分为相参积累和非相参积累、动目标显示、动目标检测、脉冲多普勒雷达、合成孔径雷达、边扫描边跟踪雷达等。

（6）按天线扫描方式分类，雷达分为机械扫描雷达、相控阵雷达等。

（7）按频段分类，雷达分为超视距雷达、微波雷达、毫米波雷达以及激光雷达等。

2）常用的技术体制

随着现代雷达技术的发展，新的雷达技术体制不断出现。到目前为止，对雷达技术体制的分类还没有统一的标准，常用的雷达技术体制有常规脉冲、单脉冲、脉冲压缩、脉冲多普勒、动目标显示、频率捷变、频率分集、相控阵、合成孔径以及连续波等。不同技术体制的雷达，其工作方式不同，信号的特征参数、变化规律及特点不同，天线波束形状和扫描方式也不同。因此，利用雷达信号的各个特征参数（如载频、脉冲重复周期、脉宽、脉内调制特征等）及其变化规律，以及天线波束形状和扫描方式等信息，进行综合分析，就可以识别雷达的技术体制。

(1) 常规脉冲体制。从电子战信息处理的角度，可以认为常规脉冲体制的雷达是信号未经设计技术处理，直接对脉冲序列调制（direct sequence modulation，DSM）的一般体制雷达。无论它是否采用先进的电移相控阵、恒虚警等方式，其信号都称为常规脉冲雷达信号。特殊体制雷达与常规脉冲雷达相对应，特殊体制雷达是具有辐射频率可变、特殊波束扫描、相位编码或直接序列调制技术的雷达，如频率捷变雷达、脉冲压缩雷达等。

(2) 单脉冲体制。单脉冲雷达出现于 20 世纪 50 年代，现在已经广泛应用。单脉冲雷达与圆锥扫描雷达一样，也是发射一串脉冲。其不同的是圆锥扫描雷达的探测波瓣是顺序产生的，而单脉冲雷达是同时产生两个或两个以上的探测波瓣；圆锥扫描雷达对目标角度信息的提取必须经过一个扫描周期，即探测波瓣扫描一周，而单脉冲雷达只需将各波瓣同时收到的回波分别进行比较就可以获得目标角度数据。单脉冲雷达多用于精密跟踪雷达，如炮瞄雷达、制导雷达等，也可用于搜索雷达。单脉冲雷达信号的频率分布范围很宽，在分米波、厘米波和毫米波都有运用。对中、远程警戒引导雷达，其信号的频率一般工作在分米波和厘米波低端；对于炮火控制、导弹制导雷达，其信号的频率一般工作在厘米波。脉宽和脉冲重频的特点：对中远程警戒雷达，脉冲宽度多数为几微秒，采用宽脉冲信号时必须采用脉压技术，脉冲宽度多数为几十至几百微秒，也有宽度 1000μs 以上的信号，其脉冲重频一般为 100～1000Hz；对于火控与制导雷达，脉冲宽度一般为 0.1～1μs，脉冲重频为一至几千赫；波束宽度较窄，一般为 0.5°至几度。对于火控与制导雷达，其工作时间一般都很短，通常为几十秒至几分钟。

(3) 脉冲压缩体制。脉冲压缩雷达是发射宽脉冲信号，接收和处理回波后输出窄脉冲的雷达。为获得脉冲压缩的效果，发射的宽脉冲采取编码形式，并在接收机中经过匹配滤波器的处理。脉冲压缩雷达的优点是能获得大的作用距离和具有很高的距离分辨力。早期的脉冲雷达，其发射的是固定载频的脉冲，距离分辨力反比于发射脉冲宽度。雷达作用距离和雷达分辨能力是雷达的两项重要性能指标。脉冲雷达要增加作用距离，就要加大发射脉冲宽度，这样必然会降低距离分辨力。因此，必须解决这个矛盾。自从 20 世纪 40 年代提出匹配滤波理论和 20 世纪 50 年代初伍德沃德 P. M. 提出雷达模糊原理之后，人们认识到雷达的距离分辨力与发射脉冲宽度无关，而是正比于发射脉冲频带宽度。只要对发射宽脉冲进行编码调制，使其具有大的频带宽度，对目标回波进行匹配处理后就能获得分辨力很好的窄脉冲输出，即 $\tau_p \approx 1/B$，式中：τ_p 为处理后的输出脉冲宽度；B 为发射脉冲频带宽度。根据该原理，发射脉冲宽度和带宽都足够大的信号，雷达就能同时具有大的作用距离和高的距离分辨力，还可以使单一脉冲具有较好的速度分辨力。因为根据雷达模糊原理，速度分辨力与发射脉冲时宽 τ 成正比，这种信号的脉冲压缩倍数为 $\tau/\tau_p \approx \tau B$。

(4) 脉冲多普勒体制。脉冲多普勒雷达是在动目标显示雷达基础上发展起来的一种雷达体制。这种体制的雷达既具有脉冲雷达的距离分辨力和连续波雷达的速度分辨力，又具有很强的杂波抑制能力，因而能在很强的杂波背景中分辨出所需的运动目标回波。这种雷达的频率鉴别性能很好，从而明显提高了从运动杂波中探测目标的能力。

(5) 频率捷变体制。频率捷变雷达采用频率捷变信号，可以提高雷达的作用距离和测距、测角的精度，还可以有效地提高雷达的抗干扰能力，因此这种雷达体制得到了广泛应用。从信号的相干性来看，频率捷变雷达通常分为两类：一类是非相参频率捷变雷达；另一类是全相参频率捷变雷达。非相参频率捷变雷达简单，易于实现，但其发射信号与本振信号之间没有确定的相位关系，无法进行相参处理，性能较低，也难以与其他体制兼容；全相参频率捷变雷达复杂，发射信号与本振信号之间有确定的相位关系，能够相参处理。

（6）频率分集体制。频率分集雷达相当于把数部雷达有机地组装在一起，利用增加设备的代价，来提高雷达的性能。它利用多个载频工作，频率分集可分为两种类型：一种称为同时频率分集；另一种称为顺序频率分集。同时频率分集雷达的载频可以同时出现，顺序频率分集雷达的载频顺序延时一定时间间隔出现，频率分集雷达的各个频率的间隔一般为几十兆赫兹至几百兆赫兹，也可以处在不同的频段上。此体制的雷达有较强的抗干扰能力，也能降低目标回波的起伏，增加作用距离，常用于警戒雷达和炮瞄雷达。频率分集雷达信号的特点：有几个工作频率，不同工作频率信号通常具有相同的脉宽和脉冲重频；有几个不同频率信号的出现和消失时间是同步的，即工作的几个频率的信号同时出现，同时消失；信号出现的方向是相同的。频率分集雷达可以与多种技术体制兼容，常用的有频率捷变、单脉冲、多波束等。

（7）相控阵体制。相控阵雷达是利用电子技术控制阵列天线各辐射源单元的馈电相位，使波束指向可以快速变化的雷达。相控阵雷达具有多功能、高数据率、多目标跟踪等一系列显著优点，因此广泛用于远程警戒、导弹预警和对空警戒领域。随着固体微波技术和计算机技术的发展，在中近程对空警戒、战场监视、导弹制导、炮位侦察等运用中也逐渐使用相控阵雷达。

（8）动目标显示体制。动目标显示雷达可以消除静止目标和低速目标的回波，仅显示运动目标的回波。动目标显示雷达具有较强的抗地物杂波和反无源干扰的能力，因此广泛应用于地空警戒雷达和机载雷达。动目标显示雷达工作波长一般选择在分米波，常用的有波长为10cm、15cm、20cm和60cm的电磁波，有些X波段雷达也采用动目标显示技术。脉冲重复频率采用参差重频，如二参差、三参差、六参差。由于动目标显示需要对多个回波脉冲进行相关处理，一般要求对8个以上的回波脉冲作相参处理，因此雷达天线的转速不能太快，通常为每分钟几转至几十转。

（9）连续波体制。连续波雷达采用连续波信号样式，通常有两种样式：一种是连续波；另一种是间断连续波。从信号调制形式看，有单一载频的、多载频的，有调制的、调相的。单一载频的连续波只能测量目标的相对速度，不能测量目标的距离，调制连续波能测量目标的距离，也能测目标的速度，常用于飞机的高度表，大多工作于C波段。连续波雷达不能像脉冲雷达那样利用时间分割的方法把天线的发射和接收信号分开，它一般必须采用两个天线分别用于发射和接收。连续波雷达信号特点是连续波体制、发射功率小、作用距离远，一般为几千米至十几千米。在导弹制导系统中，也常用连续波雷达来照射目标。

（10）三坐标雷达体制。三坐标雷达能够同时测得目标的三个坐标：距离、方位和高度。早期测量空中目标的三个坐标的方法是用警戒雷达和测高雷达协同工作，即“配高制”，但是此种测量过程比较复杂、测量速度比较慢。现代三坐标雷达能够同时测出空间多个目标的三个坐标，而且还能监视空中的多个目标，对目标进行边搜索边跟踪。它的特点是全空域、高数据率和大容量，特别适合对付高速度、大批量、多架次和各方向进入的空中目标。现代三坐标雷达已广泛应用于防空警戒、舰载对空警戒、导弹制导系统和空中交通管制等系统。三坐标雷达按照天线波束在空间的分布状态以及扫描方式划分，可分为单波束扫描、多波束扫描、多波束不扫描和V形波束扫描四类；按照实现波束扫描的方法划分，可分为机械扫描和电扫描两大类。为满足生存能力、可靠性及维护性等要求，三坐标雷达广泛采用相控阵技术。在信号处理方面，三坐标雷达已普遍采用脉冲压缩（线性调频、非线性调频及相位编码）、脉间与脉组捷变频、频率分集、自适应动目标显示、动目标检测及脉冲多普勒信号处理技术。

（11）合成孔径体制。合成孔径是指通过信号处理的方法将单个雷达多次照射的结果合成一等效的大尺寸天线阵列，从而提高角分辨率，使雷达从用于“探测”目标转变到用于高分辨率“成像”。合成孔径雷达（SAR）利用其安装平台的运动，在不同的时刻从不同的位置照射目标，使用信号处理技术将多次照射回波仿真成尺寸长达数百米，甚至数千米长的天线来提高分辨率，达到对地面目标成像的目的。这种雷达系统的信号处理的具体实现方法是通过由雷达平台和目标的相对速度产生雷达信号的多普勒现象来获得高分辨率的雷达图像。通过使用合成孔径技术使安装在飞机上的成像雷达天线尺寸缩小，从而合成孔径雷达可在轻型飞机上安装并节约成本。合成孔径雷达的特点是分辨率高，如星载合成孔径雷达公开的分辨率已优于0.3m×0.3m，达到星载光学侦察的分辨率水平，同时能够能全天候工作，能有效地识别伪装和穿透掩盖物。合成孔径雷达主要用于航空测量、航空遥感、卫星海洋观测、航天侦察、图像匹配制导等。它能发现隐蔽和伪装的目标，如识别伪装的导弹地下发射井、识别云雾笼罩地区的地面目标等。在导弹图像匹配制导中，采用合成孔径雷达摄图，能使导弹击中隐蔽和伪装的目标。合成孔径雷达还用于深空探测，如用合成孔径雷达探测月球、金星的地质结构等。在进行雷达识别时，合成孔径雷达信号具有鲜明的特点：①脉冲信号必须是相参信号，并且一般是脉冲压缩信号。②其工作波长选择在X波段或稍低的频段。因为合成孔径雷达一般装在飞机或卫星上，工作频率太高，云层引起的损耗太大、频率太低，分辨率难以提高。③由于受俯视角的影响。其侦察范围是一条宽度受限的带形区域。④由于侦察距离通常为几百千米，所以其脉冲重频一般为几千赫，合成孔径雷达可以和其他技术体制兼容，常用的有相控阵、脉冲压缩等。⑤合成孔径雷达可以在己方阵地上空或不越过国界，对敌方纵深地区进行侦察与地图测绘，作用距离远、速度快，因此在军事上获得越来越多的应用。

（12）其他技术体制。现代雷达所采用的技术体制样式复杂多变，除了上述各种雷达体制以外，还有自动跟踪体制、超视距、毫米波、多基地、噪声体制、多输入多输出（MIMO）体制等常见的技术体制。

2. 雷达体制识别要素

从雷达体制识别的内容、主要依据和主要手段三个方面，分析雷达体制识别的要素，如下。

1）雷达体制识别的内容

雷达体制识别的具体内容和深度，通常受到雷达对抗侦察参数的数量和质量的限制。雷达体制识别的内容通常包括下列3个方面。

（1）雷达信号参数综合分析。雷达为了实现特定的功能，在不同的工作状态中，要选择一组适当的信号参数。雷达信号参数综合分析包括信号各参数的变化范围、变化特点、参数类型及其与工作状态的关系等。

（2）雷达技术特点。要注意雷达所采用的主要技术及其特点，特别是注意分析各种不同体制兼容时所采用的技术措施。

（3）雷达的技术性能和技术水平的综合分析。综合分析雷达在技术上的先进性，给出该雷达在同类雷达中技术水平的评价。

2）雷达体制识别的主要依据

雷达体制识别不仅要有足够的雷达对抗侦察参数，还必须有足够的雷达技术和战术方面的知识。目前雷达体制识别的主要依据如下：

（1）雷达信号参数的特点。不同体制雷达的信号参数具有不同的特点，雷达体制和信号参数之间的这种相关性，是识别雷达体制的重要依据。

（2）雷达的外形。雷达的外形是指雷达天线的形状、雷达车辆的形状、与雷达配套运用的技术设备和技术设施的形状布局等。许多雷达体制具有明显的外形特征，特别是雷达的天线具有明显的外形特征，因此雷达的外形是识别雷达体制的一个重要依据。

（3）雷达的载体。雷达的载体通常限定了雷达的体制，在目前雷达技术发展水平的情况下，保障雷达某种战术用途的技术手段一般是有限的。

（4）雷达的型号。现代雷达产品都是系列化的，对于每一系列的产品在技术上一般都有一定的继承性。同一系列的雷达在技术上有许多共同点。利用雷达对抗侦察情报、文献资料情报或其他手段获取的情报，可以了解有关雷达的型号，为分析雷达的体制提供很大的方便。

（5）雷达的战术运用特点。雷达的战术运用特点包括雷达的部署位置、开关机特点、工作特点、相关武器系统的运用特点等。利用雷达的战术运用特点有助于雷达体制的识别。

可以看出，雷达体制识别时，可以利用的知识和资料是多方面的，但是在实际工作中，一般难以同时得到这几方面的数据和资料，而通常只能使用已掌握的数据和资料进行识别。同时，由于上面所列的某些识别依据可能要通过其他识别依据完成雷达体制识别后，根据已识别的雷达体制来确认，因此它们是互为依据的，识别是一个反复分析的过程。

3）雷达体制识别的主要手段

（1）雷达信号参数的选取。合理选择雷达信号参数有利于提高识别的正确率，这些参数应该满足以下条件。

①应当能够反映雷达的技术特征。

②应当具有多个参数，形成识别雷达体制的特征描述字。描述字包含的参数越多、越精细，正确识别的概率越高。

③应当具有可检测性，只有能被雷达对抗侦察设备正确测量或推导出来的信号参数才能用来识别雷达技术体制。

④应当具有很高的稳定性，不会因为时间的推移或环境条件的变化而发生显著改变。

（2）单部雷达对抗侦察设备进行体制识别。在这种条件下，利用的识别参数只来自同一个雷达对抗侦察设备，其结果通常不能够全面准确地识别雷达体制。

（3）多部雷达对抗侦察设备进行体制识别。利用多部雷达对抗侦察设备提取的独立和互补的信息可以较为准确地识别雷达体制。但是，利用多部雷达对抗侦察设备进行体制识别需要数据融合，目前人工数据融合仍不可替代。多部雷达对抗侦察设备人工数据融合是指对来自多部雷达对抗侦察设备的测量数据进行人工综合处理。

3. 雷达工作模式的兼容

现代雷达通常有多种用途，在不同的用途中采用不同的体制，每种体制可能有几种不同的工作模式。雷达不同工作模式的兼容是指把雷达不同体制或同种体制下不同工作模式融合为一部雷达信号，以判明各种工作模式是否来自同一部雷达。

1）不同工作模式兼容的依据

同一部雷达可以有多种工作模式，在不同的工作模式中，信号各参数的取值和变化具有不同的特点。但是，同一部雷达工作于不同的工作模式时，其信号一般应符合下面特征。

（1）空间位置的变化规律。对于地面固定式雷达，雷达位置不变，信号到达方向不变。对于机动平台，雷达的位置变化，信号的到达方向缓慢变化，且其变化规律要符合实际平台可能的运动方式。

（2）体制的兼容性。体制的兼容性是指待融合的几种雷达体制之间是可以兼容的，即对于一部雷达来说，从技术上允许采用这几种不同的体制。表 6－2 所列为常用的雷达体制之间的兼容关系。

表 6－2　常用的雷达体制之间的兼容关系

雷达体制	常规雷达	频率分集	频率捷变	脉冲多普勒	动目标显示	脉冲压缩	单脉冲	圆锥扫描	相控阵	三坐标
常规雷达										
频率分集	×									
频率捷变	○	○								
脉冲多普勒	○	×	○							
动目标显示	○	×	×	×						
脉冲压缩	○	×	×	○	×					
单脉冲	○	×	○	○	○	○				
圆锥扫描	○	×	○	×	○	×	×			
相控阵	○	○	○	○	○	○	○	×		
三坐标	○	○	○	×	○	×	×	×	○	
边扫描边跟踪	○	○	○	×	○	○	×	×	○	○

注：1. ×表示两种技术体制不兼容；2. ○表示两种技术体制兼容。

（3）信号参数的兼容性。雷达信号参数的兼容性是指待融合的几种工作模式的雷达信号参数变化范围和变化规律之间是可以兼容的。对于任何一部雷达来说，其信号参数变化方式和变化范围都受到一些条件的限制，不能任意变化。

（4）战术运用特点的兼容性。雷达战术运用特点的兼容性是指待融合的几种不同工作模式或体制所对应的战术运用状态是兼容的，即指定的一部雷达允许有这样几种不同的战术运用状态。战术运用状态包括雷达载体及其运动特征、开关机特征、工作状态及其转换规律。必须要有充分的战术背景知识，才能正确地对不同模式的雷达进行合并。但是在实际工作中，起初往往并不能充分掌握这些情报，所以对不同工作模式雷达的合并是一个逐步深化的过程。刚开始时，战术背景知识不多，合并得不完全，甚至有错误；随着雷达的不断合并，对敌方雷达的技术特点认识越来越全面，战术背景知识也逐渐丰富，这样就可以进行更全面的合并。

2）不同工作模式兼容的过程

（1）数据正确性检查。检查每一部雷达信号参数是否满足该类信号的一般制约关系，如果不满足一般制约关系，则不予以处理并将该雷达信号参数标识为错误数据信号。已判为数据正确的雷达信号参数先与已知雷达信号参数进行比较，如果属于已知雷达信号的一种工作模式，则予以合并，这样可以减轻后续的分析任务。

（2）雷达载体类型的判别。根据信号到达方向是否相同来判别，若相同，则多数可能属于固定载体，否则可能属于机动载体。对固定载体，可根据方位进行定位，判别其位置是否相同，当发现各雷达位置相同时，则可判为同一部雷达。

（3）雷达体制的兼容性检验。雷达体制的兼容性检验通常包括：①同一种体制下不同工作模式的兼容性检验。如果同一体制雷达，不同的工作模式之间明显未符合其一般的制约关系，即可认为不是同一部雷达。②不同体制的兼容性检验。现代雷达可运用几种体制，但一部雷达所运用的体制是有限的。在进行体制兼容性判别时，一般是采用各种用途雷达典型的体制兼容方法。③信号各参数的兼容性检验。在所有各种工作模式中，信号各参数的取值范围不得超过这种类型雷达发射机的参数范围。

（4）雷达工作模式的进一步兼容分析。在若干个信号到达方向相同但尚不能判别其位置是否相同时，通常必须分析：①这几种工作模式是否符合这类用途雷达的需要；②这几种工作模式是否可以兼容；③这几种工作模式的运用是否符合这类用途雷达的一般使用规律。

对于不同工作模式的兼容一般是用试探法，由人工利用经验与专业知识相结合，逐步积累，逐步合并。

4. 雷达体制识别的结果

给出雷达体制识别的结果时，应当考虑以下因素。

1）突出雷达的主要技术特点

对于连续波雷达，一般以其信号特点来命名技术体制，如连续波体制、间断连续波体制等；对于警戒雷达，一般以天线扫描方式和信号特点来命名体制，如脉冲体制、相控阵体制、三坐标体制、脉冲压缩体制等；对于火控雷达，一般以信号特点或天线跟踪特点来命名体制，如圆锥扫描体制、单脉冲体制、脉冲多普勒体制等。

采用相控制阵体制的多功能雷达，通常同时采用多种技术措施，如频率捷变、单脉冲、多波束、脉冲压缩、三坐标、脉冲编码等。要视雷达的主要用途来选择技术措施，目前一般有两种命名方法：一种指出其体制是相控阵，另一种指出其体制为三坐标。相控阵体制侧重天线波束的扫描特点，三坐标体制侧重测量的坐标数目。

对于同时采用多种技术体制的多功能雷达，而其中任一技术特点都不能包含或显示其他多种技术措施的特点时，通常只指出其技术体制为脉冲体制。例如：某雷达采用的技术措施有脉冲压缩、频率捷变、脉冲重复间隔变化等，这时可指出其技术体制为脉冲体制。

2）通常避免用脉冲重复间隔变化特点来命名

通常要避免用脉冲重复间隔的变化特点来命名雷达的技术体制，因为脉冲重复间隔的变化有多种不同的形式，而这些不同的变化形式对应着不同的技术体制，也就是脉冲重复间隔的变化是雷达某种技术体制的表现方式，而不是技术体制本身。

6.4.2　雷达型号与个体识别分析方法

1. 雷达型号识别分析法

雷达型号的识别要以资料情报作为基本依据，能与资料情报相匹配的识别，就确定型号，不能与资料情报相匹配的识别，就不能确定型号。型号识别不是情报分析的最终目的，无法分析出雷达型号，但只要是客观存在的信号数据，就能确定目标，便完成了对单部雷达的分析任务。

确定目标后，要结合资料情报确定雷达型号。通常将资料情报分解成可供分析的若干类信息：参数组合、特征情况、平台情况、与武器配对情况、战斗序列、部署位置等。这些情报都是型号分析的重要依据，不能只从参数中进行分析。

从参数组合中可以与侦察的结果进行对照，从而判断型号；从特征参数中可以了解信号最显著的相似点，如某雷达采用了 13 位巴克码，它与相似雷达明显不同；从平台情况中可以确定信号的类别，甚至能确定型号的准确与否，如 E 型预警机信号，不仅高重频是显著特征，而机载平台是更为重要的依据；与武器配对的情况，则证实了火控武器与雷达的固有搭配关系等。

对雷达型号分析的最后一步是利用其他情报：利用雷达情报可以获取目标的航迹；了解技侦情报可以分析目标的属性；通过图像情报可以准确地知道天线及外形，从而判断雷达的型号。

1）雷达的型号分析依据

雷达型号分析涉及的内容比较多，目前雷达型号分析的主要依据，具体如下：

（1）雷达信号参数和技术体制。现在国内已出版了多种世界雷达手册，其中比较重要的有《世界机载雷达手册》《国外舰载雷达手册》等。各情报分析单位一般也都建有雷达数据资料卡或数据库。因此根据侦察的雷达信号参数和技术体制，和已知雷达进行比较分析，判断雷达的型号，是一种最常用的雷达型号分析方法。

（2）雷达的工作平台。雷达的工作平台是分析雷达型号的重要依据，特别是有些雷达工作平台可能装备的雷达型号比较少。一旦确定雷达平台的特点和性质，判断其型号就比较容易了。例如：如果能判断某雷达的载机是 E 型预警飞机，那么其雷达型号大致只能是下述四种型号之一，即 APS－120、APS－125、APS－138、APS－145 之一，关键在于判别这四种型号中的哪一种。

（3）雷达的外形。许多雷达具有显著的外形特征，如果获得雷达的有关照片，那么分析雷达型号就比较容易了。

（4）雷达的战术运用特点。其包括雷达的部署、开关机特点、工作时间、探测区域等。应用雷达的战术运用特点，可以判断雷达的用途、技术体制，相关的武器系统和部队，便于分析判断雷达的型号。

（5）雷达信号脉内细微特征。现在采用专门的信号分析设备，可以获得雷达信号脉内的某些细微特征。由于一些雷达信号脉内细微特性和雷达的型号或个体具有直接的、比较稳定的联系，因此有时雷达信号脉内细微特征也称为“雷达信号指纹”。利用雷达信号指纹可以迅速准确地分析判别雷达的型号，甚至识别雷达的个体。目前的主要困难是常常还不能方便、准确地提取“雷达信号指纹”。

（6）各类文档资料。其包括公开的文献资料、上级领导机关下发的情报资料、技侦部队提供的资料，以及本级情报分析机构建立的情报档案资料等。在许多情况下，从上面这些资料可以大致了解有关国家和地区装备的雷达型号、数量、部署位置和活动情况，充分利用这些情报资料，不但可以大大简化雷达型号分析工作，而且可以提高雷达型号分析判断的可靠性。

2）雷达型号的分析法

（1）对目标的统计合批法。信号的合批要以侦察员为准进行合批，直至确定没有张冠李戴的信号才能确认合批。侦测员在合批中主要是把一部雷达合批，也可以把一种雷达合批，只是将其注明即可。人工合批后，要将不同模式的参数综合在一起，也要将同一模式的参数容差标示出来，以便为自动处理提供依据。

（2）查表分析法。人工查表分析是在雷达型号分析中经常做的工作，这项工作一般由计算机软件来完成，但最终核实时，要由人工来进行。查表分析时要将资料情报和侦察情报相对列出，以便情报审查人员充分相信。

人工查表分析法是将侦察得到的雷达信号技术参数与雷达手册或雷达档案资料卡中每一部已知型号的雷达技术参数进行比较，根据各个参数的匹配程度来判断待判别的雷达是属于哪一个具体型号。如果待判别的雷达与表中任何一个雷达都不匹配，则说明该雷达是一个未知型号的雷达，或是某一已知雷达的尚未掌握的工作模式。这时就要对该雷达的技术参数、体制、用途、战术运用特点等进行全面分析，并进一步收集有关数据和资料，经过几次核实和分析判断后，就可以收录到雷达手册或雷达档案资料中，并给予一个合适的编号或名称。这样下一次侦察到该雷达时，就可以进行型号分析。

在人工查表分析法中，关键的是要有数据比较齐全、可靠的雷达手册和雷达档案资料。目前，许多情报分析机构都有自建的雷达档案资料，但在数据的全面性、准确性以及规范性方面还有待进一步提高。公开出版的雷达手册目前数量也较少，数据也不全面。目前使用比较多的雷达手册：《世界地面雷达手册》《世界机载雷达手册》《国外舰载雷达手册》等。

人工查表分析的基本步骤如下：

①根据雷达的工作平台，选用合适的雷达手册。例如：已知是机载雷达，就应当查《世界机载雷达手册》。

②根据雷达的国别，查该国的雷达型号。目前除了美国、俄罗斯、英国、法国等少数国家可以独立研制雷达并形成独立的雷达装备系列外，其他许多国家和地区往往装备外国进口的雷达，有的还使用几个不同国家的雷达产品。所以就要根据该国家和地区雷达的来源，查雷达原生产国家和厂商的雷达手册。

③由于有些雷达手册中按雷达的用途编排，因此首先要分析判断雷达的用途，然后按用途进行查找和比较。

④把待分析的雷达信号参数与雷达手册中已知型号的雷达信号参数进行比较。在实际比较中可以发现，待分析的雷达信号参数和已知型号的雷达信号参数总是有些差别，只是差别有大有小。判别雷达信号参数的一般做法是把待分析的雷达判为与已知型号雷达的信号参数最接近的雷达。由于《雷达手册》中给出的雷达信号参数是标称值，但是标称值与每部雷达的实际信号参数是有差别的。因此在分析中，如何判别这两种数据的匹配程度，就要发挥情报分析人员的智慧和经验。

(3) 关键特征分析法。在进行雷达型号分析时，有许多可供参考的关键特征参数，先通过这些特征，再结合其他参考数据，就能识别出雷达的目标与型号。现代电子对抗侦察技术的发展，能侦察到信号的“指纹”数据，从而为区分同一型号的多部雷达提供依据，使电子对抗情报的识别发生了革命性的变化。例如：信道化接收机可以给出信号的频率分集特征，为判别频率分集提供依据；测量脉冲到达时间能识别脉内、脉组变频；脉内侦察可以分析出线性调频和相位编码的情况。

(4) 自动统计法。自动识别中，常采用统计全脉冲的数据来进行自动识别：将雷达的各个参数分别统计，对每个参数给出实际的容差，待统计结束后，自动存入数据库；下一次相似的信号到达后，再用其对比，从而达到自动识别的目的。

2. 雷达个体识别分析法

雷达目标个体识别是当前电子对抗侦察的重点和难点问题。雷达目标个体识别在更高精度的参数测量基础上进行，以获得更多、更精确的雷达对抗情报。通过对雷达个体特性的分析，确定雷达的技术水平，唯一地识别辐射源，完成准确的威胁判断和平台鉴别。雷达目标个体识别（specific emitter identification，SEI），即特定辐射源识别、辐射源个体识别。雷达目标个体识别是雷达对抗侦察情报分析的一个重要内容，不仅是分析与雷达相关的武器系统的重要依据，也是分析有关国家和地区雷达战斗序列和战场电子对抗电磁态势的重要依据。雷达目标个体识别牵涉的因素多，是一项比较艰巨的任务。在现代高技术战争中，作战空间范围大、参战兵种多、雷达数量大、战场电磁环境复杂，通常难以准确地识别雷达。因此，如何准确快速识别雷达目标个体是亟待解决的重要问题。

进行雷达个体识别，重要的是得到准确的雷达个体特征。雷达个体特征通常是指雷达个体区别其他雷达个体的固有特性，脉内无意调制特征属于个体特征之一，也称为指纹特征。受限于信息技术水平，现有雷达对抗侦察装备技术难以精确复原雷达各项工作参数。在缺乏装备技术的有效支持下，对指纹特征的研究大多仅限于理论探讨，得不到实践印证。根据理论研究，雷达信号的指纹特征通常认为存在于脉内附带调制、脉冲波形参数等工作参数。在实践中，利用雷达部分工作参数对雷达个体进行识别，有一定的效果。例如：利用同型舰艇对海雷达工作频率差别，对舰艇个体进行识别，这种做法具有一定的实践价值。

在本小节的分析中，对雷达个体的识别分析主要涉及脉内调制参数、信号频域参数和脉冲波形参数，这属于个体特征的广义概念，而不是指纹特征的狭义范围。

1）脉内调制参数

脉内调制参数，即脉内有意调制和脉内无意调制的参数集合。脉内有意调制是指对雷达信号进行有目的的相位、频率、幅度调制，包括脉内频率调制、相位调制、幅度调制以及部分调制组合的混合调制。脉内频率调制方式主要有线性调频、非线性调频和频率编码。脉内相位调制（脉内相位编码）方式主要有二相编码和四相编码。脉内无意调制是大功率发射机中发射管、调制器和电源等器件产生的多种寄生调制综合作用的结果，主要包括附带调幅、附带调相。脉内无意调制是重要的指纹特征。

脉内调制信号特点及参数：脉冲压缩信号主要采用脉内频率调制或脉内相位调制。最常用的频率调制方式是线性调频，通过对脉冲内的工作频率进行线性频率调制而得。脉内相位调制是把宽脉冲分成许多依次衔接的子脉冲。这些子脉冲的宽度相等、工作频率相同，但每个子脉冲的相位是按相位编码来确定的。最常用的相位编码方式是二相编码，也称为巴克码。脉内线性调频参数包括起始频率、终止频率、中心频率、调频带宽、调频斜率、脉冲宽度等。脉内相位编码参数包括中心频率、脉冲宽度、码元宽度、码元个数、码元序列、编码方式、编码规律等。

脉内调制参数分析内容：一是确定脉内调制方式，常见的方式有线性调频、非线性调频、频率编码、二相编码、四相编码等。二是分析脉内调制参数、变化规律、相关性、可信度。脉内调制方式、参数、变化规律的分析判定，主要依靠侦察装备的脉内分析设备，如频谱仪、数字化接收机的脉内分析功能。脉内分析设备的性能水平直接影响脉内调制参数分析结论的准确性。若侦察装备不能完全、准确地解调脉内调制信号，则对部分脉内调制信号的分析结果只能作为参考并且在后期侦察情报分析中，需要了解脉内调制参数结论的来源及辅证材料，以确认脉内调制方式、参数、变化规律的可信度。

2）信号频域参数

信号频域参数一般包括中心频率、频谱宽度、信号功率电平、第一零点宽度、第一谐波频率、第一谐波幅度差等，主要是分析各项信号频域参数、可信度。数字化频谱仪可分析雷达信号的频域参数，其性能水平直接影响信号频域参数分析结论的准确性。在后期侦察情报分析中，需要了解信号频域参数结论的来源及辅证材料，以确认信号频域参数的可信度。

3）脉冲波形参数

脉冲波形参数一般包括脉冲宽度、脉冲上升沿、脉冲下降沿、脉冲顶部高差、脉冲上升沿畸变次数、脉冲下降沿畸变次数、脉冲顶部畸变次数等，主要是分析各项脉冲波形参数、可信度。脉冲波形参数主要由频谱仪、示波器分析显示，其性能水平直接影响脉冲波形参数分析结论的准确性。此外，脉冲波形参数还受传播环境、侦察天线及接收机等因素影响。在后期侦察情报分析中，需要了解脉冲波形参数结论的来源及辅证材料，确认脉冲波形参数的可信度。脉内频率调制形式主要是线性调频、非线性调频和频率编码。

综上所述，由于雷达的个体特征不是通过一次或几次的雷达对抗侦察就能完整获取的，因此在侦察执勤中，识别雷达个体没有一种普遍适用、绝对有效的方法。雷达对抗侦察要通过长期积累，针对不同的电子目标采取不同的分析判别方法。

6.4.3 雷达所属平台识别分析方法

1. 雷达所属平台识别概述

雷达所属平台识别是指对雷达目标或辐射源所在的平台进行识别，也称为目标平台识别，它在战争中具有重要的意义。通过对目标平台的识别，可以准确地掌握敌方的军事部署和武器装备的配置，从而制定己方正确的作战计划和决心。对于目标平台的识别目前主要有两种途径实现：一是利用单一的传感器对目标进行观察，提取目标特征，从而完成对目标平台的识别；二是利用多传感器对同一目标进行观测，从而对各个传感器的观测信息进行融合完成对目标属性的判别。识别融合可以在数据级、特征级或决策级三个级别上进行。这两种方法的区别：单个传感器识别目标时通常是主动传感器，对待识别目标进行主动观测，获取目标的信息，从而识别目标的属性；多传感器识别是指多种传感器联合行动，对同一目标进行观测，各个传感器分别记录测量自身获取的目标信息，然后对这些信息进行综合，从而判断出目标的属性。多传感器的目标识别方法相比单传感器目标识别方法具有更好的目标识别稳健性。各个传感器能够互相合作、互相补充，弥补各自的缺点。因此，现阶段的目标识别系统和识别方法研究侧重于多传感器的综合识别。多传感器融合的目标识别结构，如图6－19所示。多传感器融合识别可以在三个级别上进行信息融合，但是在实际的融合识别结构中，由于传感器类型的不同以及获取信息表述方式的完全不同，因此在数据级和特征级进行信息融合则非常的困难。多传感器在融合识别中通常的信息融合在决策级完成。决策级的信息融合识别是指各自传感器对各自观测的目标进行信号处理，目标关联，融合各自的目标识别和关联结果，得出最终的目标判别结果。

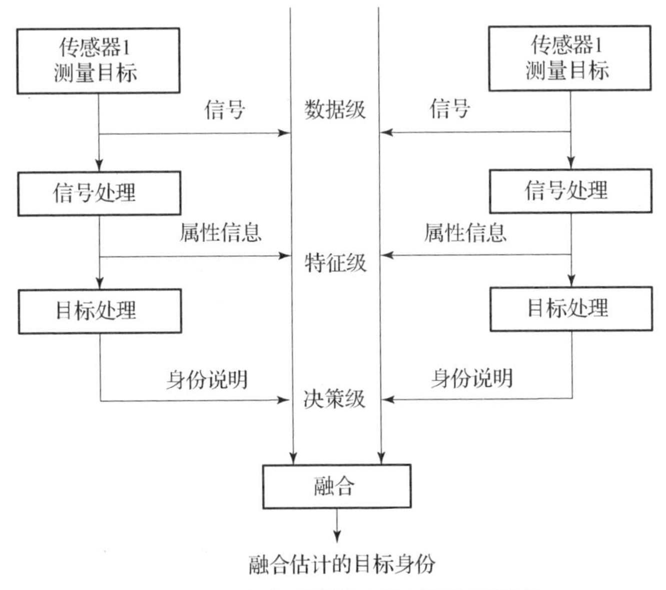

图6－19　多传感器融合的目标识别结构

决策级目标融合识别，是现阶段目标融合识别研究的热点，关键问题是如何对多传感器的识别结果进行融合的方法。但是在进行决策级目标融合识别之前，电子侦察传感器的识别结果需要利用雷达目标与平台的配属关系，将辐射源的识别结果转化为对平台类型的识别。目标识别结果层次的转化是多传感器融合的基础，只有准确地进行目标层次的转化才能进行可靠稳健的目标融合识别。在雷达对抗侦察中，将雷达辐射源识别结果转化为目标平台的识别结果，当前采用的方法是利用雷达的技术特征参数同雷达配属平台的对应关系进行层次转化或者基于雷达配属平台的关系进行层次转化。

随着装备技术手段的日益提高，单纯由雷达信号参数或配属关系识别雷达配属平台是模糊的。另外，由于科技、政治等原因，使这种配属关系具有时域、地域性，而传统的基于配属的规则无法满足这种特殊性。因此，如何获取实际应用背景下的雷达目标－平台配属规则，准确地将雷达辐射源识别结果转换为对目标平台的识别，是当前电子对抗侦察中的难点问题。

2. 基于历史先验信息的雷达所属平台识别法

1）历史先验信息的挖掘

在电子对抗情报分析中，可以发现由于侦察地域或政治等其他原因，有的目标平台在侦察的某一区域或某一时间段出现的可能性很小。例如：陆地区域不可能有舰船目标的部署，同样在侦察海域中也不能出现地面防空部队所配备的雷达。因此，在固定的区域和时间段内，目标平台的部署或出现是有一定的内在规律或限制的。这种内在规律或限定约束则影响基于雷达辐射源识别结果对目标平台的关联。例如：某些经验丰富的情报分析人员可以直接从情报侦察数据中高可信度地识别目标平台类型或型号。实质上是这种内在规律在识别中的体现，只是这种规律体现为情报分析人员的经验。这种内在的规律，即历史先验信息。在特定的侦察区域和时间段内，基于这种历史先验信息的目标平台识别结果通常比其他方法获得的结果更加可信和有效。因此，挖掘这种历史先验信息并引入到适合计算机处理的目标平台识别算法能够有效提高识别的可靠性和准确率。

数据挖掘方法可以从看似毫无关联的信息中得到所需要的知识，而关联规则是描述不同对象之间关联关系的一种有效方法。在特定的区域和时间段内对于雷达情报处理结果和目标平台识别的历史记录利用数据挖掘的方法可以发现这种内在信息和规律。因此，对雷达目标所属平台识别的历史记录进行关联规则的挖掘，可以发现在特定地域和时间段内雷达目标与目标平台之间潜在的关联关系。因此，对于历史先验信息的挖掘便是在雷达辐射源与目标平台识别的历史记录中挖掘其中的关联规则。

关联规则的发现是指在特定的事务集中，搜寻所有满足用户指定的最小支持度和最小自信度限制的关联规则。关联规则的挖掘通常适用于对离散值进行处理，对于具有连续属性的数据处理中需要先将其划分为若干离散区间，从而会导致所谓的“尖锐边界”问题，影响所得关联规则的真实性。为解决这种问题，在理论研究中提出了模糊集理论和数据挖掘技术相结合的模糊数据挖掘技术。在雷达目标平台识别中，其结果的表示通常采用取值为[0, 1]的识别可信度表示。进行规则挖掘时需要对其采取区间划分的方法，使得挖掘过程中同样存在着“尖锐边界”的问题。因而，利用模糊关联规则挖掘的方法对雷达目标—平台之间存在的潜在关系进行挖掘。

2）模糊关联规则

模糊关联规则表示数据库中一组对象之间的某种模糊关联关系的规则，即具有一定信度的关联关系的规则，例如："基于雷达辐射源 R_1 的识别能以 0.9 的信度推出目标平台 T_1 的识别" 就是一条模糊关联规则。

定义 6.1：设 X 是一个模糊数，用二元组 $X=(c,b)$ 表示，其中 c 为 X 的内容，b 为 X 中所有模糊词的量化词，且 $b\in[0,1]$。

定义 6.2：设 $X=(c,b)$ 是一个模糊数据，给定 $\alpha\in[0,1]$，如果 $b>\alpha$，则称 X 为 α - 发生，其中 α 由专家给定。

定义 6.3：设模糊数据 $X=(c,b)$ 为 α - 发生，则 X 为 $\alpha-B_f(\cdot)$ 的可信度 Belief(X) 定义为：

$$\text{Belief}(X)=b \tag{6-49}$$

定义 6.4：设 $X_1=(c_1,b_1)$，$X_2=(c_2,b_2)$，…，$X_n=(c_n,b_n)$ 是 n 个模糊数据，给定 $\alpha\in[0,1]$，如果 $\min\{b_1,b_2,\cdots,b_n\}>\alpha$，则称 $X_1X_2\cdots X_n$ 为 $\alpha-B_f(\cdot)$，其 $\alpha-B_f(\cdot)$ 的可信度为

$$\text{Belief}(X_1X_2\cdots X_n)=\min\{b_1,b_2,\cdots,b_n\} \tag{6-50}$$

其中：α 由专家给定。

设 $R=\{A,B,C,\cdots,D\}$ 是一个数据库模式，r 是 R 上的一个模糊关系，对于 r 中的每一个属性值都用模糊数表示，精确数据也用模糊数表示，如 "目标类型为 T_1" 可表示为（T_1，1.0）。

定义 6.5：设 W 是 R 的子集，r 是 R 中的一个模糊关系，W 在 r 上 $\alpha-B_f(\cdot)$ 的次数为 K，则 W 在 r 上的 $\alpha-S_p(\cdot)$ 被定义为

$$\alpha-\text{Support}(W,r)=K/r\text{ 的总元组数} \tag{6-51}$$

定义 6.6：对于 r，给定一个最小的 $\alpha-S_p(\cdot)$，设为 $\alpha-\min\sup$，如果

$$\alpha-\text{Support}(W,r)>\alpha-\min\sup \tag{6-52}$$

则称 W 在 r 中经常发生。

定义 6.7：设 X 是模糊关系 r 中的一个模糊模式，m 为 r 的总元组数，τ_i 为 r 中的元组$(i=1,2,\cdots,m)$，$\tau_i(X)$ 表示模糊模式 X 在元组 τ_i 上的值，如果 $\tau_i(X)\alpha-B_f(\cdot)$ 的次数为 $k(k\leqslant m)$，则模糊模式 X 的可信度定义为

$$\text{Belief}(X)=\left(\sum\{\text{Belief}(\tau_i(X))\mid\text{Belief}(\tau_i(X))>\alpha\}\right)/k \tag{6-53}$$

定义 6.8：模糊关系 r 中的模糊关联规则 $X\rightarrow Y$ 的 $\alpha-S_p(\cdot)$ 定义为

$$\alpha-\text{Support}(X\rightarrow Y)=\alpha-\text{Support}(X\cap Y) \tag{6-54}$$

定义 6.9：模糊关系 r 中的模糊关联规则 $X\rightarrow Y$ 的置信度定义为

$$\text{confidence}(X\rightarrow Y)=\alpha-\text{Support}(X\cap Y)/\alpha-\text{Support}(X) \tag{6-55}$$

定义 6.10：设 $X\rightarrow Y$ 是模糊关系 r 中的模糊关联规则，r 中的最小置信度为 minconfidence，如果 confidence$(X\rightarrow Y)>$ min conf，则模糊关系 r 中的模糊关联规则 $X\rightarrow Y$ 为有效规则，其信度 CF$(X\rightarrow Y)$ 可定义为

$$\text{CF}=\text{Belief}(X\cap Y)/\text{Belief}(X) \tag{6-56}$$

简记为 CF。其中：Belief$(X\cap Y)$ 为取 X，Y 中模糊数的最小值。

已知事物数据库，模糊关联规则提取问题是指产生置信度与支持度分别大于用户定

义最小值的所有关联规则。简单的理解就是寻找模糊数据库中某些发生比较频繁的项。对于雷达辐射源识别和目标平台识别历史记录来说，挖掘其中的关联规则是发现目标平台的识别与哪些雷达辐射源识别频繁关联。

3）模糊关联规则挖掘法

模糊关联规则的挖掘是基于整理识别记录、操作员的经验、多种情报综合等获得的模糊数据库进行的。数据库内容包括的字段有事务集编号、侦察记录时间、雷达辐射源的识别结果及可信度，目标平台识别结果及可信度，其中目标平台识别结果经过多种情报综合修正，并且已于雷达辐射源的识别记录相关联。可信度的表示，即相当于识别结果对真实结果的模糊隶属度。例如：某次侦察中获取三部雷达辐射源，识别这些雷达并对其进行关联处理发现与某一个目标平台关联，识别该目标平台为 T_1。表 6－3 所列为某次雷达目标平台识别结果记录。

表 6－3　某次雷达目标平台识别结果记录

记录时间	目标平台识别型号	目标平台识别可信度	雷达辐射源识别结果	雷达辐射源识别可信度
时间 1 ~ 时间 2	T_1	a	R_1	b
时间 1 ~ 时间 2	T_1	a	R_2	c
时间 1 ~ 时间 2	T_1	a	R_3	d

作为模糊数据库中一条记录，其可记为

TIDXXX（事务编号），(T_1,a)，(R_1,b)，(R_2,c)，(R_3,d)。

依据历史记录建立的模糊数据库，便可以挖掘其中目标平台与雷达辐射源之间的关联关系。注意：这里的关联规律会受到侦察地域和时间段的影响，不同的地域或时间段内挖掘出的关联关系可能发生改变。但这种特定地域和时间段内的挖掘出的规律往往更能反映侦察对象的活动规律和其装备的雷达辐射源的工作规律。时间段对结果的影响可以通过扩大挖掘记录的时间段或者将记录时间作为另一个事件来考虑。对于地域的影响也可以通过扩大所挖掘的记录或将侦察地域作为一事件考虑，但在实际情况中只需要对挖掘的关联规则标定地域。该模糊关联规则的挖掘受已识别雷达辐射源型号约束，以已识别雷达辐射源为其中的项，寻找与其频繁关联的目标平台并计算其可信度和支持度。采用约束的模糊关联规则挖掘方法目的是减少寻找运算量，提高挖掘效率。假设某待识别目标平台已与 n 部雷达辐射源识别结果关联，则挖掘的具体过程如下：

（1）首先以这 n 部雷达为前项，寻找历史记录形成的模糊数据库中所有与之关联的目标平台型号，且均为 α－发生，即雷达辐射源和目标平台的识别可信度需要 $\geqslant\alpha$；

（2）在获得的规则集中，设当有 n 部雷达辐射源同时配备于单个目标平台时，可能有 m 种类型，则分别挖掘计算 $(R_1,R_2,\cdots,R_n)\rightarrow T_1$，$(R_1,R_2,\cdots,R_n)\rightarrow T_2\cdots$，$(R_1,R_2,\cdots,R_n)\rightarrow T_m$ 规则的支持度和置信度。判断挖掘出的关联规则是否为有效关联规则，若为有效关联规则，则计算其规则信度。有效关联规则挖掘的目的是从模糊数据库中挖掘出所识别的雷达辐射源型号与可能的目标平台之间的关联关系。

关联规则的挖掘算法有很多，有 Apriori 算法、AprioriTid 算法、DHP 算法等。

4）目标平台与关联与可信度赋值

利用获得的关联规则可以将雷达辐射源的识别转化为对目标平台的识别。这些获得的关联规则反映特定地域或特定时间段内雷达辐射源与目标平台之间的潜在关系。这种潜在的关系能够为后续的目标平台识别提供有效的先验指导，减小目标平台识别集的数量，提高可能的目标平台识别可信度。利用这种关联规则的历史先验信息将雷达辐射源识别结果转化为目标平台识别，其实质是将雷达辐射源的识别结果可信度传递至目标平台的识别可信度。此外，利用识别可信度判断目标平台类型或对多种不同目标平台进行可信度分配。

可信度传递是将雷达辐射源的识别可信度转化为目标平台的识别可信度。可信度传递计算中主要利用关联规则的两种衡量标准：置信度和信度。模糊关联规则的置信度实质上反映的是关联规则的后项在前项发生情况下的概率。以$(R_1,R_2,\cdots,R_n)\to T_1$规则为例，其置信度表示在雷达辐射源$R_1,R_2,\cdots,R_n$同时存在且被识别时，目标平台$T_1$被识别的概率；信度CF则表示雷达辐射源$R_1,R_2,\cdots,R_n$同时存在且被识别时，若目标平台为$T_1$时，$R_1,R_2,\cdots,R_n$的整体识别可信度对$\mathrm{T}_1$识别可信度传递的效率。因此，利用置信度和信度的含义，按照下面方式实现雷达辐射源识别结果对目标平台识别的转化。

假设某待识别目标平台已与n部雷达辐射源识别结果关联，在历史记录数据库中搜索后发现，这n部雷达辐射源可能同时装备于m个不同的目标平台。

设雷达辐射源R_i的识别可信度为μ_{R_i}，关联规则$(R_1,R_2,\cdots,R_n)\to T_j$的置信度为confidence$((R_1,R_2,\cdots,R_n)\to T_j)$，信度为$\mathrm{CF}_j$。$(R_1\cap R_2\cap\cdots\cap R_n)$表示在一次任务中$(R_1,R_2,\cdots,R_n)$同时存在且被识别，Belief$(R_1\cap R_2\cap\cdots\cap R_n)$表示取$(R_1,R_2,\cdots,R_n)$中可信度最小值，表示$(R_1,R_2,\cdots,R_n)$的整体识别可信度。因此，可以计算$(R_1,R_2,\cdots,R_n)$的整体识别可信度对第$j$个目标平台的识别可信度的传递系数为

$$w_j=\mathrm{CF}_j\times\mathrm{confidence}((R_1,R_2,\cdots,R_n)\to T_j) \tag{6-57}$$

则第j个目标平台的识别可信度为

$$m_{T_j}=\mathrm{Belief}(R_1\cap R_2\cap\cdots\cap R_n)\times\mathrm{CF}_j\times\mathrm{confidence}((R_1,R_2,\cdots,R_n)\to T_j) \tag{6-58}$$

利用获得的目标平台的识别可信度即可以进行决策判别，结果有如下两种形式。

（1）最大可信度目标平台。选取计算后获得的最大可信度的目标平台作为唯一识别结果。若目标平台p对应的可信度值最大，则待识别目标平台判别为p类，即

$$m_{\mathrm{T}_p}=\max(m_{\mathrm{T}_j}),\ j=1,2,\cdots,m$$

（2）多目标平台。选取所有可能匹配的目标作为识别结果目标集，不同目标平台的识别可信度赋值，即计算获得的识别可信度结果。加入不确定目标$\{U\}$，表示无法判断的目标类型或不确定目标类型。其对应的可信度赋值为

$$m_U=1-\sum_{j=1}^{m}m_{\mathrm{T}_j} \tag{6-59}$$

通过上面转化可以将雷达辐射源的识别结果转化为目标平台的识别，并进行可信度赋值。

5）实例分析

通过两个实例，说明如何从历史识别记录中获得模糊关联规则，并用于目标平台判别的具体实现过程。假设某特定侦察地域或某侦察时间段内的历史记录数据库，如

表6－4所列。表中每一条记录表示在每一次侦察任务中获取的雷达辐射源识别结果和目标平台识别结果。目标 U 表示在识别中无法判断或未知的目标类型，T_1、T_2 是指目标平台类型1、2，R_1，R_2，R_3 是指雷达辐射源类型1、2、3。

表6－4　历史识别记录数据库事务列表

事务编号	雷达辐射源及目标平台识别结果
1	$(T_1,0.80)$，$(R_1,0.85)$，$(R_2,0.96)$，$(R_3,0.90)$
2	$(T_2,0.69)$，$(R_1,0.83)$，$(R_2,0.85)$
3	$(T_1,0.84)$，$(R_1,0.87)$，$(R_3,0.91)$
4	$(U,1)$，$(R_1,0.53)$
5	$(T_1,0.72)$，$(R_1,0.75)$，$(R_2,0.83)$
6	$(T_2,0.82)$，$(R_2,0.95)$
7	$(T_2,0.78)$，$(R_1,0.86)$，$(R_2,0.80)$
8	$(T_1,0.89)$，$(R_3,0.94)$
9	$(U,1)$，$(R_1,0.51)$
10	$(T_2,0.76)$，$(R_1,0.82)$，$(R_2,0.77)$

（1）例1。若在某次侦察任务中，假设某待识别目标平台已与1部雷达辐射源识别结果关联，则其识别结果为

$$(R_1,0.85)$$

若取 $\alpha=0.6$，$\alpha-\min\text{support}=0.2$，$\min\text{confidence}=0.2$，则搜索历史记录中与辐射源 R_1 相关联的目标平台识别记录会发现有目标 T_1、T_2。因此，搜索其有效关联规则，提取的有效关联规则为

$$R_1 \rightarrow T_1,\ R_1 \rightarrow T_2$$

其置信度confidence和信度CF的计算结果分别为

$R_1 \rightarrow T_1$：confidence $=0.375$，CF $=0.96$。

$R_1 \rightarrow T_2$：confidence $=0.375$，CF $=0.89$。

关联规则 $R_1 \rightarrow T_1$ 的置信度为0.375，即表示在 R_1 被识别时 T_1 被识别的概率为0.375。信度CF $=0.96$ 表示当 R_1 的识别可信度为1时，若目标平台为 T_1，其可信度为0.96。因此可以依据式（6－58）、式（6－59）计算不同目标平台及未知目标平台的识别可信度为

T_1：$m_{\mathrm{T}_1}=0.85\times0.375\times0.96=0.31$。

T_2：$m_{\mathrm{T}_2}=0.85\times0.375\times0.89=0.28$。

U：$m_U=1-m_{\mathrm{T}_1}-m_{\mathrm{T}_2}=0.41$。

（2）例2。若在某次侦察任务中，假设某待识别目标平台与2部雷达辐射源识别结果关联，其识别结果为

$$(R_1, 0.85), (R_2, 0.9)$$

若取 $\alpha = 0.6$，$\alpha - \text{min support} = 0.2$，$\text{min confidence} = 0.2$，则搜索历史记录中与辐射源 R_1，R_2同时相关联的目标平台识别记录，发现有目标 T_1、T_2。因此搜索其有效关联规则，提取出的有效关联规则为

$$R_1, R_2 \rightarrow T_1;\ R_1, R_2 \rightarrow T_2$$

其置信度 confidence 和信度 CF 的计算结果分别为

R_1，$R_2 \rightarrow T_1$：confidence = 0.4，CF = 0.99。

R_1，$R_2 \rightarrow T_2$：confidence = 0.6，CF = 0.93。

因此可以依据式（6-57）、式（6-58）计算不同目标平台及未知目标平台的识别可信度为

T_1：$m_{T_1} = 0.85 \times 0.4 \times 0.99 = 0.34$。

T_2：$m_{T_2} = 0.85 \times 0.6 \times 0.93 = 0.47$。

U：$m_U = 1 - m_{T_1} - m_{T_2} = 0.19$。

从上面两例计算可以得出，例 1 中仅有 1 部雷达辐射源被识别并与目标平台关联时，其未知目标平台的可信度最大，说明此次 R_1识别不能有效地对目标平台进行判别。从历史记录中也可以看出，R_1的单独存在没有 1 次有效地识别出目标平台，实际情况与计算结果相符。例 2 中若同时有 2 部雷达辐射源被识别时，则可以判断出目标平台 T_2 的可信度最大。这在历史记录中也可得，R_1、R_2同时被识别并与一目标平台关联时，T_2 被识别的可能性最大，其计算结果与实际情况也是相一致的。因此，可以看出实例计算中目标平台可信度的获取有效利用了目标平台判别历史记录中的先验信息。依据模糊关联规则的置信度和信度能够合理地将雷达辐射源识别结果转化为目标平台的判别结果。这里需要注意：在实际应用中，历史记录库中记录条数是众多的。上面例子的目的在于实现和介绍具体的计算过程，记录条数越多挖掘出的模糊关联规则越可靠，利用其对目标平台的识别就越准确。

6.4.4 雷达威胁等级判定方法

雷达威胁等级判定方法是雷达识别的主要内容，在告警、干扰和摧毁的支援侦察中，尤为重要。威胁等级应根据战术技术性能要求来确定，通常依据雷达的体制、用途、工作状态、技术参数、距离远近和相关联的武器系统等因素，并考虑实战应用的特点，设定威胁等级的确定原则。

雷达的威胁可以有不同的划分方法，具体如下：

（1）不同体制雷达的威胁程度差别较大。跟踪雷达比警戒雷达威胁大。

（2）同为跟踪雷达，处于跟踪状态雷达的威胁大于处于搜索状态雷达的威胁。

（3）距离近的雷达比距离远的雷达威胁大。

（4）不同用途雷达威胁等级不同。用于制导雷达的威胁最大，其次是控制火炮雷达的威胁。不同用途雷达威胁等级的划分，如表 6-5 所列。威胁等级数值越小，表示威胁等级越高，即最高威胁等级为 0，最低威胁等级为 7。

表 6-5　不同用途雷达威胁等级划分

雷达用途	威胁等级
末制导	0
制导	1
导弹跟踪、炮瞄、轰炸瞄准、截击	2
多功能	3
不明用途	4
目标指引、引导	5
搜索、警戒、军用导航	6
民用	7

雷达的威胁等级是由各种威胁因素综合确定的，不同的实战应用场合有不同特点的信号环境和不同的战术要求，可由信号处理数据库提供的已知雷达的先验信息以及未知雷达当前工作状态和技术参数，实现当前雷达威胁等级的综合判定。

6.5　典型体制雷达信号侦测与分析方法

6.5.1　频率捷变体制雷达目标信号的侦测与分析方法

频率捷变雷达是指发射的相邻脉冲载频在一定频率内随机快速改变的脉冲雷达。这种雷达可以有效对抗窄带瞄准式干扰，具有加大探测距离、提高测角精度、抑制海杂波和地物杂波的优点。频率捷变技术已被大多数军用雷达采用，并推广到民用船载雷达。频率捷变是雷达对抗侦察过程中侦获雷达所采用的较为常见的一种技术体制。

1. 频率捷变体制雷达基本原理

频率捷变是指雷达的工作频率快速、随机地在一个较大的范围（中心频率的 12%）内发生变化。其表达式：$RF_1 \sim RF_n(N)$；$RF_1, RF_2, RF_3, \cdots RF_n$（频率捷变范围用"~"表示，$N$ 表示频率步进值，单次侦收的频率步进值 N 需要通过对信号多次侦察进行验证；频率捷变范围与频点之间用"；"隔开，频点之间用"，"表示）。频率捷变看似随机无规律，但实际是以伪随机形式变化，这是因为一部雷达设计研制成功后，其频带宽度和基础频率步进值都固定不变，在实际应用中只是根据任务需求选择部分频点。按雷达发射机的构成形式，频率捷变信号可分为非相参频率捷变和全相参频率捷变。非相参捷变信号的频率点多，而全相参频率捷变信号由主振放大式发射机产生，其特点是频率只能在有限个点上跳变。

运用频率捷变技术的雷达，其频率变化范围较大（捷变带宽 B_a 通常是雷达信号瞬时带宽 B 的 500~1000 倍），变化速度较快，频点具有一定不可预测性，稀释了敌方干扰功率，使得雷达具有很强的抗干扰能力。目前体制先进的雷达都具备频率捷变能力。频率捷变体制提供了雷达工作频率技术信息，由此可推测该雷达的主要战术用途、用频特点等战术信息。

2. 频率捷变体制雷达信号特征分析方法

频率捷变信号可分为脉内频率捷变、脉间频率捷变和脉组频率捷变。

脉内频率捷变是指在一个脉冲宽度分为若干个子脉冲，射频频率在各个子脉冲内的捷变。但通常脉内捷变信号频率的变化是伪随机，即频率的变化是按某种选定的方式变化。脉间频率捷变是指工作频率在相邻脉冲之间捷变；脉组频率捷变是指信号分组工作，工作频率在相邻脉冲组之间捷变，每组的脉冲个数一般相同。就抗干扰能力而言，脉间频率捷变信号通常优于脉组频率捷变信号。结合雷达天线波束运动特点，频率捷变分为三种：脉冲到脉冲、波束到波束、扫描到扫描。脉冲到脉冲对应脉间频率捷变，波束到波束、扫描到扫描对应脉组频率捷变。各种频率捷变信号的时域波形，如图6－20所示。

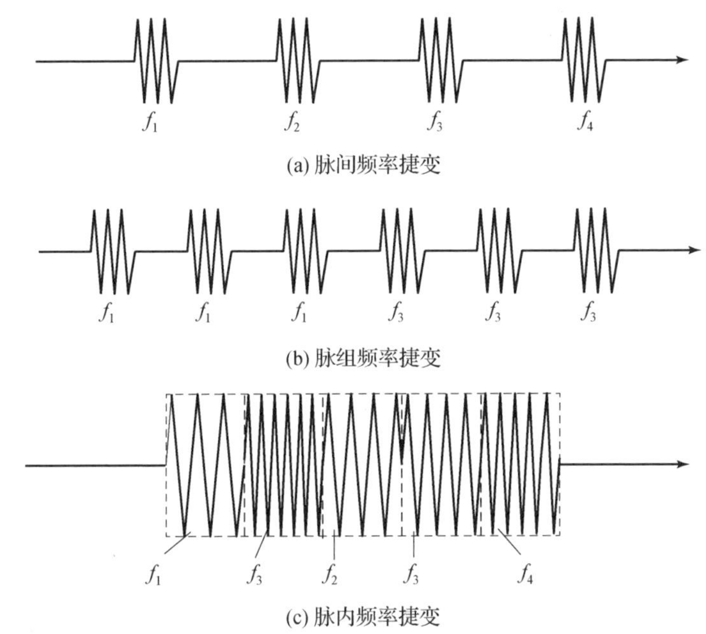

图6－20　频率捷变信号波形

图6－20（a）是脉间频率捷变，相邻脉冲的载频都不同；图6－20（b）是脉组频率捷变，相邻两组脉冲的工作频率不相同；图6－20（c）是脉内频率捷变，脉冲内部分成几个子脉冲，各个子脉冲的载频不相同。

根据雷达发射机的构成形式或实现技术分类，频率捷变信号可分为非相参频率捷变和全相参频率捷变。非相参频率捷变方式技术原理简单，易于工程实现，在信号特征上的具体体现是频率点多；全相参频率捷变信号由主振放大式发射机产生，其特征是频率只能在有限个点上跳变，通常为几十点至一百多点。全相参体制的频率捷变技术，通常采用脉组频率捷变，其原因是脉组频率捷变可以与MTI技术兼容。在具体应用中，还要依据雷达执行的战术任务来区分，例如：机载脉冲多普勒火控雷达工作在对海模式时，根据海情不同，将采用不同的频率捷变方式。

频率捷变信号的频谱是离散谱，各谱线的位置和幅度随机跳动，其跳动位置、范围以及幅度由频率捷变的规律决定，如图 6－21 所示。

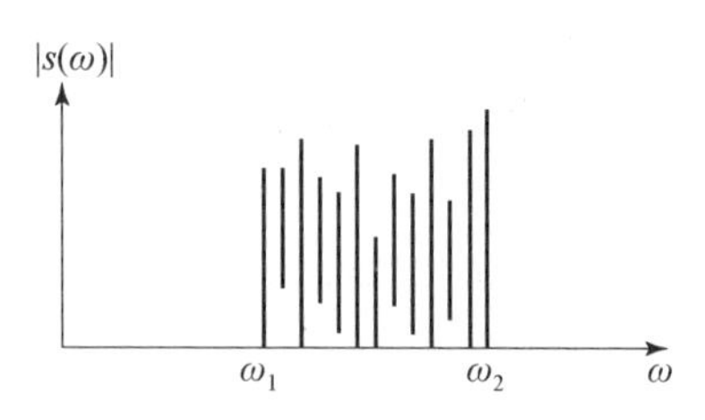

图 6－21　频率捷变信号频谱

3. 频率捷变体制雷达信号识别方法

判断频率捷变类型所依据的主要特征：脉冲串的载频快速发生变化或成组发生变化，且变化范围较大，最大可达到中心频率的 12%。对于非相参频率捷变和全相参频率捷变的区分，必须要有足够的数据（一般至少需要 500 条），并且有多次侦察数据互相验证。

在正确判别频率捷变类型之后，要分析捷变的范围和规律，脉组捷变需注明每组脉冲个数。其主要分析方法是特征提取与识别，即从频率时间特性图和全脉冲数据频率参数数值上判明“频率变化”“变化范围大”“数值多”主要特征；具体分析方法是做出工作频率随时间变化图和频率直方图，分析频点分布特征。

6.5.2　脉冲多普勒体制雷达目标信号的侦测与分析方法

1. PD 体制雷达简介

20 世纪 60 年代以来，为了解决机载雷达的下视难题，人们研制了脉冲多普勒（pulse Doppler，PD）体制雷达。机载雷达下视时将遇到很强的杂波（地面、海面），在这种杂波背景下，检测运动目标主要依靠多普勒频域的检测能力。动目标显示（moving target indication，MTI）体制雷达可用的多普勒频域空间受到盲速的限制：工作频率越高，在相同目标速度条件下其多普勒频率 f_d 相应提高而使第一盲速下降。机载雷达由于其他条件限制而常采用高工作频率（如 X 波段），因此多个盲速点的存在明显地减小了可检测目标的多普勒空间；机载雷达还因平台的运动而导致杂波频谱的展宽，这将进一步加剧用于检测目标的多普勒空间减小。可以看出，工作于高频段的机载雷达，需要用更好的办法来代替 MTI，以获得比较满意的运动目标检测能力。

提高雷达的脉冲重复频率（pulse repetition frequency，PRF）来避免盲速对检测动目标的影响，这种雷达称为 PD 体制雷达。因为提高 PRF 后，雷达在给定的工作条件下没有盲速的影响，但在距离上会产生多重模糊，所以 PD 体制雷达是用距离模糊来换取多普勒空间无模糊的雷达。

在某些情况下，雷达以稍低的 PRF 工作，在距离和多普勒空间上均有可容忍的模糊，但其总体的工作性能更好。这种雷达称为中等重复频率脉冲多普勒雷达。机载运动平台上有 3 种利用多普勒频率的脉冲雷达，具体如下：

（1）没有距离模糊，但有多重多普勒模糊的 MTI 体制雷达（机载动目标显示雷达

(airborne MTI，AMTI))。

(2) 有多重距离模糊，但是没有多普勒模糊的高 PRF 脉冲多普勒雷达。

(3) 中等 PRF 脉冲多普勒雷达，在距离和多普勒频域上均有模糊。

2. PD 体制雷达基本原理

1) PD 体制雷达特点及其应用

PD 体制雷达与 MTI 雷达都是以提取目标多普勒频移信息为基础的脉冲雷达。一般来说，PD 体制雷达的特点有以下 4 方面。

(1) 具有足够高的脉冲重复频率。

脉冲多普勒雷达选用足够高的 PRF，保证在频域上能区分杂波和运动目标。当需要测定目标速度时，PRF 的选择应能保证测速没有模糊，但往往在距离上存在模糊。

为保证单值测速的要求，应满足

$$f_{d_{max}} \leqslant \frac{1}{2} f_r \tag{6-60}$$

式中：$f_{d_{max}}$是目标相对于雷达的最大多普勒频移；f_r 是雷达的 PRF。

为保证单值测距的要求，应满足

$$t_{d_{max}} \leqslant T_r \tag{6-61}$$

式中：$t_{d_{max}}$为目标回波相对于发射脉冲的最大延迟；T_r 为雷达脉冲重复周期，与 f_r 互为倒数关系。

要同时保证单值测速和单值测距，应满足

$$f_{d_{max}} \cdot t_{d_{max}} \leqslant \frac{1}{2} f_r \cdot T_r = \frac{1}{2} \tag{6-62}$$

在绝大部分的机载下视雷达中，式（6-63）是难以满足的，因此测速和测距总有一个是存在模糊的。例如：机载下视雷达，特别是战斗机火控雷达，考虑到体积和重量的限制，通常选用较高的频段，如 X 波段。以典型的数据计算为例，假定雷达的波长 $\lambda = 3$cm，目标与雷达的相对速度为 4000km/h，根据式（6-1）可以得到其 PRF 应大于 148kHz，此时的不模糊测距范围大约只有 1km。显然，大于 1km 的目标，距离测量都是有模糊的。反之，如果采用较低的 PRF 以保证距离测量没有模糊，则速度测量必然产生模糊。通常把速度无模糊、距离有模糊的高脉冲重复频率（high PRF，HPRF）利用多普勒效应的雷达称为 PD 体制雷达，而把距离无模糊、速度有模糊的低脉冲重复频率（low PRF，LPRF）利用多普勒效应的雷达称为机载动目标显示雷达。到 20 世纪 70 年代，为了适应战术应用的要求，发展起来一种速度和距离都有适度模糊的中等 PRF 的利用多普勒效应的雷达（medium PRF，MPRF），这种雷达属于 PD 体制雷达。

(2) 能实现对脉冲串频谱中单根谱线的多普勒滤波。

当杂波散射体在距离上均匀分布、位置随机且数量足够多时，这类散射体产生的杂波回波具有平稳高斯噪声的特性。杂波和热噪声的区别：热噪声具有相当宽的频谱范围，因而在一定频率范围内可认为是白噪声；杂波功率谱是频率的函数，是一种非白色噪声或称色噪声。如果杂波的功率谱为 $C(f)$，热噪声为 N_0，信号频谱为 $S(f)$，则根据匹配滤波理论，在有色噪声背景下输出端得到信噪比最大时的匹配滤波器的传输函数为

$$H(f) = \frac{S^*(f)\mathrm{e}^{-\mathrm{j}2\pi f t_s}}{C(f) + N_0} \tag{6-63}$$

式中：t_s 为滤波器物理上能实现所需的延迟。

可以认为匹配滤波器 $H(f)$ 由两个级联滤波器 $H_1(f)$ 和 $H_2(f)$ 串接，其中

$$H_1(f)=\frac{1}{C(f)+N_0} \tag{6-64}$$

$$H_2(f)=S^*(f)\mathrm{e}^{-\mathrm{j}2\pi f t_s} \tag{6-65}$$

在脉冲多普勒雷达中，运动目标回波为一相参脉冲串，其频谱为具有一定宽度的谱线，谱线的位置相对发射信号频谱具有相应的多普勒频移，因此与信号匹配的滤波器应是梳状滤波器，其中每一梳齿就是与信号谱线形状相匹配的窄带滤波器。由于目标速度是未知的，因此与未知速度信号的匹配滤波器应是毗邻的梳状滤波器组，在信号处理时可以截取一频段。例如：$f_0-\frac{f_r}{2}\sim f_0+\frac{f_r}{2}$，在这一频段中，设置与信号谱线相匹配的窄带滤波器组 $H_2(f)$，这时相参脉冲串的频谱为单根谱线，失掉了距离信息，故在接收机的中频部分截取频段以前要加上距离选通波门（距离门）以便维持测距性能。考虑到距离门的取样性质（时域取样使频域函数周期化），等效滤波器的特性仍是按取样频率重复的梳状滤波器组。然而，这时 $H_2(f)$ 无须设计成周期性的滤波器组，而是单根谱线的滤波器组。由于早期技术实现手段的限制，在上面两个滤波器串接的信号处理中，滤波器的特性还很难做到与信号完全匹配，因而其结果只是朝着最佳处理的方向迈出一步。由于近年来数字技术和新模拟器件的发展，杂波滤波器后串接窄带滤波器组的信号处理方法，将逐步取代只有杂波滤波器的早期动目标显示雷达，从而大幅度提高雷达在杂波背景中检测运动目标的能力。

由于脉冲多普勒雷达具有对目标信号的单根谱线滤波的能力，因此其还能提供精确的速度信息，而动目标显示雷达不具有这种能力。

（3）采用高稳定度的主振放大式发射机。

只有发射相参脉冲串才可能对处于模糊距离的目标进行多普勒信号处理，只有发射相参脉冲串才有可能进行中频信号处理，因此脉冲多普勒雷达通常采用栅控行波管或栅控速调管作为功率放大器的主振式发射机，产生相参脉冲串，而不是早期动目标显示雷达采用磁控管单级振荡式发射机。此外，脉冲多普勒雷达要求发射信号具有很高的稳定性，包括频率稳定和相位稳定。发射系统采用高稳定度的主振源和功率放大式发射机，保证高纯频谱的发射信号，尽可能减少由于发射信号不稳而给系统带来附加噪声，以及由于谱线展宽而使滤波器频带相应加宽。只有发射信号具有高稳定性，才能保证雷达获得高的改善因子。

（4）天线波瓣应有极低的副瓣电平。

机载 PD 体制雷达的副瓣杂波占据很宽的多普勒频率范围，加上多重距离模糊而使杂波重叠并且强度增大。只有极低的副瓣才能改善在副瓣杂波区检测运动目标的能力。

综上所述，可以看出 PD 体制雷达的高性能是以高技术要求为前提的，关键的技术要求是产生极高频谱纯度的发射信号、极低副瓣的天线、大线性动态范围的接收机以及先进的信号处理技术等。

应当注意，MTI 体制雷达与 PD 体制雷达在发射机类型和信号处理技术上曾经有较大的差异：在 MTI 体制雷达发展初期，发射机通常采用磁控管，而 PD 体制雷达采用高

功率放大器发射机。当前MTI体制雷达和PD体制雷达都是采用高功率放大器。在信号处理方面，MTI体制雷达开始采用模拟延迟线对消器，PD体制雷达采用模拟滤波器组，现在两种雷达均采用数字处理，而且MTI体制雷达也采用滤波器组。在设备上这两种雷达的差异已不明显，两者的基本差异是采用的PRF不同，且PD体制雷达通常接收更多杂波而要求有更大的改善因子。PD体制雷达与MTI体制雷达之间的区别不是绝对的，随着技术的发展，两者的区别将越来越不明显。

PD体制雷达原则上可用于一切需要在地面杂波背景中检测运动目标的雷达系统，如机载预警、机载火控、导弹寻的、地面武器控制和气象等。

2）PD体制雷达信号与杂波谱

PD体制雷达实质上是根据运动目标回波与杂波背景在频率域中的频谱差别，尽可能地抑制杂波来提取运动目标的信息。从原理上看，PD体制雷达相当于一种高精度、高灵敏度和多个距离通道的频谱分析仪。

（1）目标的多普勒频移。

假定雷达装配在固定的平台上，目标相对于雷达站的径向速度为v_{T_0}，雷达接收信号相对于发射信号的多普勒频移为

$$f_d = 2v_{T_0}/\lambda \tag{6-66}$$

对于机载雷达，考虑目标与雷达的相对速度，多普勒频移为

$$f_d = 2(v_{T_0} + v_{r_0})/\lambda \tag{6-67}$$

式中：v_{r_0}表示载机速度在视线方向的投影。

（2）机载下视雷达的杂波谱。

机载下视雷达的杂波谱是指机载雷达下视时，通过雷达天线主波瓣和副瓣进入接收机的地面或海面干扰背景的反射回波的频谱。由于机载雷达装设在运动的平台上，随载机的运动而运动，即使固定的反射物，也因反射点相对速度不同而产生不同的多普勒频移。

①天线主瓣杂波。天线方向图采用针状波束时，主瓣照射点的位置不同，反射点有不同的相对速度，此时可求出杂波多普勒频移和主瓣位置的关系。假定载机等高匀速直线飞行，速度为v，α为波束视线与载机速度矢量之间的方位角，β为垂直面内的俯角，则反射点的相对速度为

$$v_r = v\cos\alpha\cos\beta \tag{6-68}$$

反射点的多普勒频移可表示为

$$f_{dMB} = \frac{2v_r}{\lambda} = \frac{2v}{\lambda}\cos\alpha\cos\beta \tag{6-69}$$

事实上，天线波束总有一定的宽度，雷达在同一波瓣中所收到的杂波是由不同反射点反射回来的，而且它们的多普勒频偏也不同，即主瓣杂波谱有一个多普勒频带。

先考虑天线波瓣在水平面内宽度θ_α，由宽度θ_α引起的主瓣杂波多普勒频带宽度可近似为

$$\Delta f_d \approx |\partial f_d/\partial\alpha|\Delta\alpha = |(2v/\lambda)\cos\beta\sin\alpha|\theta_\alpha \tag{6-70}$$

式中：由宽度θ_α引起的主瓣杂波多普勒频带宽度随着天线扫描位置的不同而发生变化。当天线波束照射正前方，即当$\alpha\approx0$时，由宽度θ_α引起的主瓣杂波多普勒频带带宽趋近

0，而当 $\theta=90°$ 时，频谱宽度最宽，可用 $|\Delta f_d|_{max}=(2v/\lambda)\theta_\alpha$ 来估计最坏情况下的主杂波频谱宽度。频带的包络取决于天线波束的形状，波束中心所对应的杂波强度最大。在用高 PRF 工作时，主杂波带展宽后只占 PRF 的一小部分，故在滤波前不需要特别补偿。

天线在进行方位搜索时主瓣方位波束宽度和仰角波束宽度都会引起杂波谱展宽。俯仰波束宽度引起的杂波谱展宽较小，而且天线方位扫描角越小，其展宽越小，方位波束宽度引起的展宽比较大，随着天线方位扫描角增大而增大。

②副瓣杂波。由天线副瓣所产生的地杂波回波的情况，与地杂波性质、天线副瓣的形状及位置均有关系。照射到地面的副瓣可能在任一方向，因而照射点与雷达相对径向速度的最大可能变化范围为 $-v_r\sim+v_r$。由此引起的杂波多普勒频偏的范围为 $-\frac{2v_r}{\lambda}\sim+\frac{2v_r}{\lambda}$。在 HPRF 工作条件下，副瓣杂波为多个模糊距离上副瓣杂波的积累，因而其强度大。要在很宽的副瓣杂波区检测运动目标，要求 PD 体制雷达有很高的改善因子，天线也应有极低的副瓣电平。

③高度线杂波。当副瓣垂直照射机身下所引起的地面杂波反射称为高度线杂波。当飞机水平飞行时，高度线杂波的频偏为 0。由于副瓣有一定的宽度，故高度线杂波也占有相应的频宽。因为距离近，高度线杂波虽由副瓣产生，但是高度线杂波比一般副瓣杂波的强度大。由发射机泄漏所产生的干扰和高度线杂波具有相同的频谱位置。

运动目标的回波频偏随着目标与雷达间相对径向速度的不同而改变。由于目标与雷达之间的相对径向速度往往大于飞机速度 v，故其回波的多普勒频移较各类杂波大，从而使其频谱处于非杂波区。有时（如加载雷达的飞机和目标处于追击状态）目标回波的多普勒频偏较小，而使其回波的频谱落入副瓣杂波区内，这时必须依靠回波具有足够的能量才可能从杂波中检测出来。目标回波的频谱也占有一定宽度，因为通常目标均是复杂反射体，而且当天线扫描时，照射到目标上的时间是有限的。

3）PD 体制雷达 PRF 的选择

PD 体制雷达 PRF 的选择是一个重要问题，主要分两种情况分析：一是 HPRF 时雷达重复频率数值的选择问题。在这种情况下雷达重复频率选取什么数值主要取决于目标和雷达站之间的相对速度以及使用要求。如果要求雷达在无副瓣杂波区检测目标和要求雷达无模糊测速，则这两种情况选取重复频率的数值是不同的，主杂波锁定和不锁定也是不同的。二是根据不同的战术应用，如何选取 HPRF、MPRF、LPRF。HPRF、MPRF、LPRF 各有优缺点，分别适应不同的情况，一般应按照雷达是用作仰视、尾随，还是拦截目标，分别做出不同的选择。

（1）当 HPRF 时重复频率的选择。

①使迎面目标谱线不落入副瓣杂波区中。

当目标和雷达站接近飞行时，最大多普勒频移为

$$f_{dmax}=2(v_r+v_t)/\lambda=f_{dMBmax}+f_{tmax} \tag{6-71}$$

式中：v_r、v_t 分别为载机和目标的速度值；f_{dMBmax} 为主瓣中心最大多普勒频移，即副瓣最大多普勒频移；f_{tmax} 为目标对地的最大多普勒频移。

为了使最大多普勒频移的目标谱线不落入副瓣杂波区，以便在无杂波区检测目标，

PRF 如图 6 - 22 所示。按下式来选择 PRF，即

$$f_0 + f_{\mathrm{rmin}} - f_{\mathrm{dMBmax}} \geqslant f_0 + f_{\mathrm{tmax}} + f_{\mathrm{dMBmax}} \tag{6-72}$$

式（6 - 72）可进一步化简为

$$f_{\mathrm{rmin}} \geqslant 2f_{\mathrm{dMBmax}} + f_{\mathrm{tmax}} \tag{6-73}$$

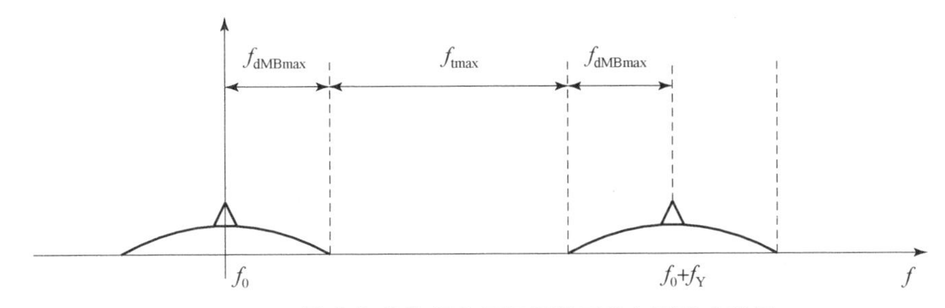

图 6 - 22　最大多普勒频移目标谱线不落入副瓣杂波区

②为了识别迎面和离去的目标。

一是接收机单边带滤波器对主杂波频率固定时 PRF 的选择。由于当波束扫描、飞机速度或姿态变化时主瓣中心多普勒频移也随之变化，因此单边带滤波器的中心频率要相应地跟随主杂波频率变化，如图 6 - 23 所示，则

$$f_0 + f_{\mathrm{rmin}} \geqslant f_0 + (f_{\mathrm{dMBmax}} + f_{\mathrm{tmax}}) + (f_{\mathrm{tmax}} - f_{\mathrm{dMBmax}}) \tag{6-74}$$

化简可得

$$f_{\mathrm{rmin}} \geqslant 2f_{\mathrm{tmax}} \tag{6-75}$$

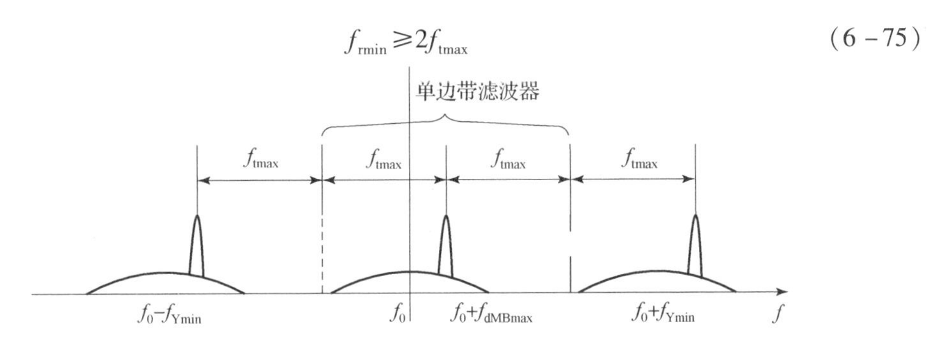

图 6 - 23　为克服测速模糊的 PRF 选择（单边带滤波器锁定在主杂波频率上）

二是接收机单边带滤波器相对发射频率固定时 PRF 的选择。由于迎面目标的多普勒频移为 $f_0 + f_{\mathrm{dMBmax}} + f_{\mathrm{tmax}}$，离去目标的最低多普勒频移为 $f_0 + f_{\mathrm{r}} - f_{\mathrm{tmax}}$。因此，为了使最低多普勒频移离去目标的谱线不落入单边带滤波器，以便能识别是迎面目标，还是离去目标。最低重复频率如图 6 - 24 所示。根据下式选择最低重复频率，即

$$f_{\mathrm{rmin}} \geqslant f_{\mathrm{dMBmax}} + 2f_{\mathrm{tmax}} \tag{6-76}$$

单边带滤波器的通带范围应从 $f_0 - f_{\mathrm{tmax}}$ 到 $f_0 + f_{\mathrm{tmax}} + f_{\mathrm{dMBmax}}$，单边带滤波器的中心频率 f_0 是固定的，但偏离 f_0 应为 $f_{\mathrm{dMBmax}}/2$，如图 6 - 24 所示。

（2）高中低 PRF 的选择。

PD 体制雷达 PRF 的选择依据是雷达应能单值测速，确保迎面目标的谱线与离去目标的谱线不发生混淆或要求迎面目标的谱线不会落入副瓣杂波，确保目标信号处于无杂波区，从而提高检测能力。这两种情况都属于 HPRF 具体数值的选择。事实上，PD 体

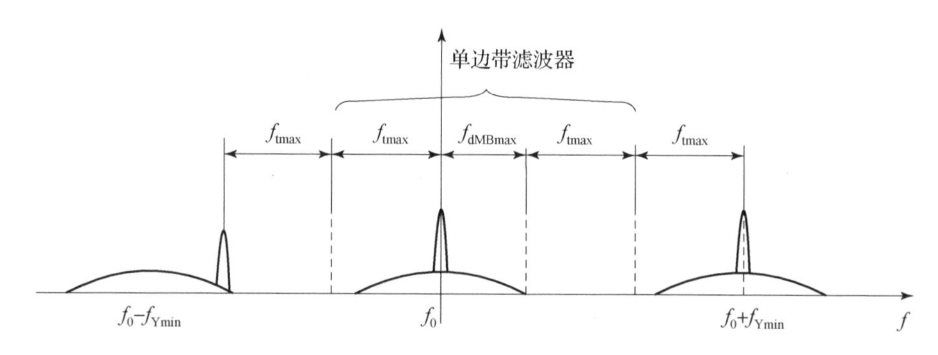

图 6-24 为克服速度模糊的 PRF 选择（单边带滤波器频率固定）

制雷达为了适应战术应用的需要不仅使用 HPRF，有时还兼有 MPRF 和 LPRF 的情况。

机载雷达在没有地杂波背景干扰的仰视情况下通常采用 LPRF 加脉冲压缩（作用距离较远时脉冲压缩的作用是为了使峰值功率不太高，易于在机载雷达中实现）。已有分析结果表明，无杂波背景时高重复频率的脉冲多普勒雷达，由于发射脉冲的遮挡效应和距离波门的跨接损失，检测性能将不如具有相同脉冲数相参积累的常规雷达。LPRF 脉冲压缩这种信号形式对发射机来说容易实现，对信号处理来说设备也简单。但是，在机载下视且有地杂波干扰的情况下，HPRF、MPRF、LPRF 各有优缺点，应按使用条件和要求进行 PRF 的选择。LPRF 一般指几千千赫，这时测距无模糊；MPRF 一般是 10～20kHz，这种情况既有测距模糊又有测速模糊；HPRF 的范围是几十到几百千赫，这时无测速模糊。由于多普勒频移与雷达工作波长有关，所以 HPRF、MPRF、LPRF 的划分并不绝对。

图 6-25 所示为在较低的天线副瓣情况下（如离主瓣较近的副瓣为 -25～-30dB，较远的副瓣为 -30～-45dB），当 HPRF、MPRF、LPRF 时的回波信号强度与天线副瓣强度随距离变化的关系。图 6-25（a）说明 LPRF 情况下目标回波信号较副瓣杂波强，妨碍下视检测的主要因素是主瓣展宽，因此对远距离（100km 以上）低速机载下视雷达可考虑采用 LPRF 的机载动目标显示雷达。AMTI 采用偏置相位中心天线技术以后主瓣杂波频谱宽度被压窄，可得到较好的 MTI 性能。图 6-25（b）所示为 MPRF 的情况，此时副瓣回波随距离的变化关系呈锯齿形曲线。由于地面副瓣杂波按 PRF 在时域中是重叠的，因此使远距离回波可能处于近距离副瓣中。图 6-25（c）所示为 HPRF 的情况，此时副瓣重叠次数增多，副瓣回波的强度几乎是均匀的，因而在 HPRF 情况下副瓣杂波影响是严重的。但是，对于迎面的快速目标，由于其谱线可能处于无杂波区，而且 HPRF 时相参积累的脉冲数多，因而对目标进行拦截时应采用 HPRF 才有利。在低空尾随目标时，相对速度低，处于副瓣杂波区检测，考虑副瓣杂波强度的影响，选择 MPRF 比选 HPRF 为好。

图 6-26 所示为当 MPRF、HPRF 时作用距离随载机高度的变化情况。纵坐标表示载机飞行高度，横坐标表示检测概率为 85% 时的作用距离 R_{85}。从图 6-26 可以看出，迎面攻击时 HPRF 优于 MPRF；尾随时，在低空，MPRF 优于 HPRF，在高空，HPRF 优于 MPRF。

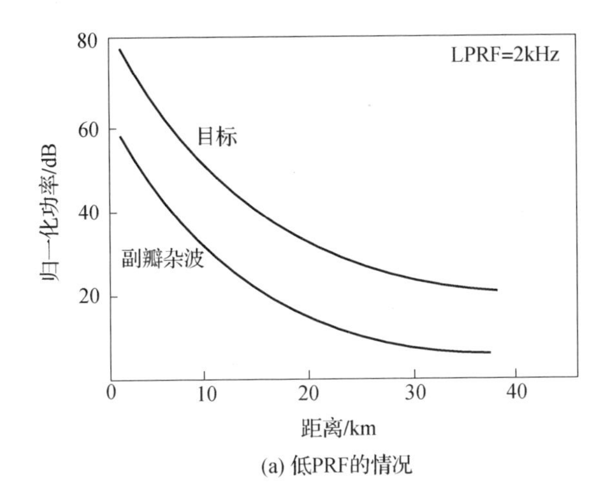

(a) 低PRF的情况

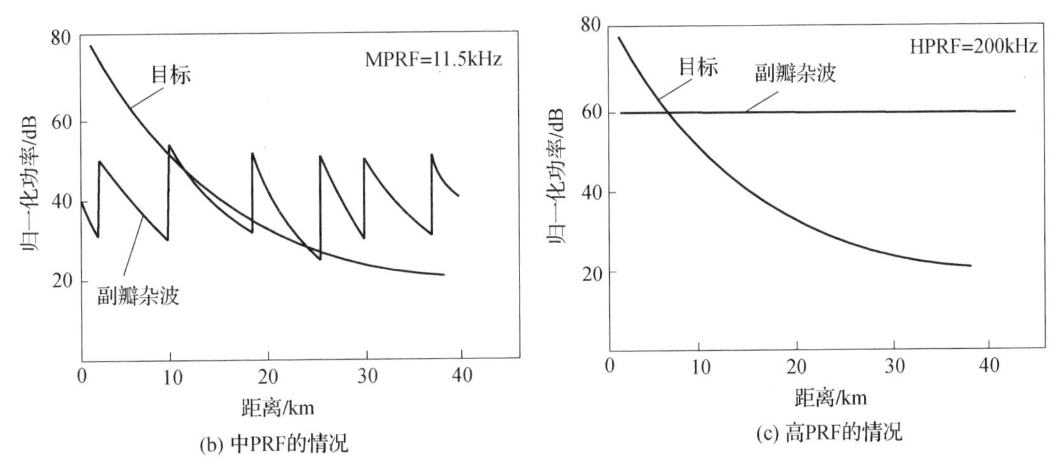

(b) 中PRF的情况

(c) 高PRF的情况

图6-25　LPRF、MPRF、HPRF回波信号与副瓣杂波随距离的变化

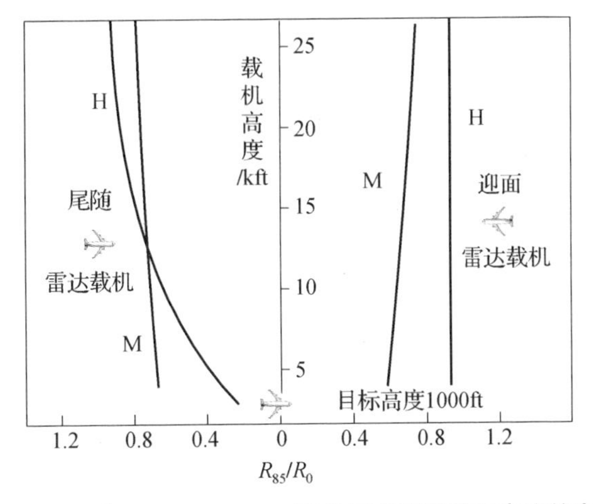

图6-26　当MPRF、HPRF时作用距离随载机高度的变化
(R_0为单位信噪比的距离，M表示MPRF、H表示HPRF)

3. PD 体制雷达信号特征分析与识别方法

PD 体制不仅在机载预警和截击雷达中使用，还广泛应用于炮瞄雷达、地空导弹制导雷达、战场侦察雷达和气象雷达，因此 PD 体制雷达的载频并没有较为明显的特征。在实际应用中，载频一般为固定或跳变。PD 体制雷达的脉宽一般不会很大，雷达根据具体需要采用不同脉宽，一般为固定或可选择。

1）PD 体制雷达信号的判别依据

根据 PD 体制雷达的工作特点，在分析研判过程中，遵循的依据主要有四点：一是多工作于 S、X 波段；二是信号脉冲重复频率高，即信号重复周期一般在 120μs 以下；三是信号特点一般为相参信号，即信号脉冲相当于从同一连续波信号中抽取的，信号相位不随机而具有相干性，频率稳定度高；四是脉冲重复频率的特征一般为重频驻留并转换。

2）对 PD 体制雷达信号的分析重点

PD 体制雷达信号分析的内容主要包括 PD 体制雷达信号的频率变化特征（变化范围、中心值）、重复周期变化特征（在多种 PRF 工作模式中各模式下的 PRF 变化值；在 LPRF 和 HPRF 状态下的距离、速度模糊情况）、雷达信号样式及变换规律，进而分析并总结信号参数特点与其功能应用存在的关系。

以某型机载脉冲多普勒火控雷达参数特征与作战运用状态为例进行分析。机载雷达工作状态之间的差异直接体现在雷达的工作参数上，而雷达为满足反侦察、抗干扰等需求，同一种工作状态也可能对应多种相似的参数模式。

根据侦察参数，参数模式有诸多共同点：脉冲重复间隔（PRI），即距离波门，近似处理为脉冲重复周期，均采用脉组参差，PRI 在 35.7～75μs，脉宽值在 0.03～1μs，天线扫描采取栅形或照射方式。其不同之处：频率有固定（指一段时间内）与脉组捷变的区别，PRI 脉组参差的脉组个数不同，PRI 的具体值不同。

以 PRI 最小值 35.7μs 和最大值 75μs 计算，可得出其单值不模糊距离 d 分别为 5.4km 和 11.3km。对于战机的作战任务来说，这是远远不够的，因为有距离模糊。

以两机迎头径向速度 $Ma=1.5$（实际上在两机迎向飞行时是超过这个速度的）计算，可算出速度不模糊时的多普勒频率 f_d。若以频率为 9800MHz 计算，则 $f_d=33320\text{Hz}$，为确保无测速模糊，此时的 PRI 值应小于 $\frac{1}{f_d}=30\mu\text{s}$。以上模式中的 PRI 均大于 30μs，测速出现模糊。

由此可看出，此种参数模式下，如果仅使用单值 PRI 测距、测速，则既有距离模糊又有速度模糊。其解决办法：首先，当雷达的主瓣滞留在目标上，通过一个相当宽间隔的脉冲重复频率固定数，使雷达脉冲重复频率循环。当雷达通过多个不同的脉冲重复频率循环时，如果目标在任意三个脉冲重复频率的静区内，而且其回波超过了所有三个脉冲重复频率的门限，目标模糊和所有假目标距离就可以被分辨出来，那么这个目标就认为是探测到了。然后，最佳的脉冲重复频率是随着工作条件，如雷达高度、杂波水平和对每个具体雷达必须确定的速度变化而变化。对于 X 波段机载脉冲多普勒雷达，MPRF 值的范围为 $100\text{kHz}\geqslant f_r\geqslant 1\text{kHz}$，典型值为 10～50kHz。

此外，脉冲多普勒机载火控雷达是通过设计距离门数（重复间隔）确定脉冲重复频率的具体数值。对于 6 个重复频率，每个重复频率的距离门数不同，它们必须满足两个条件：一是 6 个脉冲重复频率的距离门数必须是互质的正整数（互质是指两相互之间没有公约数，但不一定都是质数）；二是 6 个脉冲重复频率的占空比平均值必须小于发射机的最大占空比，并且为了使发射机长时间稳定工作，一般只使用到最大占空比的 85%~90%。

雷达发射机输出的峰值功率为 20kW，连续可用的最大平均功率为 250W，连续可用的最大占空比为 $\frac{250}{20000}=1.25\%$，按利用率 90% 计算，则实际的平均占空比应选择为小于 1.125%。

以其中一种模式参数为例，该参数模式采用了 6 个脉冲重复频率，它们的距离门数分别是 61、53、44、39、41、49，为互质的正整数，发射脉冲宽度取 $\tau=0.5\mu s$，根据以下计算公式，即

$$D=\frac{\bar{\tau}}{\text{PRI}} \tag{6-77}$$

可以得到，平均占空比 $D=\frac{0.5\times6}{61+53+44+39+41+49}=1.04\%$。

由此可以看出，平均占空比小于实际连续可用的最大占空比 1.125%。此时距离波门对应的 6 个脉冲重复频率分别是 16.393kHz、18.868kHz、22.727kHz、25.641kHz、25.39kHz 和 20.408kHz。由此可见，该参数模式的距离门数符合机载火控雷达 MPRF 信号参数设计。

6.5.3　合成孔径体制雷达目标信号的侦测与分析方法

1. SAR 简介

合成孔径雷达（synthetic aperture rader，SAR）是一种主动式微波相干成像雷达，不仅能获得高分辨率的 SAR 图像，而且具有全天候、全天时、大尺度、远距离、连续观测的能力。星载 SAR，既可实现长时间、大范围的战略侦察，又可进行高分辨率、高重复性的战术侦察。目前，世界各国对星载 SAR 的发展日益重视，其功能不断完善，应用领域不断扩展，已成为对地观测系统和天基侦察监视系统不可或缺的探测工具，国外典型的星载 SAR 系统，如表 6-6 所列。

表 6-6　国外星载合成孔径雷达系统

名称	国家	工作模式	分辨率	用途
FIA1-4	美国	条带、聚束、扫描	1m、0.3m、3m	军用
Lacrosse5	美国	条带、聚束、扫描	1m、0.3m、3m	军用
SAR-Lupe 1~5	德国	聚束、条带	0.7m	军用
TerraSAR-X	德国	条带、聚束、条带	3~15m、1~3m、15~30m	军用
TecSAR	以色列	条带、聚束、条带	3m、1m、8m	军用
Cosmo-skymed 1-4	意大利	条带、聚束、条带	3~15m、1m、30m	军民两用
Radarsat-2	加拿大	精细、扫描	不优于 3m	民用

续表

名称	国家	工作模式	分辨率	用途
Alos	日本	聚束、扫描	7～44m、100m	民用
RISAT	印度	聚束	3～12m、2m、25～50m	民用

2. SAR 基本原理

SAR 是一种二维高分辨率成像雷达，其距离向的高分辨率是通过对宽频带信号的脉冲压缩获得的，方位向的高分辨率是通过对多普勒信号的匹配滤波获得的，因此 SAR 成像处理实质上是一种二维匹配滤波问题。

下面以机载 SAR 为例，分析其技术原理。

机载 SAR 是指将 SAR 装在飞机上，利用雷达与观测场景间的相对运动合成一个比真实天线宽得多的天线，从而获得比由物理天线尺寸所确定的分辨率更高的分辨率。其定义：利用与目标做相对运动的小孔径天线，把在不同位置接收的回波进行相干处理，从而获得高分辨力的成像雷达。其原理如图 6－27 所示。

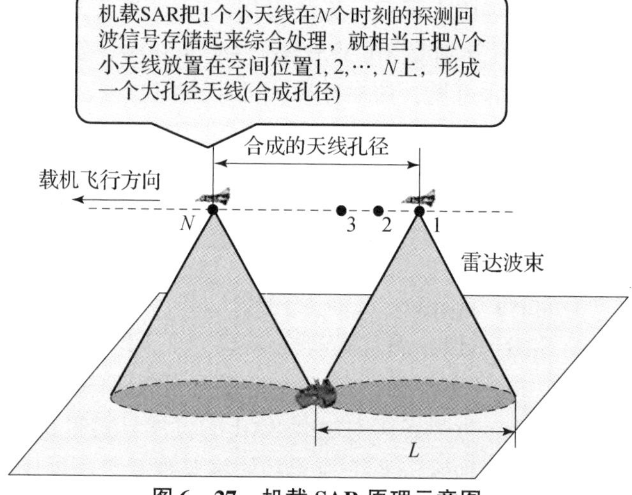

图 6－27　机载 SAR 原理示意图

1）机载 SAR 的分辨率

机载 SAR 的分辨率可以分为距离向分辨率和方位向分辨率。距离向和方位向，如图 6－28 所示。

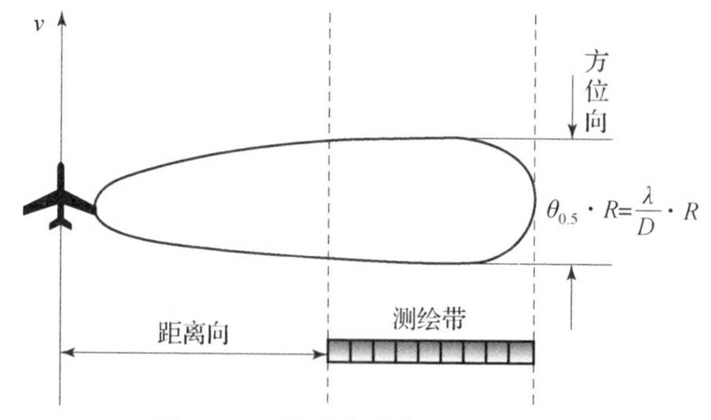

图 6－28　距离向和方位向示意图

（1）距离向分辨率。距离向分辨率就是垂直飞行方向上的分辨率，即在侧视方向上的分辨率。距离向分辨率与雷达系统发射的脉冲信号相关，与脉冲持续时间成正比：$r = c\tau/2$，其中 c 为光速，τ 为脉冲持续时间。当采用线性调频脉冲压缩信号时，则 $r = c/2B$，其中 B 为线性调频调制带宽。

（2）方位向分辨率。方位向分辨率是沿飞行方向上的分辨率，也称为沿迹分辨率。对于机载 SAR 系统来说一般方位向分辨率只与雷达方位向尺寸有关，使用小尺寸的天线能得到高的方位向分辨率，与波长、飞行高度、斜距离无关。

2）机载 SAR 的入射角

机载 SAR 的入射角是指雷达波束水平截面与机载目标运动方向垂直截面之间的夹角，如图 6－29 所示。微波与表面的相互作用是非常复杂的，不同的角度区域会产生不同的反射，总的原则是低入射角通常返回较强的信号，随着入射角增加，返回信号逐渐减弱。根据雷达距离地表高度的情况，入射角会随着近距离到远距离的改变而改变，依次影响成像几何。

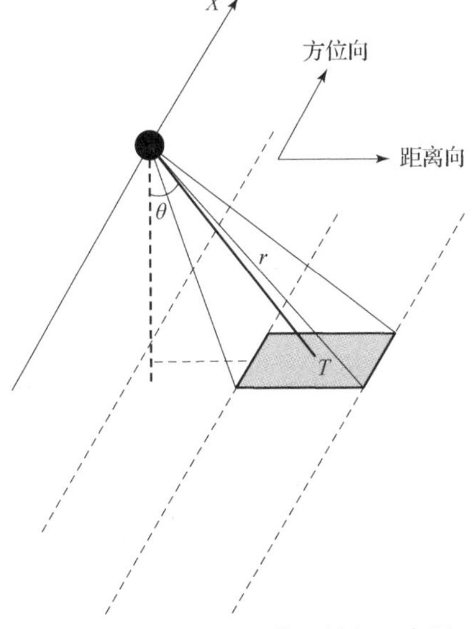

图 6－29　机载 SAR 的入射角示意图

3）SAR 的典型成像模式

目前，常用的 SAR 成像模式有下面 3 种。

（1）条带模式。条带模式是指雷达天线波束指向与载体运动方向间的角度基本不变，照射区域呈条带状的成像方式。按照雷达天线指向与载体运动方向间角度的不同，条带模式又可以分为正侧视成像（90°附近）与斜侧视成像。这是目前 SAR 最常采用的工作方式，如图 6－30 所示。

由于机载 SAR 在条带模式成像时一般采取正侧视或斜侧视，因此其天线指向为运动方向侧方区域，当载机正对己方运动时，会出现无法侦察到信号的情况。

（2）扫描模式。扫描模式是一种牺牲一部分方位分辨率以获得宽观测带的成像方式。需要注意的是这里的扫描指天线在径向上进行俯仰角的调整，通过依靠变换天线的波束指向变换子测绘带位置，最终产生一个加宽了的雷达成像图。图 6－31 所示为扫描模式成像示意图。

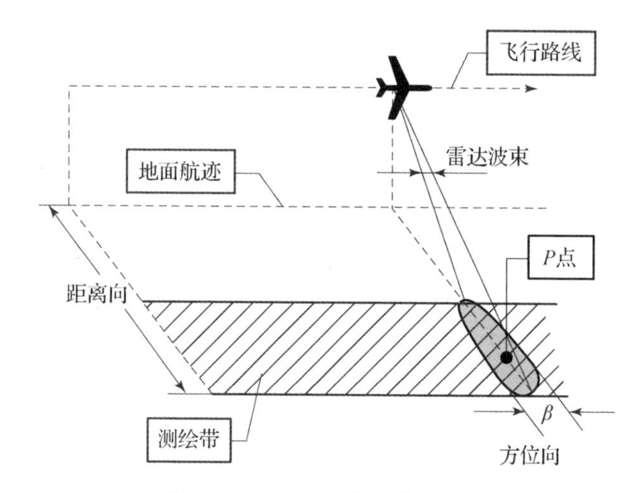

图 6-30 SAR 条带成像示意图

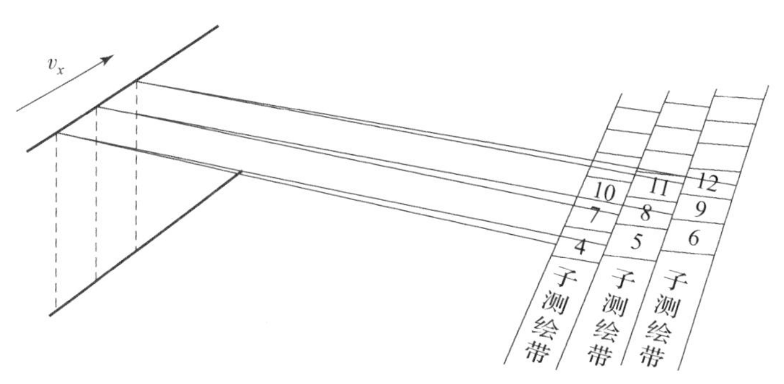

图 6-31 扫描成像示意图

（3）聚束模式。聚束模式是指雷达天线波束指向与载体运动方向之间的角度可变，从而使得雷达可以一直跟踪感兴趣区域的成像方式。在聚束方式下，观测积累时间比条带方式要长，观测积累时间分辨率也比条带方式优，且与雷达孔径大小无关。一般情况下，这种工作方式出现在多制式合成孔径雷达上，主要用于对特定区域产生高分辨率图像。图 6-32 所示为 SAR 聚束模式成像示意图。

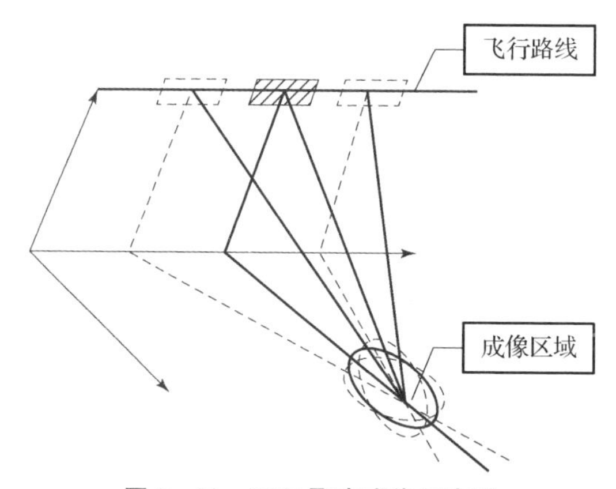

图 6-32 SAR 聚束成像示意图

4）SAR 信号特征分析与识别方法

1）线性调频信号及脉冲压缩基础知识

SAR 常采用的是脉内线性调频脉冲压缩信号样式。根据模糊函数理论，雷达的分辨率由雷达信号的带宽 B 决定。人们通过设计既具有较长的持续时间，又具有较大信号带宽的信号，以便获得较大的平均功率和较远的雷达作用距离。线性调频信号是实际应用中较为成熟的一种，该信号经过匹配滤波可以得到理论的高分辨率。

线性调频信号是指在持续期间频率随时间连续线性变化的信号。其脉内调制结构如图 6－33 所示。

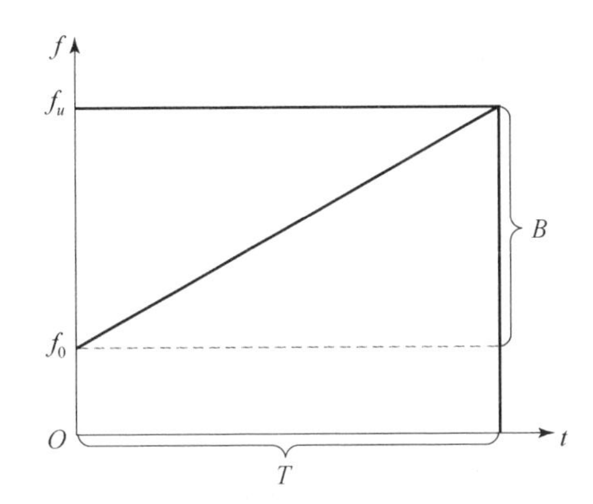

图 6－33　线性调频信号脉内调制结构示意图

线性调频脉冲信号是典型的大时宽带宽信号，具有抛物线式的非线性相位谱。其复数为

$$s(t)=u(t)\mathrm{e}^{\mathrm{j}2\pi f_0 t}=\frac{1}{\sqrt{T}}\mathrm{e}^{\mathrm{j}2\pi(f_0 t+Kt^2/2)},\ 0\leqslant t\leqslant T \tag{6-78}$$

式中：$u(t)=(1/\sqrt{T})\mathrm{e}^{\mathrm{j}\pi Kt^2}$为信号的复包络；$1/\sqrt{T}$为归一化幅度；$T$ 为脉冲宽度；$K=B/T$ 为调频斜率；瞬时频率 f 在 T 内由起始频率 $f_l(f_0)$ 至终止频率 f_u 按线性规律变化，可表示为 $f=f_l+Kt/2\pi$，$B=f_u-f_l$ 为调频带宽。线性调频信号的波形及时频特性仿真如图 6－34 所示，其频谱如图 6－35 所示。

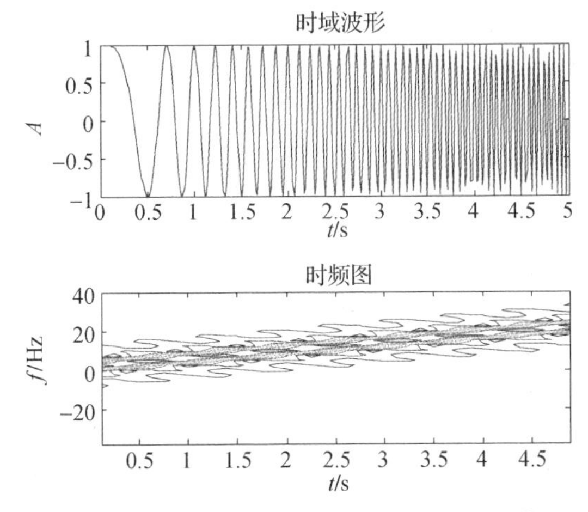

图 6－34　线性调频信号时域波形及时频谱

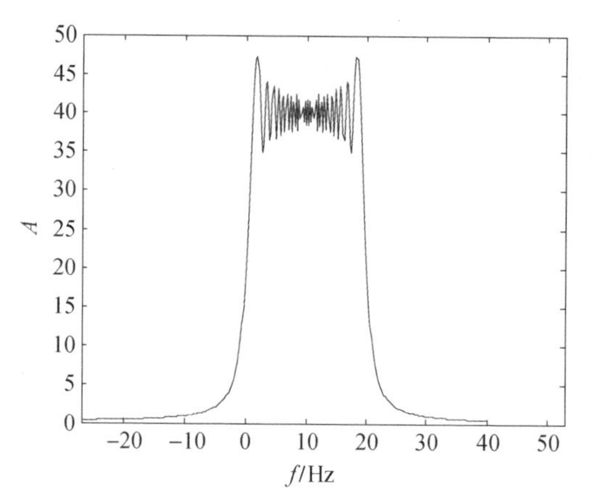

图 6－35　线性调频信号的频谱图

采用脉冲压缩技术的雷达通过发射大时宽－带宽积信号，接收时采用匹配滤波或相关接收对回波信号进行压缩，获得窄脉冲信号，从而解决了其作用距离和分辨力之间的矛盾。在该雷达系统中，大时宽－带宽积信号和脉冲压缩网络是实现脉冲信号压缩的关键，大时宽－带宽积信号的非线性相位谱提供了信号被“压缩”的可能性，匹配滤波器和相关器是实现脉冲信号压缩的必要条件。

脉冲压缩技术是匹配滤波和相关接收理论的实际应用。由相关器或匹配滤波器和旁瓣抑制加权滤波器级联而成，旁瓣抑制滤波器是一个失配系统，因此在带来更高的回波处理增益的同时，也会造成一定的信噪比损失。根据匹配滤波理论可知，匹配滤波器在 $t=T$（T 为信号脉宽）时与相关器是等价的，图 6－36 所示为相关器和匹配滤波器实现脉冲压缩的原理框图。

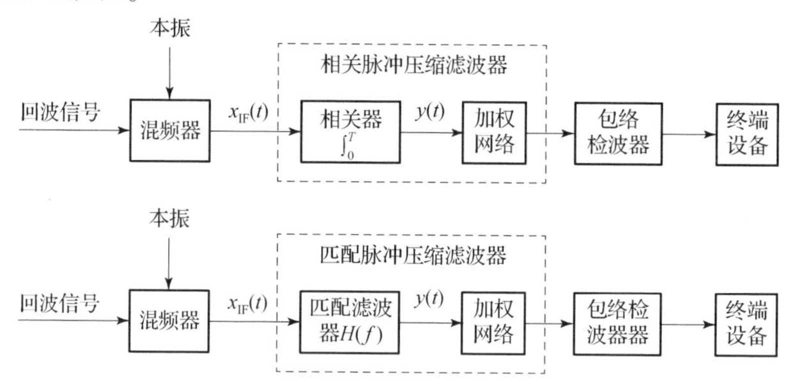

图 6－36　实现脉冲压缩的原理框图

鉴于脉冲压缩器是脉冲压缩雷达区别于其他雷达的最大特点，不失一般性，可对回波处理模型进行简化，忽略射频信号在传输中受到的影响，回波信号经混频后的中频输出 $f_{IF}(t)$ 与雷达发射信号 $s(t)$ 具有相同的结构。对于采用相关技术的脉冲压缩器，其相关器输出为

$$y(t) = \int_{-\infty}^{\infty} s(t)s(t+\tau)\mathrm{d}\tau = s(t) * s(-t) \tag{6-79}$$

式中：“ * ” 表示卷积。

采用匹配滤波的脉冲压缩器，其匹配滤波器的频域输出为

$$Y(f)=S(f)\ H(f) \tag{6-80}$$

式中：$Y(f)$、$S(f)$和$H(f)$分别为$y(t)$、$s(t)$和$h(t)$的傅里叶变换，匹配滤波器的频率响应为

$$H(f)=CS(f)\mathrm{e}^{-\mathrm{j}2\pi f t_0} \tag{6-81}$$

式中：C为常数，反映了滤波器的放大量，通常取$C=1$；t_0为最大信噪比输出时刻，基于观测时间最小准则，取$t_0=T$。利用傅里叶逆变换，可写出时域表达式为

$$y(t)=\int_{-\infty}^{\infty}S(f)H(f)\mathrm{e}^{\mathrm{j}2\pi ft}\mathrm{d}f=s(t)*h(t) \tag{6-82}$$

式中：$h(t)=Cs^*(t_0-t)$，为匹配滤波器的单位冲激响应。

对于线性调频信号，将式（6-19）代入式（6-23）便可得到信号的脉冲压缩输出。

5）SAR信号的参数特点与识别方法

在实际侦察过程中发现，SAR信号特点比较突出，其与其他雷达信号相比，SAR信号区分度比较高，在侦察装备上的响应可以概括为频域上频带宽、脉内有调制，时域上脉冲结构保持一致，空域上扫描方式近似为持续照射。

1）频域上频带宽、脉内有调制

为获得距离高分辨率，同时兼顾作用距离问题，雷达必须要有很大的频带宽度，通常采用脉冲压缩体制的宽脉冲线性调频信号来解决这个问题，即在满足雷达作用距离所需的平均发射功率下，发射波形仍具有较宽的平坦谱，通过接收机的匹配滤波处理来完成对具有大时间-带宽积的线性调频信号的压缩。压缩后的脉宽与压缩前脉宽的比值等于时间带宽积的倒数，从而实现对雷达作用距离上分辨不同散射点的高分辨率。在实际侦察中也发现，合成孔径雷达信号频率瞬时带宽比较大，高分辨率下的瞬时频带宽度达到100MHz以上，且脉内一般采用线性调频调制。

2）时域上脉冲结构保持一致

由于SAR是一种相干成像雷达，要求回波信号具有良好的相干性，因此对雷达发射机参数和天线波束指向有严格的要求。在一次成像时间内，线性调频信号的调频带宽和脉冲宽度、雷达的载波频率和脉冲重复频率都不能随意改变。在实际侦察过程中发现，一次成像时间内，SAR信号的载波频率、重复间隔、脉冲宽度和调频带宽保持结构一致、固定不变和一一对应。

3）空域上扫描特征表现为持续照射

由于SAR的相干性，因此雷达天线的波束指向也必须与飞行方向保持固定的夹角（如条带成像）或始终指向被观测地区（如聚束成像）。同时SAR方位成像的分辨率与天线指向有关，在飞行垂直正侧方向上获得的分辨率最好，随着视角朝飞行方向移动，合成阵列的分辨率逐渐下降。系统在飞行方向$\pm10°\sim\pm15°$范围内，多普勒引起相位差很小，合成分辨率很差，这是对合成孔径雷达技术使用的限制。在实际侦察过程中，由于SAR天线指向一般为固定，因此其反映在侦察装备上的扫描声响特征表现为持续照射。

第7章

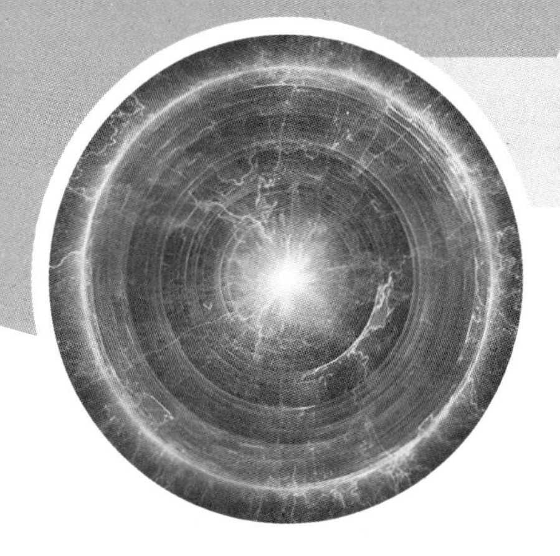

电磁目标测向定位方法

7.1　概　　述

电磁信号测向与目标定位是电子对抗领域重要任务之一，电磁信号到达方向和位置信息是电子对抗侦察需要测量的重要信息。对电磁信号的测向是指通过测量分析得到辐射电磁信号的等相位波前方向，指电磁信号到达方位，即方位角的测量。而对目标的定位是指通过测量分析得到电磁信号发射天线及其系统的地理位置。

7.1.1　测向定位的意义

对电磁信号进行测向和实现目标定位的意义主要有以下 5 个方面：

（1）测向定位是进行信号分选和识别的需要。电磁目标为了反干扰、反侦察等目的，通信网通常采用跳频或扩频等技术，雷达的脉宽、脉冲重复周期等各项参数趋向快速、随机甚至无规律地变化，使得唯有方位参数和位置信息是相对较为固定的。因此，可根据方位参数或位置信息来分选和识别不同的电磁目标。

（2）测向定位是在方位上引导干扰的需要。为了将干扰能量集中在威胁电磁目标所在空域，需要由测向定位系统给干扰设备提供雷达的方位参数。

（3）测向定位是引导武器系统进行攻击的需要。根据测量得到的敌方威胁电磁目标的方位和位置，可以引导导弹/反辐射导弹、无人机和其他火力攻击武器进行攻击。

（4）测向定位可以提供告警信息。为作战人员和系统提供威胁告警，指示威胁方向和威胁程度等，以便采取战术机动或其他应对措施。

（5）测向定位可以提供情报保障。通过对电磁目标的测向和定位，对于固定类型的辐射源，可以将其位置信息上报上级决策机关，形成战略性的电子对抗情报信息。

7.1.2　测向和定位方法分类

电子对抗测向系统有多种分类方法，基本参考系统的工作频段、搭载平台和工作原理等内容。其中，按照系统的工作原理对电子对抗测向方法进行分类，可将测向方法分为振幅法、相位法、多普勒法和到达时差法等。

1. 振幅法测向

振幅法测向的基本原理：测向天线感应的电磁信号的电压幅度与来波方向和测向站天线之间存在密切的空间对应关系，即当测向天线旋转时，其输出的电压幅度随测向天线方向图指向的变化而变化，从而测得来波方向，该方法也称为幅度法测向。振幅法测向包括最小信号法测向、最大信号法测向和振幅比较法测向等。

最小信号法测向又称为小音点测向，该方法利用测向天线极坐标方向图的接收零点来实现测向。最小信号法在测向时通过360°旋转测向天线，当测向接收机接收的电磁信号幅度最小时或听觉上为小音点时，说明测向天线极坐标方向图的接收零点与被测电磁信号的来波方向一致，此时根据测向天线旋转的角度即可确定被测电磁信号的来波方向。

最大信号法测向是利用天线极坐标方向图的尖锐方向性来实现测向，最大信号法在测向时通过360°旋转测向天线，当测向接收机接收的电磁信号幅度最大时，说明测向天线极坐标方向图主瓣的径向与被测电磁信号的来波方向一致，此时根据测向天线主瓣的指向即可确定被测电磁信号的来波方向。

振幅比较法测向是利用测向站两副结构和电气特性一致的测向天线来感应被测电磁信号，并将两副测向天线感应的电磁波信号分别转化为电压型信号，在此基础上计算这两个电压的幅度比值来确定被测电磁信号的来波方向，该方法又称为比幅法测向。

2. 相位法测向

相位法测向是利用测向站两副或多副结构和电气特性一致，但位置分离的测向天线，或利用测向站测向阵列天线中各阵元，感应被测电磁信号，并将感应的电磁波信号分别转化为电信号，在此基础上计算电压之间的相位差确定被测电磁信号的来波方向。相位法测向包括相位干涉仪测向、多普勒测向和准多普勒测向等。

相位干涉仪测向分为长基线干涉仪测向和短基线干涉仪测向。长基线干涉仪的天线元间距比信号波长还要长，该方法的相位测量精度高，但会引起来波方向测量的模糊；短基线干涉仪的天线元间距与信号波长关系为 $d \leqslant \frac{\lambda_{\max}}{2}$。该方法降低了相位模糊，但降低了测量精度和工作带宽。

多普勒测向是利用测向天线自身以一定的速度旋转引起的接收信号附加多普勒调制进行测向的方法，即利用全向天线在半径确定的圆周上以一定的角频率顺时针匀速旋转，其接收信号相对于中央全向天线存在相位差。该相位差实质为天线的圆周运动产生的多普勒相移，其包含来波方向。先通过将接收信号进行比相，获取多普勒相移成分，再将相位差与多普勒相移一同进行鉴相，从而获取来波方向。

3. 时差法测向

时差法测向是利用测向站两副结构和电气特性一致、位置分离的测向天线，或利用测向站阵列天线中各阵元，感应被测的电磁信号，并将感应的电磁波信号分别转化为电信号，在此基础上计算电磁信号的时间差，从而确定被测电磁信号的来波方向，又称为到达时间差测向。

4. 空间谱估计测向

空间谱估计测向是先利用一定的算法将测向天线阵列所接收的被测电磁信号，分别分解为信号矢量子空间与噪声子空间，再利用这两子空间的正交性来测定来波方向。

电磁目标定位是在无线电通信测向的基础上，利用测向结果对电磁目标进行交会定位计算或估计，从而确定电磁目标的地理位置。常用的定位方法包括时差定位、多普勒频移定位、时差和频差联合定位等。

7.1.3 测向天线

1. 测向天线概述

天线的作用是在电磁目标发射信号或网电对抗干扰系统实施干扰时，将其发射的电信号转换为电磁信号；在网电对抗侦察系统和网电对抗测向系统接收时，将电磁信号转换为电信号。其中，无源天线具有互易性，即可以作为发射天线也可以作为接收天线。

网电对抗测向系统通常采用由多个阵元组成的天线阵列实现来波方向的测定，但也可以采用一个单元天线完成测向任务。天线的结构通常与测向体制密切相关，不同的测向体制采用不同结构的天线阵。

天线有频率响应、方向性和阻抗特性三个重要性能指标。其中，天线的频率响应表征了该天线发射信号或接收信号的有效带宽；天线的方向性描述了该天线辐射的电磁信号的能量在空间辐射方向的分布形态；天线的阻抗特性明确了天线的阻抗与其负载或源的阻抗匹配情况，阻抗匹配时其驻波比最小，发射信号时辐射效率最高，可以实现最大功率传输，接收信号时信号损耗最小。

衡量天线性能主要采用主瓣、半功率波束宽度、辐射方向（方向图）、增益和旁瓣等参数，如图 7－1 所示。

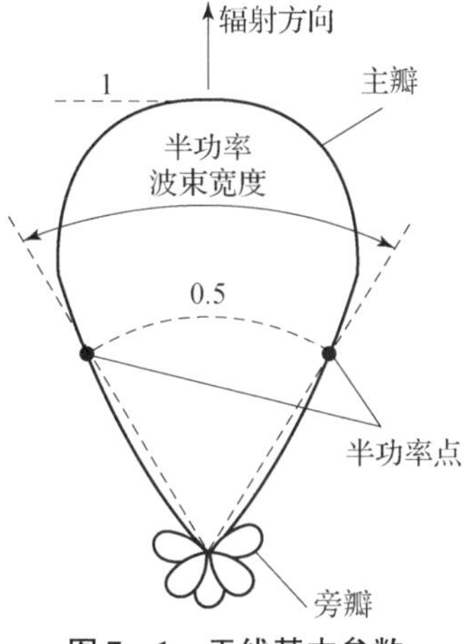

图 7－1　天线基本参数

天线的增益与频率有关，当偏离中心频率时，天线增益会下降。

2. 测向天线类型

1）线天线

线天线由安装在支架上的一段导体组成。如果以该导体的中心点作为信号馈入点，则该天线称为偶极子天线；如果以该导体的一端作为馈入点，则该天线称为单极子天线。

（1）偶极子天线。偶极子天线是实际中最常用且最简单的无源天线，其结构和方向如图 7－2 所示。

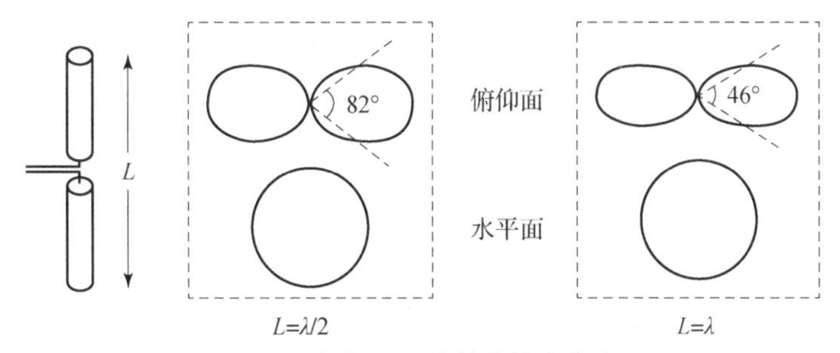

图 7－2　偶极子天线的结构和方向图

偶极子天线的方向图由其长度来决定，即与其尺寸密切相关。图 7－2 所示是偶极子天线在长度分别为 $L=\frac{\lambda}{2}$和 $L=\lambda$ 时的方向图。可见，当 $L=\frac{\lambda}{2}$时，俯仰方向的半功率波束宽度为82°，水平方向的半功率波束宽度为360°；当$L = \lambda$时，俯仰方向的半功率波束宽度为47°，水平方向的半功率波束宽度为360°。

（2）单极子天线。单极子天线由单个阵元构成，通常安装在基准面上（如水平面），其结构和方向如图7－3所示。

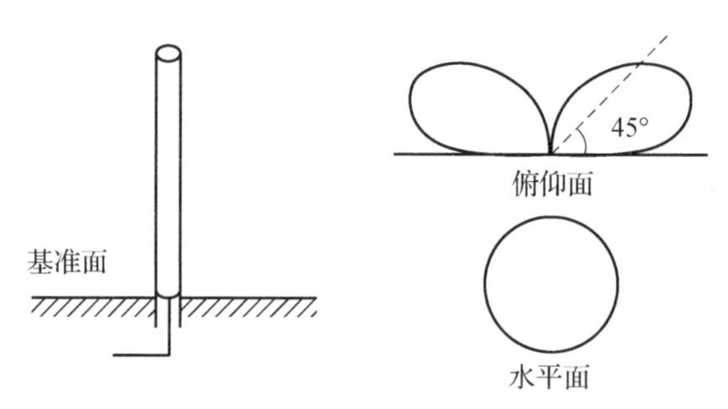

图7－3　单极子天线的结构和方向图

单极子天线的长度通常为$\frac{\lambda}{4}$。该类天线虽然结构简单，但却是VHF频段内战术级电磁目标最常用的天线。

（3）复合线天线。典型的复合线天线为阿德科克（Adcock）天线，由间距为d的两个垂直振子或对称振子所组成，如图7－4所示。若用两个垂直振子来组成，则称为U型艾德考克天线；若用两个对称振子来组成，则称为H型艾德考克天线。

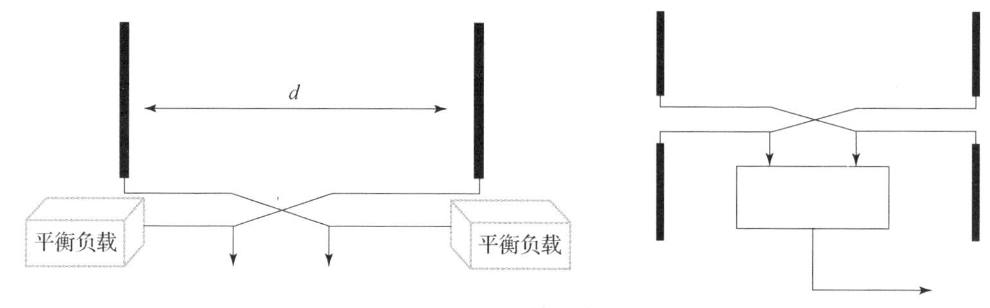

图7－4　U形和H形阿德科克天线结构图

2）环形天线

环形天线有与偶极子天线类似的辐射特性，其形状可以是圆环，也可以是任意形状的环，分为单环、双环和屏蔽环三大类。

（1）单环天线。单环天线的结构和方向，如图7－5所示。其为环形天线垂直安装时的状态。

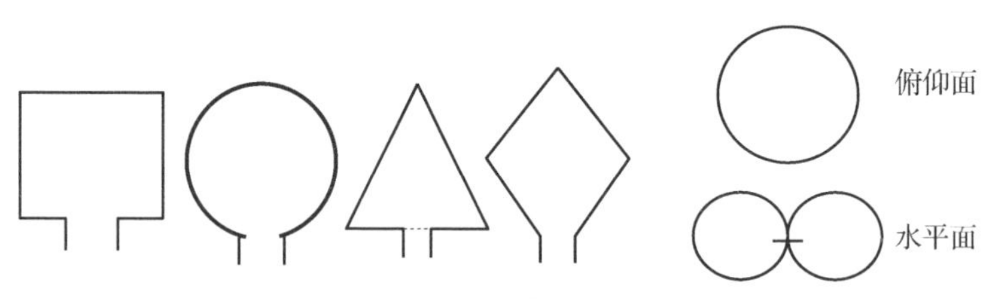

图7－5　单环天线的结构和方向图

（2）双环天线。双环天线有交叉环天线和间隔双环天线两类。交叉环天线由两个相互垂直的圆环或矩形环、宽带移相器和相加器等组成，其结构如图 7－6 所示。

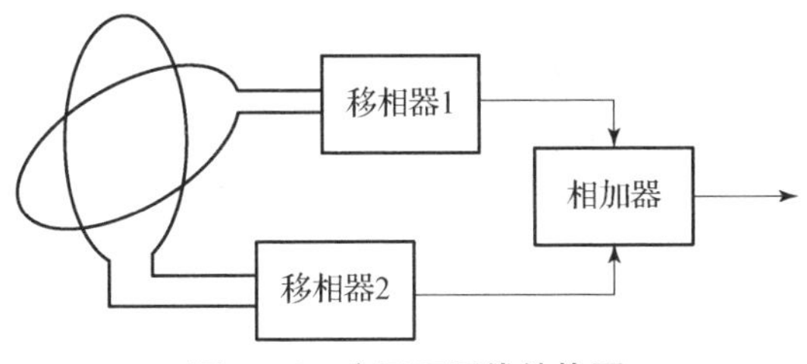

图 7－6　交叉环天线结构图

交叉环天线的两路输出信号，先由两个移相器分别移相后将信号实现 90°相移，再由相加器对这两个信号进行相加或相减处理，得到各向同性的输出信号。

间隔双环天线是由两个完全相同的相互间隔为确定距离的共面式双环或共轴式双环构成，如图 7－7 所示。

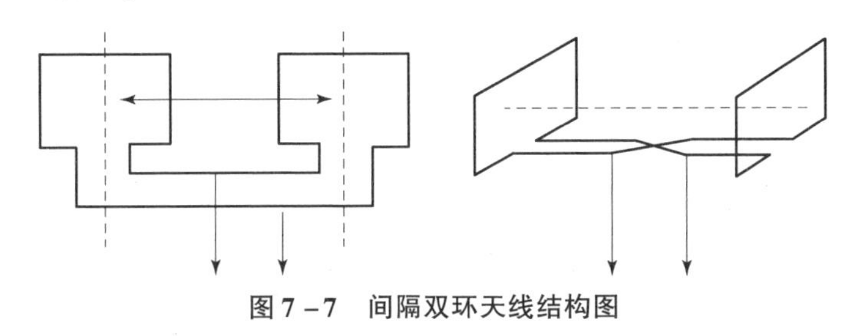

图 7－7　间隔双环天线结构图

（3）屏蔽环天线。屏蔽环天线为降低外界因素对金属屏蔽环方向性的不利影响而将线圈设计在金属屏蔽罩中。这样可利用金属屏蔽罩良好的接地，减小屏蔽环天线对地分布电容，一方面克服了位移电流对天线接收性能所产生的影响，另一方面由于内线圈被屏蔽而使屏蔽环天线具有良好的方向性。屏蔽环天线如图 7－8 所示。

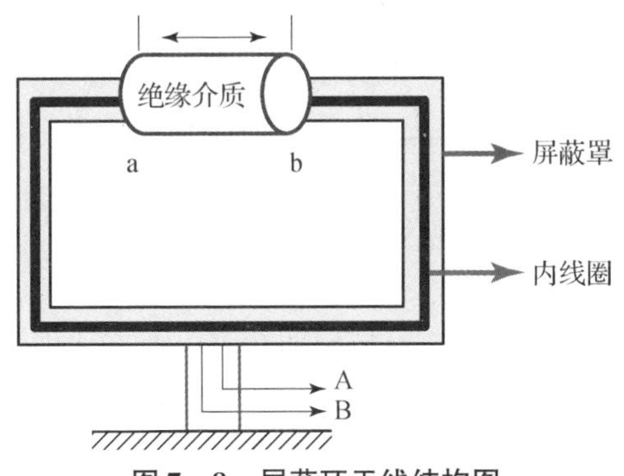

图 7－8　屏蔽环天线结构图

（4）复合环天线。复合环天线由一个单环天线和一根与该环天线垂直且位于该环天线中轴线上的鞭天线组成，如图 7－9 所示。鞭天线首先通过感应电磁目标的电磁信号并将其转化为电信号，其次将该电信号移相 90°，再次与环天线经过同样处理后得到的电信号进行取和运算，最后得到复合环天线的输出信号，为后续测定电磁信号的来波方向奠定基础。

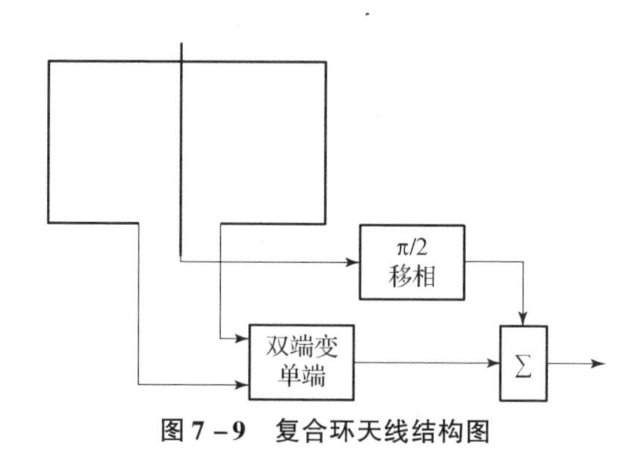

图 7－9　复合环天线结构图

3）对数周期天线

对数周期天线的结构和方向，如图 7－10 所示。

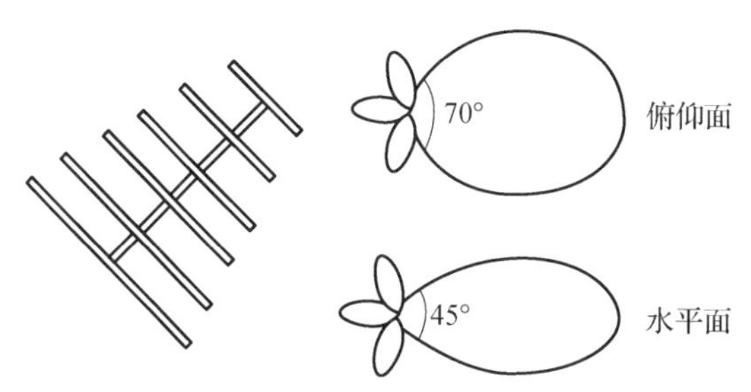

图 7－10　对数周期天线结构和方向图

由图 7－10 可见，对数周期天线由若干长度不同的偶极子天线构成，各阵子的间距与天线工作频率为对数关系，使该类天线能够覆盖很宽的频段，即对数周期天线是一种宽带天线。

4）螺旋天线

螺旋天线由绕成多匝的线圈构成，其结构如图 7－11 所示。

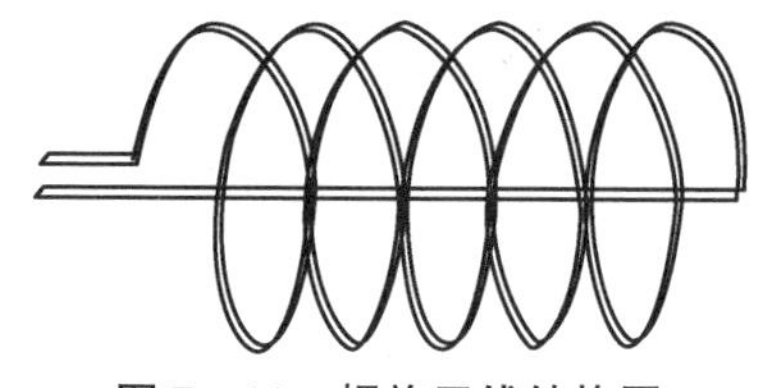
图 7－11　螺旋天线结构图

螺旋天线有正向、轴向、锥形、对数周期和平面等形式，每种形式的天线都具有各自的天线特性。螺旋天线的螺旋的直径通常与信号波长相等，该类天线辐射的电磁波包括圆极化或椭圆极化两种。

5）口径天线

口径天线与线天线一维结构不同，口径天线采用二维结构，通常应用在较高的频段。

（1）喇叭天线。喇叭天线是定向天线，其辐射指向喇叭口径面的法线方向。通常使用波导馈入激励信号，在波导的尾部，其开口逐步变宽，形成喇叭式口径天线。其结构和辐射特性（方向）示意，如图 7－12 所示。

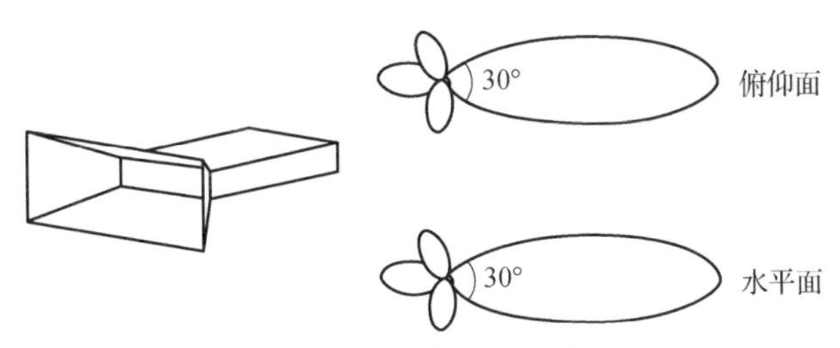

图 7－12　喇叭天线的结构和方向图

（2）抛物面天线。抛物面天线是一种反射天线，其馈源放置在抛物反射面的焦点上，馈源辐射的电磁波经过抛物面反射后形成波束。这类天线具有极好的增益和方向性性能，其结构和辐射特性（方向）如图 7－13 所示。

图 7－13　抛物面天线的结构和方向图

6）有源天线

天线通常是无源器件。如果采用放大器等有源器件来改善天线的某些特性，或者减小天线的尺寸，则这类天线称为有源天线。

有源天线的主要优点是尺寸小，与相同特性的无源天线相比较，有源天线的尺寸要小得多。这一点在较低频率范围是十分重要的，因为在这个频段无源天线尺寸通常很大。

有源天线的噪声可以设计很小，互调问题也可以很好地解决，所以其在高频、甚高频和特高频频段各种测向天线中得到广泛的应用。

7）阵列天线

阵列天线是将偶极子天线、喇叭天线或螺旋天线等组合构成的相控阵天线，特别是可用来作为测向天线。阵列天线具有单天线难以实现的性能。图 7－14 所示为四种较为常用的阵列天线及其阵元分布图。

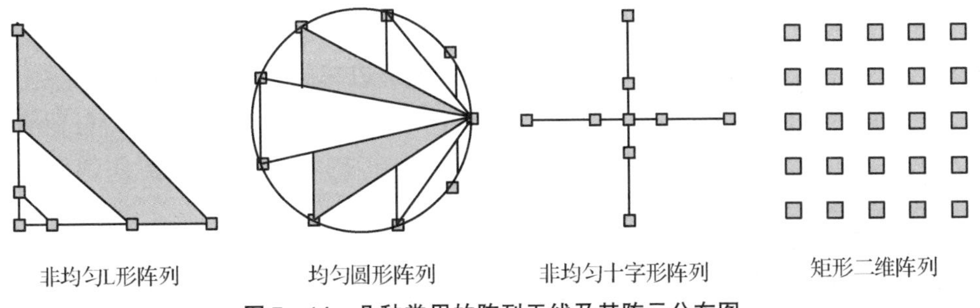

图 7－14　几种常用的阵列天线及其阵元分布图

天线阵列可以灵活地排列成L形、T形、均匀圆形阵列、三角形和多边形等形态。阵列天线常用于相位干涉仪测向，其中圆阵多用于多普勒测向和相关干涉仪测向，而矩形阵列常在相控阵天线中使用。

7.2 电磁信号测向方法

7.2.1 振幅法测向

振幅法测向是基于测向站的测向天线对不同方向来波的幅度响应特性，实现对电磁信号来波方向的测量。振幅法测向包括最大信号测向法、最小信号测向法和振幅比较测向法等。

1. 最大信号测向法

最大幅度测向法基本原理：利用窄波束强方向性测向天线，以一定的速度在测角范围内扫描捕捉电磁信号，当测向站测得所接收的电磁信号的幅度最大时，则判定测向天线波束所指方向为电磁信号来波方向。最大幅度测向法原理如图7－15所示。

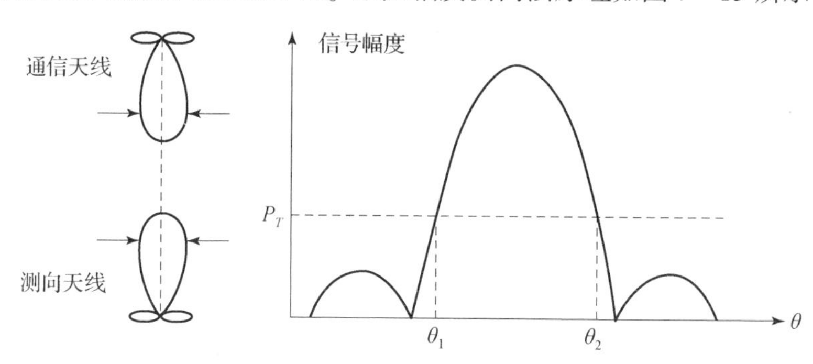

图7－15 最大幅度测向法原理

最大幅度测向法通常通过两次测量来提高精度。在测向天线处于旋转状态扫描捕捉电磁信号过程中，测向站在所接收的电磁信号的幅度高于检测门限 P_T 和低于检测门限 P_T 时，取测向天线的波束指向角 θ_1 和 θ_2 的平均值作为来波方向的估值，即

$$\hat{\theta}=\frac{\theta_1+\theta_2}{2} \tag{7-1}$$

最大幅度测向法具有的优点：测向灵敏度相对较高；单个测向通道可实现测向，成本相对较低；具有多电磁信号测向能力；测向天线可以与侦测系统共用。其缺点：测向天线方向性强，会降低电磁信号的空域截获概率；难以对猝发或快速跳频等驻留时间相对较短的电磁信号进行测向；测向误差相对较大。由于该测向法主要采用强方向性天线，因此在微波这样的高频段进行测向时效果显著。

2. 最小信号测向法

最小信号测向法与最大幅度测向法的基本原理类似，最小信号测向法的基本原理：利用窄波束强方向性测向天线，以一定的速度在测角范围内扫描捕捉电磁信号，当测向站测得接收的电磁信号的幅度最小时，则判定测向天线波束所指方向即为电磁信号的来波方向。

最小信号测向法实际上是利用天线的波束零点来测定来波方向。当波束零点对准来波方向时，天线感应信号为零，测向接收机输出信号幅度为零，此时天线指向的方向为来波方向。

最小信号测向法的测向精度相比最大幅度测向法的测向精度要高，且测向方法较为简单，如采用简单的偶极子天线来进行测向。最小信号测向法主要用在长波和短波波段。

3. 单脉冲振幅比较测向法

单脉冲振幅比较测向法，又称为相邻比幅测向法，其工作原理：首先利用 M 个方向图一致的测向天线，并且组合的方向图在空域覆盖 360°，M 个测向天线分别感应被测电磁信号并将电磁信号转换为电信号；然后比较相邻两个测向天线输出电信号的幅度，判定被测电磁信号的来波方向。

典型的四信道单脉冲振幅比较测向站如图 7－16 所示。

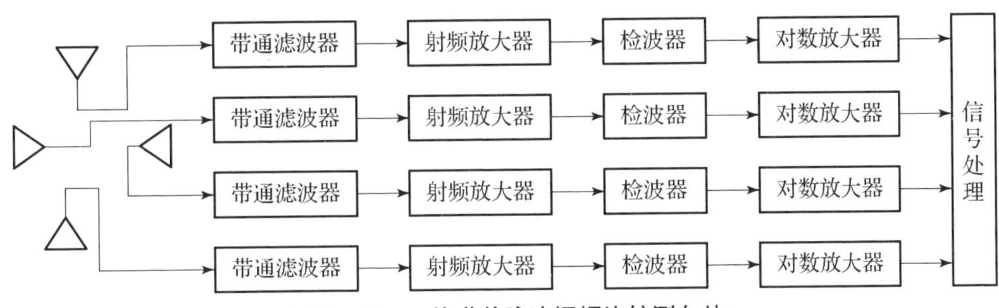

图 7－16　四信道单脉冲振幅比较测向站

每副测向天线都对应一个由带通滤波器、射频放大器、检波器和对数放大器等组成的模拟信号处理信道。由于 M 个方向图一致的测向天线，其方向图均匀分布在 $[0,2\pi]$，每副测向天线的波束宽度就为 $\theta_B=\dfrac{2\pi}{M}$，则各测向天线方向图函数为

$$D(\theta-i\theta_B)\quad(i=0,1,\cdots,M-1)\tag{7-2}$$

假设各副测向天线接收的被测电磁信号包络为 $A(t)$，则该信号经过幅度响应为 K_i 的模拟信号处理信道后，经滤波、放大、检波和对数处理后的信号包络为

$$s_i(t)=\lg[K_iD(\theta-i\theta_B)A(t)]\quad(i=0,1,\cdots,M-1)\tag{7-3}$$

由于测向天线方向图一致且对称，因此 $D(\theta)=D(-\theta)$。当电磁信号被两副相邻的测向天线接收，且来波方向与这两副天线之间的角度关系，如图 7－17 所示。

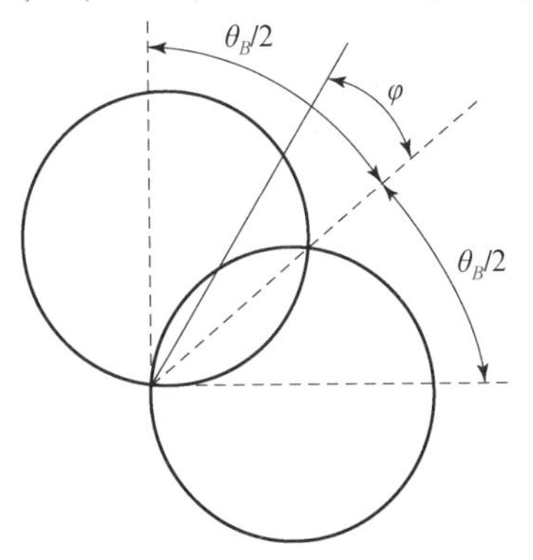

图 7－17　相邻天线方向图

相应信道的信号输出分别为

$$\begin{cases}s_1(t)=K_1D\left(\dfrac{\theta_B}{2}-\varphi\right)A(t)\\[2ex] s_2(t)=K_2D\left(\dfrac{\theta_B}{2}+\varphi\right)A(t)\end{cases}\tag{7-4}$$

对这两个信号进行除法运算后，得

$$R=\frac{s_1(t)}{s_2(t)}=\frac{K_1D\left(\frac{\theta_B}{2}-\varphi\right)}{K_2D\left(\frac{\theta_B}{2}+\varphi\right)} \tag{7-5}$$

对式（7-5）取对数，即用分贝表示为

$$R_{\mathrm{dB}}=10\lg\left[\frac{K_1D\left(\frac{\theta_B}{2}-\varphi\right)}{K_2D\left(\frac{\theta_B}{2}+\varphi\right)}\right] \tag{7-6}$$

由于各信道的幅度响应也完全一致，设为 K_i，式（7-6）可进一步推导为

$$R=\frac{D\left(\frac{\theta_B}{2}-\varphi\right)}{D\left(\frac{\theta_B}{2}+\varphi\right)} \tag{7-7}$$

式（7-7）为两副相邻测向天线所感应的信号经过滤波、放大、检波和对数化等处理后得到的电压与被测电磁信号来波方向间的关联表达式，即单脉冲振幅比较测向法的理论依据。

由于测向天线的方向图函数 $D(\theta)$ 及其张角预先确知，故可得到被测电磁信号来波方向。

单脉冲振幅比较测向法的优点是测向精度相对较高且具有瞬时测向能力，缺点为测向站较为复杂且要求各电路的幅度特性高度一致。

4. 沃森·瓦特振幅比较测向法

沃森·瓦特（Watson-Watt）振幅比较测向法属于比幅测向法，通常采用多信道实现来波方向测定。多信道沃森·瓦特振幅比较测向法的工作原理：首先利用 M 个正交的测向天线中两副可接收到被测电磁信号的测向天线，分别感应该电磁波信号并将其转换为电信号；然后通过幅度响应和相位响应相同的模拟信号处理信道对电信号进行变频和放大等处理；基于最后求解的结果判定被测电磁信号的来波方向。

沃森·瓦特振幅比较测向站，如图7-18所示。

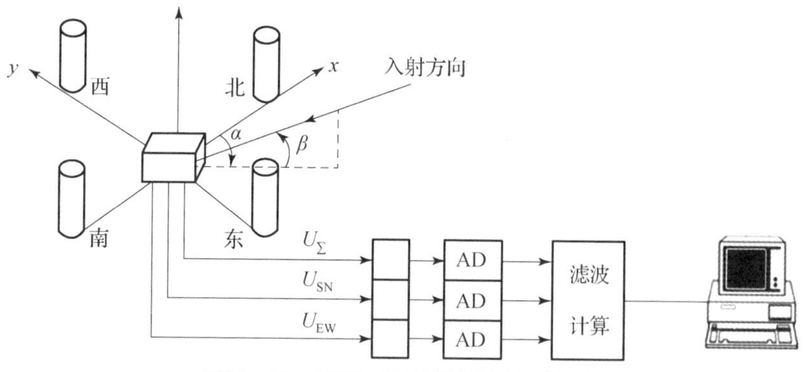

图7-18　沃森·瓦特振幅比较测向站

下面以阿德科克四天线为例，说明沃森·瓦特振幅比较测向法的基本原理。当被测电磁信号均匀平面波以方位角 α 和仰角 β 传播到阿德科克测向天线阵时，则得天线阵的

接收信号为

$$U_0(t)=A(t)\cos(2\pi f_c t+\varphi_0) \tag{7-8}$$

不失一般性，基准取正北方向，在测向天线阵上呈均匀分布的四副测向天线所感应的电压为

$$\begin{cases} U_{\mathrm{N}}(t)=A(t)\cos\left(2\pi f_c t+\varphi_0-\dfrac{\pi d}{\lambda}\cos\alpha\cos\beta\right) \\ U_{\mathrm{S}}(t)=A(t)\cos\left(2\pi f_c t+\varphi_0+\dfrac{\pi d}{\lambda}\cos\alpha\cos\beta\right) \\ U_{\mathrm{W}}(t)=A(t)\cos\left(2\pi f_c t+\varphi_0-\dfrac{\pi d}{\lambda}\sin\alpha\cos\beta\right) \\ U_{\mathrm{E}}(t)=A(t)\cos\left(2\pi f_c t+\varphi_0+\dfrac{\pi d}{\lambda}\sin\alpha\cos\beta\right) \end{cases} \tag{7-9}$$

式中：β 为被测电磁信号来波入射仰角；α 为该信号来波入射方位角；d 为天线阵直径；λ 为该信号波长；f_c 为该信号频率；$A(t)$ 为该信号包络。

天线阵两组天线所感应信号之间的电压差为

$$\begin{cases} U_{\mathrm{SN}}(t)=U_{\mathrm{S}}(t)-U_{\mathrm{S}}(t)=2A(t)\sin(2\pi f_c t+\varphi_0)\sin\left(\dfrac{\pi d}{\lambda}\cos\alpha\cos\beta\right) \\ U_{\mathrm{EW}}(t)=U_{\mathrm{E}}(t)-U_{\mathrm{W}}(t)=2A(t)\sin(2\pi f_c t+\varphi_0)\sin\left(\dfrac{\pi d}{\lambda}\sin\alpha\cos\beta\right) \end{cases} \tag{7-10}$$

当式（7-10）中 $d\ll\lambda$ 时，式（7-10）可简化为

$$\begin{cases} U_{\mathrm{SN}}(t)\approx 2A(t)\dfrac{\pi d}{\lambda}\sin(2\pi f_c t+\varphi_0)\cos\alpha\cos\beta \\ U_{\mathrm{EW}}(t)\approx 2A(t)\dfrac{\pi d}{\lambda}\sin(2\pi f_c t+\varphi_0)\sin\alpha\cos\beta \end{cases} \tag{7-11}$$

由式（7-11）可知，两组天线输出电压差的信号，其幅度对应为被测电磁信号来波方位角的余弦函数和正弦函数，以及入射仰角的余弦函数。

天线阵两组天线所感应信号之间的电压和为：

$$\begin{aligned} U_{\mathrm{Z}}(t)&=U_{\mathrm{N}}(t)+U_{\mathrm{S}}(t)+U_{\mathrm{W}}(t)+U_{\mathrm{E}}(t) \\ &=2A(t)\cos(2\pi f_c t+\varphi_0)\left[\cos\left(\frac{\pi d}{\lambda}\cos\alpha\cos\beta\right)+\cos\left(\frac{\pi d}{\lambda}\sin\alpha\cos\beta\right)\right] \\ &=2A(t)\cos(2\pi f_c t+\varphi_0)V(\alpha,\beta) \end{aligned} \tag{7-12}$$

当且仅当满足

$$V(\alpha,\beta)=\cos\left(\frac{\pi d}{\lambda}\cos\alpha\cos\beta\right)+\cos\left(\frac{\pi d}{\lambda}\sin\alpha\cos\beta\right)>0 \tag{7-13}$$

或

$$2\cos\left(\frac{\sqrt{2}}{2}\frac{\pi d}{\lambda}\cos\beta\cos\left(\alpha-\frac{\pi}{4}\right)\right)\cdot\cos\left(\frac{\sqrt{2}}{2}\frac{\pi d}{\lambda}\cos\beta\cos\left(\alpha+\frac{\pi}{4}\right)\right)>0 \tag{7-14}$$

特别是当$\dfrac{d}{\lambda}<\dfrac{\sqrt{2}}{2}$时，和信号的正交项 $U_{\Sigma\perp}(t)2A(t)\sin(2\pi f_c t+\varphi_0)V(\alpha,\beta)$ 与两个差信号同相，其乘积分别为

$$\begin{cases} P_{\text{SN}}(t) \approx [2A(t)]^2 \dfrac{1-\cos 2(2\pi f_c t+\varphi_0)}{2} V(\alpha,\beta) \dfrac{\pi d}{\lambda}\cos\alpha\cos\beta \\ P_{\text{EW}}(t) \approx [2A(t)]^2 \dfrac{1-\cos 2(2\pi f t+\varphi_0)}{2} V(\alpha,\beta) \dfrac{\pi d}{\lambda}\sin\alpha\cos\beta \end{cases} \tag{7-15}$$

低通滤波后的输出信号为

$$\begin{cases} W_{\text{SN}}(t) \approx [2A(t)]^2 V(\alpha,\beta) \dfrac{\pi d}{\lambda}\cos\alpha\cos\beta \\ W_{\text{EW}}(t) \approx [2A(t)]^2 V(\alpha,\beta) \dfrac{\pi d}{\lambda}\sin\alpha\cos\beta \end{cases} \tag{7-16}$$

因此，可得来波入射方位角 α 和来波入射仰角 β 为

$$\alpha = \arctan\left(\frac{W_{\text{EW}}(t)}{W_{\text{SN}}(t)}\right) \tag{7-17}$$

$$\beta = \arccos\left(\frac{\sqrt{(W_{\text{EW}}(t))^2+(W_{\text{SN}}(t))^2}}{\dfrac{\pi d}{\lambda}A(t)\sqrt{(U_{\Sigma}(t))^2+(U_{\Sigma\perp}(t))^2}}\right) \tag{7-18}$$

由此可得，被测电磁信号的来波方向。

沃森·瓦特振幅比较测向法具有测向时效性强、测向精度高且可对跳频通信信号进行测向等优点，缺点是测向设备结构相对复杂且对信道幅度一致性和相位一致性要求极高。

7.2.2 相位法测向

相位法测向工作原理：根据被测电磁信号到达测向站的测向天线阵时，测向天线阵中各阵元所接收的信号相对各阵元呈现出不同的相位，利用所呈现的不同相位及其相位差来测量被测电磁信号的来波方向。相位法测向包括单基线相位干涉仪测向法和多基线相位干涉仪测向法等。

1. 单基线相位干涉仪测向法

单基线相位干涉仪测向可实现对被测电磁信号的快速测向，其基本原理如图 7-19 所示。

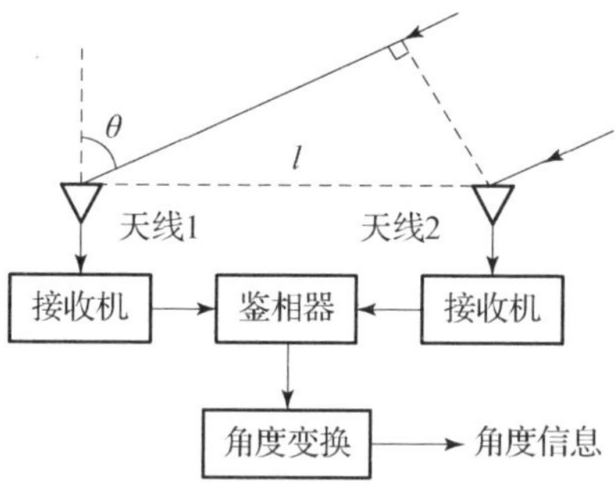

图 7-19 单基线相位干涉仪测向

单基线相位干涉仪采用两副测向天线，分别表示为测向天线 1 和测向天线 2。单基线相位干涉仪设计有幅度特性、频率特性和相位特性完全一致的两个接收信道。

当被测电磁信号的均匀平面波，以与天线之间夹角为 θ 的方向传播至测向天线时，

天线阵输出信号的相位差可表示为

$$\varphi = \frac{2\pi l}{\lambda}\sin\theta \tag{7-19}$$

式中：λ 是被测电磁信号的波长；l 是测向天线 1 和测向天线 2 的间距，也称为基线长度。

由于两个接收信道具有完全一致的幅度特性和相位特性，因此可得鉴相器输出信号为

$$\begin{cases} U_C = K\cos\varphi \\ U_S = K\sin\varphi \end{cases} \tag{7-20}$$

式中：K 为系统增益。

对鉴相器输出信号进行角度变换，可得

$$\begin{cases} \hat{\varphi} = \arctan\left(\dfrac{U_S}{U_C}\right) \\ \hat{\theta} = \arcsin\left(\dfrac{\hat{\varphi}\lambda}{2\pi l}\right) \end{cases} \tag{7-21}$$

根据鉴相器原理，其无模糊相位检测范围为$[-\pi,\pi]$，因此单基线干涉仪的无模糊测角范围$[-\theta_{max},\theta_{max}]$对应为

$$\theta_{max} = \arcsin\left(\frac{\lambda}{2l}\right) \tag{7-22}$$

对式（7-21）求微分，可以得到测角误差的关系为

$$\begin{cases} \Delta\varphi = \dfrac{2\pi l}{\lambda}\cos\theta\Delta\theta - \dfrac{2\pi l}{\lambda^2}\sin\theta\Delta\lambda \\ \Delta\theta = \dfrac{\Delta\varphi}{\dfrac{2\pi l}{\lambda}\cos\theta} - \dfrac{\Delta\lambda}{\lambda}\tan\theta \end{cases} \tag{7-23}$$

由式（7-23）可知，在基线方向是测向的盲区，即 $\theta=\pi/2$ 时误差最大。为将误差最小化，一般将单基线相位干涉仪的测向范围限制在$[-\pi/3,\pi/3]$范围内。

2. 一维多基线相位干涉仪测向法

采用一维多基线相位干涉仪测向法的目的是通过长基线来保证精度和短基线保证测角范围。多基线相位干涉仪测向原理，如图 7-20 所示。

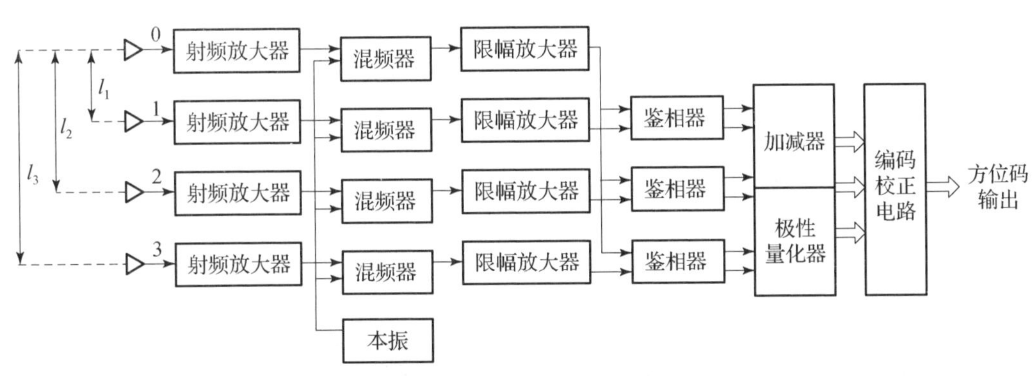

图 7-20　多基线相位干涉仪测向原理

在图 7-20 中，0#天线为基准天线，对应信道为鉴相基准信道，0#天线与 1#、2#和 3#天线的基线长度分别为 l_1、l_2 和 l_3，且满足 $l_2=4l_1$ 和 $l_3=4l_2$。

四副天线感应的被测电磁信号，经过低噪声放大、射频放大、混频和限幅放大等处理后分别送到对应的鉴相器，鉴相器对输入的信号进行两两鉴相处理后得到 3 组 6 路输出信号，分别为 $\sin\varphi_1/\cos\varphi_1$、$\sin\varphi_2/\cos\varphi_2$ 和 $\sin\varphi_3/\cos\varphi_3$，其中

$$\begin{cases}\varphi_1=\dfrac{2\pi l_1}{\lambda}\sin\theta\\ \varphi_2=\dfrac{2\pi l_2}{\lambda}\sin\theta=4\varphi_1\\ \varphi_3=\dfrac{2\pi l_3}{\lambda}\sin\theta=4\varphi\end{cases}\tag{7-24}$$

上面 6 路信号通过后续加减电路、极性量化器和编码校正电路处理，得到与 θ 相对应的 8bit 方向码，即实现电磁信号来波方向的测定。

假定一维多基线干涉仪的基线数为 N，相邻基线长度比为 M，最长基线编码器的量化位数为 K，则理论上该方法的测向精度为

$$\Delta\theta\approx\frac{\theta_{\max}}{M^{N-1}2^{K-1}}\tag{7-25}$$

一维多基线干涉仪的基线长度可以等间距或不等间距安排，也可以采用分数比基线。

3. 二维圆阵相位干涉仪测向法

二维相位干涉仪测向法和多维相位干涉仪测向法均依据一维多基线相位干涉仪的测向原理。二维相位干涉仪测向天线可采用 L 形、T 形、均匀圆形阵、三角形和多边形等排列方式，下面介绍基于圆阵的二维相位干涉仪测向原理。

测向天线基线组由三个阵元组成，分别命名为阵元 1、阵元 2 和阵元 3。建立如图 7-21 所示的坐标系，这三个阵元分布在以坐标系的原点 O 为圆心、R 为半径的圆周上。定义基线组主轴为圆心与阵元 1 之间的连线，主轴方向为坐标系中 x 轴与主轴之间为夹角 ω 时的指向，法线方向为与主轴相互垂直时的指向；测向天线的阵元 2 和 3 阵元与基主轴呈对称分布，两个阵元与圆心的连线和主轴方向的夹角分别为 $\pm\gamma$；电磁信号 $s(t)$ 的来波方向为 (θ,φ)，其中 θ 是方位角，φ 是仰角。

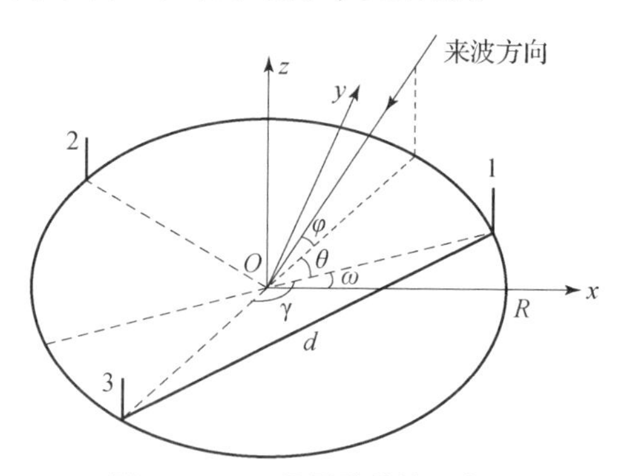

图 7-21 三元圆阵结构示意图

在测向天线中各阵元所接收的电磁信号为

$$s_i(t)=s(t)\exp(\mathrm{j}\beta\boldsymbol{\xi}^{\mathrm{T}}\boldsymbol{r}_i)=s(t)\exp(\mathrm{j}\psi_i),\ i=1,2,3 \tag{7-26}$$

式中：$\boldsymbol{r}_i$ 为天线位置的矢量；$\beta=2\pi/\lambda$；$\boldsymbol{\xi}$ 为电磁信号来波方向的导向矢量；Ψ_i 为因传输时延而导致的时延相位，其原因是测向天线阵元 i 接收到电磁信号的时间与电磁信号到达 O 点的时间必然存在一定的时延，故有

$$\boldsymbol{\xi}=[\xi_x,\xi_y,\xi_z]=[\cos\varphi\cos\theta,\cos\varphi\sin\theta,\sin\varphi]^{\mathrm{T}} \tag{7-27}$$

同时，在测向天线中阵元1与阵元2和阵元1与阵元3之间接收到电磁信号时真实相位差 $\psi_{1,2}$ 和 $\psi_{1,3}$ 为

$$\begin{cases}\psi_{1,2}=\psi_1-\psi_2=-2\beta R\cos\varphi\sin\left(\dfrac{\gamma}{2}\right)\sin\left(\theta-\omega-\dfrac{\gamma}{2}\right)\\ \psi_{1,3}=\psi_1-\psi_3=-2\beta R\cos\varphi\sin\left(\dfrac{\gamma}{2}\right)\sin\left(\theta-\omega+\dfrac{\gamma}{2}\right)\end{cases} \tag{7-28}$$

对 $\psi_{1,2}$ 和 $\psi_{1,3}$ 进行和差运算，可得

$$\begin{aligned}\psi_S&=\psi_{1,3}+\psi_{1,2}=4\beta R\sin\left(\frac{\lambda}{2}\right)\cos\varphi\cos(\theta-\omega)\sin\left(\frac{\lambda}{2}\right)\\ \psi_D&=\psi_{1,3}-\psi_{1,2}=4\beta R\sin\left(\frac{\lambda}{2}\right)\cos\varphi\sin(\theta-\omega)\cos\left(\frac{\lambda}{2}\right)\end{aligned} \tag{7-29}$$

式中：ψ_S 和 ψ_D 是基线组的和相位及差相位。

设 μ 是 $\boldsymbol{\xi}$ 在阵列平面上的投影，即 $u=\xi_x+\mathrm{j}\xi_y$，则有

$$\mu=\cos\varphi(\cos\theta+\mathrm{j}\sin\theta)=\cos\varphi[\cos(\theta-\omega)+\mathrm{j}\sin(\theta-\omega)](\cos\omega+\mathrm{j}\sin\omega) \tag{7-30}$$

令 $\mu'=\cos(\theta-\omega)+\mathrm{j}\sin(\theta-\omega)$，可得 μ' 的估计值为

$$\hat{\mu}'=\hat{\xi}'_x+\hat{\mathrm{j}}'_y=\frac{\psi_S}{4\beta R\sin\left(\dfrac{\gamma}{2}\right)\sin\left(\dfrac{\gamma}{2}\right)}+\mathrm{j}\frac{\psi_D}{4\beta R\sin\left(\dfrac{\gamma}{2}\right)\cos\left(\dfrac{\gamma}{2}\right)} \tag{7-31}$$

经推导，可得

$$\begin{aligned}&\hat{\mu}=\hat{\mu}'\exp(\mathrm{j}\omega)\\ &\hat{\xi}'_y=\frac{\psi_{\mathrm{D}}}{4\beta R\sin\left(\dfrac{\gamma}{2}\right)\cos\left(\dfrac{\gamma}{2}\right)}\\ &\hat{\xi}'_x=\frac{\psi_{\mathrm{S}}}{4\beta R\sin\left(\dfrac{\gamma}{2}\right)\sin\left(\dfrac{\gamma}{2}\right)}\end{aligned} \tag{7-32}$$

由此可得到达角估计值为

$$\hat{\theta}=\arctan\left(\frac{\hat{\xi}'_y}{\hat{\xi}'_x}\right),\ \hat{\varphi}=\arccos(|\hat{u}|) \tag{7-33}$$

多基线相位干涉仪测向法的特点是测向灵敏度和精度高且速度快，但测向范围难以全方位覆盖，且信号分辨能力不强、技术复杂和成本高。

7.2.3　矢量法测向

矢量法测向是基于对测向天线阵列中各阵元间复数电压的计算实现来波方向测量的

方法，主要包括相关干涉仪测向法和空间谱估计测向法两大类。

1. 相关干涉仪测向法

相关干涉仪测向采用多阵元测向天线，按照相关干涉仪所配备的接收信道数可分为单信道、双信道和多信道相关干涉仪，三者的测向原理基本相同。下面以经典的双信道相关干涉仪为例阐述相关干涉仪的基本组成和工作原理。

1）双通道相关干涉仪测向原理

双通道相关干涉仪采用双通道接收机和多阵元天线实现对信号的监测和来波方向测量，其基本原理如图 7－22 所示。

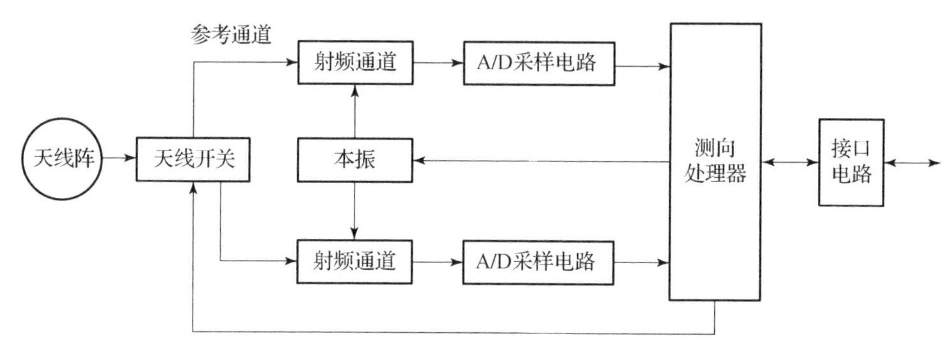

图 7－22　双通道相关干涉仪的基本原理

天线阵感应被测电磁信号并将其转换为电信号。该电信号首先由天线开关控制分时进入两个射频通道，与本振信号混频后变为中频信号；然后分别由 A/D 模数转换电路 ADC 对该中频信号采样和量化后，送到测向处理器进行傅立叶变换处理，提取不同测向天线对应接收到的电磁信号的相位和与相位差；最后由测向处理器根据提取的相位和与相位差完成相关干涉测向处理，从而求得被测电磁信号的来波方位。

2）双通道相关干涉仪测向过程

相关干涉仪的天线阵列通常包含 3～9 个阵元。测向依据天线阵列中多阵元来实现，具体步骤如下：

（1）数组与模板建立。利用方向和频率确知的校正信号，测量出天线阵列中各阵元间的复数电压，形成方向和频率均明确对应的信号复数电压数组或模板。

（2）标准数据库构建。针对天线阵列的工作频率范围，根据样本建立规则依次选择方位和频率建立标准模板，构建可供相关计算的标准数据库。

（3）基于上面步骤（1）和步骤（2），在对被测电磁信号进行测向时，首先采集被测电磁信号形成其复数电压数组，然后与测向处理器中的复数电压数组和标准数据库中的标准模板进行相关运算提取被测电磁信号的来波方向。

由于标准模板是根据上面步骤（1）和步骤（2）事先建立的并已存储在标准数据库中，因此在测向时仅需测量和建立被测电磁信号的复数电压数组。假设测得的目标电磁信号的复数电压数组为

$$\boldsymbol{\Phi}_i = \{\varphi_{i,1}, \varphi_{i,2}, \varphi_{i,3}, \cdots, \varphi_{i,m}\} \quad (i = 1, 2, \cdots, n) \tag{7-34}$$

标准数据库中先验信号的复数电压数组为

$$\boldsymbol{\Phi} = \{\varphi_{0,1}, \varphi_{0,2}, \varphi_{0,3}, \cdots, \varphi_{0,m}\} \tag{7-35}$$

将式（7－34）和式（7－35）进行相关运算，提取其相关系数为

$$\rho_i = \frac{\boldsymbol{\Phi}^{\mathrm{T}}\boldsymbol{\Phi}_i}{(\boldsymbol{\Phi}^{\mathrm{T}}\boldsymbol{\Phi})^{1/2}(\boldsymbol{\Phi}_i^{\mathrm{T}}\boldsymbol{\Phi}_i)^{1/2}} \quad i=1,2,3,\cdots,n \tag{7-36}$$

得到相关系数后，从标准数据库中查找与相关系数最大值所对应的信号方位数值，该方位值就是电磁信号的来波方向。

双信道相关干涉仪中的测向处理器主要完成对采样数据的傅立叶变换处理，处理流程包括一是通过天线开关分时切换天线阵列中的天线阵元，由每对天线阵元接收的电磁信号提取一个复数电压，多对天线阵元的复数电压就构成了一个可供相关运算的复数电压数组；二是基于构建的复数电压数组，通过相关运算处理提取电磁信号的来波方向。

2. 多普勒测向法

多普勒测向法是通过依次测量圆形天线阵列中相邻阵元入射信号上相位差的方法来测定来波方向。

1）多普勒效应

多普勒测向原理基于多普勒效应，多普勒效应是指当被测电磁目标与测向站都处于运动状态时，测向站通过测量而得到的电磁信号频率与被测电磁实际信号发射频率存在频率偏差的现象，如图 7－23 所示。

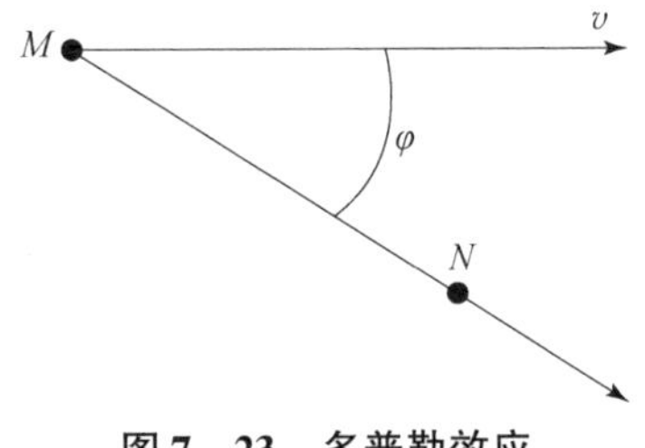

图 7－23　多普勒效应

设被测电磁信号在 N 点的信号频率为 f_0，电磁目标以速度 v 运动，信号辐射方向和运动方向之间的夹角为 φ。c 为光速，若电磁目标的运动速度与光速之间满足 $v/c \ll 1$，则在点 M 处可测到由多普勒效应而导致的频率偏移：

$$\Delta f = f_0 N\cos\varphi \tag{7-37}$$

2）多普勒测向原理

在实际应用中，通常设计成测向天线而不是测向设备相对电磁目标做运动。依据多普勒频移原理，当测向天线正对电磁目标运动时，多普勒效应将使测向设备通过测量得到的电磁信号的频率高于电磁目标实际发射信号的频率；当测向天线背离电磁目标运动时，多普勒效应将使测向设备通过测量得到的电磁信号的频率低于电磁目标实际发射信号的频率；当测向天线沿着圆周轨道做旋转运动时，多普勒效应将使测向设备通过测量得到的电磁信号的频率和相位均按正弦调制模式呈现周期性的变化。

由于结构复杂且难以实现，一般不采用机械方法使测向天线旋转来产生多普勒效应。通常将测向天线的多个阵元均匀分布在圆周上，利用测向站中设计的天线开关分时快速地连通各个阵元来模拟测向天线的圆周旋转运动，由此产生多普勒效应来获得电磁信号的相位调制或频率调制，进而实现多普勒测向，这种技术称为准多普勒测向技术。

如图 7－24 所示，当测向天线以角频率 ω_r 沿着半径为 R 的圆形轨道旋转时，以方位角 θ 和俯仰角 β 传播到测向天线的电磁信号在该测向天线上感应的瞬时信号为：

$$u(t)=A(t)\cos\left(\omega_0 t+\varphi(t)+\frac{2\pi R}{\lambda_0}\cos\beta\cos(\omega_r t-\theta)\right) \tag{7-38}$$

式中：$A(t)$是信号包络；ω_0 是信号角频率；λ_0 是信号波长；$\varphi(t)$是信号瞬时相位。

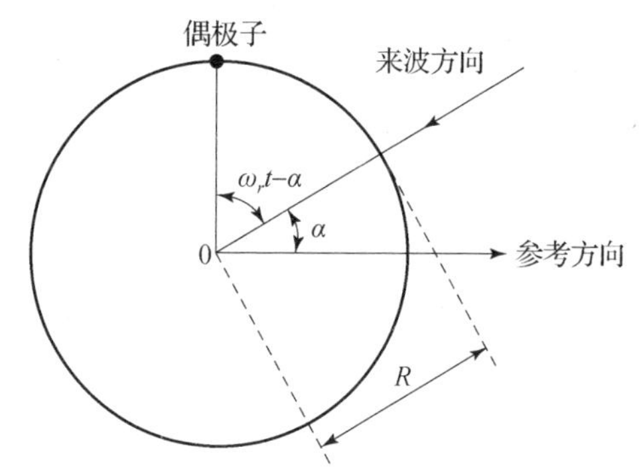

图 7 – 24　多普勒测向原理

下面以一维，即 $\beta=0$ 来简要说明测向原理。

不失一般性，假定电磁信号为窄带信号，其幅度 $A(t)=A$、相位 $\varphi(t)=\varphi_0$。

首先对瞬时信号进行鉴相处理，可得该信号的瞬时相位为

$$\Phi(t)=\omega_0 t+\varphi_0+\frac{2\pi R}{\lambda_0}\cos(\omega_r t-\theta) \tag{7-39}$$

然后对瞬时相位求导得到该信号的瞬时频率为

$$\omega(t)=\frac{\mathrm{d}\Phi(t)}{\mathrm{d}t}=\omega_0-\frac{2\pi R}{\lambda_0}\omega_r\sin(\omega_r t-\theta) \tag{7-40}$$

最后通过低通滤波处理得到该信号的输出为

$$s(t)=-\frac{2\pi R}{\lambda_0}\omega_r\sin(\omega_r t-\theta) \tag{7-41}$$

将 $s(t)$与相同频率的参考信号 $s_r(t)=\sin(\omega_r t)$进行相位比较即可提取出方位角，即实现来波方向的测定。

3）数字化多普勒测向

由于电磁信号自身都是已调制的无线电信号，在已调制的被测电磁信号的调制分量中很可能附带多普勒测向天线旋转时所产生的频率分量。该频率分量会干扰测向设备对多普勒频移的提取，导致测向结果存在较大的误差。因此，通过采用新型的数字化多普勒测向技术可以较好地解决上面的问题，从而提高测向精度。

下面以三信道补偿型数字化多普勒测向来阐述该测向方法的基本原理，其架构如图 7 – 25 所示。

其基本工作过程如下：

测向站的三个测向信道在控制器的控制下均调谐到被测电磁信号的频率上。测向天线中全向参考天线将感应的被测电磁信号被转换成电信号后，经过扫描单元传输到参考信道；同时，测向天线中多普勒天线阵列的第 n 和 $n+(N/2)$ 个阵元上感应的被测电磁目标的电磁信号被转换为电信号后，经过扫描单元分别传输到 n 顺时针测向信道和 $n+(N/2)$ 测向信道。这三路电信号经过混频器下变频处理、中频滤波和中频放大后得到可满足后续处理的中频信号。这三路中频信号首先分别由 A/D 和预处理电路进行采集和

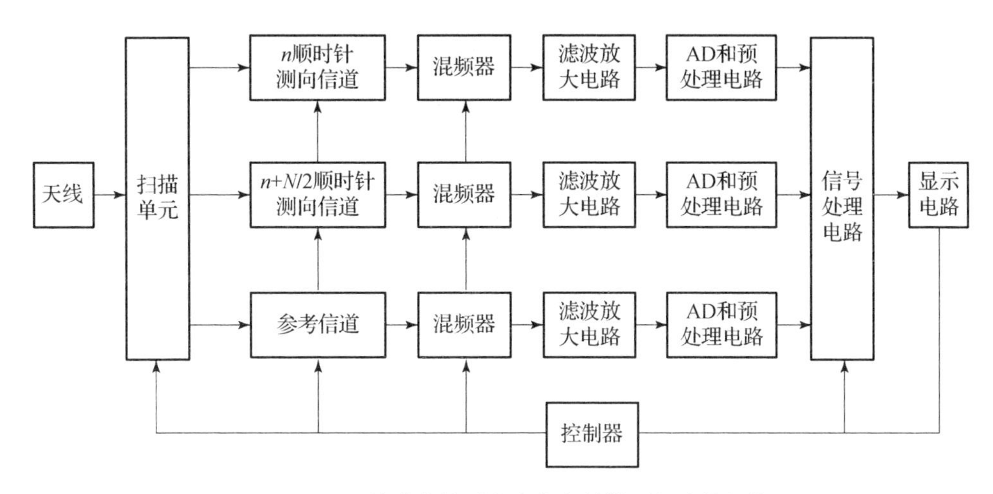

图 7-25　三信道补偿型数字化多普勒测向站的架构

量化处理；其次送到信号处理电路进行数字变频、数字滤波和离散傅里叶变换，从中提取测向天线各阵元上的多普勒相移，并采用一阶或二阶差分处理来消除多普勒相移存在的相位模糊；再次按顺时针切换到另两个阵元，重复上述过程，直至多普勒天线阵列中的阵元完成一周的切换；最后，采用数字傅里叶变换从离散多普勒相移种提取被测电磁信号的来波方位，包括来波方向和来波仰角。

多普勒测向具有测向误差小和测向灵敏度高等优点，并且可同时得到来波方向和来波仰角。

7.2.4　时差法测向

时差法测向的基本原理为：基于测向天线中多个彼此独立的天线阵元，当同一个电磁目标的电磁波传播到测向天线中各阵元时，利用相互间因行程差导致的到达时间差来测定该电磁信号的来波方向。该方法又称为到达时差测向或 TDOA 测向。时差法测向以前通常仅应用在长基线测向领域，随着时间测量精度要求不断提高，现在时差法测向已在短基线测向领域逐步得到应用。

时差法测向的原理如图 7-26 所示。

时差法测向的实质就是从基线间距为 d 的两副测向天线上获得电磁信号的到达时间差中提取电磁信号的来波方向。

假设电磁信号传播到测向天线时的方位角为 θ、俯仰角为 β；测向天线中天线阵元 1 与阵元 2、阵元 1 与阵元 3 的间距均为 d；参考基准为天线阵元 1，则天线阵元 1 和阵元 2、天线阵元 1 和阵元 3 之间的时间差 t_{dk} 为：

$$t_{dk}=\frac{d}{c}\sin\theta\sin\beta(k=1,2) \tag{7-42}$$

式中：c 为光速。

当阵元的间距单位采用米、时间单位采用纳秒时，t_{dk} 可简化为

$$t_{dk}=3.33d\sin\theta\sin\beta(k=1,2) \tag{7-43}$$

当测向天线口径满足 $d/\lambda\leqslant0.5$ 时，时间差 t_{dk} 与信号频率无关。由此可得方位角和俯仰角分别为

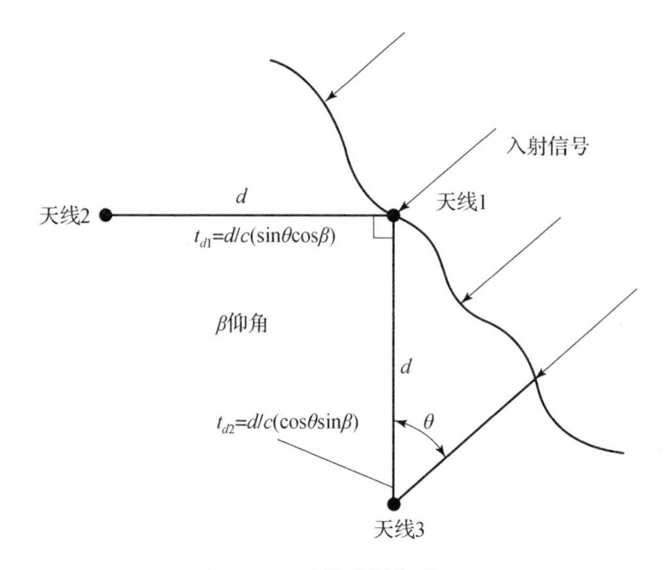

图 7-26 时差法测向的原理

$$\begin{cases}\theta = \arcsin\left(\dfrac{t_{d1}}{3.33d\sin\beta}\right)\\ \beta = \arcsin\left(\dfrac{t_{d2}}{3.33d\sin\theta}\right)\end{cases} \tag{7-44}$$

需要说明的是，时差法测向由于不存在时间测量参考点，因此电磁信号的到达时间差必须通过相关处理才能提取。下面介绍到达时间差的提取方法。

1. 基于相关的时差测向法

设测向天线中天线 1 所接收的电磁信号是 $s(t)$，天线 2 所接收的同一电磁信号由于存在时差，设为 $s(t-\tau)$，其中 τ 是由于电磁波行程差引起的时间差。计算这两个电磁信号的相关函数为

$$R(\tau) = \int s(t)s(t-\tau)\mathrm{d}t \tag{7-45}$$

式（7-45）为同一个电磁信号的相关函数，故存在相关峰。该相关峰所在的时间 τ 为天线 1 和天线 2 接收到两个信号之间的时间差。

由于噪声无法避免，故利用相关法提取电磁信号的时间差存在精度极限：

$$\delta_t = \frac{1}{2\pi B\sqrt{\dfrac{2E}{N_0}}} \tag{7-46}$$

式中：E 为接收点（观测点）测量的电磁信号能量，为测量的信号功率与时间长度的乘积；N_0 为单位带宽内噪声强度，即噪声功率除以带宽的结果；B 为测量的信号均方带宽。可见，如果被测电磁信号的带宽越宽、持续时间越长且信噪比越高，则提取的时间差精度就会越高。

2. 基于循环自相关的时差测量法

1）循环自相关函数

实际上绝大多数电磁信号都具有周期性，故其一阶统计特性或二阶统计特性也必有

周期性。设 $s(t)$ 是一个零均值非平稳复信号，其自相关函数表达式为

$$R_s(t,\tau) = E\{s(t)s^*(t-\tau)\} = \frac{1}{2N+1}\sum_{n=-N}^{N} s(t+nT_0)s^*(t+nT_0-\tau) \tag{7-47}$$

如果 $R_s(t,\tau)$ 的二阶统计特性具有周期性，即二阶统计特性的周期为 T_0，则可采用时间平均对 $R_s(t,\tau)$ 进行转化：

$$R_s(t,\tau) = \lim_{N\to\infty}\frac{1}{2N+1}\sum_{n=-N}^{N} s(t+nT_0)s^*(t+nT_0-\tau) \tag{7-48}$$

由于 $R_s(t,\tau)$ 为周期函数，故采用傅立叶级数将其展开，可得

$$R_s(t,\tau) = \sum_{m=-\infty}^{\infty} R_s^{\alpha}(\tau)\mathrm{e}^{\mathrm{j}\frac{2\pi}{T_0}mt} = \sum_{m=-\infty}^{\infty} R_s^{\alpha}(\tau)\mathrm{e}^{\mathrm{j}2\pi\alpha t} \tag{7-49}$$

式中：$\alpha = m/T_0$，且傅里叶系数为 $R_s^{\alpha}(\tau) = \frac{1}{T_0}\int_{-T_0/2}^{T_0/2} R_s(t,\tau)\mathrm{e}^{-\mathrm{j}2\pi\alpha t}\mathrm{d}t$。

对式（7-49）进行推导和整理后，可得

$$R_s^{\alpha}(\tau) = \lim_{T\to\infty}\frac{1}{T}\int_{-T/2}^{T/2} s(t)s^*(t-\tau)\mathrm{e}^{-\mathrm{j}2\pi\alpha t}\mathrm{d}t = \langle s(t)s^*(t-\tau)\mathrm{e}^{-\mathrm{j}2\pi\alpha t}\rangle_t \tag{7-50}$$

为便于表述，根据傅里叶系数的性质，可将式（7-50）改写为对称形式，即

$$R_s^{\alpha}(\tau) = \left\langle s\left(t+\frac{\tau}{2}\right)s^*\left(t-\frac{\tau}{2}\right)\mathrm{e}^{-\mathrm{j}2\pi\alpha t}\right\rangle_t \tag{7-51}$$

式（7-51）表示将延迟 τ 对称化后在频率 α 处的相关函数。可见，该变换的实质是在时间平均运算中引入与循环频率相关的权重因子 $\mathrm{e}^{-\mathrm{j}2\pi\alpha t}$。

将 $R_s^{\alpha}(\tau)\neq 0$ 时的频率 α 称为 $s(t)$ 的循环频率。可见，循环频率包含零循环频率和非零循环频率两大类。

当 $\alpha=0$ 时，可有如下推论：如果 $R_s^0(\tau)$ 存在且 $R_s^{\alpha}(\tau)=0$，$\forall\alpha\neq 0$，则该信号为平稳信号；如果至少有一个非零频率 α 使 $R_s^{\alpha}(\tau)\neq 0$，则该信号为循环平稳信号，使 $R_s^{\alpha}(\tau)\neq 0$ 的非零 α 称为循环频率。

对 $R_s^{\alpha}(\tau)$ 做傅里叶变换，得

$$S_s^{\alpha}(f) = \int_{-\infty}^{\infty} R_s^{\alpha}(\tau)\mathrm{e}^{-\mathrm{j}2\pi f\tau}\mathrm{d}\tau \tag{7-52}$$

式中：$S_s^{\alpha}(f)$ 称为循环谱密度或者循环谱函数，因此 $R_s^{\alpha}(\tau)$ 可以表示为

$$R_s^{\alpha}(\tau) = \left\langle\left[s\left(t+\frac{\tau}{2}\right)\mathrm{e}^{-\mathrm{j}\pi\alpha(t+\tau/2)}\right]\left[s\left(t-\frac{\tau}{2}\right)\mathrm{e}^{\mathrm{j}\pi\alpha(t-\tau/2)}\right]^*\right\rangle_t \tag{7-53}$$

令

$$\begin{cases} u(t) = s(t)\mathrm{e}^{-\mathrm{j}\pi\alpha t} \\ v(t) = s(t)\mathrm{e}^{\mathrm{j}\pi\alpha t} \end{cases} \tag{7-54}$$

则可用 $u(t)$ 和 $v(t)$ 来表示 $R_s^{\alpha}(\tau)$ 为

$$R_s^{\alpha}(\tau) = R_{uv}(\tau) = \left\langle u\left(t+\frac{\tau}{2}\right)v^*\left(t-\frac{\tau}{2}\right)\right\rangle_t = \lim_{T\to\infty}\frac{1}{T}\int_{-T/2}^{T/2} u\left(t+\frac{\tau}{2}\right)v^*\left(t-\frac{\tau}{2}\right)\mathrm{d}t \tag{7-55}$$

可见，$u(t)$ 和 $v(t)$ 的互相关函数可以变换成 $u(t)$ 和 $v^*(-t)$ 的卷积形式。根据信号与系统的基本原理，信号的时域卷积形式可变换为频域乘积形式，故 $R_s^{\alpha}(\tau)$ 的傅里叶

频谱 $S_s^\alpha(f)$ 可表示为 $u(t)$ 傅里叶频谱 $U(f)$ 和 $v^*(-t)$ 傅里叶频谱 $V(f)$ 的乘积形式，其中 $U(f)=S\left(f+\frac{\alpha}{2}\right)$、$V(f)=S\left(f-\frac{\alpha}{2}\right)$，$S(f)$ 为 $s(t)$ 的傅里叶变换，即频谱表示。

2）循环相关法时差测量

采用两个测向天线分别接收电磁信号，则电磁信号通过空间媒介传播到达天线后的信号为

$$\begin{cases}x(t)=s(t)+n_1(t)\\y(t)=A(t)s(t-\tau_D)+n_2(t)\end{cases}\tag{7-56}$$

式中：$s(t)$ 是被测电磁信号；$n_1(t)$ 和 $n_2(t)$ 分别可能是噪声或干扰信号形成的背景信号，也可能是由同时存在的噪声和干扰信号形成的背景信号；τ_D 是两个测向天线接收到的被测电磁信号之间的时间差；$A(t)$ 是两个接收信道失配时导致的幅度波动。

假定 $s(t)$、$n_1(t)$ 和 $n_2(t)$ 都是零均值且 $s(t)$ 与 $n_1(t)$ 和 $n_2(t)$ 统计独立。由于可能包含同样的背景干扰信号，$n_1(t)$ 和 $n_2(t)$ 之间不一定统计独立，故可得循环自相关函数 $R_x^\alpha(\tau)$ 和互相关函数 $R_{yx}^\alpha(\tau)$ 为

$$\begin{cases}R_{yx}^\alpha(\tau)=A(t)R_s^\alpha(\tau-\tau_D)\exp(-\mathrm{j}\pi\alpha\tau_D)\\R_x^\alpha(\tau)=R_s^\alpha(\tau)\end{cases}\tag{7-57}$$

式中：$R_s^\alpha(\tau)$ 为被测电磁信号 $s(t)$ 的循环自相关函数。对应的自循环谱密度函数 $S_x^\alpha(f)$ 和互循环谱密度函数 $S_{yx}^\alpha(f)$ 通过 FFT 可得

$$\begin{cases}S_{yx}^\alpha(f)=A(t)S_s^\alpha(f)\exp\left[-\mathrm{j}\pi\alpha\left(f-\frac{\alpha}{2}\right)\tau_D\right]\\S_x^\alpha(f)=S_s^\alpha(f)\end{cases}\tag{7-58}$$

基于广义互相关理论和谱相关比估计方法来构造循环谱相关 TDOA 估计器：

$$B_\alpha(\tau)=\left|\int_{||f|-f_\alpha|<B_s/2}\frac{S_{yx}^\alpha(f)}{S_x^\alpha(f)}\exp(-\mathrm{j}2\pi\alpha f\tau)\mathrm{d}f\right|\tag{7-59}$$

式中：f_α 和 B_s 对应为被测电磁信号的循环谱函数 $S_s^\alpha(f)$ 的中心频率和带宽。
其中谱相关比的计算方法为

$$\frac{S_{yx}^\alpha(f)}{S_x^\alpha(f)}=A(t)\exp\left\{-\mathrm{j}\left[2\pi\left(f+\frac{\alpha}{2}\right)\tau_D-\varphi\right]\right\}\tag{7-60}$$

式中：$\varphi=\arg\{A\}$。通过最小均方估计对式（7-60）进行逼近，得

$$\min_{A,\varphi,\tau}\left\{\int_{||f|-f_\alpha|<B_s/2}\left|\frac{S_{yx}^\alpha(f)}{S_x^\alpha(f)}-A(t)\exp\left(-\mathrm{j}2\pi\left(f+\frac{\alpha}{2}\right)\tau-\varphi\right)\right|^2\mathrm{d}f\right\}\tag{7-61}$$

到达时间差的估计值，可得

$$\tau_D=\max_\tau\{\hat{B}_\alpha(\tau)\}\tag{7-62}$$

式中：$\hat{B}_\alpha(\tau)$ 是 $B_\alpha(\tau)$ 的估计。需要明确的是，如果 $\alpha=0$，上述估计则退化为广义自相关估计。

7.2.5 空间谱估计法测向

将一组测向站按一定的方式布置在空间的不同位置，形成测向阵列。利用测向站在

不同的位置对空间电磁波进行采样，得到电磁目标的观测数据，在观测数据中包含电磁目标的空间位置信息。这种提取信号源空间位置信息的方法是空间谱估计测向，空间谱估计测向属于阵列信号处理，阵列信号处理大致包括两个方面：空间滤波和波达方向角估计。

1. 均匀线阵

均匀线阵有多种形式，其中等距线阵是其最典型的一种形态。等距线阵通常由 N 个阵元等距离排列成一条直线；阵元间的距离为 d，其中 λ 为信号波长且 $d \leqslant \lambda/2$；将阵元从 1 到 N 编号，并以阵元 1 作为基准（参考点），基准也可以选其他阵元，如图 7 – 27 所示。

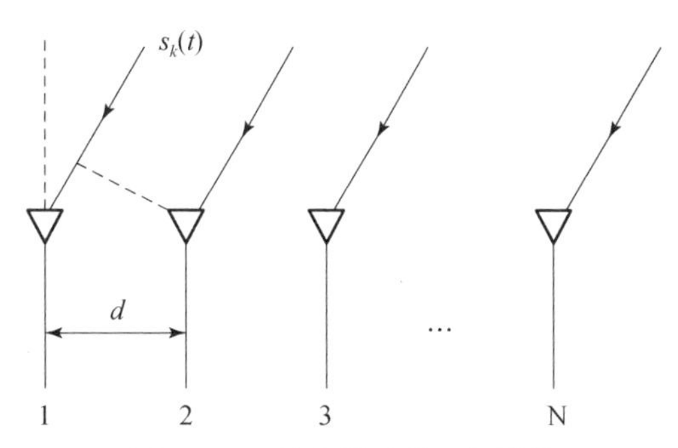

图 7 – 27　均匀线阵的几何结构

先设有 M 个远场信号源 $s_i(t)(i=1,2,\cdots,M)(N>M)$。假定从某一方向 θ_k 有信号 $s_k(t)$ 传播至天线，相对于阵元 1 其他阵元上接收的信号因为波程差必然会存在延迟或超前，而延迟或超前将导致各阵元上同一时刻对信号的采样值有相位差，这种相位差的大小与来波方向 θ_k 相关。由此可推导第 l 个阵元在 t 时刻感应的信号为

$$x_l(t) = \sum_{i=1}^{M} s_i(t)\mathrm{e}^{-\mathrm{j}\frac{2\pi d}{\lambda}(l-1)\sin\theta_i} + n_l(t) \tag{7-63}$$

式中：$n_l(t)$表示第 l 个阵元上的噪声。

再将各阵元感应的信号写成向量形式：

$$\boldsymbol{x}(t) = \boldsymbol{y}(t) + \boldsymbol{n}(t) = \boldsymbol{A}\boldsymbol{s}(t) + \boldsymbol{n}(t) \tag{7-64}$$

式中，$\boldsymbol{A}$ 是 θ 的函数；$\boldsymbol{x}(t) = [x_1(t), x_2(t), \cdots, x_N(t)]^{\mathrm{T}}$；$\boldsymbol{s}(t) = [s_1(t), s_2(t), \cdots, s_M(t)]^{\mathrm{T}}$；$\boldsymbol{n}(t) = [n_1(t), n_2(t), \cdots, n_N(t)]^{\mathrm{T}}$。

由于电磁信号大多为窄带信号，故 $\boldsymbol{A}$ 可表示为：

$$\boldsymbol{A}(\theta) = [a(\theta_1), a(\theta_2), \cdots, a(\theta_n)] \tag{7-65}$$

式中：$\boldsymbol{a}(\theta_i) = [1, \mathrm{e}^{-\mathrm{j}2\pi\frac{d}{\lambda}\sin\theta_i}, \cdots, \mathrm{e}^{-\mathrm{j}2\pi(m-1)\frac{d}{\lambda}\sin\theta_i}]^{\mathrm{T}}$。

2. MUSIC 测向法

MUSIC（multiple signal classification，MUSIC）测向法为基于特征的子空间测向方法。该测向法的理论依据为：如果测向站的个数多于被测电磁目标的个数，则通过对被测电磁信号进行处理后，得到的阵列数据中的信号分量一定可映射到一个低秩的子空间。在符合一定条件的情况下，通过该子空间可唯一得到被测电磁信号的来波方向，来波方向的求取可采用奇异值分解来实现。

对均匀线阵，假定以下条件：

C_1：$N>M$。

C_2：不同 θ 值对应的向量 $\boldsymbol{a}(\theta_i)$ 线性独立。

C_3：对于噪声，$E\{n(t)\}=0$，$E\{n(t)n^H(t)\}=\sigma^2\boldsymbol{I}$，且 $E\{n(t)n^{\mathrm{T}}(t)\}=0$。

C_4：矩阵 $\boldsymbol{P}=E\{s(t)s^{\mathrm{H}}(t)\}$ 非奇异正定。

当满足假定条件 C_1~C_4时，可推导出向量 $\boldsymbol{y}(t)$ 协方差矩阵为

$$\boldsymbol{R}=E\{\boldsymbol{y}(t)\boldsymbol{y}^{\mathrm{H}}(t)\}=\boldsymbol{A}(\theta)\boldsymbol{P}\boldsymbol{A}^{\mathrm{H}}(\theta)+\sigma^2\boldsymbol{I} \tag{7-66}$$

设 $\hat{\theta}$ 为 θ 的估计值，将 $\boldsymbol{A}(\theta)$ 简写为 $\boldsymbol{A}$，则 $\boldsymbol{A}(\hat{\theta})$ 可记为 $\boldsymbol{A}$。由于 $\boldsymbol{R}$ 为对称阵，故其特征值可分解为

$$\boldsymbol{R}=\boldsymbol{U}\Sigma^2\boldsymbol{U}^{\mathrm{H}} \tag{7-67}$$

式中：$\Sigma^2=\mathrm{diag}[\sigma_1^2,\cdots,\sigma_m^2]$，对角线元素 $\lambda_i=\sigma_i^2$ 称为 $\boldsymbol{R}$ 的特征值。

由于矩阵 $\boldsymbol{A}$ 满足条件 C_1和条件 C_2，故其为非奇异矩阵，即 $\mathrm{rank}(\boldsymbol{A})=M$；$\boldsymbol{APA}^{\mathrm{H}}$ 因为满足条件 C_4，其秩也为 M。故 $\boldsymbol{R}$ 的特征值存在如下约束：

$$\begin{cases}\lambda_i>\sigma^2, & i=1,\cdots,M\\ \lambda_i=\sigma^2, & i=M+1,\cdots,N\end{cases} \tag{7-68}$$

将前 M 个较大的特征值所对应的特征向量构成矩阵，记为 $\boldsymbol{E}_s$；将后（$N-M$）个相对较小的特征值所对应的特征向量构成矩阵，记为 $\boldsymbol{E}_n$。这些矩阵构成信号子空间和噪声子空间。特征矩阵 $\boldsymbol{U}$ 采用两个子空间表示为

$$\boldsymbol{U}=[\boldsymbol{E}_s\mid\boldsymbol{E}_n] \tag{7-69}$$

下面分析 $\boldsymbol{E}_s$ 和 $\boldsymbol{E}_n$ 之间的关系。首先根据 σ 和 $\boldsymbol{E}_n$ 分别为 $\boldsymbol{R}$ 的特征值和特征向量，得到其特征方程：

$$\boldsymbol{RE}_n=\sigma^2\boldsymbol{E}_n \tag{7-70}$$

用 $\boldsymbol{E}_n$ 对式（7-66）右边相乘，得

$$\boldsymbol{RE}_n=\boldsymbol{APA}^{\mathrm{H}}\boldsymbol{E}_n+\sigma^2\boldsymbol{E}_n \tag{7-71}$$

综合式（7-70）和式（7-71），有

$$\boldsymbol{APA}^{\mathrm{H}}\boldsymbol{E}_n=\boldsymbol{0} \tag{7-72}$$

将 $\boldsymbol{APA}^{\mathrm{H}}\boldsymbol{E}_n$ 变换和推导，可得 $\boldsymbol{APA}^{\mathrm{H}}\boldsymbol{E}_n=(\boldsymbol{A}^{\mathrm{H}}\boldsymbol{E}_n)^{\mathrm{H}}\boldsymbol{P}(\boldsymbol{A}^{\mathrm{H}}\boldsymbol{E}_n)=\boldsymbol{0}$。满足条件 C_4，故 $\boldsymbol{P}$ 为非奇异矩阵，当且仅当 $t=\boldsymbol{0}$，才有 $t^{\mathrm{H}}\boldsymbol{P}t=\boldsymbol{0}$，故

$$\boldsymbol{A}^{\mathrm{H}}\boldsymbol{E}_n=\boldsymbol{0} \tag{7-73}$$

将式（7-73）改写为

$$\boldsymbol{a}^{\mathrm{H}}(\theta)\boldsymbol{E}_n\boldsymbol{E}_n^{\mathrm{H}}\boldsymbol{a}(\theta)=\boldsymbol{0}(\theta=\theta_1,\cdots,\theta_n) \tag{7-74}$$

考虑 $\boldsymbol{U}$ 是矩阵，故 $\boldsymbol{UU}^{\mathrm{H}}=[\boldsymbol{E}_s\mid\boldsymbol{E}_n][\boldsymbol{E}_s\mid\boldsymbol{E}_n]^{\mathrm{H}}=\boldsymbol{I}$ 或 $\boldsymbol{E}_s\boldsymbol{E}_s^{\mathrm{H}}+\boldsymbol{E}_n\boldsymbol{E}_n^{\mathrm{H}}=\boldsymbol{I}$，则有

$$\boldsymbol{a}^{\mathrm{H}}(\theta)(\boldsymbol{I}-\boldsymbol{E}_s\boldsymbol{E}_s^{\mathrm{H}})\boldsymbol{a}(\theta)=\boldsymbol{0}(\theta=\theta_1,\cdots,\theta_n) \tag{7-75}$$

可见，$\{\theta=\theta_1,\cdots,\theta_M\}$ 是式（7-75）的唯一解。此唯一解也可采用反证法来证明，假设式（7-75）有另一个解 θ_{M+1}，则线性独立的 $(M+1)$ 个向量 $\boldsymbol{a}(\theta_i)(i=1,\cdots,M+1)$ 属于 $\boldsymbol{E}_s$ 的列空间，但由于 $\boldsymbol{E}_s$ 为 n 维，故假设不成立，即 $\{\theta=\theta_1,\cdots,\theta_M\}$ 为唯一解。

MUSIC 测向法的实质是对矩阵 $\boldsymbol{R}$ 进行推导和计算。通常 $\boldsymbol{R}$ 相对第三方侦察来说是未知的，故只能通过对观测数据来估计，即

$$\hat{\boldsymbol{R}} = \frac{1}{N}\sum_{t=1}^{N}\boldsymbol{y}(t)\boldsymbol{y}^{\mathrm{H}}(t) \tag{7-76}$$

采用$\{u_1,\cdots,u_M,v_1,\cdots,v_{N-M}\}$表示 $\boldsymbol{R}$ 的归一化特征向量，并将特征值按降序排列，有

$$f(\theta) = \boldsymbol{a}^{\mathrm{H}}(\theta)\boldsymbol{E}_n\boldsymbol{E}_n^{\mathrm{H}}\boldsymbol{a}(\theta) \tag{7-77}$$

或

$$f(\theta) = \boldsymbol{a}^{\mathrm{H}}(\theta)(\boldsymbol{I}-\boldsymbol{E}_s\boldsymbol{E}_s^{\mathrm{H}})\boldsymbol{a}(\theta) \tag{7-78}$$

$\{\theta_i\}$ 的 MUSIC 估计通过搜索求得使 $f(\theta)$ 为最小的 M 个 θ 值，从而实现对被测电磁信号来波方向的估计。

7.2.6　信号相位匹配估计法测向

信号相位匹配的假设条件：阵列测向天线对准被测电磁信号的来波方向；阵列测向天线中各天线阵元所接收的被测电磁信号同相；干扰和噪声与被测电磁信号不同相。该方法可有效消除噪声和干扰，实现在小尺度阵列情况下的来波方向估计。

假设阵列测向天线是由 M 个阵元构成的线阵，且信号和噪声可线性叠加，则可得该线阵中 M 个阵元输出信号的频域表达为

$$P_i(\mathrm{j}\omega) = S(\mathrm{j}\omega)\mathrm{e}^{-\mathrm{j}\omega(i-1)\tau} + N_i(\mathrm{j}\omega)\quad(i=l,2,\cdots,M) \tag{7-79}$$

式中：$\tau = d\sin\theta/c$；d 为阵元间距；θ 为被测电磁信号来波方向与线阵法线方向之间的夹角；c 为光速。

用 $\mathrm{e}^{\mathrm{j}\omega(i-1)\tau}$对式（7-79）进行变换，可得

$$P_i(\mathrm{j}\omega)\mathrm{e}^{\mathrm{j}\omega(i-1)\tau} = S(\mathrm{j}\omega) + N_i(\mathrm{j}\omega)\mathrm{e}^{\mathrm{j}\omega(i-1)\tau}\quad(i=l,2,\cdots,M) \tag{7-80}$$

令 $P_i'(\mathrm{j}\omega) = P_i(\mathrm{j}\omega)\mathrm{e}^{\mathrm{j}\omega(i-1)\tau}(i=1,2,\cdots,M)$，并将式中 $S(\mathrm{j}\omega)$移到等式左边且两边取模后再平方，得

$$|P_i'(\mathrm{j}\omega) - S(\mathrm{j}\omega)^2| = |N_i(\mathrm{j}\omega)|^2\quad(i=1,2,\cdots,M) \tag{7-81}$$

将式（7-81）M 个等式展开后依次相减得到（$M-1$）个线性方程：

$$2\mathrm{Re}(P_{k+1}'-P_k')\mathrm{Re}(S) + 2\mathrm{Im}(P_{k+1}'-P_k')\mathrm{Im}(S) = |P_{k+1}'|^2 - |P_k'|^2 + \varepsilon_k \tag{7-82}$$

式中：$\mathrm{Re}(\cdot)$和 $\mathrm{Im}(\cdot)$分别表示取实部和虚部；$|P_i'| = |P_i|$和 $\varepsilon_k = |N_{k+1}|^2 - |N_k|^2$ 为扰动项。由于 ε_k 的存在导致求解结果存在误差，因此基于均方误差最小的原则，求解该方程组时采用最小二乘法，即

$$\boldsymbol{S} = \boldsymbol{A}^{+}\boldsymbol{P} \tag{7-83}$$

式中：$\boldsymbol{A} = 2\begin{bmatrix}\mathrm{Re}(P_2'-P_1') & \cdots & \mathrm{Im}(P_2'-P_1') \\ \mathrm{Re}(P_3'-P_2') & \cdots & \mathrm{Im}(P_3'-P_2') \\ \vdots & & \vdots \\ \mathrm{Re}(P_M'-P_{M-1}') & \cdots & \mathrm{Im}(P_M'-P_{M-1}')\end{bmatrix}$表示矩阵的 Moore-Penrose 广义逆；$\boldsymbol{S} = 2\begin{bmatrix}\mathrm{Re}(\boldsymbol{S}) \\ \mathrm{Im}(\boldsymbol{S})\end{bmatrix}$；$\boldsymbol{P} = 2[\,|P_2|^2 - |P_1|^2, |P_3|^2 - |P_2|^2,\cdots,|P_M|^2 - |P_{M-1}|^2]$；$\boldsymbol{\varepsilon} = [\varepsilon_1,\varepsilon_2,\cdots,\varepsilon_{M-1}]^{\mathrm{T}}$。

分别求出信号的实部与虚部，可得

$$W(\omega,\theta) = \{\mathrm{Re}[S(\omega,\theta)]\}^2 + \{\mathrm{Im}[S(\omega,\theta)]\}^2 \tag{7-84}$$

式中：$\omega=2\pi f_c$，f_c 为信号频率，在实现载波频率测量和估计的基础上，即 f_c 已知时，$W(\omega,\theta)$ 就简化为 $W(\theta)$。可见，当来波方向估计正确时 $W(\omega,\theta)$ 应达到最大值。

故建立适应度函数为

$$f(x)=W(x_1,x_2) \tag{7-85}$$

式中：x_1 和 x_2 分别表示被测电磁信号的载波频率 ω 和该信号的来波方向 θ。如果仅需估计和提取被测电磁信号的来波方向时，则适应度函数可进一步简化为 $f(x)=W(x)$，在寻优过程中可实现相位参数估计。

在此基础上，对该算法进行改进可形成性能相对较好的算法，如基于免疫量子克隆算法的信号相位匹配联合估计算法等。

7.3 电磁目标定位方法

通过技术手段得到电磁目标位置的过程称为电磁目标定位。

7.3.1 定位方法概述

定位方法是指基于测向结果实现对目标的定位，在定位中，基本的方法有单测向站定位法、双测向站定位法和多测向站定位法等。

1. 单测向站定位法

单测向站定位法主要用于短波波段，基本原理：通过测量被测电磁信号从电离层反射的电磁波的方位角和仰角，结合电离层的高度通过计算和推导确定被测电磁目标的位置，如图 7-28 所示。

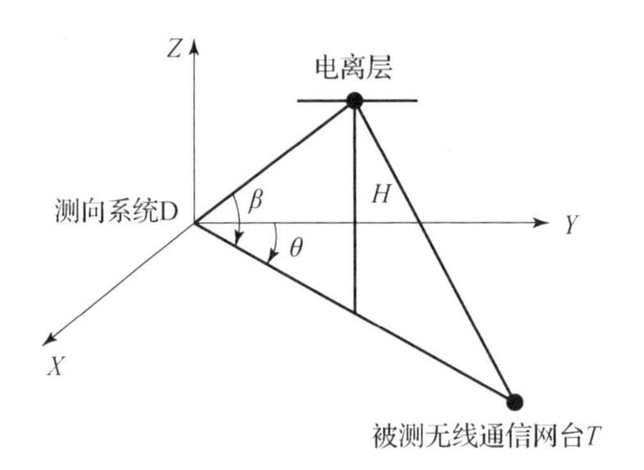

图 7-28　单测向站测向定位

首先建立三维坐标系，测向站 D 处于坐标系原点。设其坐标为 (x_d,y_d) 且电离层高度为 H；假设测得被测电磁信号来波的方位角为 θ、仰角为 β；被测电磁目标与测向站的距离为 R，并且电磁波的反射点处于中间位置；不考虑地形、地貌因素，将地面近似为平面。依据图 7-28 所示的三角函数关系可以推算出被测无电磁目标 T 的地理坐标 (x_t,y_t)，利用三角关系，可得

$$R=2H\tan\beta \tag{7-86}$$

$$\begin{cases} x_t = R\sin\theta \\ y_t = R\cos\theta \end{cases} \tag{7-87}$$

由式（7-86）和式（7-87）可测定被测电磁目标的位置。

上面推导是基于电离层和地球均是平面的假设。如果进一步考虑地球的球面属性，则被测电磁目标位置测定的结果将更为精确，如图7-29所示。

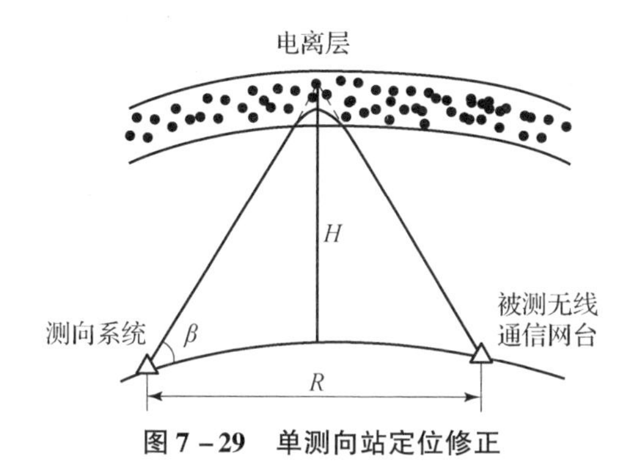

图7-29　单测向站定位修正

设等效电离层高度为H，地球的半径为R_E（6370km的常数），被测电磁目标处于方位角为θ的地球球面上，且测出的仰角为β，则被测电磁目标与测向站的地面距离为

$$R = 2R_E\left[\frac{\pi}{2} - \beta - \arcsin\left(\frac{\cos\beta}{1 + \frac{H}{R_E}}\right)\right] \tag{7-88}$$

经过修正可进一步提高被测电磁目标的定位精度。

2. 多测向站交叉定位法

交叉定位是基于测向结果，利用所测得的同一电磁信号的来波方向进行交叉计算，从而确定电磁目标的位置。

多测向站交叉定位也称为多测向站测向定位，其中双测向站交叉定位法是确定电磁目标位置最经典的方法。该方法首先基于已知两个测向站的地理位置，并且两个测向站已测得被测电磁目标的方位角θ_1和θ_2；然后对利用方位角延伸得到的两条示向线进行交会处理；最后通过对交会处理得到的交点进行推算，可得到被测电磁目标的地理位置坐标(X_T, Y_T)，从而实现被测电磁目标的交叉定位。可见，定位精度取决于测向站的地理位置和两个测向站的测向精度。目前，测向站的地理位置基本通过北斗定位系统获得，其误差可忽略不计，但两个测向站的测向误差是必然存在的，所以交会点将会变成一个区域，如图7-30所示。

在图7-30中四边形ABCD所圈定的区域称为定位模糊区。定位模糊区反映定位精度，区域越大表明定位误差越大，定位精度越小；反之，区域越小表明定位误差越小，定位精度越高。

多测向站交叉定位法是首先通过位于不同地理位置上两个以上的测向站对被测电磁目标进行测向，然后依据测向结果采用上面方法进行交会，从而实现对被测电磁目标定位的方法。

不失一般性，以三测向站交叉定位为例阐述多测向站交叉定位法的原理。如果三个测向站的测向误差可忽略不计，那么交会的结果就为一个点，即被测电磁目标的确切位

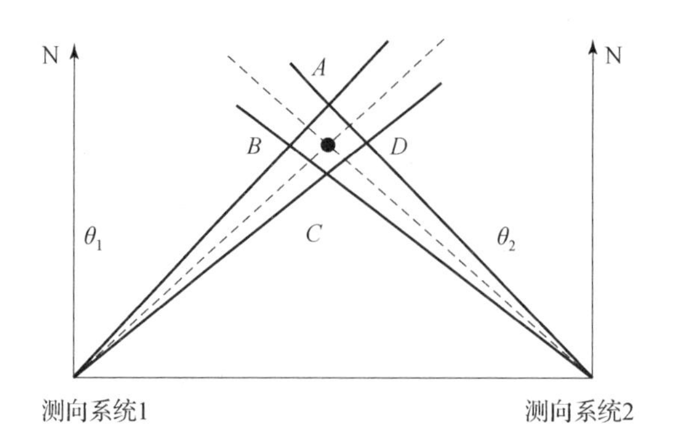

图 7－30　双测向站定位示意图

置。但在实际中，测向误差通常不能忽略不计，故三条示向线基本不可能交会于一点，其交会结果为图 7－31 所示的黑色区域。

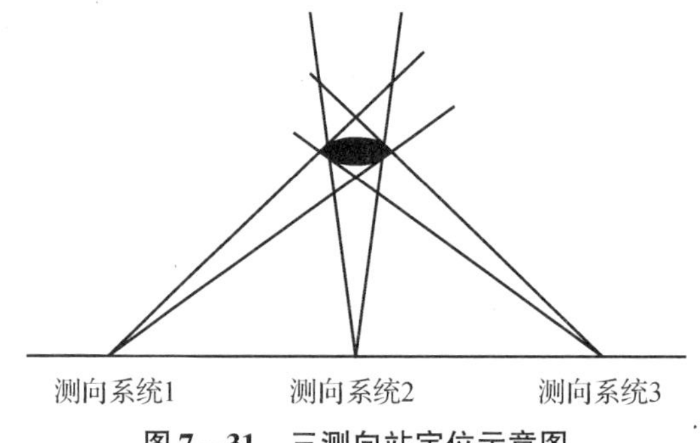

图 7－31　三测向站定位示意图

如果测向站测得的电磁目标的方位误差具有高斯概率分布特性，则三个测向站所测得的电磁目标方位就呈现为一个具有随机性的大小不定的椭圆形区域。若引入椭圆概率误差的概念，即根据被测电磁目标处于椭圆形区域的概率等级，则采用等效误差圆半径来描述椭圆位置的估算值。

因此，与双测向站相比较，多测向站具有更高的定位精度。

7.3.2　时差定位方法

时差定位方法的基本原理：利用三个或三个以上位置的测向站来测定被测电磁目标的信号到达这些测向站的时间差，并基于这些时间差构建双曲线。其中根据两个测向站测定的时间差可以确定一个双曲线方程，因此，通过计算两组或多组双曲线的被视为电磁目标位置的交点，可以实现对被测电磁目标的定位。

时差定位方法通常又称为双曲线定位方法，如图 7－32 所示。

时差定位方法应用较为典型的为平面三个测向站配置，下面以此为例阐述时差定位方法。设(x,y)为目标 T 的位置，$S_0(x_0,y_0)$、$S_1(x_1,y_1)$和$S_2(x_2,y_2)$分别为三个测向站的位置，r_0、r_1和r_2为目标到三个测向站的距离，相互之间的距离差为$\Delta r_i(i=1,2)$，则可得定位方程：

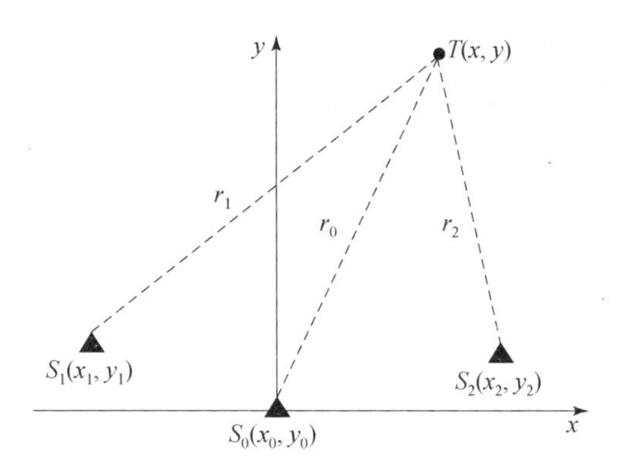

图 7－32　时差定位方法

$$\begin{cases} r_0^2 = (x - x_0)^2 + (y - y_0)^2 \\ r_i^2 = (x - x_i)^2 + (y - y_i)^2 \quad (i = 1,2) \\ c \cdot \Delta t_i = c \cdot (t_i - t_0) = r_i - r_0 \end{cases} \tag{7-89}$$

通过化简，可得

$$(x_0 - x_i)x + (y_0 - y_i)y = k_i + c \cdot \Delta t_i \cdot r_0 \tag{7-90}$$

式中：$k_i = \frac{1}{2}[(c \cdot \Delta t_i)^2 + (x_0^2 + y_0^2) - (x_i^2 + y_i^2)]$，$c = 3 \times 10^8 \text{m/s}$，通过对式（7－90）求解可得到被测电磁目标的位置。

相比其他定位方法，时差定位方法具有的优点：不受限于被测电磁信号的幅度、相位和频率；基于长基线定位，与短基线定位相比较，长基线定位精度高且定位速度快。不足之处：必须部署多个测向站，才能形成多条定位基线来满足高精度定位需求。

时差定位技术的核心问题为基线长度、时间间隔测量分辨率、测量误差和定位精度；其主要任务是测定被测电磁信号传播到各个测向站之间的时间差。测定时间差后就建立了关于被测电磁目标位置的方程，解此方程可得到被测电磁目标的位置。

7.3.3　差分多普勒频率定位方法

到达时间差定位方法和差分多普勒频率定位方法都是基于二次型方程的定位方法。差分多普勒频率定位方法是首先通过两个或两个以上相互独立、彼此之间距离较大且处于运动状态的测向站来测量电磁信号的多普勒频差，然后基于该多普勒频差得到二次型方程，如双曲线方程，最后利用二次型方程的交叉点确定被测电磁目标的位置。该定位方法所依托的测向站通常搭载在机载平台上，这样才能提取到由相对运动导致的多普勒频率差。

下面以双测向站为例来分析差分多普勒频率定位方法基本原理。该定位法如图 7－33 所示。

两个测向站与被测电磁目标之间的距离分别是 $r_i(i = 1,2)$，两个测向站相对于被测电磁目标的径向瞬时速度为 $v_i(i = 1,2)$，f_0 是被测电磁信号的载波频率，可得

$$\Delta f_d = \frac{v_2}{c} f_0 - \frac{v_1}{c} f_0 = \frac{f_0}{c}(v_2 - v_1) \tag{7-91}$$

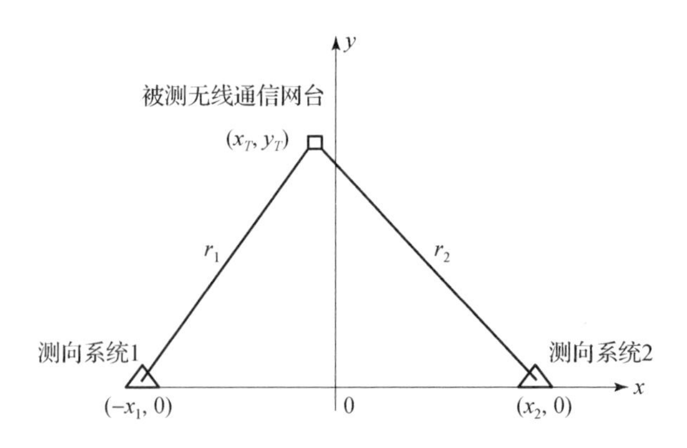

图 7-33　差分多普勒频率定位方法

式（7-91）为多普勒频差，该式可用距离变化率$\frac{\mathrm{d}r_i}{\mathrm{d}t}$表示为

$$\Delta f_d = \frac{f_0}{c}\left(\frac{\mathrm{d}r_2}{\mathrm{d}t} - \frac{\mathrm{d}r_1}{\mathrm{d}t}\right) \tag{7-92}$$

根据定位系统的几何关系，可得

$$\frac{\mathrm{d}r_i}{\mathrm{d}t} = \frac{\mathrm{d}\left[(x_T - x_i)^2 - y_T^2\right]^{1/2}}{\mathrm{d}t} = \frac{(x_T - x_i)}{\left[(x_T - x_i)^2 - y_T^2\right]^{1/2}}\frac{\mathrm{d}x_i}{\mathrm{d}t} \quad (i = 1, 2) \tag{7-93}$$

为便于表述，假设机载平台沿 x 轴方向匀速飞行，即 $\mathrm{d}y_i/\mathrm{d}t = 0$。令 $v = v_i = \mathrm{d}x/\mathrm{d}t$，可得

$$\Delta f_d = \frac{f_0 v}{c}\left\{\frac{(x_T - x_2)}{\left[(x_T - x_2)^2 - y_T^2\right]^{1/2}} - \frac{(x_T - x_1)}{\left[(x_T - x_1)^2 - y_T^2\right]^{1/2}}\right\} \tag{7-94}$$

式（7-94）为交叉定位双曲面方程的表达式。可见，通过两套测向站无法对电磁目标进行精确定位，必须基于三套测向站，即增加一个双曲面方程，利用两个双曲面三相交点来定位被测电磁目标。

利用两个以上测向站所接收到同一信号产生的多普勒频移来确定电磁目标位置的定位方法，其与时差定位方法原理类似。

7.3.4　联合定位方法

1. 测向和频差联合定位

如前面所述，单个测向站利用多次测得被测电磁目标的来波方向来实现对被测电磁目标的快速定位，就需要依托其他参数信息。因此，必须采用参数联合的方法来达成单个测向站实现定位目的。通常采用测向和频差相联合的方法，即单个测向站同时测定被测电磁信号的来波方向和信号频率，主要原因是多普勒效应使得被测电磁信号的频率发生了频移，从而为估计测向站与被测电磁目标之间的距离和相对速度成为可能，为通过该方法定位被测电磁目标奠定了基础。

2. 时差和频差联合定位

时差和频差联合定位方法一般应用于被测电磁目标与两个及两个以上测向站之间存在高速相对运动的场景。该方法通常用于飞机或卫星载体的双机定位或双星定位平台，优点是具有较高的定位精度和极快的定位速度。

7.3.5　协同定位方法

近年来国内外对电磁目标定位进行了大量的研究，提出了很多的定位方法来估计电磁目标的位置信息，包括 RSS、TOA、TDOA 和 AOA 等。同时，为提高定位的性能，协同定位算法也得到了一定程度的重视，如基于 RSS/TOA 的协同定位方法、基于 RSS/TDOA 的协同定位方法、基于 RSS/AOA 的协同定位方法，但是这些算法的实现需要基于电磁目标的发射功率和发射瞬时时间等先验知识。本章主要阐述当前主流的基于 RSSD/TDOA 协同定位方法，以解决电磁目标发射功率和发射瞬时时间等参数未知时的电磁目标定位问题，即通过泰勒级数展开法求解电磁目标的位置坐标，保证定位的精确度和时效性。

协同定位方法采用多感知节点的分布式探测网络来实现。基于 RSSD/TDOA 的协同定位方法架构如图 7-34 所示。

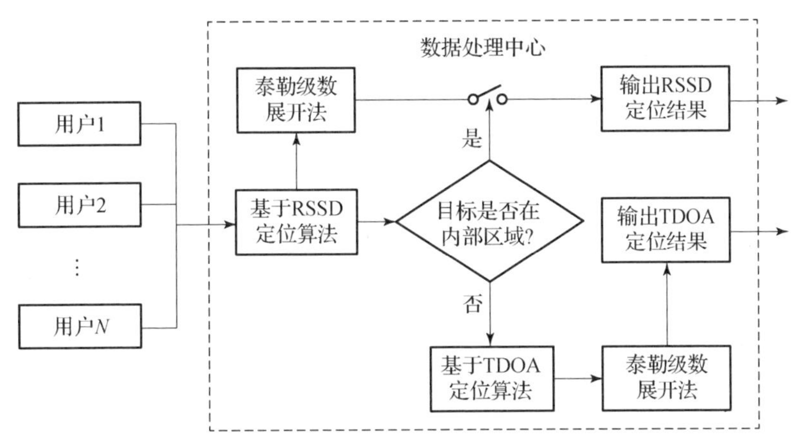

图 7-34　基于 RSSD/TDOA 的协同定位方法流程图

其基本思路：侦测→汇聚→联合→协同。当参与定位的每个感知节点侦测并接收到来自电磁目标发送的信号时，首先测量电磁目标发射的电磁信号到达感知节点时的信号强度和到达的瞬时时间等信息，然后将测量值汇聚到由簇头数据处理中心对电磁目标进行定位。数据处理中心联合采用 RSSD 和 TDOA 算法，首先采用 RSSD 的算法估计电磁目标的位置。然后通过凸包算法判断电磁目标位置是否在内部区域，如果在内部区域，则采用泰勒级数展开算法估计电磁目标的位置信息；如果电磁目标位于外部区域，则选择 TDOA 定位算法。最后根据汇聚的所有前述各感知节点之间的距离测量值构造协同定位非线性方程组，采用泰勒级数展开算法求解电磁目标的位置坐标，实现对电磁目标的定位。这种多感知节点协同定位算法可以有效提高对电磁目标定位的精确度。

首先在无线网络通信环境中，假设待估计的电磁目标位置坐标为 $X=[x,y]^{\mathrm{T}}$，各感知节点位置坐标为 $X_i=(x_i,y_i)^{\mathrm{T}}, i=1,2,\cdots,N$，$N$ 为用户数。

电磁目标与感知节点间的距离为

$$d_i=\sqrt{(x_i-x)^2+(y_i-y)^2}\quad(i=1,2,\cdots,N) \tag{7-95}$$

1. 基于 RSSD 定位方法

基于 RSSD 的定位估计算法通常是通过测得电磁目标到达感知节点的信号强度，结合电磁目标发射功率和信号在空间传播的模型，获得接收信号强度差与传播距离之间的数学关系对电磁目标进行定位。在不考虑测量误差的前提下，各感知节点接收到来自电磁目标发射信号功率与传输距离之间的关系为

$$P_i = \frac{P_t G_t G_r h_t^2 h_r^2}{d_i^4 L} \quad (i = 1, 2, \cdots, N) \tag{7-96}$$

式中：P_t 是电磁目标发射信号功率。

令 $K_0 = \dfrac{G_t G_r h_t^2 h_r^2}{L}$，表示影响接收信号强度所有因素的总效应，如天线高度、天线增益和传输干扰等，则式（7－96）可简化为

$$P_i = K_0 \frac{P_t}{d_i^4} \quad (i = 1, 2, \cdots, N) \tag{7-97}$$

将式（7－97）表示成对数正态分布形式，即

$$P_i(\mathrm{dB}) - P_t(\mathrm{dB}) = K_0(\mathrm{dB}) - 40\lg(d_i) + n_i \tag{7-98}$$

式中：n_i 是第 i 个感知节点的测量误差，$n_i \sim N(0, \sigma_i^2)$。

若选择第 1 个感知节点作为参考节点，则第 i 个感知节点与参考节点之间的接收信号强度差可表示成 $\Delta P_{1i}(\mathrm{dB}) = P_1(\mathrm{dB}) - P_i(\mathrm{dB})$，因此 RSSD 的表达式为

$$\Delta P_{1i}(\mathrm{dB}) = 40\lg\left(\frac{d_i}{d_1}\right) + n_{1i} \tag{7-99}$$

式中：$n_{1i} \sim N(0, \sigma_1^2 + \sigma_i^2)$。

因此，即使在电磁目标的发射功率未知的情况下，也可通过 ΔP_{1i} 估计未知电磁目标的坐标信息，由此可得到 d_i 的表达式为

$$d_i = 10^{\left(\frac{\Delta \hat{P}_{1i}(\mathrm{dB})}{40}\right)} d_1 \quad (i = 1, 2, 3, \cdots, N) \tag{7-100}$$

式中：$\Delta \hat{P}_{1i}(\mathrm{dB})$ 为 RSSD 测量值。

假设需要估计的电磁目标位置坐标为 $X = [x, y]^{\mathrm{T}}$，参与定位的感知节点位置坐标为 $X_i = (x_i, y_i)^{\mathrm{T}}, i = 1, 2, \cdots, N$，$N$ 为感知节点数。电磁目标到各个感知节点间的距离为

$$d_i = \sqrt{(x_i - x)^2 + (y_i - y)^2} \quad (i = 1, 2, \cdots, N) \tag{7-101}$$

对式（7－101）两边同时平方，经过变换，可得

$$\left(10^{\left(\frac{\Delta \hat{P}_{1i}(\mathrm{dB})}{20}\right)} - 1\right) d_1^2 = x_i^2 + y_i^2 - x_1^2 - y_1^2 + 2x(x_1 - x_i) + 2y(y_1 - y_i) \tag{7-102}$$

令 $k_{1i} = 10^{\left(\frac{\Delta \hat{P}_{1i}(\mathrm{dB})}{20}\right)} - 1$。电磁目标的估计位置坐标假设为 $\hat{\boldsymbol{X}} = [\hat{x}, \hat{y}]$，则式（7－102）可简化为

$$\boldsymbol{A}\hat{\boldsymbol{X}} = \boldsymbol{b} \tag{7-103}$$

式中：$\boldsymbol{A} \begin{bmatrix} 2(x_1 - x_2) & 2(y_1 - y_2) \\ 2(x_1 - x_3) & 2(y_1 - y_3) \\ \vdots & \vdots \\ 2(x_1 - x_N) & 2(y_1 - y_N) \end{bmatrix}$；$\boldsymbol{b} = \begin{bmatrix} k_{12} d_1^2 - x_2^2 - y_2^2 + x_1^2 + y_1^2 \\ k_{13} d_1^2 - x_3^2 - y_3^2 + x_1^2 + y_1^2 \\ \vdots \\ k_{1N} d_1^2 - x_N^2 - y_N^2 + x_1^2 + y_1^2 \end{bmatrix}$。

通过最小二乘法估计，得

$$\hat{\boldsymbol{X}} = (\boldsymbol{A}^{\mathrm{T}}\boldsymbol{A})^{-1}\boldsymbol{A}^{\mathrm{T}}\boldsymbol{b} \tag{7-104}$$

可以求出电磁目标的估计位置坐标 $\hat{\boldsymbol{X}} = [\hat{x}, \hat{y}]$。

2. 基于 TDOA 定位方法

1）TDOA 定位模型

TDOA 定位模型是通过测量信号从电磁目标到多个感知节点之间的时间差来计算电磁目标的位置坐标。该算法不需要知道电磁目标发射信号的瞬时时间等先验知识。由于时间差的估计算法较为成熟，定位时采用凸包算法，故在得到多个 TDOA 测量值后，可将时间差转化为距离差，从而建立定位方程为

$$d_{i,1} = d_i - d_1 = ct_{i,1} = \sqrt{(x_i - x)^2 + (y_i - y)^2} - \sqrt{(x_1 - x)^2 + (y_1 - y)^2} \tag{7-105}$$

式中：$d_{i,1}$ 表示电磁目标到参考节点（簇头）的距离之差；$t_{i,1}$ 表示相应的 TDOA 测量值；c 为光速。

在几何上，式（7-105）的每个方程本质上是非线性的，表现为一条存在开方运算的双曲线。由此，求解非线性方程组可转化为无约束最优化问题，需要对公式进行线性化的处理。泰勒级数展开算法是典型的求解非线性方程的方法，且具有定位精度高和顽健性强等优势，因此可采用泰勒级数展开算法对方程求解来获取电磁目标的位置坐标信息。

2）凸包构建

凸包是一种计算几何的概念，利用凸包算法可将电磁目标在空间的位置分为两个区域，即内部区域和外部区域。由于 RSSD 算法适用于短距离定位，所以当主用户位于内部区域时，定位精确度较高；当主用户位于外部区域时，定位精确度较差。

假设空间中随机分布的用户构成一个点集 $\boldsymbol{Q}$。$\boldsymbol{Q}$ 的凸包是指一个最小的凸多边形，这个凸多边形满足 $\boldsymbol{Q}$ 中的点全部分布在多边形的边上或在其内部；任意两个相邻边的角度必须不超过 180°。常见凸包算法包括 Graham 扫描法、Jarvis 步进法和快包法等。其中快包法具有计算复杂度低、速度快的特点。

采用快包法来构建凸包，具体步骤如下：

（1）选取空间中最左、最右、最上和最下的点，组成一个凸四边形。可以删除四边形内部不在凸包上的点，其余的点按最接近的边分成四部分。

（2）选取每部分中离相应的边距离最远的点与该边构成三角形，可以删除位于三角形内部的点；以此类推，直到所有线段外没有任何点。

（3）重复步骤（2）的方法，完成其他三个部分，最后得到凸包。

3）基于泰勒级数展开的解算方法

泰勒级数展开算法是求解非线性方程的有效方法。基于 TDOA 的电磁目标定位技术在测量得到多个 TDOA 测量值后，可建立定位方程组为

$$d_{i,1} = c(t_i - t_1) = c\Delta\tau_i = d_i - d_1 \tag{7-106}$$

式中：$d_i = \sqrt{(X_i - x)^2 + (Y_i - y)^2}$ $(i = 1, 2, \cdots, N)$。

根据定义函数：

$$f_i(x, y) = \sqrt{(x - X_i)^2 + (y - Y_i)^2} - \sqrt{(x - X_1)^2 + (y - Y_1)^2} \tag{7-107}$$

式中：$i=2,3,\cdots,N$。

假设电磁目标初始坐标为(x_0,y_0)，令$x=x_0+\Delta x$，$y=y_0+\Delta y$，用泰勒级数展开，可得

$$d_{i,1}(x,y)=d_{i,1}(x_0+\Delta x,y_0+\Delta y)\approx d_{i,1}(x_0,y_0)+\Delta x\left(\frac{X_1-x_0}{d_1}-\frac{X_i-x_0}{d_i}\right)+\Delta y\left(\frac{Y_1-y_0}{d_1}-\frac{Y_i-y_0}{d_i}\right)\quad(i=2,3,\cdots,N) \tag{7-108}$$

式（7－108）表示为矩阵：

$$\boldsymbol{\psi h}=\boldsymbol{\Delta G} \tag{7-109}$$

式中：$\boldsymbol{h}=\begin{bmatrix} d_{2,1}(x,y)-d_{2,1}(x_0,y_0) \\ d_{3,1}(x,y)-d_{3,1}(x_0,y_0) \\ \vdots \\ d_{N,1}(x,y)-d_{N,1}(x_0,y_0) \end{bmatrix}$；$\boldsymbol{\Delta}=\begin{bmatrix}\Delta x\\ \Delta y\end{bmatrix}$；$\boldsymbol{G}=\begin{bmatrix} \frac{X_1-x_0}{d_1}-\frac{X_2-x_0}{d_2} & \frac{Y_1-y_0}{d_1}-\frac{Y_2-y_0}{d_2} \\ \frac{X_1-x_0}{d_1}-\frac{X_3-x_0}{d_3} & \frac{Y_1-y_0}{d_1}-\frac{Y_3-y_0}{d_3} \\ \vdots & \vdots \\ \frac{X_1-x_0}{d_1}-\frac{X_N-x_0}{d_N} & \frac{Y_1-y_0}{d_1}-\frac{Y_N-y_0}{d_N} \end{bmatrix}$。

其加权最小二乘的解为

$$\boldsymbol{\Delta}=\begin{bmatrix}\Delta x\\ \Delta y\end{bmatrix}=[\boldsymbol{G}^{\mathrm{T}}\boldsymbol{Q}^{-1}\boldsymbol{G}]^{-1}\boldsymbol{G}^{\mathrm{T}}\boldsymbol{Q}^{-1}\boldsymbol{h} \tag{7-110}$$

求出$\boldsymbol{\Delta}$后，将其与阈值进行比较，如果不满足精度要求，则继续迭代处理，最终得到满足精度要求的电磁目标位置坐标$\hat{\boldsymbol{X}}=[\hat{x},\hat{y}]$。

参 考 文 献

[1] 汤胜. 对JTIDS的侦察与干扰技术研究 [D]. 长沙：中南大学，2012.

[2] 张金让. 数字通信信号调制类型识别及参数分析算法研究 [D]. 西安：西安电子科技大学，2015.

[3] 李宝双，徐晔. 一种数字调制通信信号的识别方法 [J]. 舰船电子对抗，2014，037（004）：98－101.

[4] 刘慧婷，程家兴，张旻. 利用Hilbert变换提取信号瞬时特征的算法实现 [J]. 微机发展，2003（06）：82－85.

[5] 温欣. 基于决策树的调制模式识别及GNU Radio模块实现 [D]. 哈尔滨：哈尔滨工业大学，2010.

[6] 李林峰. 通信信号个体识别 [D]. 西安：西安电子科技大学，2007.

[7] 杨凯. 非协作通信下直扩信号参数估计算法研究 [D]. 成都：电子科技大学，2016.

[8] 卢璐. 通信信号调制分类识别与参数提取技术研究 [D]. 西安：西安电子科技大学，2010.

[9] 纪勇，徐佩霞. 基于小波变换的数字信号符号率估计 [J]. 电路与系统学报，2003，8（1）：12－15.

[10] 何继爱，裴承全，郑玉峰. α稳定分布下基于FAM的低阶循环谱算法研究 [J]. 电子学报，2013，41（7）：1297－1304.

[11] 罗来源，肖先赐. 扩频信号分路相关检测器的性能分析 [J]. 电子科学学刊，1998（04）：474－479.

[12] 吕新正. 基于多特征参数的通信信号调制识别研究 [D]. 成都：电子科技大学，2004.

[13] 冯小平，李鹏，杨绍全. 通信对抗原理 [M]. 西安：西安电子科技大学出版社，2009.

[14] 耿青峰. 通信信号的数字化解调和调制识别技术 [D]. 西安：西安电子科技大学，2011.

[15] 王超. 基于循环谱的信号参数估计与调制方式识别 [D]. 哈尔滨：哈尔滨工程大学，2013.

[16] 王柳. 宽带无线电通信信号中的调制识别 [D]. 成都：电子科技大学，2017.

[17] 李志鹏. 通信信道编码中卷积编码识别 [D]. 成都：电子科技大学，2011.

[18] 王翼. 卷积编码盲识别技术研究 [D]. 杭州：杭州电子科技大学，2013.

[19] 宋鹏，范锦宏，肖珂，等. 信息论与编码原理 [M]. 北京：电子工业出版社，2011.

[20] 龙光利. 信息论与编码 [M]. 北京：清华大学出版社，2015.

[21] 张永光，楼才义. 信道编码及其识别分析 [M]. 北京：电子工业出版社，2010.
[22] 李国宏，孙健，夏伟鹏，等. 基于神经网络的地空导弹武器系统作战能力评估 [J]. 火力与指挥控制，36 (8)：110－113.
[23] 黄春琳，姜文利，周一宇. 直接序列扩频信号的初相和扩频码序列初始时间的循环谱估计 [J]. 通信学报，23 (7)：1－7.
[24] 吴伟俊. 通信测向定位算法研究 [D]. 西安：西安电子科技大学，2014.
[25] FITTS R E. The Strategy of Electromagnetic Conflict [M]. New York：Peninsula Publishing，1979.
[26] 林绪森，王红军，王伦文. 联合 RSSD 和 TDOA 技术的认知协同定位算法研究 [J]. 信号处理，2016 (8)：931－936.
[27] RICHARD G W. Electronic Intelligence：The Analysis of Radar Signals [M]. Norwood：Artech House Inc.，1993.
[28] 胡来招. 雷达侦察接收机设计 [M]. 北京：国防工业出版社，2000.
[29] 罗景青. 雷达对抗原理 [M]. 北京：解放军出版社，2003.
[30] 张锡祥，肖开奇，顾杰. 新体制雷达对抗导论 [M]. 北京：国防工业出版社，2006.
[31] 张永顺，童宁宁，赵国庆. 雷达电子战原理 [M]. 北京：国防工业出版社，2010.
[32] 罗景青. 阵列信号处理基本理论与应用 [M]. 北京：解放军出版社，2007.
[33] 王雪松. 现代雷达电子战系统建模与仿真 [M]. 北京：电子工业出版社，2010.
[34] 何明浩. 雷达对抗信息处理 [M]. 北京：清华大学出版社，2010.
[35] 赵国庆. 雷达对抗原理 [M]. 西安：西安电子科技大学出版社，2012.
[36] MERRILL I SKOLNIK. 雷达系统导论（第三版）[M]. 左群声，徐国良，马林，等译. 北京：电子工业出版社，2014.
[37] 关欣. 基于粗糙集理论的雷达辐射源信号识别 [M]. 北京：国防工业出版社，2015.
[38] 何明浩，韩俊. 现代雷达辐射源信号分选与识别 [M]. 北京：科学出版社，2016.
[39] 贺平. 雷达对抗原理 [M]. 北京：国防工业出版社，2016.
[40] RICHARD A POISEL. 电子战与信息战系统 [M]. 楼才义，等译. 北京：国防工业出版社，2017.
[41] 许小剑. 雷达系统及其信息处理 [M]. 北京：电子工业出版社，2018.
[42] 蔡幸福. 合成孔径雷达侦察与干扰技术 [M]. 北京：国防工业出版社，2018.
[43] INA G CUMMING，FRANK H WONG. 合成孔径雷达成像：算法与实现 [M]. 洪文，胡东辉，等译. 北京：电子工业出版社，2019.